普通高等教育"十一五"国家级规划教材

计算机组成原理(第三版)

薛胜军 主编

Principle of Computer Organization

U0345682

中国·武汉

图书在版编目(CIP)数据

计算机组成原理(第三版)/薛胜军　主编.—武汉:华中科技大学出版社,2010年3月
ISBN 978-7-5609-3388-7

Ⅰ.计…　Ⅱ.薛…　Ⅲ.计算机体系结构-高等学校-教材　Ⅳ.TP303

中国版本图书馆CIP数据核字(2010)第032079号

计算机组成原理(第三版)　　薛胜军　主编

责任编辑:沈旭日　俞　奕　　封面设计:潘　群
责任校对:李　琴　　责任监印:周治超

出版发行:华中科技大学出版社(中国·武汉)
武昌喻家山　邮编:430074　电话:(027)87557437

录　排:武汉众欣图文照排
印　刷:武汉科源印刷设计有限公司

开本:787mm×1092mm　1/16　印张:19　字数:460 000
版次:2010年3月第3版　印次:2019年1月第15次印刷　定价:39.80元
ISBN 978-7-5609-3388-7/TP·565

再版前言

本书是参照全国计算机专业教学指导委员会、中国计算机学会教育委员会联合推出的“计算机学科教学计划2000”(简称“2000教程”)编写的。

计算机组成原理是计算机科学与工程技术所有专业的一门核心课程，它的特点是知识面广、内容多、难度大、更新快，在基础课与专业课之间起着承上启下的重要作用。

本书第二版自2005年出版发行以来，深受广大读者欢迎。为了适应当前计算机科学技术的迅速发展，特别是计算机硬件技术的发展，同时参考了2010年研究生入学考试“计算机组成原理”的复习大纲，我们对《计算机组成原理》一书进行了修订。再版保持了第二版的写作风格，对第二、三、五章进行了修改和补充，增加了一些新的知识和内容。

本书作者长期从事“计算机组成原理”课程的理论教学和实践教学，从传授基础知识和培养能力的目标出发，在查阅和综合分析了大量有关资料的基础上，结合本课程教学的特点、难点和要点编写了本书。本书共分8章：第1章概论，对计算机的发展、应用和特性进行了概述，并介绍了计算机层次结构以及多媒体技术；第2章运算方法与运算器，主要介绍了数据的表示方法、定点数和浮点数的算术与逻辑运算以及运算器的组成与工作原理；第3章主存储器系统，主要介绍半导体存储器及存储系统，第4章指令系统与寻址方式，主要介绍指令的结构与指令系统；第5章中央处理器，介绍了中央处理器的组成、微程序控制器的设计原理与方法以及组合逻辑控制器、PLA控制器与RISC计算机结构；第6章系统总线，介绍了总线与接口及常用总线；第7章输入/输出系统，介绍了主机与外围设备之间的4种信息交换方式；第8章外围设备，介绍了常用的I/O设备、网络设备、磁记录设备及光记录设备。

本书内容新颖，重点突出，语言精练易懂，便于自学，有广泛的适应面。可作为高等院校计算机各专业及有关专业的教材，也可作为有关专业的工程技术人员的参考书。

本书的前导课程为数字电子电路、数字逻辑。后续课程为有关计算机的其他课程，如接口、计算机网络、系统结构等。学时数为70～80学时。

本书第三版由徐爱萍编写第1章和第2章，薛研歆编写第3章，谈冉编写第8章，张瑞庆编写第4章和第5章部分章节，唐建雄编写第7章部分章节。其余部分和全书定稿由薛胜军完成。韦艳艳、黄华也参与了本书的编写和资料收集工作。

由于作者水平有限，书中可能存在不妥或错误，恳请读者批评指正。

薛胜军

2009年9月

目　录

第1章　概述

本章简要地回顾了计算机的发展历史，概括地描述了计算机的特点、分类和应用以及计算机系统的层次结构，并重点讨论了计算机的组成和工作原理，以期建立初步的整机概念。

计算机(或称电脑)，是20世纪最重大的科学技术发明之一，它对人类社会的生产和生活都有着极其深刻的影响。它在程序的控制下能快速、高效地自动完成信息的处理、加工、存储和传送。因此，计算机提高了社会生产率并改善了人类的生活质量。

1.1　计算机的发展与应用

1.1.1　计算机的发展

自1946年第一台电子数字计算机问世以来，其发展已经经历了四代。目前，第五代、第六代计算机的研制正在进行之中。计算机发展速度之快、应用范围之广、对科技和社会的进步的影响之大是惊人的。

1. 第一代计算机(1946—1957)

主要特点　所使用的逻辑元件为电子管；存储器采用延迟线或磁鼓；软件主要使用机器语言，后期使用汇编语言。

世界上第一台电子数字计算机“埃尼阿克”(Electronic Numerical Integrator and Calculator，简称ENIAC)是美国陆军阿伯丁弹道试验室出资40万美元，由美国宾夕法尼亚大学电气工程师埃克特和物理学家莫奇莱博士等人，花了20年的时间于1946年研制成功的。该机重达30 t，功耗150 kW，占地170 m^2，使用了18800个电子管、1500个继电器、7000个电阻、10000只电容器，速度为5000次/秒。它的出现使当时所有的计算工具都相形见绌。

第一代计算机体积大、功耗大、价格昂贵且可靠性差，因此，很快被新一代计算机所替代。然而，第一代计算机为计算机的发展奠定了科学基础。

2. 第二代计算机(1958—1964)

主要特点　所使用的逻辑元件为晶体管；普遍采用磁芯作为主存储器；采用磁带或磁盘作为辅助存储器；出现了Fortran、Cobol等高级语言，并出现了机器内部的管理程序。晶体管代替电子管，使可靠性和运算速度均得到了提高，且体积缩小，成本也降低了。

3. 第三代计算机(1965—1971)

主要特点　硬件上，采用了中、小规模集成电路(MSI、SSI)取代晶体管，用半导体存储器取代了磁芯存储器；软件上，把管理程序发展成为现在的操作系统，采用了微程序控制技术，高级语言更加流行,如 Basic、Pascal 等。

集成电路的发展使计算机向小型化方向发展。集成电路发展的一个重要趋势是提高集成度,集成度的提高使计算机发展进入第四代。

4. 第四代计算机(1972—)

主要特点　用大规模集成电路及超大规模集成电路(LSI、VLSI)取代 MSI、SSI 集成电路;从计算机体系结构上看,第四代计算机只是前三代计算机的扩展和延伸;计算机的操作系统更加完善;在语音、图像处理、多媒体技术、网络以及人工智能等方面取得了很大发展。

随着大规模集成电路技术的发展,微型计算机(以下简称微机或电脑)诞生了。1976 年,21 岁的乔布斯和沃滋尼亚克在硅谷制造出了著名的 Apple 机。

20 世纪 80 年代微机的兴起,促进了计算机的应用。1981 年,IBM 公司选择了 Intel 公司的微处理器和 Microsoft 公司的软件,推出了它的第一台个人计算机(PC 机),揭开了微机蓬勃发展的序幕。微机需求的日益增长将 Intel 公司推上了“芯片之王”的宝座,同时也使 Microsoft公司在软件行业中崛起和“称霸”。目前 Intel Rentium 微处理器以及一些兼容产品在世界微机市场上占有了绝对的优势。

微机的升级换代一般取决于微处理器(Microprocessor),它的发展大约经历了以下几代。

(1) 第一代微机

1981 年,IBM 公司推出个人计算机 IBM-PC 机。1983 年,该公司又推出PC/XT机,其中,XT 表示扩展型(Extended Type)。PC/XT 机使用 Intel 8088 微处理器芯片作为机器的中央处理器(CPU)。8088 微处理器芯片内部数据总线为 16 位,外部数据总线为 8 位,所以称为准 16 位机。另外,同期的产品还有 8086 微处理器芯片,其内部和外部数据总线均为 16 位,故称为 16 位机,其芯片集成了4.7万个晶体管,时钟频率为 4.77～10 MHz,每秒钟执行指令达 1 百万条,即 1MIPS。IBM-PC 机在当时是最好的产品。

(2) 第二代微机

1984 年 8 月,IBM 公司推出了 IBM-PC/AT 机,其中,AT 代表先进型(Advanced Type)。它使用 Intel 80286 微处理器作为 CPU,其内部由 13.4 万个晶体管组成,时钟频率达 6～12 MHz,运行指令速度达 1～2MIPS。AT 机仍为 16 位机,但采用工业标准体系结构 ISA 总线,也称为 AT 总线。我们把 286AT 及其兼容机称为第二代微机。

(3) 第三代微机

1986 年,PC 机兼容厂家 Compaq 公司率先推出 386 机种,开辟了 386 微机时代。1987 年,IBM 公司推出了 PS/2-50 型机,它使用 32 位的微处理器 80386 为 CPU 芯片,内部由 27.5 万个晶体管组成,时钟频率为 25～50 MHz,运行速度达 6～12MIPS。但其总线不再与 ISA 总线兼容,而是采用 IBM 独创的微通道体系结构的 MCA 总线。1988 年,Compaq 公司又推出了与 ISA 总线兼容的扩展工业标准体系结构的 EISA 总线。这样,第三代微机总线分为 EISA 与 MCA 两大分支。

(4) 第四代微机

1989 年,Intel 80486 微处理器问世后,很快就出现了以它为 CPU 的微机。80486 微处理器仍为 32 位,片内包含了 80386 微处理器、80387 浮点处理器和高速缓冲存储器,集成了 120～160 万个晶体管,时钟频率达 25～100 MHz,运行速度达 20～40MIPS。

第四代微机的总线类型分为 EISA 与 MCA 两个分支,以后又出现了局部总线技术。

1992年Dell公司首先使用了VESA局部总线，1993年NEC公司推出了PCI局部总线。

486芯片带有速度选择功能，即可用Turbo开关切换。例如486DX4/100微型机，高速时，主频时钟频率达100 MHz；低速时，主频时钟频率为33MHz。

(5)第五代微机

1993年，Intel公司推出了Pentium(奔腾)微处理器，它是人们原先预料的80586，不过出于专业保护的需要，给它起了特殊的英文名Pentium。各国微机厂家纷纷推出以Pentium为CPU的微机。Pentium微处理器集成了301万个晶体管，时钟频率达60～166MHz，运行速度可达112MIPS，其内部有32位寄存器、准64位数据总线、32位地址线。

1995年，Intel公司又推出了高能奔腾微处理器(Pentium Pro Processor)，集成度为550万个晶体管，时钟频率为133～200 MHz，运行速度达300MIPS，其内部有64位数据总线、36位地址线、内置高速缓冲存储器。随后Intel公司又推出了多能奔腾微处理器(MMX)和第二代奔腾微处理器PentiumⅡ以及第三代奔腾处理器PentiumⅢ。

此外，IBM、Motorola和Apple三家公司联合开发了Power PC微处理器，AMD公司也生产了相应类型的微处理器(如K6、K7等)，从而展开了准64位高档超级微机的激烈竞争。它们的性能远超过了早期巨型机的水平。

总之，计算机更新换代的显著特点是：体积缩小，重量减轻，速度提高，成本降低，可靠性增加。其更新换代速度是任何其他行业所不能比拟的。

综上所述，自1946年以来，计算机大约以10年一代的速度经历了四个发展阶段，每一代计算机的性能都比上一代优越得多。然而，这四代计算机的体系结构都是相同的，都是根据以存储程序为基本原理的冯·诺依曼计算机体系结构来设计的，故具有共同的基本配置，即具有五大部件：输入设备、存储器、运算器、控制器和输出设备。

人们称冯·诺依曼为计算机之父。冯·诺依曼是著名的数学家，曾担任美国阿伯丁武器试验场顾问，也是ENIAC的设计顾问。在他参加第一颗原子弹的研制工作中，他就认识到，在原子核裂变反应过程中有大量、复杂的计算问题存在，没有计算机的帮助是根本不可能解决的。因此，在ENIAC研制成功后，他曾试图用ENIAC来计算原子弹的特性和效应。进而发现ENIAC在结构上有根本性的缺陷，即控制计算过程要靠在机器外部连接临时性的控制线路来实现，而这种控制线路相当复杂。计算一个问题，花在计算上的时间可能是几分钟，但往往要用一两天的时间来连接这些复杂的控制线路，不但不方便，也不能充分发挥计算机高速运算的特性。这使冯·诺依曼产生了将机器外部连接的控制线路改在计算机内部来处理的想法，提出了所谓内存储程序的概念。

冯·诺依曼总结了研制ENIAC的经验，对计算机设计原则进行了概括，于1946年起草了关于电子计算机装置逻辑结构初步探讨的报告，提出了计算机结构的新原理(存储程序原理)，这就是著名的冯·诺依曼原理。按照他的设想，程序设计者可以事先按一定要求编好程序，再把程序和数据一起存入存储器内，由机器自动执行程序中的一条条指令，使全部运算成为真正的自动过程。

根据冯·诺依曼体系结构计算机的运算原理及使用情况，专家们认为，它不是很适宜非数值数据的处理、运算和存储，并且检索速度也有限。这迫使人们去研究和开发新一代的计算机，以应付20世纪90年代的信息化社会的需要。

5. 关于第五代计算机

第五代计算机是通信、存储、信息处理和人工智能相结合的超巨型计算机，其系统由知识库机、推理机、智能接口等硬件和非程序设计语言(即说明性语言)Lisp、Prolog 和 Hope 语言等软件组成,它是一种更接近人体功能和人工智能的计算机。

在第五代计算机中,知识库机具有大容量的知识存储机构和高速检索机构;推理机的功能主要是根据存储的知识进行判断、推理;智能接口能处理如文字、声音、图像等各种信息。这将使人们更方便地与计算机交换信息。

发展第五代计算机,不同于前四代计算机的技术换代。前四代计算机的技术换代都是基于基础元件的技术更新,都是在速度、容量和可靠性方面的提高,没有产生人工智能。所以,第五代计算机的出现不只是量的发展与提高,而是一次质的飞跃。

一些技术先进的国家都充分认识到发展第五代计算机的战略意义,投入很大的力量从事研究。美国目前在硬件、软件方面均具有强大的优势;日本从 1982 年开始准备用 10 年时间研制开发第五代计算机,企图一举超过美国;西欧各国也在跃跃欲试。但目前都未见有突破性的进展。

6. 关于第六代计算机

一些科学家敏感地意识到,目前作为计算机核心元件的集成电路的制造工艺很快将达到极限。因此,许多发达国家的科学家已着手探讨第六代计算机,即作为计算机的核心元件不是传统的电子元件,而是更新的光电子元件、超导电子元件或生物电子元件。

光电子计算机由于传输的是光信号,其处理速度将提高 1000 倍,体积也会缩小;超导器件几乎不耗电,因此超导计算机功耗极低、散热极少,其集成度是任何半导体芯片都无可比拟的,同样也能使信息处理能力提高 100 倍;生物计算机不用电,而用遗传工程方法,以超功能的生物化学反应来模拟人的机能,处理大量的复杂信息。高科技的 21 世纪,计算机将得到普及,而生物计算机将大放光彩。

7. 我国计算机的发展

我国计算机的研究工作是从 1956 年开始的。1958 年 10 月,我国研究成功了电子管数字计算机。1964 年,晶体管数字计算机问世。1971 年,开发出了集成电路数字计算机。1975 年,开始研制微型计算机。1978 年,研制出了每秒 500 万次的大型计算机。1984 年,国防科技大学成功研制出每秒 1 亿次的“银河”电子计算机,随后又研制出了“银河Ⅱ型”机和“银河Ⅲ型”机。2009 年我国又研制成功每秒千亿次的天河一号超级计算机。

我国计算机事业经过 40 多年的发展,已拥有 80 多家生产厂家,500 多个计算中心,已形成了自己的计算机工业体系,并具备了相当的计算机硬件、软件和外围设备的生产能力。微机也实现了国产化,并逐步走向普及化和家庭化。

8. 计算机的发展方向

(1) 巨型化

研制速度高、功能强的大型机和巨型机以适应军事和尖端科技的需要。巨型机的发展集中体现了计算机科学技术的发展水平,它可以推动计算机系统结构、硬件、软件的理论及技术、计算数学以及计算机应用等多个学科的发展,所以它的生产标志着一个国家的尖端科技的发展程度。

(2) 微型化

研制价格低廉的超小型机和微机以开拓应用领域和占领广大市场,它的研制标志着一个国家的计算机应用水平。

(3) 网络化

计算机网络是按照约定的协议将若干台独立的计算机通过通信线路相互连接起来,形成能够相互通信的一组相关的或独立的计算机系统。它们有数据传输等功能,并具有共享数据、共享计算机资源以及均衡负荷等优点。计算机网络的发展,使用户可在同一时间、不同地点使用同一个计算机网络系统,大大提高了计算机系统的使用效率,加速了社会信息化的进程。

(4) 智能化

智能化就是使计算机具有人工智能和学习能力;类似于人脑的思维那样,具有自动进行逻辑判断的功能;具有问题求解和推理功能以及具有知识库系统。

(5) 多媒体化

多媒体技术是将电视的视听信息传播能力与计算机交互控制能力相结合,创造出能集文、图、声、像于一体的新型信息处理模块。计算机多媒体化后,将具有全数字式、全动态、全屏幕的播放、编辑和创作多媒体信息的功能,具有控制和传输多媒体电子邮件、电视会议等多种功能,使人耳目一新。

1.1.2 计算机的应用

计算机的应用几乎涉及人类社会的所有领域。从军事部门到民用部门,从尖端科学到娱乐消费,从厂矿企业到个人家庭,无处不出现计算机的踪影。下面介绍计算机的主要应用。

1. 科学技术计算

科学技术及工程设计应用中的各种数学问题的计算,统称为科学技术计算。计算机的应用,最早就是从这一领域开始的。计算机在科学计算和工程设计中大有作为,它不仅减轻了繁杂的计算工作量,而且解决了过去无法解决或不能及时解决的问题。例如,宇宙飞船运动轨迹和气动干扰问题的计算;人造卫星和洲际导弹发射后,正确制导入轨的计算;高能物理中热核反应控制条件及能量的计算;天文观测和天气预报的计算等都能由计算机来完成。在现代工程中,电站、桥梁、水坝、隧道等最佳设计方案的选择,往往需要详细计算几十个甚至几百个方案,只有借助计算机,才可能使上述的计算和选择成为可能。

2. 数据信息处理

对数据进行加工、分析、传送、存储及检测等操作都称为数据处理。任何部门都离不开数据处理。例如,银行系统每时每刻都要对金融数字进行统计、核算;出纳和会计用计算机管理账务;图书馆、档案资料管理部门利用计算机进行文献、资料、书刊及档案的保存、查阅、整理;工商系统各部门要利用计算机进行成本、利润的核算,以及仓库管理、人事管理、统计报表等数据处理;铁路、机场、港口等使用计算机进行调度等。

在数据处理领域中,由于数据库技术和网络技术的发展,信息处理系统已从单功能转向多功能、多层次。管理信息系统(MIS)将数据处理与经济管理模型的优化计算和仿真结合起来,具有决策、控制和预测功能。MIS在引入人工智能之后就形成决策支持系统(DDS),它充分运用运筹学、管理学、人工智能、数据库技术和计算机科学技术的最新成就，进一步发展了 MIS。如果将计算机技术、通信技术、系统科学及行为科学应用于传统的数据处理无法解决的、结构不分明的、包括非数值型的信息处理的事务上，就可形成办公自动化系统(OA)。MIS 的建设在我国已经有了一定的规模。

3. 计算机控制

工业过程控制是计算机应用的一个很重要的领域。所谓过程控制，就是利用计算机对连续的工业生产过程进行控制。被控对象可以是一台机床、一座窑炉、一条生产线、一个车间，甚至整个工厂。计算机与执行机构相配合，使被控对象按照预定算法保持最佳工作状态。适合于工业环境中使用的计算机称为工业控制计算机。这种计算机具有数据采集和控制功能，能在恶劣的环境中可靠运行。目前用于过程控制的有单片微机、可编程序控制器(PLC)、单回路调节器、微机测控系统和分散式计算机测控系统。我国有许多企业在生产过程中都引入了计算机控制技术。国家和地方企业在利用微电子技术，特别是计算机技术改造传统产业方面投入了大量资金，正在逐步取得成效。

此外，计算机控制在军事、航空、航天、核能利用等领域的应用已是"历史悠久"，硕果累累。

4. 计算机辅助技术

计算机辅助技术包含计算机辅助设计(CAD)、计算机辅助制造(CAM)、计算机辅助测试(CAT)、计算机辅助教学(CAI)等。

CAD 就是利用计算机来帮助设计人员进行设计。其中包括机械 CAD、建筑 CAD、服装 CAD 以及电子电路 CAD 等。使用这种技术能提高设计工作的自动化程度，节省人力和时间。

CAM 是利用计算机来进行生产设备的管理、控制和操作。CAM 与 CAD 密切相关。CAD 侧重于设计，CAM 侧重于产品的生产过程。采用 CAM 技术能提高产品质量、降低生产成本、改善工作条件和缩短产品的生产周期。

CAT 是利用计算机帮助人们进行各种测试工作。CAT 系统可快速自动完成对被测设备的各种参数的测试和报告结果，还可对产品进行分类和筛选。

CAI 是利用计算机帮助教师和学生进行课程内容的教学和测验。学生可通过人机对话的方式学习有关章节的内容并回答计算机给出的问题，计算机可以判断学生的回答是否正确。学生也可通过一系列测验来逐步深入学习某课程。教师则可利用 CAI 系统指导学生的学习，进行命题和阅卷等。目前，CAI 软件已大量涌现。从小学、中学到大学的许多课程都有成熟的 CAI 软件产品。有些软件图文并茂，提高了学生的学习积极性。今后的 CAI 系统将是一个多媒体计算机系统，在这个系统中，图、文、声、像俱全，将在实现无校舍教学中发挥积极作用。

5. 家庭电脑化

随着微型机价格的下降及性能的不断提高，特别是多媒体技术的发展，个人计算机(简称 PC 机)正以空前的速度发展。目前，在我国 PC 机已成为时髦的消费品，PC 机正在走进千家万户。PC 机的迅速发展和普及与 PC 机软件的开发息息相关。如适合于中、小学生的教育软件、娱乐软件以及适合于成人的办公软件、财务软件等，使得很多人都可以利用 PC 机完成自己的学业，并可以享受美妙的交响乐和流行音乐，还可以随意查阅视频报刊，了解股市行情、气象预报、商品价格等。最近出现了一种将电视机与 PC 机结合起来的产品——电视 PC 机。它既有PC机的功能,又有电视机的视听效果,它是PC机发展的结果。这一切无疑会大大促进家庭信息时代的到来。

1.2　计算机系统的组成

一台完整的计算机应包括硬件和软件两部分。硬件与软件的结合,才能使计算机正常运行、发挥作用。因此,对计算机的理解不能仅局限于硬件部件,而应该将整个计算机看作是一个系统,即计算机系统。在计算机系统中,硬件和软件都有各自的组成体系,分别称为硬件系统和软件系统。

1.2.1　计算机的硬件系统

计算机的硬件是指计算机中的电子线路和物理装置。它们是看得见、摸得着的实体,如由集成电路芯片、印刷线路板、接插件、电子元件和导线等装配成的CPU、存储器及外围设备等。它们组成了计算机的硬件系统,是计算机的物质基础。

计算机有巨型、大型、中型、小型和微型之分,每种规模的计算机又有很多机种和型号,它们在硬件配置上差别很大。但是,绝大多数计算机都是根据冯·诺依曼计算机体系结构来设计的,故具有共同的基本配置,即具有五大部件:输入设备、存储器(此节指主存储器)、运算器、控制器和输出设备。

运算器与控制器合称为CPU。CPU和存储器通常组装在一块主板上,合称为主机。输入设备和输出设备统称输入/输出设备,有时也称为外部设备或外围设备,它们位于主机的外部。

图1-1所示的是计算机硬件系统中五大部件的相互关系。

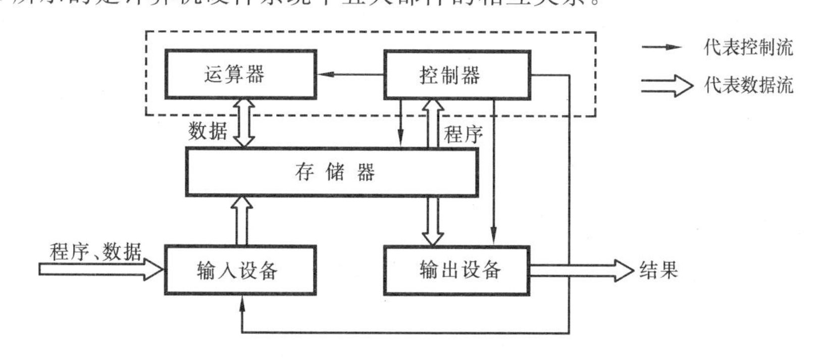

图1-1　计算机硬件系统基本组成框图

1. 存储器

存储器的主要功能是存放程序和数据。程序是计算机操作的依据,数据是计算机操作的对象。不管是程序还是数据,在存储器中都是用二进制的形式来表示的,它们统称为信息。为实现自动计算,这些信息必须预先放在存储器中。存储体由许多小单元组成,每个单元存放一个数据或一条指令(见图1-2)。存储单元按某种顺序编号。每个存储单元对应一个编号,称为单元地址,用二进制编码表示。存储单元地址与存储在其中的信息是一一对应的。单元地址只有一个,是固定不变的,而存储在其中的信息是可以更换的。

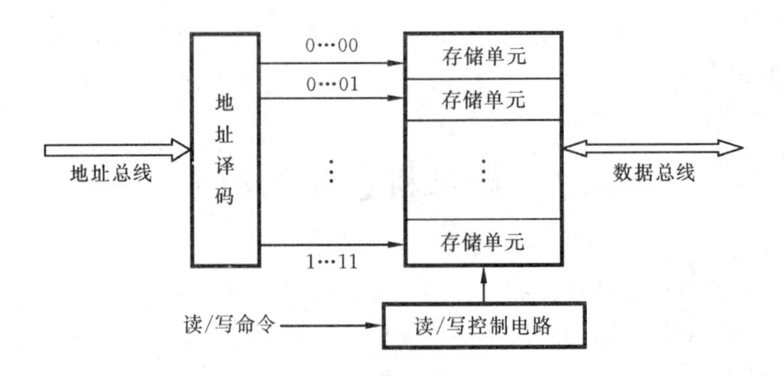

图 1-2 存储器组成框图

向存储单元存入或从存储单元取出信息，都称为访问(Access)存储器。访问存储器时，先由地址译码器将送来的单元地址进行译码，找到相应的存储单元；再由读/写控制电路，确定访问存储器的方式，即取出(读)或存入(写)；然后，按规定的方式具体完成取出或存入的操作。

与存储器有关的部件还有地址总线与数据总线。它们分别为访问存储器传递地址信息和数据信息。在机器运行过程中，存储器的内容是不断变化的：已执行完的程序没有保留的必要，需装入新的程序；一开始存入的原始数据，也不断地被计算结果所替代。

2. 运算器

运算器是一个用于信息加工的部件，又称为执行部件。它对数据进行算术运算和逻辑运算。运算器通常由算术逻辑部件(ALU)和一系列寄存器组成。ALU 是具体完成算术与逻辑运算的部件。寄存器用于存放运算操作数。累加器除存放运算操作数外，在连续运算中，还用于存放中间结果和最后结果，累加器由此而得名。寄存器与累加器的数据均从存储器中取得，累加器的最后结果也存放到存储器中。

运算器一次能运算的二进制数的位数，称为字长。它是计算机的重要性能指标。常用的计算机字长有 8 位、16 位、32 位及 64 位等。寄存器、累加器及存储单元的长度应与 ALU 的字长相等或者是它的整数倍。

3. 控制器

控制器是全机的指挥中心，它使计算机各部件自动、协调地工作。控制器工作的实质就是解释程序，它每次从存储器读取一条指令，经过分析译码，产生一串操作命令，发向各个部件，控制各部件动作，使整个机器连续地、有条不紊地运行。

计算机中有两股信息在流动，一股是控制信息，即操作命令，其发源地是控制器，它分散流向各个部件；另一股是数据信息，它受控制信息的控制，从一个部件流向另一个部件，边流动边被加工处理。

指令和数据统统放在内存储器(简称内存)中，从形式上看，它们都是二进制编码，似乎很难分清哪些是指令字，哪些是数据字。然而，控制器完全可以区分它们。一般来讲，在取指令周期内，从内存读出的信息流是指令流，它流向控制器，由控制器解释，从而发出一系列微操作信号；而在执行周期内，从内存读出或送入内存的信息流则是数据流，它由内存流向运算器，或者由运算器流向内存。

4. 输入设备

输入设备是将人们熟悉的信息形式变换成计算机能接收并识别的信息形式的设备。输入的信息形式有数字、字母、文字、图形、图像、声音等多种形式，而送入计算机的只有一种形式，就是二进制数据。一般的输入设备只用于原始数据和程序的输入。常用的输入设备有键盘、鼠标、触摸屏、扫描仪、数码相机等。

输入设备与主机之间通过接口连接。设置接口主要有以下几个方面的原因：一是输入设备大多数是机电设备，传送数据的速度远远低于主机，因而需用接口作数据缓冲；二是输入设备表示的信息格式与主机的不同，需用接口进行信息格式的变换；三是接口可以向主机报告设备运行的状态，传达主机的命令等。

5. 输出设备

输出设备是将计算机运算结果的二进制信息转换成人类或其他设备能接收和识别的形式的设备，输出信息的形式有字符、文字、图形、图像、声音等。输出设备与输入设备一样，需要通过接口与主机相联系。常用的输出设备有打印机、显示器、绘图仪等。

外存储器也是计算机中重要的外围设备，它既可以作为输入设备，也可以作为输出设备，常见的外存储设备有磁盘(驱动器)和光盘(驱动器)，它们与输入/输出设备一样，也要通过接口与主机相连。

总之，计算机硬件系统是运行程序的基本组成部分，人们通过输入设备将程序与数据存入存储器，运行时，控制器从存储器中逐条取出指令，将其解释成控制命令，去控制各部件的动作。数据在运算器中加工处理，处理后的结果通过输出设备输出。

1.2.2 计算机的软件系统

计算机的软件是指根据解决问题的思想、方法和过程而编写的程序的有序集合，程序是指令的有序集合。在一台计算机中全部程序的集合，称为这台计算机的软件系统。软件按其功能分为应用软件和系统软件两大类。

应用软件是用户为解决某种应用问题而编制的程序，如科学计算程序、自动控制程序、工程设计程序、数据处理程序、情报检索程序等。随着计算机的广泛应用，应用软件的种类及数量将越来越多、越来越庞大。

系统软件用于实现计算机系统的管理、调度、监视和服务等功能，其目的是方便用户使用，提高计算机使用效率，扩充系统的功能。通常将系统软件分为以下六类。

(1) 操作系统

操作系统是控制和管理计算机各种资源、自动调度用户作业程序、处理各种中断的软件。操作系统的作用是控制和管理系统资源的使用，是用户与计算机的接口。目前比较流行的操作系统有DOS操作系统(主要用于PC系列微机)、UNIX操作系统(多用户多任务通用的交互式操作系统，通用于各种计算机中)及Windows操作系统(单用户多任务图形界面操作系统)。

(2) 语言处理程序

计算机能识别的语言与机器能直接执行的语言并不一致。计算机能识别的语言很多，如汇编语言、Basic 语言、Fortran 语言、Pascal 语言与 C 语言等，它们各自都规定了一套基本符号和语法规则。用这些语言编制的程序叫源程序。用"0"或"1"的机器代码按一定规则组成的语言，称为机器语言。用机器语言编制的程序，称为目标程序。语言处理程序的任务，就是将源程序翻译成目标程序。不同语言的源程序，对应有不同的语言处理程序。

语言处理程序有汇编程序、编译程序、解释程序等。

汇编程序(Assembler)也称汇编器，其功能是将汇编语言编写的源程序翻译成机器语言的目标程序，其翻译过程称为"汇编过程"，简称汇编。

高级语言的处理程序，按其翻译的方法不同，可分为解释程序与编译程序两大类。前者对源程序的翻译采用边解释边执行的方法，并不生成目标程序，称为解释执行，如 Basic 语言；后者必须先将源程序翻译成目标程序后，才能开始执行，称为编译执行，如 Pascal、C 语言等。

(3) 标准库程序

为方便用户编制程序，通常将一些常用的程序段按照标准的格式预先编制好，组成一个标准程序库，存入计算机系统中，需要时，由用户选择合适的程序段嵌入自己的程序中，这样既省事，又可靠。

(4) 服务性程序

服务程序(也称为工具软件)扩大了计算机的功能。它一般包括诊断程序、调试程序等。常用的微机服务软件程序有 QAPLUS、PCTOOLS 等。

(5) 数据库管理系统

随着计算机在信息处理、情报检索及各种管理系统等方面的不断发展，使用计算机时需要处理大量的数据、建立和检索大量的表格。将这些数据和表格按一定的规律组织起来，以便处理更有效、检索更迅速、用户使用更方便，于是就出现了数据库管理系统。所谓数据库，就是能实现有组织地、动态地存储大量的相关数据，方便多用户访问的计算机软、硬件资源组成的系统。数据库和数据库管理软件一起，组成了数据库管理系统。

数据库管理系统有各种类型，目前许多计算机包括微型机都配有数据库管理系统，如 SQL Server、Oracle、Sabase 等。

(6) 计算机网络软件

计算机网络软件是为计算机网络配置的系统软件，负责对网络资源进行组织和管理，实现相互之间的通信。计算机网络软件包括网络操作系统和数据通信处理程序等。前者用于协调网络中各机器的操作系统及实现网络资源的管理，后者用于网络内通信，实现网络操作。

总之，软件系统是在硬件系统的基础上，为有效地使用计算机而配置的。没有系统软件，现代计算机系统就无法正常地、有效地运行；没有应用软件，计算机就不能发挥效能。

然而，随着大规模集成电路技术的发展和软件逐渐硬化，要明确划分计算机系统软、硬件界限已经比较困难了。因为任何操作都可以由软件来实现，也可以由硬件来实现；任何指令的执行都可以由硬件完成，同样也可以由软件来完成。

因此，计算机系统的软件与硬件可以互相转化，它们之间互为补充。随着大规模集成电路技术的发展，软件硬化或固化是必然的趋势。现在微机中已普遍采用固件。这种将程序固化在一种存储器(如 ROM)中组成的部件称为固件。固件是一种具有软件特性的硬件，它既有硬件的快速性特点，又有软件的灵活性特点。这是软件和硬件互相转化的典型实例。

1.2.3 计算机系统的层次结构

计算机系统是由硬件系统与软件系统组成的，硬件系统与软件系统又各自包含许多子系统。因此，计算机系统的结构十分复杂。但是，通过仔细分析可以发现，计算机系统存在着层次结构，即计算机系统具有层次性，它由多级层次结构组成。

从功能上看，现代计算机系统可分为五个层次级别。

第一级是微程序设计级。这是一个实在的硬件级，它由机器硬件直接执行微指令。如果某一个应用程序直接用微指令来编写，那么可在这一级上运行该应用程序。

第二级是一般机器级，也称为机器语言级。它由微程序来解释机器指令系统。这一级也是硬件级。

第三级是操作系统级，它由操作系统程序来实现。这些操作系统由机器指令和广义指令组成，这些广义指令是操作系统定义和解释的软件指令。这一级也称为混合级。

第四级是汇编语言级。它给程序人员提供一种符号形式的语言，以减少程序编写的复杂性。这一级由汇编程序支持和执行。如果应用程序采用汇编语言编写，则机器必须有这一级功能才能运行；如果应用程序不采用汇编语言编写，则这一级可以不要。

第五级是高级语言级。这是面向用户的，为方便用户编写应用程序而设置的。这一级由各种高级语言编译程序支持。

如图1-3所示，除第一级外，其他各级都得到它下面各级的支持，同时也得到运行在下面各级程序的支持。第一级到第三级编写程序所采用的语言，基本是二进制数字化语言，机器容易执行和解释。在第四、第五级编写的程序采用的是符号语言，用英文字母和符号来编写程序，因而便于大多数不了解机器语言的人们使用计算机。

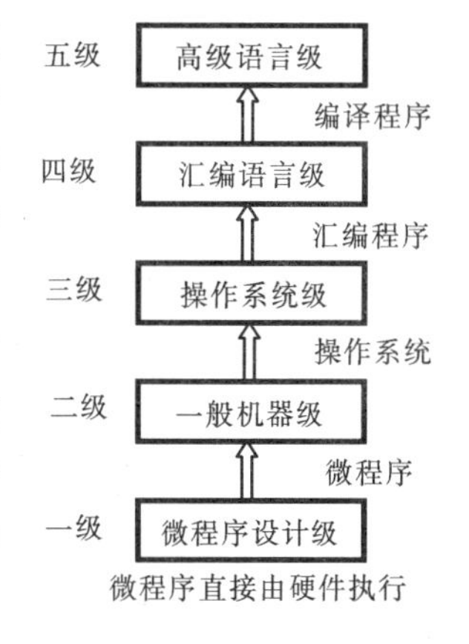

图1-3 计算机系统的层次结构示意图

层次之间的关系紧密，下层是上层的基础，上层是下层功能的扩展，这是层次结构的一个特点。层次结构的另一个特点是，站在不同的层次观察计算机系统，会得到不同的概念，例如，程序员在第四层看到的计算机是高级语言机器；系统操作员将第三层看做一个系统级的资源；而硬件设计人员在第一、二级看到的是计算机的电子线路。

应该指出，层次划分不是绝对的。机器指令系统级与操作系统级的界面（又称硬、软件交界面）常常是分不清的，它随着软件硬化和硬件软化而动态变化。操作系统和其他系统软件的界面，也不是划分得很清楚的，例如，数据库软件也部分地起到了操作系统的作用。此外，某些常用的带有应用性质的程序，既可以划归为应用程序层，也可以划归为系统软件层。

1.3 计算机的特点、性能指标及分类

1.3.1 计算机的工作特点

计算机得到广泛的应用是与它的特性分不开的，这些特性是其他计算工具所不具备的。

第一个特性是快速性。计算机采用了高速电子器件,这是快速处理信息的物质基础;另外,计算机采用了存储程序的设计思想,即将要解决的问题和解决的方法及步骤预先存入计算机。存储程序,就是指将用指令序列描述的计算机程序与原始数据一起,存储到计算机中。计算机只要一启动,就能自动地取出一条条指令并执行,直至程序执行完毕,得到计算结果为止。因此,存储程序技术,使电子器件的快速性得到了充分发挥。

第二个特性是通用性。计算机处理的信息可以是数值数据,也可以是非数值数据。非数值数据的内涵十分丰富,如语言、文字、图形、图像、音乐等,这些信息都能用数字化编码表示。

还可以为计算机配置各种程序,有计算机厂商预先编制的,有用户自己编制的。程序越丰富,计算机的通用性越强。

第三个特性是准确性。计算机运行的准确性包括两方面含义:一是计算精度高;二是计算方法科学。由于计算机中的信息采用数字化编码形式,因此,计算精度取决于运算中二进制数的位数,位数越多越精确。对精度要求高的用户,还可为其提供双倍或多倍字长的计算。当然,计算精度还与计算方法有关,如果计算方法不当,仍保证不了精确性。计算方法由程序体现。一个算法正确且优质的程序,再加上多位数的计算功能,是确保计算结果精确的前提。

第四个特性是逻辑性。逻辑判断与逻辑运算是计算机的基本功能之一。执行能体现逻辑判断和逻辑运算的程序后,整个系统就具有了逻辑性。

由上述可知,计算机的完整定义就是,计算机是一种能自动地、高速地对各种数字化信息进行运算处理的电子设备。

1.3.2 计算机的性能指标

一台电子计算机技术性能的好坏是由它的系统结构、指令系统、硬件系统、外围设备的配置情况以及软件是否丰富等多方面因素决定的,而不是根据一两项技术指标就能得出结论的。

计算机的基本性能一般从以下几方面来衡量。

1. 基本字长

基本字长是指参与运算的数的基本长度,用二进制数位的长度来衡量。它决定着寄存器、加法器、数据总线等部件的位数,因而直接影响着硬件的代价。字长也标志着计算精度。为了兼顾精度与硬件代价,许多计算机允许变字长运算,例如,支持半字长、全字长、双倍字长或多倍字长运算等。

2. 主存容量

主存容量可以以字长为单位来计算,也可以以字节为单位来计算。在以字节为单位时,约定以 8 位二进制代码为一个字节(Byte,缩写为 B)。习惯上将 1024B 表示为 1KB;1024KB 为 1MB;1024MB 为 1GB;1024GB 为 1TB。主存容量变化范围是较大的,同一台机器能配置的容量大小也有一个允许的变化范围。

3. 运算速度

它是用每秒能执行的指令条数来表示的,单位是条/秒。因为执行不同的指令所需时间不同,因而对运算速度存在不同的计算方法。第一种是根据不同类型指令出现的频繁程度乘上不同的系数，求得统计平均值，这时所指的运算速度是平均运算速度；第二种是以执行时间最短的指令为标准来计算运算速度；第三种是直接给出每条指令的实际执行时间和机器的主振频率。运算速度的单位一般用 MIPS 表示。

1.3.3 计算机的分类

长期以来，我国计算机界流行着所谓巨型、大型、中型、小型、微型机的分类方法。在此，我们则按国际上流行的分类方法，把计算机划分为六大类。

(1) 大型主机

它包括通常所说的大型机和中型机。一般只有大、中型企、事业单位才可能有财力和人员去配置和管理大型主机，并以这台大型主机及外围设备为基础建成一个计算中心，统一安排对主机资源的使用。

美国 IBM 公司是大型主机的主要生产厂家，它生产的 IBM360、370、4300 以及 9000 系列等，都是有名的大型主机。日本的富士通、NEC 公司也生产这类大型计算机。

(2) 小型机

它能满足部门性的需求，为中、小企业以及事业单位所采用，例如，美国 DEC 公司的 VAX 系列、IBM 公司的 AS/400 系列等都是小型机。我国生产的太极系列计算机也属于小型机，它是 VAX 系列的兼容机。

(3) 微型机(个人计算机，PC 机)

这种计算机是面向个人或面向家庭的，它的价格与高档家用电器相仿，将来它在我国也会像电视机那样普及。在我国高校和中、小学配置的计算机主要就是微型机。

(4) 工作站

它是介于微型机与小型机之间的过渡机种。工作站的运算速度通常比微机要快，要求配置大屏幕显示器和大容量存储器，有比较强的网络通信功能。它主要用于特殊的专业领域，例如，图像处理、CAD 等方面。典型机器有 APOLLO 工作站、SUN 工作站等。

世界上第一台工作站是 APOLLO 公司于 1980 年推出的 DN100 工作站。

(5) 巨型机

人们通常把最大、最快、最贵的主机称为巨型机。世界上只有几个公司能生产巨型机。例如，美国的克雷公司就是生产巨型机的主要厂家，它生产的 Crey-1、Crey-2 和 Crey-3 都是著名的巨型机。我国研制成功的银河Ⅰ、Ⅱ及Ⅲ型都是巨型机。它们对尖端科学、战略武器、社会及经济模拟等领域的研究都具有重要的意义。

(6) 小巨型机

小巨型机对巨型机的高价格发出挑战，其发展非常迅速。例如，美国 Convex 公司的 C 系列机等就是比较成功的小巨型机。

目前世界上速度最快的巨型机，每秒能进行上千万亿次计算，CPU 由 13 万个处理器组成。

1.4 多媒体技术简介

进入 20 世纪 90 年代，多媒体计算机产品已进入了家庭生活，“多媒体”和“多媒体计算机”

颇受大众的关注,成了人们热衷的话题。到底什么是多媒体呢?多媒体是指可以承载多种形式信息的载体。多媒体计算机即是指具有处理声音、文字、图形、图像、动画于一体的信息处理技术的计算机。用于多媒体技术实现的产品称为多媒体产品,多媒体产品使得许多计算机爱好者把自己的计算机变得能说、能唱、能听、能看。目前随着计算机价格的不断下降,多媒体计算机已经步入了家庭。

1.4.1 多媒体技术要解决的主要问题

多媒体技术实际上是一种界面技术。它能使人机界面更生动、更形象、更友好,可以表达更丰富的信息。多媒体技术要解决的主要问题包括以下几个方面。

1. 信息的处理能力

多媒体技术使计算机具有综合处理文字、图形、图像、音频和视频信息的能力。按计算机对这些信息处理的难易程度排列(从易到难)如下:转换(Translation)、集成(Integration)、管理与控制(Manipulation)和传输(Transmission)。转换是指把多媒体信息转化成数字化信息;集成是指综合应用各种媒体信息;管理与控制是指在处理过程中对各种媒体进行编辑、裁剪和重新组合;传输是指为了降低传输的频带宽度和信息量,需要实时实现数据压缩和还原处理,以及音像信息的同步传输。当前的多媒体系统对于文本、图形、图像、音频和视频,已基本具备了处理功能。

2. 数据的压缩与解压

由于多媒体系统增加了声音、图像、视频信息,所以需处理的数据量激增,另外,微机和网络上的数据传输速率又不是很高,从而增加了数据传输的难度。这就要求对数据进行有效的压缩才能使多媒体系统进入实用阶段。若显示屏的像素点为1024列×768行,每一像素用8位来表示,则存储一帧信息的容量为768KB。如要实时按30帧/s的速率播放,则一分钟所需的存储容量为1400MB。假如压缩比为100∶1,则压缩后的数据仅为14MB。CD光盘容量一般为650MB,这样一张光盘可存放40多分钟的压缩图像信息。因此,数据压缩就成了多媒体技术研究中需解决的关键问题之一。

目前,最流行的压缩标准有JPEG和MPEG。

用于静止图像压缩的JPEG标准,主要适用于灰度和彩色图像的压缩。它可用于彩色打印机、扫描仪、传真机。JPEG标准分成三级:基本压缩系统、扩展系统、分层渐进系统,普遍使用的是基本压缩系统。

MPEG标准用于运动视频图像的压缩。它的算法分为MPEG1、MPEG2、MPEG3三个等级。MPEG1、MPEG2的图像质量和家用电视系统(VHS)接近,压缩比为100∶1。压缩后的数据传输速率为1~2Mb/s,适用于CD-ROM驱动器、硬盘驱动器、个人计算机总线和电信通道的传输。MPEG3算法用于高清晰度电视HDTV的图像信息的压缩,压缩后的图像传输率为60Mb/s。

图像、声音信息的压缩处理和解压要进行大量的计算,加上视频图像处理的实时性,如果让通用计算机来完成这项工作,则需用大型或中型机才能实现。但若用VLSI技术的数字信号处理器(DSP)来进行处理,则很容易就能实现。目前,有专为压缩与解压而设计的芯片。

3. Windows环境下的多媒体控制接口(MCI)

MCI的最大优点是应用系统与设备无关，更换设备时只需更换MCI驱动程序，应用系统不需要修改即可操作新设备，因此，系统可以非常灵活方便地进行配置；另一优点是开发应用系统不需要了解每种多媒体产品系统的细节，从而大大提高了应用系统的开发效率。应用系统通过发送消息或命令字符串的方式与MCI驱动器通信，MCI接收MCI消息并操作多媒体设备，对于命令字符串，MCI会将它转换成相应的MCI消息。

Windows为下列设备提供了驱动程序：激光唱机、CD-ROM、多媒体影片演播器、激光视盘机、波形音频设备等。

1.4.2 多媒体个人计算机(MPC)

在个人计算机上配以多媒体设备就构成了多媒体个人计算机。多媒体技术是一项综合性技术，涉及领域较广。多媒体技术和产业要迅速发展，其关键在于实现标准化和具有兼容性。这样用户可以使用不同厂家的产品来组成多媒体系统。这就涉及多媒体系统统一标准的问题。1993年MPC市场协会提出了多媒体个人计算机(Multimedia Personal Computer，简称MPC)配置标准。MPC标准的任务是让每个PC机用户能承受得了在硬件和软件上的投资，通过MPC标准把MPC引入家庭，使之成为家庭管理和娱乐的中心，用户可利用MPC在家中办公或通过传真机或电话与外界联系，若将家中的MPC上网，则可方便地享受网络提供的一切服务。

一般组建一台MPC需要一定的辅助外围设备，如鼠标、音响等。此外，还应配备以下的多媒体组件：CD-ROM驱动器、声音卡、解压卡和相应的驱动软件及操作平台等。

随着技术进步、计算机性能的提高及多媒体技术的发展，MPC标准对计算机提出了新的要求，例如，要求PC机具有Pentium以上的CPU、32MB以上的内存、6GB以上的硬盘、SVGA 0.28的大屏幕显示器、CD-ROM驱动器，DOS 6.XX以上、中文Windows 9X以上的操作系统等。

多媒体系统按功能不同可分为开发系统、演示系统和家庭娱乐系统等。

(1) 开发系统

多媒体开发系统具有多媒体应用软件开发和制作能力，因此，该系统配有性能较强的处理声音、文字、图像信息的外围设备和多媒体接口卡，以及多媒体演示的制作工具。典型的用途有多媒体应用软件的开发、电子出版物的制作、电视节目的编辑等。

(2) 演示系统

这是一个增强型的桌面系统，配有音频和图像输入设备以及相应的接口卡，具有简易的多媒体演示和节目制作软件。

(3) 家庭娱乐系统

它通常配有CD-ROM，并采用家用电视机作为显示器和音频输出，但不具有节目制作能力。在PC机的基础上配以CD-ROM音频接口卡及音响设备即可播放CD-ROM上的内容，可用于家庭教育和培训。

多媒体的各种系统已经应用在如下各方面。

① CAI。利用多媒体制作的教学软件，图、文、声并茂，可取得用其他方法难以达到的效

果。帮助在职职工更新知识、提高技能也是多媒体应用的一个重要领域。

② 信息咨询。利用声、文、图俱全的多媒体做信息咨询,可以同时给人以具体和抽象的认识,使咨询者能更加方便、深刻地获得所需信息。

③ 商业应用。制作广告、电视节目时,若使用多媒体技术,不但可以使节目生动形象,引人入胜,而且可以节省大笔资金,同时还能达到预想不到的效果。

④ 家庭服务。MPC 机可提供家庭办公、教育、娱乐等各方面的家庭服务。

常用的多媒体配置有声音卡和视频卡。声音卡是计算机中音频信号的接口电路,其主要功能有音乐合成和发音功能、混音功能和数字声效功能、模拟音频信号的输入/输出功能。用来表示声卡性能的两个参数是采样频率和 A/D 转换后的数据位数(量化位数)。采样频率决定了频率响应范围,如常用的声卡采样频率为 44.1kHz;量化位数决定了音乐的动态范围,常用的声卡的量化位数有 8 位和 16 位。MPC 中处理活动图像的接口卡统称为视频卡。视频卡具体可分为视频叠加卡、视频捕获卡、电视编码卡、电视选台卡、压缩/解压卡等,视频卡为视频图像的处理提供了有力的工具,使计算机的应用领域日益扩大。

习 题 一

1.1 什么是计算机?它具备哪些外部特征?

1.2 冯·诺依曼计算机体系的基本思想是什么?按此思想设计的计算机硬件系统应由哪些部件组成?各起什么作用?

1.3 计算机的发展经历了几代?每一代的基本特征是什么?

1.4 什么是计算机的系统软件和应用软件?

1.5 计算机系统从功能上可划分为哪些层次?各层次在计算机系统中起什么作用?

1.6 计算机内部有哪两股信息在流动?它们彼此有什么关系?

1.7 计算机的主要用途有哪些?

1.8 名词解释:硬件、软件、固件。

1.9 从供选答案中,选出应填入______中的正确答案。

① 人类接收的信息主要来自______。多媒体技术是集______、图形、______、______和______于一体的信息处理技术。

供选择答案:听觉;嗅觉;文字;图像;音频;图书;视频。

② 在连续播放图像时,______所需的存储容量比______的存储容量大。将一幅图像信息存入存储器之前要进行______,在播放时,从存储器取出信息后要先进行______,然后才能播放。为了更快进行压缩可采用______。

供选择答案:图像;声音;RISC;DSP;压缩;解压。

1.10 今有文本、音频、视频、图形和图像五种媒体,请按处理复杂程度进行排序。

第2章 运算方法与运算器

计算机内部流动的信息可以分为两大类：一类为数据信息，另一类为控制信息。数据信息是计算机加工处理的对象，而控制信息则控制数据信息加工处理的过程。本章所要讨论的是数据信息的表示方法、运算方法及实现方法。

2.1 数据信息的表示方法

2.1.1 数值数据的表示

1. 真值与机器数

在日常生活中，我们习惯用正、负符号来表示正数、负数。如果采用正、负符号加二进制绝对值，则这种数值称为真值。大家知道，计算机中所能表示的数或其他信息都是数码化的，所以可将正、负号分别用一位数码"0"和"1"来代替，一般将这种符号位放在数的最高位。这种在机器中使用的连同数符一起数码化的数，称为机器数。

例如，设机器字为8位字长，数N_1的真值为$(+1001110)_2$，数N_2的真值为$(-1001110)_2$，则与N_1、N_2对应的机器数原码可用右边的格式表示。

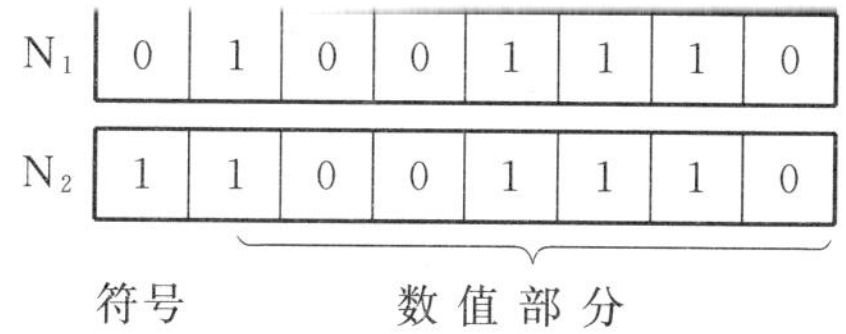

N_1	0	1	0	0	1	1	1	0
N_2	1	1	0	0	1	1	1	0

符号　　数值部分

2. 数的机器码表示

在计算机中根据运算方式的需要，机器数的表示方法往往会不相同。通常有原码、补码、反码和移码四种表示法。

(1) 原码表示法

原码表示法是一种比较直观的机器数表示法。原码的最高位作为符号位，用"0"表示正号，用"1"表示负号，有效值部分用二进制的绝对值表示。纯小数和纯整数的原码表示的定义如下。

① 纯小数时，设$x=x_0.x_1x_2\cdots x_{n-1}$，其中，$x_0$为符号位，共n位字长，则

$$[x]_{原}=\begin{cases}x, & 0\leqslant x\leqslant 1-2^{(n-1)}\\ 1-x=1+|x|, & -(1-2^{-(n-1)})\leqslant x\leqslant 0\end{cases}$$

例如，若$x_1=+0.1011$，$x_2=-0.1011$，字长为8位，则其原码分别为

$$[x_1]_{原}=0.1011000$$

$$[x_2]_{原}=1+0.1011000=1.1011000$$

其中，最高位是符号位。

根据纯小数原码的定义,对于真值零,其原码有正零和负零两种形式,即

$$[+0]_{原}=0.00\cdots00,\quad [-0]_{原}=1.00\cdots00$$

② 纯整数时,设 $x=x_0x_1x_2\cdots x_{n-1}$,其中,$x_0$ 为符号位,共 n 位字长,则

$$[x]_{原}=\begin{cases}x, & 0\leqslant x\leqslant 2^{(n-1)}-1\\ 2^{(n-1)}-x=2^{(n-1)}+|x|, & -(2^{(n-1)}-1)\leqslant x\leqslant 0\end{cases}$$

例如,若 $x_1=+1011$,$x_2=-1011$,字长为 8 位,则其原码分别为

$$[x_1]_{原}=00001011$$

$$[x_2]_{原}=2^7+0001011=10000000+0001011=10001011$$

其中,最高位是符号位。

根据纯整数原码的定义,对于真值零,其原码也有正零和负零两种形式,即

$$[+0]_{原}=000\cdots00,\quad [-0]_{原}=100\cdots00$$

其中,最高位是符号位。

(2) 补码表示法

由于补码在做二进制加、减运算时较方便,所以在计算机中广泛采用补码表示二进制数。首先介绍什么叫"模"。通常模就是计量器具的容量,或称模数。在计算机中,机器数表示数据的字长即位数是固定的。对于 n 位数来说,其模数 M 的大小是:n 位数全为 1 后,再在最末位加 1。如果某一数有 n 位整数(包括 1 位符号位),则它的模数为 2^n;如果是 n 位小数(包括 1 位符号位),则它的模数总是为 2。例如,某一台计算机的字长为 8 位,则它所能表示的二进制数为 00000000~11111111,共 256 个,即 2^8就是其模。在计算机中,若运算结果大于等于模数,则说明该值已超过了机器所能表示的范围,模数自然丢掉。

补码定义为机器数的最高位作为符号位,用"0"表示正号,用"1"表示负号。

① 纯小数时,设 $x=x_0.x_1x_2\cdots x_{n-1}$ 共 n 位字长,则

$$[x]_{补}=\begin{cases}x, & 0\leqslant x\leqslant 1-2^{-(n-1)}\\ 2+x=2-|x|, & -1\leqslant x<0\end{cases}$$

例如,若 $x_1=+0.1011$,$x_2=-0.1011$,字长为 8 位,则其补码分别为

$$[x_1]_{补}=0.1011000$$

$$[x_2]_{补}=2-0.1011000=1.0101000$$

其中,最高位是符号位,在机器中小数点为隐含值。

② 纯整数时,设 $x=x_0x_1x_2\cdots x_{n-1}$ 共 n 位字长,则

$$[x]_{补}=\begin{cases}x, & 0\leqslant x\leqslant 2^{(n-1)}-1\\ 2^n+x=2^n-|x|, & -2^{(n-1)}\leqslant x<0\end{cases}$$

例如,$x_1=+1011$,$x_2=-1011$,字长为 8 位,则其补码表示为

$$[x_1]_{补}=00001011$$

$$[x_2]_{补}=2^8-0001011=100000000-0001011=11110101$$

其中,最高位是符号位。

根据纯整数补码的定义,对于真值零,其补码是惟一的,即

$$[+0]_{补}=[-0]_{补}=0\cdots0$$

(3) 反码表示法

对于正数来说,反码与原码、补码的表示形式相同。对于负数来说,符号位与原码、补码的符号位定义相同,只是将原码的数值位按位变反。

例如，若 $x_1 = +1011$，$x_2 = -1011$，字长为 8 位，则其反码分别为

$$[x_1]_反 = 00001011, \quad [x_2]_反 = 11110100$$

其中，最高位是符号位。

用反码表示时，正零和负零的反码不是惟一的，即

$$[+0]_反 = 0\cdots0, \quad [-0]_反 = 11\cdots11$$

(4) 移码

移码也叫增码，它常以整数形式用在计算机浮点数的阶码(表示指数)中。若纯整数 x 为 n 位(包括符号位)，则其移码定义为

$$[x]_移 = 2^{n-1} + [x]_补, \quad -2^{n-1} \leqslant x \leqslant 2^{n-1} - 1$$

例如，设字长为 8 位，若 $x = +1000_{(2)}$，则其补码为 $[x]_补 = 00001000$，其移码为

$$[x]_移 = 2^7 + [x]_补 = 10000000 + 00001000 = 10001000$$

若 $x = -1000_{(2)}$，则其补码为 $[x]_补 = 11111000$，其移码为

$$[x]_移 = 2^7 + [x]_补 = 10000000 + 11111000 = 01111000$$

由此可得出求移码的规则：将补码符号位求反即得该数的移码。

3. 数的定点表示

计算机中小数的小数点并不是用某个数字来表示的，而是用隐含的小数点的位置来表示的。根据小数点的位置是否固定，可分为定点表示和浮点表示。其中，定点表示形式又分为定点小数表示形式和定点整数表示形式。

(1) 定点小数

将小数点固定在符号位 d_0 之后、数值最高位 d_{-1} 之前，这就是定点小数形式。其格式如下所示。

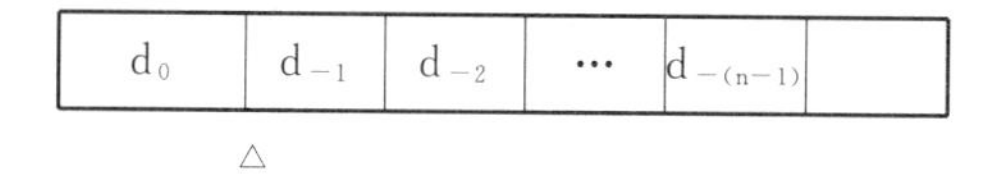

其数据的表示范围随数的机器码表示方法的不同而不一样。

① 设字长为 8 位，用原码表示时，其表示范围如下。

	最小负数	最大负数	最小正数	最大正数
二进制原码	1. 1111111	1.0000001	0.0000001	0.1111111
十进制真值	$-(1-2^{-7})$	-2^{-7}	2^{-7}	$1-2^{-7}$

若字长为 n+1 位，则 $2^{-n} \leqslant |x| \leqslant 1-2^{-n}$。

② 设字长为 8 位，用补码表示时，其表示范围如下。

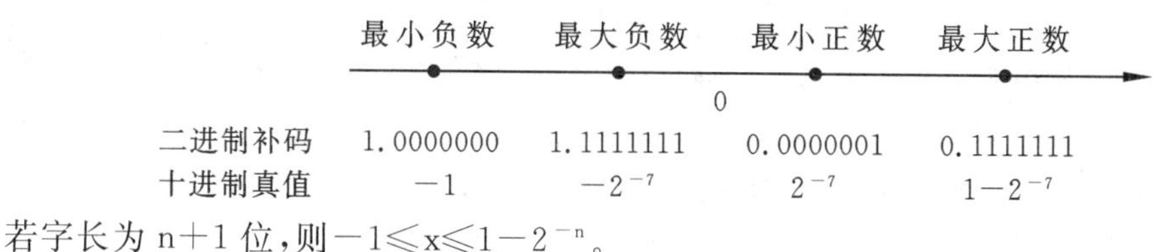

若字长为 n+1 位，则 $-1 \leqslant x \leqslant 1-2^{-n}$。

(2) 定点整数

将小数点固定在数的最低位之后,这就是定点整数形式。其格式如下所示。

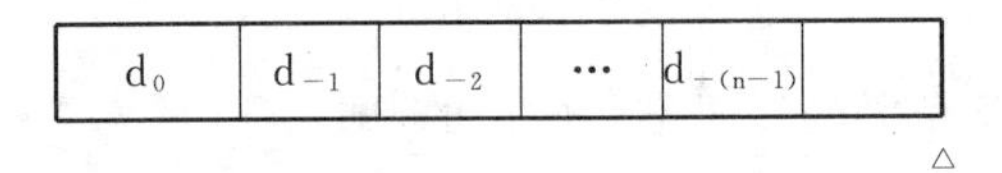

其数据的表示范围随数的机器码表示方法的不同而不一样。

① 设字长为 8 位,用原码表示时,其表示范围如下。

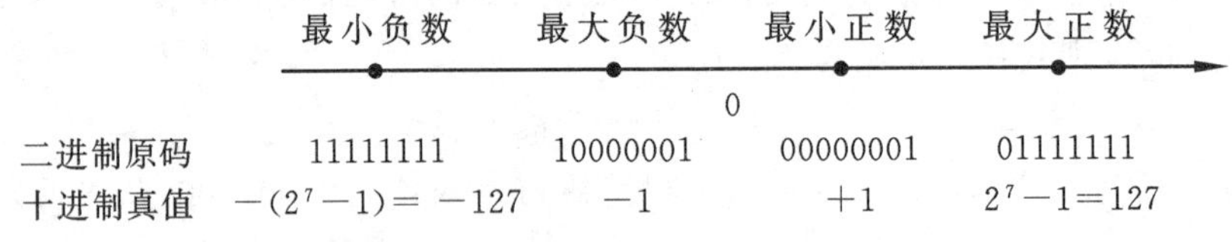

若字长为 n+1 位,则 $1\leqslant|x|\leqslant 2^n-1$ 。

② 设字长为 8 位,用补码表示时,其表示范围如下。

	最小负数	最大负数	最小正数	最大正数
二进制补码	10000000	11111111	00000001	01111111
十进制真值	$-2^7=-128$	-1	$+1$	$2^7-1=127$

若字长为 n+1 位,则 $-2^n\leqslant x\leqslant 2^n-1$。

注意:*若是 8 位无符号定点整数,则其二进制编码范围是从 00000000～11111111,对应的十进制真值为 0～255。*

综上所述,用原码表示时,由于真值零占用了两个编码,因此,n 位二进制数只能表示 2^n-1 个原码。原码表示的优点是:数的真值与它的原码之间的对应关系简单、直观、转换容易,但用原码实现加、减运算很不方便。

在补码系统中,由于零有惟一的编码,因此,n 位二进制数能表示 2^n 个补码,采用补码表示比用原码表示可多表示一个数。补码在机器中常用于做加、减运算。

4. 数的浮点表示法

如果要处理的数既有整数部分又有小数部分或要求数值表示的范围很大,则要使用浮点的表示形式(即小数点的位置不固定,是浮动的)。例如,可将二进制数 10.0011 表示成 1.00011×2^1,0.100011×2^2 或 100.011×2^{-1},小数点的位置可用 2^i 来调整。

(1) 浮点数的表示格式

浮点表示法把字长分成阶码(表示指数)和尾数(表示数值)两部分。其格式如下(第一种浮点格式)。

J	$E_{m-1}\cdots E_1$	S	$D_{-1}\cdots D_{-(n-1)}$
阶符	阶码值	数符	尾数值

阶码部分共分为 m 位,其中,J 为阶符(即指数部分的符号位),E_i 为阶码值(表示幂次);基数 R 是隐含约定的,通常取 2;尾数部分共分为 n 位,其中 S 是尾数部分的符号位,$D_{-1}\cdots D_{-(n-1)}$ 为尾数值部分。假设阶码为 E,尾数为 D,基数为 2,则以这种格式存储的数 X 可表示为 $X=D\times2^E$。

实际应用中,阶码通常采用补码或移码定点整数形式,尾数通常用补码定点小数形式来表

示。浮点表示法还有另一种(即第二种浮点格式)表示格式:阶码用移码表示,将数符放在最高位,即

S	J	$E_{m-1}\cdots E_1$	$D_{-1}\cdots D_{-(n-1)}$
数符	阶符	阶码值	尾数值

(2) 浮点数的规格化

为了使浮点表示法有尽可能高的精度,采取的措施之一是增加位数或者是在字长一定的情况下,将阶码和尾数所占的位数协调好;措施之二是采用浮点数规格化表示。那么,什么是浮点数规格化呢?这就是通过调整阶码,使其尾数D满足下面的形式。

① 原码规格化后,正数为 0.1××…×的形式;

负数为 1.1××…×的形式。

② 补码规格化后,正数为 0.1××…×的形式;

负数为 1.0××…×的形式。

(3) 浮点数的表示举例

例 2.1 某机用32位表示一个数,阶码部分占8位(含一位符号位),尾数部分占24位(含一个符号位)。设 $x_1=-256.5$,$x_2=127/256$,试写出 x_1 和 x_2 的两种浮点数表示格式。

解 ① $x_1=-256.5=-(100000000.1)_2=-2^9\times 0.1000000001$

阶码的补码为 $[+9]_补=00001001$

阶码的移码为 $[+9]_移=10001001$

尾数=1.01111111110000000000000 (规格化补码)

第一种浮点表示的格式为 00001001,1.01111111110000000000000

用十六进制表示的格式为 $(09BFE000)_{16}$

第二种浮点表示的格式为 1,10001001,01111111110000000000000

用十六进制表示的格式为 $(C4BFE000)_{16}$

② $x_2=127/256=(1111111)_2\times 2^{-8}=2^{-1}\times 0.1111111$

阶码的补码为 $[-1]_补=11111111$

阶码的移码为 $[-1]_移=01111111$

尾数=0.11111110000000000000000 (规格化补码)

第一种浮点表示的格式为 11111111,0.11111110000000000000000

用十六进制表示的格式为 $(FF7F0000)_{16}$

第二种浮点表示的格式为 0,01111111,11111110000000000000000

用十六进制表示的格式为 $(3FFF0000)_{16}$

(4) 浮点数的表示范围

设阶码和尾数各为4位(各包含一个符号位),则其浮点数的表示范围分别如下。

1) 阶码范围

	最小负数	最大负数	最小正数	最大正数
二进制补码	1000	1111	0001	0111
十进制真值	$-2^3=-8$	-1	$+1$	$2^3-1=7$

(数轴上 0 位于最大负数与最小正数之间)

2)规格化尾数表示范围

	最小负数	最大负数	最小正数	最大正数
二进制补码	1.000	1.011	0.100	0.111
十进制真值	-1	$-(2^{-3}+2^{-1})$	2^{-1}	$1-2^{-3}$

3)规格化浮点数表示范围

	最小负数	最大负数	最小正数	最大正数
二进制补码	$2^{0111}\times1.000$	$2^{1000}\times1.011$	$2^{1000}\times0.100$	$2^{0111}\times0.111$
阶码用移码	$2^{1111}\times1.000$	$2^{0000}\times1.011$	$2^{0000}\times0.100$	$2^{1111}\times0.111$
十进制真值	$-2^{7}\times1$	$-2^{-8}\times(2^{-3}+2^{-1})$	$2^{-8}\times2^{-1}$	$2^{7}\times(1-2^{-3})$

注意:这里规格化尾数的最大负数的补码是1.01…1的形式,而不是1.1…0的形式,这是因为1.10…0不是规格化数,其规格化尾数的最大负数应是

$$-(0.10\cdots0+0.0\cdots01)=-0.10\cdots01,\text{而}[-0.10\cdots1]_{补}=1.01\cdots1$$

即$-(2^{-(n-1)}+2^{-1})$。

例如,设尾数为8位(含一个符号位),则规格化尾数的最大负数的补码为1.0111111,即$-(2^{-7}+2^{-1})$。设尾数为7位(含一个符号位),则规格化尾数的最大负数的补码为1.011111,即$-(2^{-6}+2^{-1})$。

根据以上分析若某机用32位表示一个数,指数部分(即阶码)占8位(含一位符号位),尾数部分占24位(含一位符号位),则规格化后所能表示数值的范围为

最大正数——$(1-2^{-23})\times2^{127}$;最小正数——$2^{-1}\times2^{-128}$;

最大负数——$-(2^{-23}+2^{-1})\times2^{-128}$;最小负数——$-1\times2^{127}$。

(5)溢出问题

定点数判断溢出的办法是对数值本身进行判断,而浮点数是对规格化后的阶码进行判断。一个浮点数阶码大于机器的最大阶码称为上溢;而小于最小阶码称为下溢。机器产生上溢时,不能再继续运算,一般要进行中断处理;出现下溢时,一般规定把浮点数各位强迫为零(当作零处理),机器仍可继续进行运算。

(6)IEEE754标准浮点数表示

二进制浮点数的表示,由于不同机器所选用的基值、尾数位长度和阶码位长度不同,因此浮点数表示上有较大差别,这就不利于软件在不同计算机间的移植。美国IEEE(电气及电子工程师协会)为此提出了一个从系统结构角度支持浮点数的表示方法,称为IEEE标准754(1985),它是一种优化表示法,当今流行的计算机几乎都采用了这一标准。

IEEE 754标准在表示浮点数时,每个浮点数均由三部分组成:符号位S,指数部分E和尾数部分M。

IEEE 754标准在表示浮点数时一般采用以下四种基本格式。

① 单精度格式(32位):除去符号位1位后,E=8位,M=23位。

② 扩展单精度格式:E≥11位,M≥31位。

③ 双精度格式(64位):E=11位,M=52位。

④ 扩展双精度格式:E≥15位,M≥63位。

在 IEEE754 标准中，约定小数点左边隐含一位，通常这位数就是 1，这样实际上尾数的有效位数为 24 位(单精度)，即尾数为 1. M。指数的值在这里称为阶码，为了表示指数的正负，阶码部分采用移码表示，移码值为 127，阶码值即从 1 到 254 变为 −126 至 +127，在 IEEE754 标准中所有的数字位都得到了使用，明确地表示了无穷大和 0，并且还引进了“非规格化数”，使得绝对值较小的数得到更准确的表示。IEEE754 标准的单精度和双精度浮点数表示格式，如图 2-1 所示。

S(1位)	指数 E(8位)	尾数 M(23位)

(a) 单精度

S(1位)	指数 E(11位)	尾数 M(52位)

(b) 双精度

图 2-1　IEEE754 标准浮点数表示格式

其中，阶码值 0 和 255 分别用来表示特殊数值：当阶码值为 255 时，若尾数部分为 0，即表示无穷大；若尾数部分不为 0，则认为这是一个非数值 NaN(Not a Number)。当阶码和尾数均为 0 时，则表示该值为 0，因为非零数的有效位总是大于或等于 1，因此特殊约定其表示为 0。

概括起来，由 32 位单精度的 IEEE754 标准浮点数 N，如表 2-1 所示。

表 2-1　IEEE754 单精度浮点数的表示方法

S(1位)	E(8位)	M(23位)	N(共32位)
符号位	0	0	0
符号位	0	不等于 0	$(-1)^S\times 2^{-126}\times(0.M)$为非规格化数，(0 为隐含位)
符号位	1 到 254 之间	不等于 0	$(-1)^S\times 2^{E-127}\times(1.M)$为规格化数，(1 为隐含位)
符号位	255	不等于 0	NaN(非数值)
符号位	255	0	$(-1)^S\infty$(无穷大)

注意：当数字 N 为非规格化数或是 0 时，隐含位是 0。

由此可见，IEEE754 标准使 0 有了精确表示，同时也明确地表示了无穷大。所以，当 a/0 (a 不等于 0)时得到结果值为 $\pm\infty$；当 0/0 时得到结果值为 NaN。对于绝对值较小的数，为了避免下溢而损失精度，允许采用比最小规格化数还要小的数来表示，这些数称为非规格化数(Denormal Number)，应注意的是，非规格化数和正、负零的隐含位值是 0，而不是 1。

IEEE754 标准单、双精度浮点数的特征如表 2-2 所示。

表 2-2　IEEE754 标准单、双精度浮点数的特征

	单　精　度	双　精　度
符号位	1	1
指数位	8	11
尾数位	23	52
总位数	32	64
指数系统	移码 127	移码 1023
指数取值范围	$-126\sim+127$	$-1022\sim+1023$
最小规格化数	2^{-126}	2^{-1022}
最大规格化数	2^{+128}	2^{+1024}
十进制数范围	$10^{-38}\sim+10^{+38}$	$10^{-308}\sim+10^{+308}$
最小非规格化数	10^{-45}	10^{-324}

下面举两个例子来说明 IEEE754 标准浮点数的表示。

① N=−1.5,它的单精度格式表示为

1　01111111　10000000000000000000000

其中,S=1,E=127,M=0.5,因此 $N=(-1)^1\times 2^{127-127}\times(1.5)=-1.5$

② 以下的 32 位数所表示的单精度浮点数为

1　10000001　01000000000000000000000

其中,S=1,E=129,M=0.25,由公式 $N=(-1)^1\times 2^{129-127}\times(1.25)=-2^2\times 1.25=-5$

2.1.2 非数值数据的表示

1. 字符的表示

计算机不但要处理数值领域的问题,而且要处理大量非数值领域的问题,如文字、字母及一些专用符号。这些信息只有写成二进制格式的代码存入计算机才能对它们进行加工处理。国际上普遍采用标准化代码,例如,ASCII 码(American Standard Code For Information Interchange,美国国家信息交换标准字符码)。ASCII 码共有 128 个字符,其中,95 个编码(包括 26 个英文字母的大小写,10 个数字符(0~9),标点符号等)对应可在计算机终端输入并显示的 95 个字符,打印机也可打印这 95 个字符;另外的 33 个字符用来表示控制码,控制计算机某些外围设备的工作特性和某些计算机软件运行情况。在计算机中,用一个字节表示一个 ASCII 码,其最高一位(b_7位)填 0,余下的 7 位可以给出 128 个编码,表示 128 个不同的字符和控制码。在进行奇偶校验时,也可以用最高位(b_7)作为校验位。表 2-3 所示的是 ASCII 码表。

表 2-3　ASCII 码表

ASCII 编码字符集				b_6 b_5 b_4	0 0 0	0 0 1	0 1 0	0 1 1	1 0 0	1 0 1	1 1 0	1 1 1
b_3	b_2	b_1	b_0	十六进制数	0	1	2	3	4	5	6	7
0	0	0	0	0	NUL 空　白	DLE 数据链转义	间隔	0	@	P	、	p
0	0	0	1	1	SOH 标题开始	DC1 设备控制 1	!	1	A	Q	a	q
0	0	1	0	2	STX 正文开始	DC2 设备控制 2	”	2	B	R	b	r
0	0	1	1	3	ETX 正文结束	DC3 设备控制 3	#	3	C	S	c	s
b_3	b_2	b_1	b_0	十六进制数	0	1	2	3	4	5	6	7
0	1	0	0	4	EOT 传输结束	DC4 设备控制 4	$	4	D	T	d	t
0	1	0	1	5	ENQ 询　问	NAK 否　认	%	5	E	U	e	u
0	1	1	0	6	ACK 承　认	SYN 同步空转	&	6	F	V	f	v
0	1	1	1	7	BEL 告　警	ETB 组传输结束	,	7	G	W	g	w
1	0	0	0	8	BS 退　格	CAN 作　废	(	8	H	X	h	x
1	0	0	1	9	HT 横向制表	EM 媒体结束	)	9	I	Y	i	y
1	0	1	0	A	LF 换　行	SUB 取　代	*	:	J	Z	j	z
1	0	1	1	B	VT 纵向制表	ESC 转　义	+	;	K	[	k	{
1	1	0	0	C	FF 换　页	FS 文卷分隔	,	<	L	\	l	¦
1	1	0	1	D	CR 回　车	GS 组分隔	—	=	M	]	m	}
1	1	1	0	E	SO 移　出	RS 记录分隔	。	>	N	∧	n	~
1	1	1	1	F	SI 移　入	US 单元分隔	/	?	O	-	o	DEL

在微机中使用的是扩展的ASCII码，它可表示256个编码。

2. 汉字的表示

利用计算机系统对语言文字信息进行处理，是信息化社会的重要特征之一。和西文相比，汉字信息处理的主要困难在于：汉字的输入、汉字在计算机内部的表示和汉字的输出。

(1) 汉字的输入

输入码是为使输入设备能将汉字输入到计算机而专门编制的一种代码。目前已出现了数百种汉字输入方案，常见的有国标码、区位码、拼音码和五笔字型码等。

国标码和区位码是专业人员使用的一种汉字编码，它是以数字代码来区别每个汉字的。拼音码是最容易学习的一种，但它的重码太多，检字太慢。五笔字型码则是以结构来区分每个汉字的，它的重码少，是目前推广的一种比较简单、易学、易记的输入码。

我国在1981年颁布了《通用汉字字符集(基本集)及其交换码标准》GB2312—1980方案，简称国标码。它把6763个汉字归结在一起称为汉字基本字符集，再根据使用频度分为两级，第一级为3755个汉字，按拼音排序；第二级为3008个汉字，按部首排序。此外，还有各种符号、数字、字母等628个。总计7445个汉字、字母等。由于1个字节最多只能表示256种不同的字符，因而汉字必须至少用2个字节才能表示，国标码就是用2个字节表示1个汉字的。第一级汉字3755个安排在编号3021H～577AH(其中H表示十六进制数)之间。例如，汉字“啊”和“京”字，其国标码编号分别是3021H和3E29H。

区位码是将GB2312—1980方案中的字符，按其位置划分为94个区，每个区94个字符。区的编号从1～94，区内字符编号也从1～94。其中1～9区为图形字符区，包括符号、序号、数字、拉丁字母、日文假名、希腊字母、俄文字母、汉语拼音符号等，共682个。10～15区为空白区、16～55区为第一级汉字区(含3755个汉字)、56～87区为第二级汉字区(含3008个汉字)、88～94区为空白区。GB2312—1980方案中的每个汉字均可用区位码来表示，前两位是区号，后两位是区内字符编号。例如，汉字中的“啊”字，其区位码用十六进制数表示为1001H；“京”字的区位码为1E09H。

区位码是国标码的变形，它们之间的关系可用下面公式来表示，即

$$\text{国标码(十六进制)} = \text{区位码(十六进制)} + 2020\text{H}$$

它们都是用数字进行编码的，即用4位数字串代表一个汉字的输入。

(2) 汉字在机内的表示

机内码是指机器内部处理和存储汉字的一种代码。目前，国内还没有制定统一的汉字机内码，常用的一种汉字机内码是用2个字节表示一个汉字的。它是在国标码的基础上，将每个字节的最高位置“1”作为汉字标记而组成的。机内码与国标码之间的转换关系为

$$\text{机内码(十六进制)} = \text{国标码(十六进制)} + 8080\text{H}$$

例如，“京”字的国标码为3E29H，其机内码为BEA9H。

(3) 汉字的输出与汉字字库

显示器是采用图形方式(即汉字是由点阵组成)来显示汉字的。但是，由于汉字字形复杂，用显示西文字符的8×8点阵无法显示一些常用的汉字，故每个汉字至少需要16×16的点阵才能显示。图2-2所示的是用16×16点阵显示一个汉字的例子。

对于这种16×16点阵码，每个汉字要用32字节的容量，它是最简单的汉字点阵。若要获得更美观的字形，需采用24×24,32×32,48×48等点阵来表示。一个实用的汉字系统大约占

字节	数据	字节	数据	字节	数据	字节	数据
0	3FH	1	FCH	2	00H	3	00H
4	00H	5	00H	6	00H	7	00H
8	FFH	9	FFH	10	00H	11	80H
12	00H	13	80H	14	02H	15	A0H
16	04H	17	90H	18	08H	19	88H
20	10H	21	84H	22	20H	23	82H
24	C0H	25	81H	26	00H	27	80H
28	21H	29	00H	30	1EH	31	00H

图 2-2 汉字“示”的点阵码

几十万到上百万个存储单元。

在机器中建立汉字库有两种方法,一种是将汉字库存放在软盘或硬盘中,每次需要时自动装载到计算机的内存中,用这种方法建立的汉字字库称为软字库;另一种是将汉字库固化在ROM中(俗称汉卡),再插在PC机的扩展槽中,这样不占内存,只需要安排一个存储器空间给字库即可,用这种方法建立的汉字库称为硬字库。

一般常用的汉字输出有打印输出和显示输出两种形式。输出汉字的过程为:将输入码转换为机内码,然后用机内码检索字库,找到其字形点阵码,再输出汉字。其过程如图 2-3 所示。

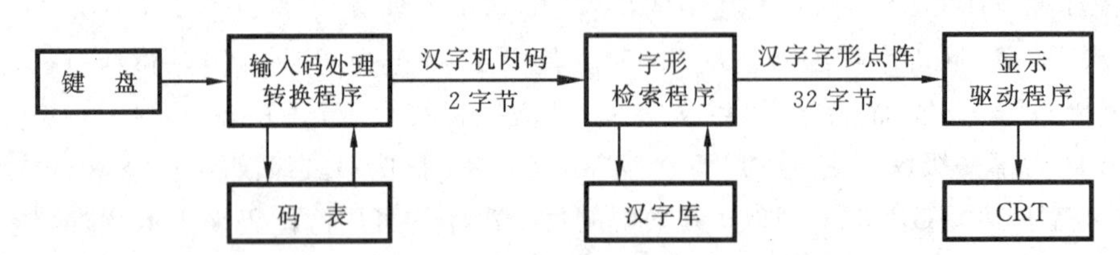

图 2-3 汉字机内码显示原理

2.2 定点加、减法运算

2.2.1 定点补码加、减法与溢出

在计算机中,常将数值转换成补码后再进行加、减运算。其优点是可将减法运算转化为加法运算,从而简化机器内部硬件电路的结构。补码运算的特点是符号位和数值位一起参加运算,只要结果不超出机器能表示的数值范围(即溢出),得到的就是本次运算的结果。

1. 补码加、减运算规则

(1) 补码的加法运算

公式

$$[x]_{补}+[y]_{补}=[x+y]_{补} \tag{2-1}$$

下面以模为 2 定义的补码为例,分几种情况来证明这个公式。

① 设 $x>0$, $y>0$,则 $x+y>0$。

由于参加运算的数都为正数，故运算结果也一定为正数；又由于正数的补码与真值有相同的表示形式，即

$$[x]_{补}=x, \quad [y]_{补}=y$$

所以 $$[x]_{补}+[y]_{补}=x+y=[x+y]_{补}$$

② 设 $x>0$，$y<0$，则 $x+y>0$ 或 $x+y<0$。

当参加运算的数一个为正数，一个为负数时，运算结果有正、负两种可能。根据补码定义有

$$[x]_{补}=x, \quad [y]_{补}=2+y$$

所以 $$[x]_{补}+[y]_{补}=2+(x+y)$$

当 $x+y>0$ 时，$2+(x+y)>2$，2 为符号位进位，即模丢掉；又因为 $(x+y)>0$，

所以 $$[x]_{补}+[y]_{补}=x+y=[x+y]_{补}$$

当 $x+y<0$ 时，$2+(x+y)<2$，又因为 $(x+y)<0$，

所以 $$[x]_{补}+[y]_{补}=2+(x+y)=[x+y]_{补}$$

这里应将 $(x+y)$ 看成一个整体。

③ 设 $x<0$，$y>0$，则 $x+y>0$ 或 $x+y<0$。

这种情况和第②种情况类似，只需把 x 与 y 的位置对调即可得证。

④ 设 $x<0$，$y<0$，则 $x+y<0$。

由于参加运算的数都为负数，故运算结果也一定为负数；又由于负数的补码为

$$[x]_{补}=2+x, \quad [y]_{补}=2+y$$

所以 $$[x]_{补}+[y]_{补}=2+(2+x+y)$$

由于 $x+y$ 为负数，其绝对值又小于 1，所以 $(2+x+y)$ 就一定是小于 2 而大于 1 的数，上式等号右边的 2 必然丢掉，又因为 $x+y<0$，所以

$$[x]_{补}+[y]_{补}=(2+x+y)=2+(x+y)=[x+y]_{补}$$

至此证明了在模为 2 的条件下，任意两个数的补码之和等于该两个数之和的补码。这是补码加法的理论基础，其结论也适用于定点整数。

(2) 补码的减法运算

公式 $$[x]_{补}-[y]_{补}=[x-y]_{补}=[x+(-y)]_{补} \tag{2-2}$$

由于 $$[x+(-y)]_{补}=[x]_{补}+[-y]_{补}$$

所以要证明 $$[x]_{补}-[y]_{补}=[x]_{补}+[-y]_{补} \tag{2-3}$$

只要证明 $[-y]_{补}=-[y]_{补}$，便可证明利用补码将减法运算化作加法运算是可行的，也就是证明式(2-3)是成立的。现证明如下。

因为 $$[x+y]_{补}=[x]_{补}+[y]_{补}$$

所以 $$[y]_{补}=[x+y]_{补}-[x]_{补} \tag{2-4}$$

又因为 $$[x-y]_{补}=[x]_{补}+[-y]_{补}$$

所以 $$[-y]_{补}=[x-y]_{补}-[x]_{补} \tag{2-5}$$

将式(2-4)与式(2-5)相加，得

$$\begin{aligned}[y]_{补}+[-y]_{补} &= [x+y]_{补}-[x]_{补}+[x-y]_{补}-[x]_{补} \\ &= [x+y+x-y]_{补}-[x]_{补}-[x]_{补} \\ &= [x+x]_{补}-[x]_{补}-[x]_{补}=0\end{aligned}$$

因此，$[-y]_补 = -[y]_补$成立。

不难发现，只要能通过$[y]_补$求得$[-y]_补$，就可以将补码减法运算化为补码加法运算。已知$[y]_补$，求$[-y]_补$的法则是：对$[y]_补$各位(包括符号位)取反，然后在末位加上1，就可以得到$[-y]_补$。

例如，已知$[y]_补=1.1010$，则$[-y]_补=0.0110$。

又如，已知$[y]_补=0.1110$，则$[-y]_补=1.0010$。

(3) 补码加、减法运算规则

补码加、减运算规则如下。

① 参加运算的数都用补码表示。

② 数据的符号与数据一起参加运算。

③ 求差时将减数求补，用求和代替求差。

④ 运算结果为补码。如果符号位为0，表明运算结果为正；如果符号位为1，则表明运算结果为负。

⑤ 符号位的进位为模值，应该丢掉。

2. 补码加、减运算举例

例 2.2 已知机器字长n=8位，当x=44，y=53时，求x+y。

解

$$x=00101100,\quad y=00110101$$

$$[x]_补=00101100,\quad [y]_补=00110101$$

$$\begin{array}{r} [x]_补= 00101100 \\ +\ [y]_补= 00110101 \\ \hline [x+y]_补= 01100001 \end{array}$$

$$(x+y)_2=+1100001,\quad x+y=97$$

例 2.3 已知机器字长n=8位，当x=−44，y=−53时，求x+y。

解

$$x=-00101100,\quad y=-00110101$$

$$[x]_补=11010100,\quad [y]_补=11001011$$

$$\begin{array}{r} [x]_补= \quad 11010100 \\ +\ [y]_补= \quad 11001011 \\ \hline [x+y]_补= 1\ 10011111 \end{array}$$

(最高位的1)已超出模值，丢掉

$$(x+y)_2=-1100001,\quad x+y=-97$$

例 2.4 已知机器字长n=8位，当x=44，y=53时，求x−y。

解

$$x=00101100,\quad y=00110101$$

$$[x]_补=00101100,\quad [-y]_补=11001011$$

$$\begin{array}{r} [x]_补= 00101100 \\ +\ [-y]_补= 11001011 \\ \hline [x-y]_补= 11110111 \end{array}$$

$$(x-y)_2=-0001001,\quad x-y=-9$$

例 2.5 已知机器字长 n=8 位,当 x=-44,y=-53 时,求 x-y。

解

$$x=-00101100,\quad y=-00110101$$

$$[x]_{补}=11010100,\quad [-y]_{补}=00110101$$

$$\begin{array}{rl} [x]_{补}= & 11010100 \\ +\quad [-y]_{补}= & 00110101 \\ \hline [x-y]_{补}= & 1\ 00001001 \end{array}$$

(最高位 1:已超出模值,丢掉)

$$(x-y)_2=+0001001,\quad x-y=+9$$

3. 溢出判断法

以上介绍了补码加、减运算的方法,其前提是在运算结果不超出机器所能表示的数值范围时,可得到正确结果。如果运算结果超出了机器所能表示的数值范围,则会产生溢出。如果产生了溢出,那么运算结果就不正确了。判断溢出的方法是:两个符号相同的数相加,其运算结果的符号应与被加数符号、加数符号相同,如相反就说明出现溢出现象;两个符号相异的数相减,其运算结果的符号应与被减数的符号相同,如相反则有溢出发生。

例 2.6 已知机器字长 n=8 位,当 x=120, y=10 时,求 x+y。

解

$$x=+1111000,\quad y=+0001010$$

$$[x]_{补}=01111000,\quad [y]_{补}=00001010$$

$$\begin{array}{rl} [x]_{补}= & 01111000 \\ +\quad [y]_{补}= & 00001010 \\ \hline [x+y]_{补}= & 10000010 \end{array}$$

运算结果符号与被加数符号相反,故产生了溢出,这是由于运算结果已经超出了该 8 位字长所能表达的数值范围(-128~127),所得结果也就不正确了。具体表现在两正数相加,结果不能为负值。判断溢出的方法一般有如下两种,即双符号位法和进位判断法。

(1) 双符号位法(变形补码法)

一个符号位只能表明正、负两种情况,当产生溢出时,符号位将会产生混乱。若将符号位用两位表示,则从符号位上就可以很容易判明是否有溢出产生以及运算结果的符号是否正确了。具体是用两个相同的符号位表示一个数的符号,左边第一位为第一符号位 S_{f1},相邻的为第二符号位 S_{f2}。现定义双符号位的含义为:00 表示正号;01 表示产生正向溢出;11 表示负号;10 表示产生负向溢出。采用双符号位后,可用逻辑表示式 $V=S_{f1}\oplus S_{f2}$ 来判断溢出情况。若 V=0,则无溢出;V=1,则有溢出。这样,如果运算结果的两个符号位相同,则没有溢出发生;如果运算结果的两个符号位不同,则发生了溢出,但第一符号位永远是结果的真正符号位。

例 2.7 已知 x=0.1011,y=0.0111,求 x+y。

解

$$[x]_{补}=00.1011,\quad [y]_{补}=00.0111$$

$$\begin{array}{rl} [x]_{补}= & 00.1011 \\ +\quad [y]_{补}= & 00.0111 \\ \hline [x+y]_{补}= & 01.0010 \end{array}$$

两符号位为 01,表示出现正向溢出。

例 2.8 已知 x=−0.1011,y=0.0111,求 x−y。

解 $[x]_{补}=11.0101$,$[-y]_{补}=11.1001$

$$\begin{array}{rr} [x]_{补}= & 11.0101 \\ +\ [-y]_{补}= & 11.1001 \\ \hline [x-y]_{补}= & 1\ 10.1110 \end{array}$$

(最高位 1:已超出模值,丢掉)

两符号位为 10,表示出现负向溢出。

(2) 进位判断法

当两个单符号位的补码进行加、减运算时,若最高数值位向符号位的进位值 C 与符号位产生的进位输出值 S 相同,则没有溢出发生。如果两个进位值不同,则有溢出发生。其判断溢出表达式为 $V=S\oplus C$。

例如

$$\begin{array}{rr} [x]_{补}= & 1.0101 \\ +\ [y]_{补}= & 1.1001 \\ \hline [x+y]_{补}= & 10.1110 \end{array}$$

最高有效位没有进位,即 C=0,符号位有进位,即 S=1,故 $V=1\oplus 0=1$,有溢出发生。而

$$\begin{array}{rr} [x]_{补}= & 1.0101 \\ +\ [y]_{补}= & 0.1001 \\ \hline [x+y]_{补}= & 10.0110 \end{array}$$

最高有效位有进位,即 C=1,符号位有进位,即 S=1,故 $V=1\oplus 1=0$,无溢出发生,x+y=+0.0110。

2.2.2 基本的二进制加、减法器

设字长为 n 位,两个操作数分别为

$$[x]_{补}=x_0.x_1x_2\cdots x_{n-1}$$
$$[y]_{补}=y_0.y_1y_2\cdots y_{n-1}$$

其中,x_0、y_0 为符号位。图 2-4 所示的是以补码运算实现加、减运算的逻辑框图。图中,P 端为

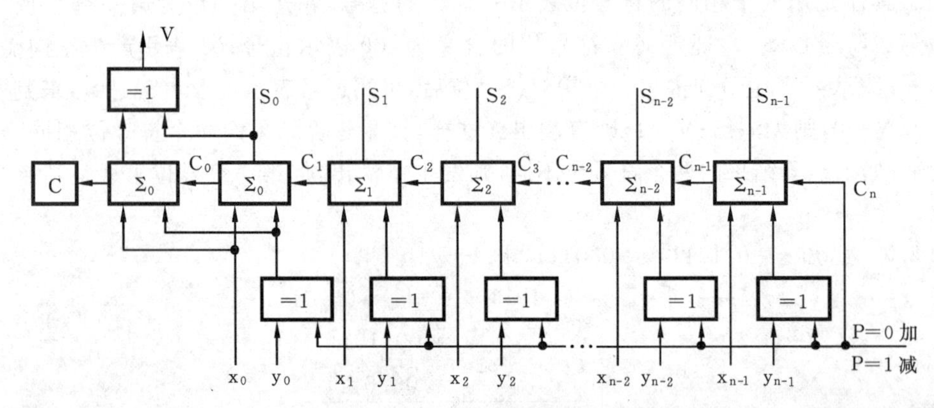

图 2-4 补码加、减法的实现逻辑框图

选择补码加、减法运算的控制端。做加法时，P 端信号为 0，y_i（i=0，1，…，n−1）分别送入相应的一位加法器 $\sum_i$ 的输入端，实现加法运算；做减法时，P 端信号为 1，y_i（i=0，1，…，n−1）求反后分别送入相应的一位加法器 $\sum_i$ 的输入端，同时 $C_n=1$，即送入加法器的数做了一次求补操作，经加法器求和便可实现减法运算。$S_0 \sim S_{n-1}$ 为和的输出端。这里采用变形补码运算，最左边一位加法器 $\sum_0$ 是为判断溢出而设置的，V 端是溢出指示端。寄存器 C 寄存第一个符号位产生的进位，也就是变形补码的模，按变形补码运算时，其自动丢掉。

2.3　定点乘法运算

实现乘、除法运算的方法较多，归纳起来不外乎两种方法。一是软件方法，在低档小型机和微型机中，一般采用软件方法，即利用机器的基本指令编写子程序，当需做乘、除法运算时，调用子程序来实现。二是硬件方法，在功能较强的机器中，由以加法器为核心的能实现乘、除法运算的硬件组成。本节将从运算规则、算法流程及硬件实现等几个方面进行讨论。

2.3.1　原码一位乘法

由于原码的数值部分与真值相同，所以，考虑原码一位乘法的运算规则或方法时，可以从手算中得到一些启发。

1. 原码一位乘法的运算规则

设 $x=x_f.x_1x_2\cdots x_n$，$y=y_f.y_1y_2\cdots y_n$，乘积为 P，乘积的符号位为 P_f，则有

$$P_f=x_f \oplus y_f,\quad |P|=|x|\cdot|y|$$

以下为求 |P| 的运算规则。

① 被乘数和乘数均取绝对值参加运算，符号位单独考虑。

② 被乘数取双符号，部分积的长度与被乘数的长度相同，初值为 0。

③ 从乘数的最低位的 y_n 位开始对乘数进行判断，若 $y_n=1$，则部分积加上被乘数 |x|，然后右移一位；若 $y_n=0$，则部分积加上 0，然后右移一位。

④ 重复③判断 n 次。

图 2-5 所示的是原码一位乘法的算法流程图，图中的 i 用于计数，它表示循环次数（相加/移位的次数），随着 y 的右移，y_n 位总是表示乘数将要被判断的那一位。

下面举例说明机器实现原码一位乘法的过程。

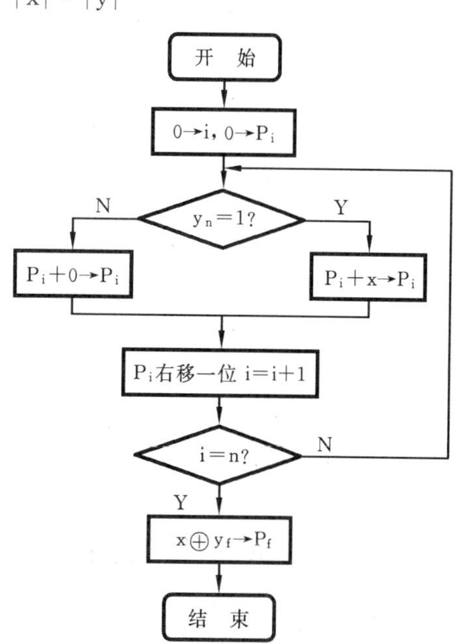

图 2-5　原码一位乘法算法流程图

例 2.9 已知 $x=-0.1101$，$y=-0.1011$，求 $[x\times y]_{原}$。

解 $|x|=00.1101$（用双符号表示），$|y|=0.1011$（用单符号表示）。

	部分积	乘数 y_n	说明
	00.0000	0.1011	
+	00.1101		$y_n=1$，加 $\|x\|$
	00.1101		
→	00.01101	0.101	右移一位得 P_1
+	00.1101		$y_n=1$，加 $\|x\|$
	01.00111		
→	00.100111	0.10	右移一位得 P_2
+	00.0000		$y_n=0$，加 0
	00.100111		
→	00.0100111	0.1	右移一位得 P_3
+	00.1101		$y_n=1$，加 $\|x\|$
	01.0001111		
→	00.10001111	0	右移一位得 P_4

由于 $P_f=x_f\oplus y_f=1\oplus 1=0$，$|P|=|x|\cdot|y|=0.10001111$，

所以
$$[x\times y]_{原}=0.10001111$$

2. 原码一位乘法的逻辑实现

实现原码一位乘法的硬件逻辑结构如图 2-6 所示。图中，寄存器 R_0 存放部分积；寄存器 R_1 存放乘数，并且最低位的 y_n 位为判断位；R_0 与 R_1 都具有右移功能并且是连通的；寄存器 R_2 存放被乘数；加法器用来完成部分积与位积的求和；计数器记录重复运算的次数。

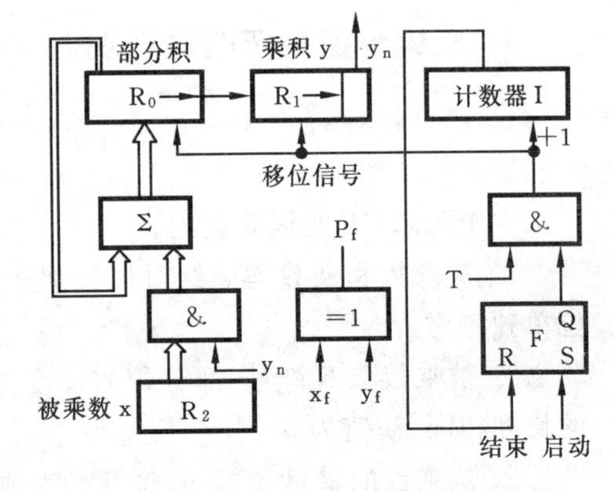

图 2-6 原码一位乘法逻辑结构图

乘法开始时，启动信号使计数器及 R_0 清 0，并将控制触发器 F 置 1。控制触发器 F 置 1 后，开启乘法时序脉冲 T。当判断出乘数末位已给出相应的位的积、加法器已完成部分积与位积的相加后，一旦第一个时序脉冲 T_1 到来，则在该信息的控制下，R_0 和 R_1 中的数据都右移一位形成 P_1，与此同时，计数器加 1，即 $I=1$。接着对乘数的下一位进行判断，如此重复工作下去，直到 $I=n$ 为止。当 $I=n$ 时，计数器给出信号，使控制触发器 F 置 0，这就关闭了时钟脉冲 T，宣告运算结束。运算结束时，乘积的高 n 位数据在 R_0 中，低 n 位数据在 R_1 中。R_1 中原来的乘数在移位中丢失。

2.3.2 补码一位乘法

用补码进行加、减法运算比用原码进行加、减法运算方便简单，而利用原码做乘、除法运算则比补码要方便一些。所以，如果同一运算部件，做加、减法时采用补码运算，做乘、除法时又

采用原码运算，运算后再将结果变成补码，就太麻烦了，因而需要寻找用补码做乘法的算法，当某个数用补码表示时，可像原码那样进行运算。

1. 补码一位乘法的运算规则

补码一位乘法的运算算法是 Booth 夫妇首先提出来的，所以也称 Booth 算法，具体证明过程在此不做介绍，其运算规则如下。

① 符号位参与运算，运算的数均以补码表示。

② 被乘数一般取双符号位参加运算，部分积初值为 0。

③ 乘数可取单符号位，以决定最后一步是否需要校正，即是否要加$[-x]_补$。

④ 乘数末位增设附加位 y_{n+1}，且初值为 0。

⑤ 按表 2-4 所示进行操作。

表 2-4　补码一位乘法算法

y_n(高位)	y_{n+1}(低位)	操　作
0	0	部分积右移一位
0	1	部分积加$[x]_补$，右移一位
1	0	部分积加$[-x]_补$，右移一位
1	1	部分积右移一位

⑥ 按照上述算法进行 n+1 步操作，但第 n+1 步不再移位，仅根据 y_0 与 y_1 的比较结果作相应的运算即可。

补码一位乘法算法流程图如图 2-7 所示。

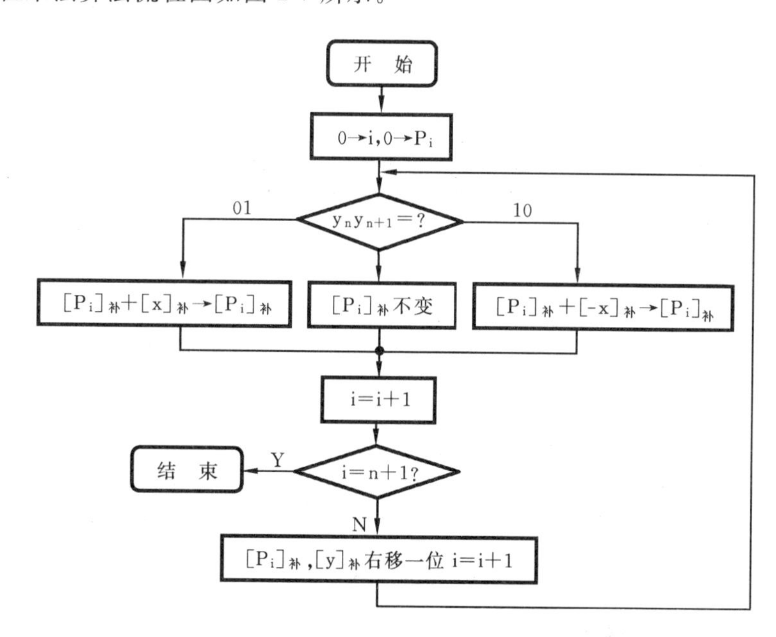

图 2-7　补码一位乘法算法流程图

下面举例说明机器实现补码一位乘法运算的过程。

例 2.10 已知 $x=-0.1101, y=0.1011$，求 $[x\times y]_{补}$。

解 $[x]_{补}=11.0011, [-x]_{补}=00.1101$ （用双符号表示）

$[y]_{补}=0.1011$ （用单符号表示）

	部分积	乘数 $y_n y_{n+1}$	说明
	00.0000	0.10110	
+	00.1101		$y_n y_{n+1}=10$，加 $[-x]_{补}$
	00.1101		
→	00.01101	0.1011	右移一位得 P_1
→	00.001101	0.101	$y_n y_{n+1}=11$，右移一位得 P_2
+	11.0011		$y_n y_{n+1}=01$，加 $[x]_{补}$
	11.011001		
→	11.1011001	0.10	右移一位得 P_3
+	00.1101		$y_n y_{n+1}=10$，加 $[-x]_{补}$
	00.1000001		
→	00.01000001	0.1	右移一位得 P_4
+	11.0011		$y_n y_{n+1}=01$，加 $[x]_{补}$
	11.01110001		最后一步不移位

即

$$[x\times y]_{补}=1.01110001$$

例 2.11 已知 $x=-1, y=0.101$，求 $[x\times y]_{补}$。

解 $[x]_{补}=11.000, [-x]_{补}=01.000$ （用双符号表示）

$[y]_{补}=0.101$ （用单符号表示）

	部分积	乘数 $y_n y_{n+1}$	说明
	00.000	0.1010	
+	01.000		$y_n y_{n+1}=10$，加 $[-x]_{补}$
	01.000		
→	00.1000	0.101	右移一位得 P_1
+	11.000		$y_n y_{n+1}=01$，加 $[x]_{补}$
	11.1000		
→	11.11000	0.10	右移一位得 P_2
+	01.000		$y_n y_{n+1}=10$，加 $[-x]_{补}$
	00.11000		
→	00.011000	0.1	右移一位得 P_3
+	11.000		$y_n y_{n+1}=01$，加 $[x]_{补}$
	11.011000		最后一步不移位

即

$$[x\times y]_{补}=1.011000$$

2. 补码一位乘法的逻辑实现

图 2-8 所示的为补码一位乘法的逻辑结构框图，它与原码一位乘法的逻辑结构十分类似，工作过程也十分类似，不同的有以下几个方面。

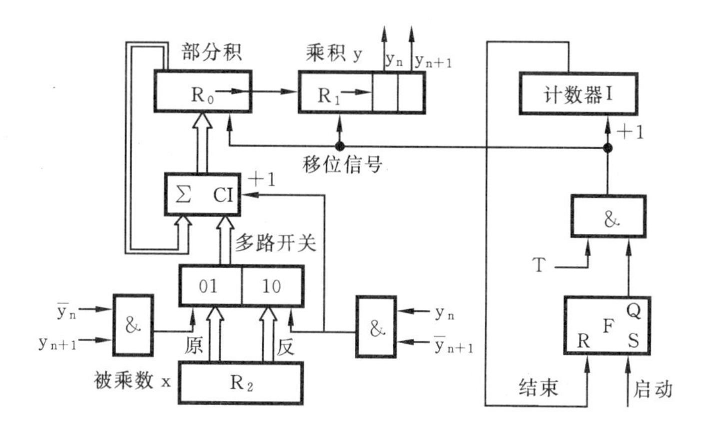

图 2-8 补码一位乘法逻辑结构图

① 乘数寄存器末端增设附加位 y_{n+1}，且 y_{n+1} 初态为 0。

② 符号位参加运算，每次对乘数最末的相邻的两位进行判断，判断位恒在 $y_n y_{n+1}$ 位置上，$y_n y_{n+1}$ 的状态决定了操作方式。

③ 部分积加$[x]_补$或加$[-x]_补$分别受 $y_n y_{n+1}=01$ 和 $y_n y_{n+1}=10$ 控制。当 $y_n y_{n+1}=01$ 时，被乘数以$[x]_补$的形式通过多路开关送入加法器右输入端与 R_0 中的部分积求和；当 $y_n y_{n+1}=10$ 时，被乘数以$[-x]_补$的形式通过多路开关送入加法器右输入端与 R_0 中的部分积求和；当 $y_n y_{n+1}=00$ 或 $y_n y_{n+1}=11$ 时，部分积加 0 的操作不进行，仅移位就可以得到新的部分积。

2.3.3 原码两位乘法

原码一位乘法是从低位到高位逐位对乘数的一位进行判断来获得位积的，即每次仅对乘数的一位进行判断。对于 n 位数的乘法运算，则需要进行 n 步相加和移位操作，才能获得运算结果。为了提高乘法的执行速度，可以考虑每次对乘数的两位进行判断以确定相应的操作，故名两位乘法。

表 2-5 原码两位乘法算法

y_{n-1}	y_n	C	操 作
0	0	0	加 0，右移两位，0→C
0	0	1	加 x，右移两位，0→C
0	1	0	加 x，右移两位，0→C
0	1	1	加 2x，右移两位，0→C
1	0	0	加 2x，右移两位，0→C
1	0	1	减 x，右移两位，1→C
1	1	0	减 x，右移两位，1→C
1	1	1	加 0，右移两位，1→C

以下为原码两位乘法的运算规则。

① 符号位不参加运算，最后的符号 $P_f=x_f \oplus y_f$。

② 部分积与被乘数均采用三位符号，乘数末位增加一位 C，其初值为 0。

③ 按表 2-5 所示的操作。

④ 若尾数 n 为偶数，则乘数用双符号，最后一步不移位；若尾数 n 为奇数，则乘数用单符号，最后一步移一位。

下面举例说明机器实现原码两位乘法运算的过程。

例 2.12 已知 $x=-0.1101$，$y=0.0110$，求$[x\times y]_原$。

解 $|x|=000.1101$，$2|x|=001.1010$（用三符号表示）

$|y|=00.0110$（用双符号表示）

	部分积	乘数 C	说明
	000.0000	00.01100	
+	001.1010		$y_{n-1}y_nC=100$，加 $2\lvert x\rvert$
	001.1010		
→	000.011010	00.010	右移两位，0→C
+	000.1101		$y_{n-1}y_nC=010$，加 $\lvert x\rvert$
	001.001110		
→	000.01001110	00.0	右移两位，0→C
			$y_{n-1}y_nC=000$，最后一步不移位

$P_f=x_f\oplus y_f=1$　故　$[x\times y]_{原}=1.01001110$

例 2.13　已知 $x=-0.011$，$y=-0.011$，求$[x\times y]_{原}$。

解　$|x|=000.011$，$[-|x|]_{补}=111.101$（用三符号表示）

$|y|=0.011$（用单符号表示）

	部分积	乘数 C	说明
	000.000	0.0110	
+	111.101		$y_{n-1}y_nC=110$，减$\lvert x\rvert$，即加$[-\lvert x\rvert]_{补}$
	111.101		
→	111.11101	0.01	右移两位，1→C
+	000.011		$y_{n-1}y_nC=001$，加$\lvert x\rvert$
	000.01001		
→	000.001001		最后一步移一位

$P_x=x_f\oplus y_f=0$　故　$[x\times y]_{原}=0.001001$

2.3.4 补码两位乘法

同原码乘法一样，补码两位乘法的目的也是为了减少运算步骤，提高运算速度。补码两位乘法的算法是在补码一位乘法的算法基础上拓展来的。

以下为补码两位乘法的运算规则。

① 符号位参加运算，两数均用补码表示。

② 部分积与被乘数均采用三位符号表示，乘数末位增加一位 y_{n+1}，其初值为 0。

③ 按表 2-6 所示的操作。

④ 若尾数 n 为偶数，则乘数用双符号，最后一步不移位；若尾数 n 为奇数，则乘数用单符号，最后一步移一位。

表 2-6　补码两位乘法算法

y_{n-1}	y_n	y_{n+1}	操　作
0	0	0	加 0，右移两位
0	0	1	加$[x]_{补}$，右移两位
0	1	0	加$[x]_{补}$，右移两位
0	1	1	加 $2[x]_{补}$，右移两位
1	0	0	加 $2[-x]_{补}$，右移两位
1	0	1	加$[-x]_{补}$，右移两位
1	1	0	加$[-x]_{补}$，右移两位
1	1	1	加 0，右移两位

下面举例说明机器实现补码两位乘法运算的过程。

例 2.14　已知 $x=-0.1101$，$y=0.0110$，求 $[x\times y]_{补}$。

解　$[x]_{补}=111.0011$，$2[-x]_{补}=001.1010$，$2[x]_{补}=110.0110$（用三符号表示）

$[y]_{补}=00.0110$（用双符号表示）

	部分积	乘数 y_{n+1}	说明
	000.0000	00.01100	
+	001.1010		$y_{n-1}y_ny_{n+1}=100$,加 $2[-x]_{补}$
	001.1010		
→	000.011010	00.011	右移两位
+	110.0110		$y_{n-1}y_ny_{n+1}=011$,加 $2[x]_{补}$
	110.110010		
→	111.10110010	00.0	右移两位
			$y_{n-1}y_ny_{n+1}=000$,最后一步不移位

故
$$[x\times y]_{补}=1.10110010$$

例 2.15 已知 $x=-0.011$,$y=-0.011$,求$[x\times y]_{补}$。

解 $[x]_{补}=111.101$,$[-x]_{补}=000.011$(用三符号表示)

$[y]_{补}=1.101$(用单符号表示)

	部分积	乘数 y_{n+1}	说明
	000.000	1.1010	
+	111.101		$y_{n-1}y_ny_{n+1}=010$,加$[x]_{补}$
	111.101		
→	111.11101	1.10	右移两位
+	000.011		$y_{n-1}y_ny_{n+1}=110$,加$[-x]_{补}$
	000.01001		
→	000.001001		最后一步移一位

故
$$[x\times y]_{补}=0.001001$$

例 2.16 已知 $x=+0.1011$,$y=-1$,求$[x\times y]_{补}$。

解 $[x]_{补}=000.1011$,$[-x]_{补}=111.0101$ (用三符号表示)

$[y]_{补}=11.0000$(用双符号表示)

	部分积	乘数 y_{n+1}	说明
	000.0000	11.00000	
→	000.000000	11.000	$y_{n-1}y_ny_{n+1}=000$,右移两位
→	000.00000000	11.0	$y_{n-1}y_ny_{n+1}=000$,右移两位
+	111.0101		$y_{n-1}y_ny_{n+1}=110$,加$[-x]_{补}$
	111.01010000		最后一步不移位

故
$$[x\times y]_{补}=1.01010000$$

2.4 定点除法运算

2.4.1 原码一位除法

除法运算与乘法运算的处理思想相似,通常是将 n 位除转换成若干次"加、减移位"循环,然后通过硬件或软件来实现。下面将重点讨论目前广泛应用的不恢复余数法。

两个用原码表示的数相除时，商的符号通过两个数的符号异或运算求得，而商的数值部分通过两个数的数值部分按正数求商得到。

设被除数$[x]_原=x_f.x_1x_2\cdots x_n$，除数$[y]_原=y_f.y_1y_2\cdots y_n$，则商的符号为

$$Q_f=x_f\oplus y_f$$

商的数值为 $|Q|=|x|/|y|$

求$|Q|$的加、减交替法(不恢复余数法)运算规则如下。

① 符号位不参加运算，并要求$|x|<|y|$。

② 先用被除数减去除数，当余数为正时，商上1，余数左移一位，再减去除数；当余数为负时，商上0，余数左移一位，再加上除数。

③ 当第$n+1$步余数为负时，需加上$|y|$得到第$n+1$步正确的余数，最后的余数为$r^n\times 2^{-n}$(余数与被除数同号)。

原码不恢复余数法算法流程图如图2-9所示。

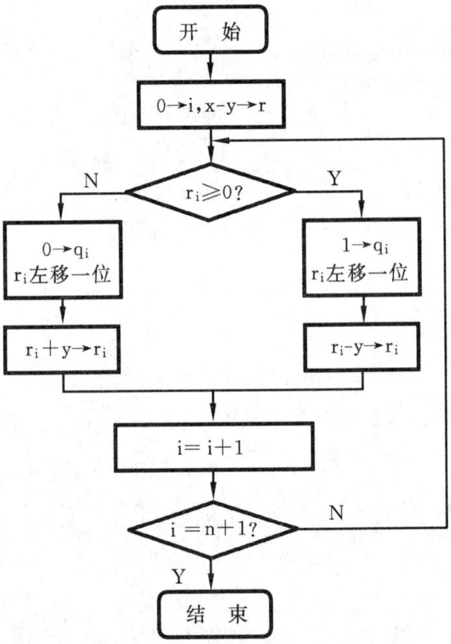

下面举例说明机器实现原码一位除法运算的过程。

图2-9 原码不恢复余数法算法流程图

例2.17 已知$x=-0.1001$，$y=-0.1011$，求$[x/y]_原$。

解 $|x|=00.1001$，$|y|=00.1011$

$[-|y|]_补=11.0101$ (用双符号表示)

	被除数x/余数r	商数q	说明
	00.1001		
$+[-\|y\|]_补$	11.0101		减去除数
	11.1110	0	余数为负，商上0
←	11.1100	0	r和q左移一位
$+[\|y\|]_补$	00.1011		加上除数
	00.0111	0.1	余数为正，商上1
←	00.1110	0.1	r和q左移一位
$+[-\|y\|]_补$	11.0101		减去除数
	00.0011	0.11	余数为正，商上1
←	00.0110	0.11	r和q左移一位
$+[-\|y\|]_补$	11.0101		减去除数
	11.1011	0.110	余数为负，商上0
←	11.0110	0.110	r和q左移一位
$+[\|y\|]_补$	00.1011		加上除数
	00.0001	0.1101	余数为正，商上1

$Q_f=x_f\oplus y_f=1\oplus 1=0$，$[x/y]_原=0.1101$，余数$[r]_原=1.0001\times 2^{-4}$(余数与被除数同号)。

由于原码运算符号位不参加运算，所以

● 若 x= 0.1001,y= 0.1011,则

$[x/y]_{原}=0.1101$,余数$[r]_{原}=0.0001\times2^{-4}$(余数与被除数同号)。

● 若 x=-0.1001,y=0.1011,则

$[x/y]_{原}=1.1101$,余数$[r]_{原}=1.0001\times2^{-4}$(余数与被除数同号)。

● 若 x=+0.1001,y= -0.1011,则

$[x/y]_{原}=1.1101$,余数$[r]_{原}=0.0001\times2^{-4}$(余数与被除数同号)。

实现原码不恢复余数法的硬件逻辑框图如图 2-10 所示,其中寄存器 R_0 在除法开始前存放被除数,运算过程中存放余数。每次获得的商是在余数加上或减去除数后由加法器的状态来定的。商存放在 R_1 中,R_0 与 R_1 都具有左移功能,上商位固定在 q_n 位进行。在运算过程中,经 n+1 步获得 n+1 位商,其中,n 为有效位数,首先获得的一位商一般为 0,最后由 $x_f\oplus y_f$ 的值来填充以决定商的符号,在逻辑上商的符号由"异或"门实现。q_n 的状态用来控制是进行加 y 还是减 y,当 $q_n=1$ 时,除数求补,以$[-y]_{补}$的形式送入加法器,进行减 y 运算;当 $q_n=0$ 时,除数以 y 的形式送入加法器,进行加 y 运算。

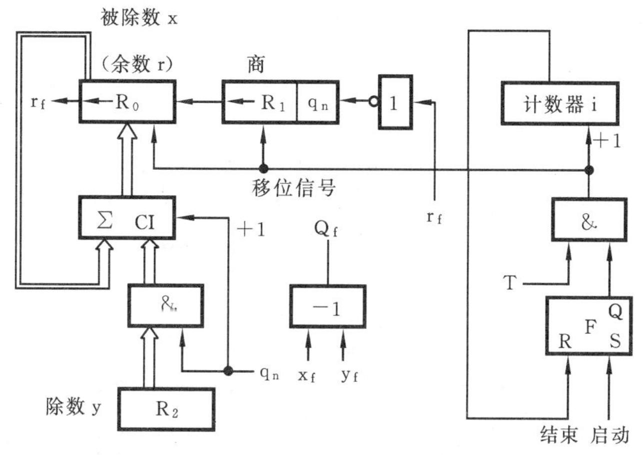

图 2-10 原码一位不恢复余数除法逻辑框图

2.4.2 补码一位除法

补码不恢复余数法的算法规则如下。

① 符号位参加运算,除数与被除数均用双符号补码表示。

② 当被除数与除数同号时,用被除数减去除数;被除数与除数异号时,用被除数加上除数。商符号位的取值见第③步。

③ 当余数与除数同号时,商上 1,余数左移一位减去除数;余数与除数异号时,商上 0,余数左移一位加上除数。

注意: *余数左移加上或减去除数后就得到了新余数。*

④ 采用校正法包括符号位在内,应重复规则③n+1 次。

这种补码不恢复余数法的算法流程图如图 2-10 所示。图中$[y]_{补}$为除数,r 表示余数,q_n 为商的末位。

商的校正可根据下面的原则进行。

① 当刚好能除尽(即运算过程中任一步余数为 0)时，如果除数为正，则商不必校正；若除数为负，则商需要校正，即加 2^{-n}进行修正。

② 当不能除尽时，如果商为正，则不必校正；若商为负，则商需要加 2^{-n}进行修正。

求得 n 位商后，得到的余数往往是不正确的。正确的余数常需要根据具体情况作适当的处理才能获得，处理方法一般如下。

● 若商为正，则当余数与被除数异号时，应将余数加上除数进行修正才能获得正确的余数。

● 若商为负，则当余数与被除数异号时，余数需要减去除数进行校正。

余数之所以需要校正，是因为在补码不恢复余数法的除法运算过程中先比较后上商的缘故。可见，如果要保存余数必须根据具体情况对余数作相应处理，否则余数不一定正确。

下面举例说明机器实现补码不恢复余数法除法运算的过程，如图 2-11 所示。

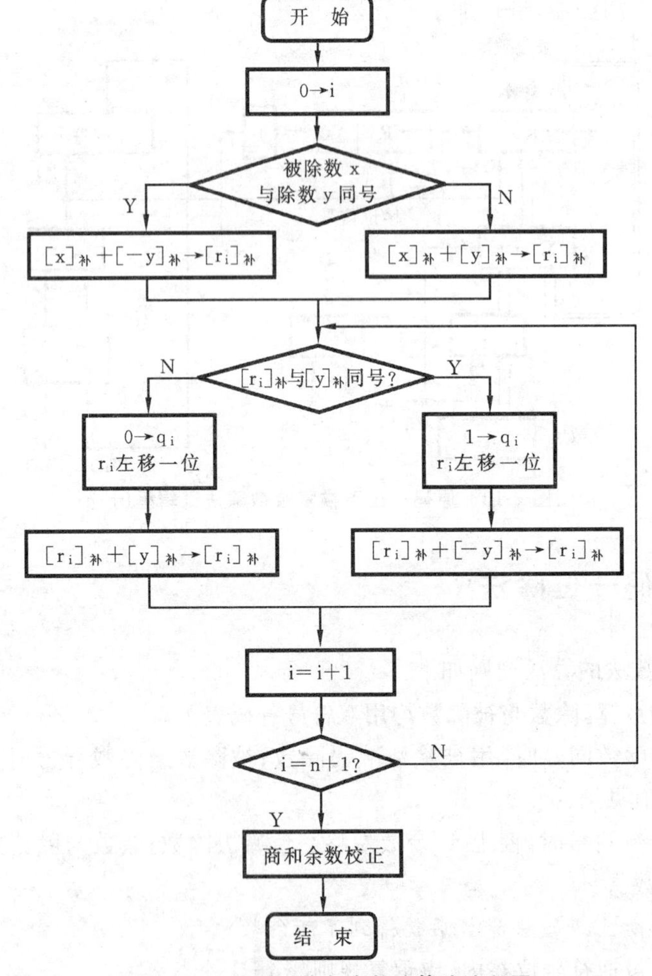

图 2-11 补码不恢复余数法算法流程图

例 2.18 已知 $x=-0.1001$，$y=0.1011$，求$[x/y]_{补}$。

解

$$[x]_{补}=11.0111，[y]_{补}=00.1011$$

$$[-y]_{补}=11.0101(用双符号表示)$$

	被除数 x/余数 r	商数 q	说　明
	11.0111		
+[y]补	00.1011		x 和 y 异号,[x]补+[y]补
	00.0010	1	余数与 y 同号,商上 1
←	00.0100	1	r 和 q 左移一位
+[-y]补	11.0101		减去除数
	11.1001	1.0	余数与 y 异号,商上 0
←	11.0010	1.0	r 和 q 左移一位
+[y]补	00.1011		加上除数
	11.1101	1.00	余数与 y 异号,商上 0
←	11.1010	1.00	r 和 q 左移一位
+[y]补	00.1011		加上除数
	00.0101	1.001	余数与 y 同号,商上 1
←	00.1010	1.001	r 和 q 左移一位
+[-y]补	11.0101		减去除数
	11.1111	1.0010	余数与 y 异号,商上 0

不能除尽,商为负,故需校正,即

$$[x/y]_{补}= 1.0010+ 0.0001= 1.0011$$

余数与被除数同号,则不需校正,即

$$余数[r]_{补}=1.1111\times 2^{-4}(余数与被除数同号)。$$

例 2.19 已知 x=0.1001,y= -0.1001,求$[x/y]_{补}$。

解
$$[x]_{补}=0.1001,\quad [y]_{补}=11.0111$$
$$[-y]_{补}= 00.1001\ (用双符号表示)$$

	被除数 x/余数 r	商数 q	说　明
	00.1001		
+[y]补	11.0111		x 和 y 异号,[x]补+[y]补
	00.0000	0	余数与 y 异号,商上 0
←	00.0000	0	r 和 q 左移一位
+[y]补	11.0111		加上除数
	11.0111	0.1	余数与 y 同号,商上 1
←	10.1110	0.1	r 和 q 左移一位
+[-y]补	00.1001		减去除数
	11.0111	0.11	余数与 y 同号,商上 1
←	10.1110	0.11	r 和 q 左移一位
+[- y]补	00.1001		减去除数
	11.0111	0.111	余数与 y 同号,商上 1
←	10.1110	0.111	r 和 q 左移一位
+[-y]补	00.1001		减去除数
	11.0111	0.1111	余数与 y 同号,商上 1

中间有一步余数为零表示能除尽,除数为负,故需校正,即

$$[x/y]_{补}=0.1111+0.0001=1.0000$$

余数与被除数异号,需校正,即

$$余数[r]_{补}=(11.0111+00.1001)\times 2^{-4}=0.0000\times 2^{-4}$$

2.5 定点运算器的组成与结构

运算器是对数据进行加工处理的部件,它的具体任务是实现数据的算术运算和逻辑运算,所以它又称为算术逻辑运算部件,简记为 ALU,是 CPU 的重要组成部分。从前面几节的讨论中可知,在计算机中,加、减、乘、除等算术运算,一般都可通过加法运算来实现。这里所讨论的运算器,是指一般中、小、微型机中以加法器为核心的运算器。由此可见,加法器是运算器中一个最基本、最重要的部件,因而也就成了本节重点讨论的对象。

2.5.1 多功能算术逻辑运算单元(ALU)

1. 一位全加器

设 x 和 y 两个操作数分别为

$$x=x_f.x_1x_2\cdots x_n,\quad y=y_f.y_1y_2\cdots y_n$$

因为一位全加器仅能完成一位数的相加运算(例如实现 x_i与y_i的求和),所以对含有 n+1 位数的 x 和 y 作并行运算时,需要 n+1 位全加器。实现一位数的相加运算时,必须考虑操作数中两个相应的数值和低位的进位信号的求和,以及给出本位和向高位的进位信号,所以全加器应该是一个能完成对 3 个输入变量进行求和并能给出相应的和及进位信号的逻辑网络。其真值表如表 2-7 所示,其中,x_i和 y_i表示两个相加数的第 i 位,C_{i-1}表示低位的进位信号,S_i表示第 i 位的和,C_i表示第 i 位产生的进位信号。

根据以上真值表可分别写出 S_i和 C_i的表达式,如

$$S_i=\overline{x_i}\,\overline{y_i}C_{i-1}+\overline{x_i}\,y_i\,\overline{C_{i-1}}+x_i\overline{y_i}\,\overline{C_{i-1}}+x_iy_iC_{i-1}=x_i\oplus y_i\oplus C_{i-1}$$

$$C_i=\overline{x_i}y_iC_{i-1}+x_i\overline{y_i}C_{i-1}+x_iy_i\overline{C_{i-1}}+x_iy_iC_{i-1}=x_iy_i+(x_i\oplus y_i)C_{i-1}$$

以上两式用"异或"门构成一位全加器,如图 2-12 所示,它的逻辑符号如图2-13所示。

表 2-7 一位全加器真值表

x_i	y_i	C_{i-1}	S_i	C_i
0	0	0	0	0
0	0	1	1	0
0	1	0	1	0
0	1	1	0	1
1	0	0	1	0
1	0	1	0	1
1	1	0	0	1
1	1	1	1	1

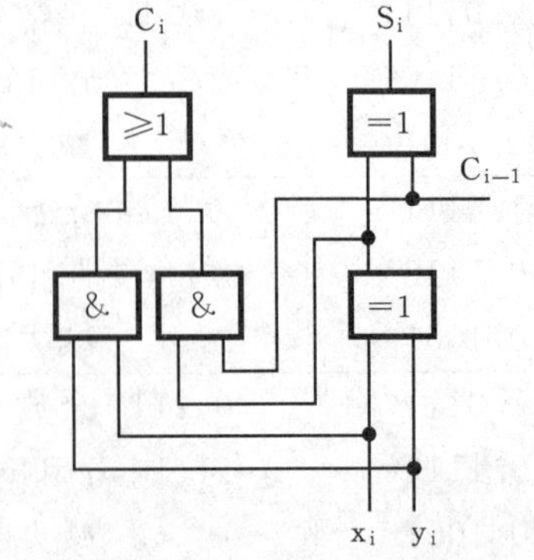

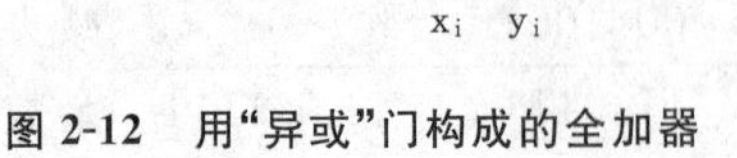
图 2-12 用"异或"门构成的全加器

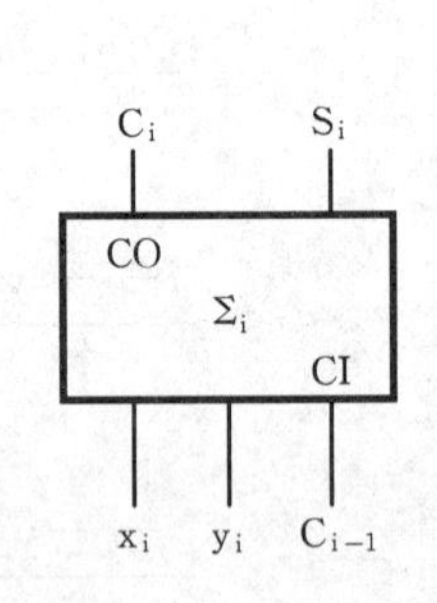

图 2-13 逻辑符号

2. 并行加法器及其进位链

因所使用的全加器的位数与操作数的位数相同，能够同时对操作数的各位进行相加，所以称为并行加法器。这里将进位信号的产生与传递的逻辑结构称为进位链。

(1) 串行进位的并行加法器

当操作数为 n+1 位长时，需要用 n+1 位全加器构成加法器，如图 2-14 所示。

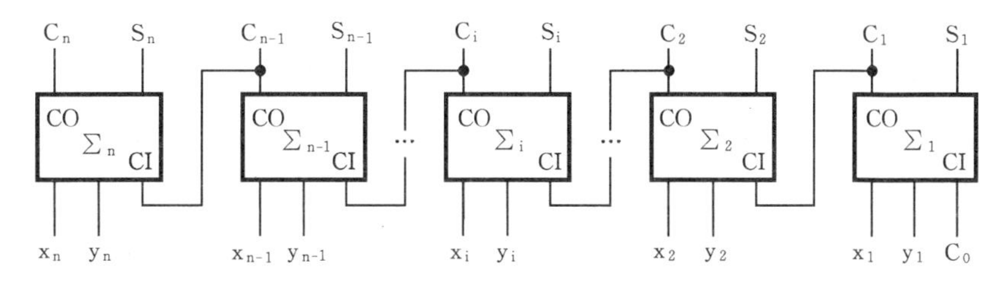

图 2-14 串行进位的并行加法器

分析两数的相加过程就会发现，第 i 位的和除了与本位操作数 x_i、y_i有关外，还依赖于低位的进位信号。当低进位信号 C_{i-1}未真正产生前，S_i不是真正的和数；而 C_{i-1}又依赖于更低位的进位信号 C_{i-2}，甚至依赖于最低位的进位信号。这样的进位逻辑称为串行进位链。串行进位的加法器只能求得 x_i与 y_i($i=0,1,2,\cdots,n$)的半加和，但这个和不是真正的和数。真正的结果依赖于进位信号的逐位产生。可见，加法器本身求和的延迟时间是影响串行进位加法器速度的次要因素，其主要因素是进位信号的产生和传递所占用的时间。

现从进位表达式 $C_i= x_iy_i+ (x_i\oplus y_i) C_{i-1}$着手讨论进位问题。由进位表达式可知，进位信号由两个部分获得。第一部分为 x_iy_i，它表明进位信号的产生仅与本位参加运算的两个数码有关而与低位进位信号无关，当 x_i与 y_i都为 1 时，$C_i=1$，即有进位信号产生。第二部分为 $(x_i\oplus y_i) C_{i-1}$，它说明 C_i产生由 $x_i\oplus y_i$与低位信号 C_{i-1}决定，当 $x_i\oplus y_i=1$、$C_{i-1}=1$ 时，$C_i=1$。这种情况可看作是当 $x_i\oplus y_i=1$ 时，第 i−1 位的进位信号 C_{i-1}可以通过本位向高位传送。因此，人们把 $x_i\oplus y_i$称为进位传递函数或进位传递条件，以 P_i表示；而将 x_iy_i称为进位产生函数或本地进位，以 G_i表示。所以，进位表达式又常表示为

$$C_i= x_iy_i+ (x_i\oplus y_i) C_{i-1}= G_i+ P_iC_{i-1}$$

串行进位链的表达式为

$$C_1= x_1y_1+ (x_1\oplus y_1) C_0= G_1+ P_1C_0$$
$$C_2= x_2y_2+ (x_2\oplus y_2) C_1= G_2+ P_2C_1$$
$$C_3= x_3y_3+ (x_3\oplus y_3) C_2= G_3+ P_3C_2$$
$$\vdots$$
$$C_{n-1}= x_{n-1}y_{n-1}+ (x_{n-1}\oplus y_{n-1}) C_{n-2}= G_{n-1}+ P_{n-1}C_{n-2}$$
$$C_n= x_ny_n+ (x_n\oplus y_n) C_{n-1}= G_n+ P_nC_{n-1}$$

从这组表达式可以明显地看到，某位的进位信号的产生，依赖于低位进位信号的产生。要提高加法器的运算速度，就必须解决进位信号的产生和传递问题。下面将研究并行加法器的并行进位链问题。

(2) 并行进位的并行加法器

实际上，上面所给出的串行进位链的表达式之间存在着一定的关系。它们可以被改写成如下形式。

$$C_1 = G_1 + P_1C_0$$

$$C_2 = G_2 + P_2C_1 = G_2 + P_2(G_1 + P_1C_0) = G_2 + P_2G_1 + P_2P_1C_0$$

$$C_3 = G_3 + P_3C_2 = G_3 + P_3(G_2 + P_2C_1) = G_3 + P_3G_2 + P_3P_2G_1 + P_3P_2P_1C_0$$

以此类推,则有

$$C_{n-1} = G_{n-1} + P_{n-1}G_{n-2} + P_{n-1}P_{n-2}G_{n-3} + \cdots + P_{n-1}P_{n-2}P_{n-3}\cdots P_4P_3P_2G_1 + P_{n-1}P_{n-2}P_{n-3}\cdots P_4P_3P_2P_1C_0$$

$$C_n = G_n + P_nG_{n-1} + P_nP_{n-1}G_{n-2} + \cdots + P_nP_{n-1}P_{n-2}\cdots P_4P_3P_2G_1 + P_nP_{n-1}P_{n-2}\cdots P_4P_3P_2P_1C_0$$

从改写后的这组表达式中可以看到,各进位信号的产生不再与低位的进位信号有关,而只与两个参加运算的数和 C_0 有关。两个操作数是运算时并行给出的,C_0 是控制器给出的在加法器末位加 1 的信号,一般情况下 C_0 与操作数 x 和 y 同时给出。按这组表达式的要求形成各位的进位信号的逻辑电路称为并行进位链。这种完全并行的进位链,能很快产生各位的进位信号,使得加法器的速度大大提高。但工程上对这组逻辑表达式的逻辑实现有一定的困难。例如,表达式 C_n 中的最后一项,若 n=16,就要求"与"门电路有 17 个输入端,逻辑电路的扇入系数不允许采用这种全并行方式。解决这个矛盾的基本方法,是根据元器件的特征,将加法器分成若干个小组,对小组内的进位逻辑和小组间的进位逻辑作不同选择,这就形成了多种进位链结构。下面讨论组内并行、组间串行,以及组内并行、组间并行的并行进位链。

1) 组内并行、组间串行的进位链

这种进位链也称为单重分组跳跃进位链。以 16 位加法器为例,一般可分为 4 个小组,每小组 4 位,每组内部都采用并行进位结构,组间采用串行进位传递结构。这里以最低 4 位(第 4 位~第 1 位)这一小组为例进行讨论。它们各位的进位表达式为

$$C_1 = G_1 + P_1C_0$$

$$C_2 = G_2 + P_2G_1 + P_2P_1C_0$$

$$C_3 = G_3 + P_3G_2 + P_3P_2G_1 + P_3P_2P_1C_0$$

$$C_4 = G_4 + P_4G_3 + P_4P_3G_2 + P_4P_3P_2G_1 + P_4P_3P_2P_1C_0$$

在这个小组里,来自低位的进位信号只有 C_0,而送到高位小组的进位信号是 C_4。从这组表达式可得这个小组组内的并行进位线路(见图 2-15)。图中,用虚线围起来的部分可看成是一个逻辑网络,如图 2-16 所示。

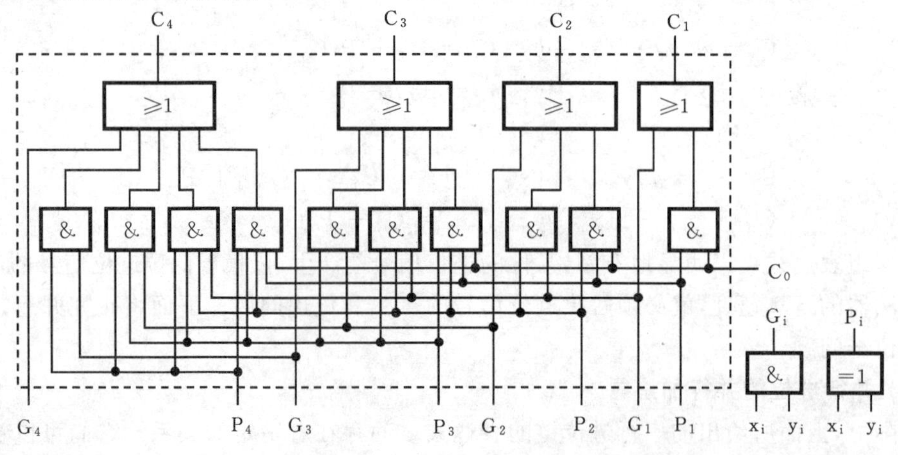

图 2-15 4 位一组并行进位链逻辑图

根据相同的原理，可将其他12位分成3个小组，用同样的方法形成它们组内的进位逻辑线路，然后将这4个小组按组间串行进位的方式传送。将4个小组连成一体，就可形成16位组内并行、组间串行的进位链，如图2-17所示。将图中这些进位信号送入全加器与半加器($x_i \oplus y_i$)进行半加后，就可得到两个操作数相加运算的结果。

对组内并行、组间串行的进位方式来说，虽然每级内是并行的，但对高位小组来说，各进位信号的产生仍依赖于低位小组的最高位进位信号的产生，所以，还存在着一定的等待时间。

对图2-17所示的进位链来说，由于每一组并行进位网络都是二级门，设每级门延迟为t_d，则16位组内并行组间串行进位链的延迟时间是$8t_d$。

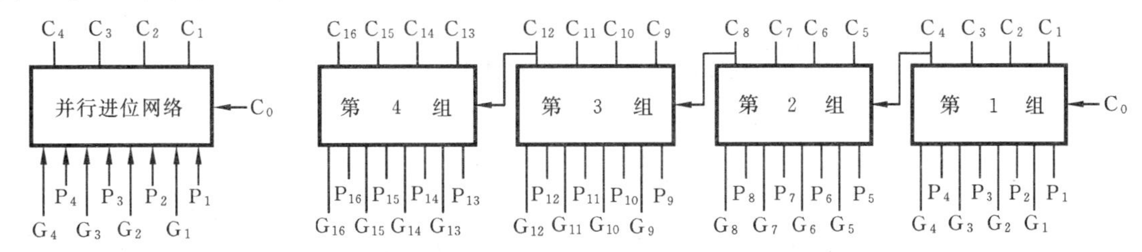

图2-16 4位一组并行进位示意图

图2-17 16位组内并行组间串行进位链框图

2）组内并行、组间并行的进位链

这种进位链又称为多重分组跳跃进位链。用组内并行、组间串行的进位方式，虽然可将进位时间压缩到串行进位时间的1/3左右，但当位数较多时，组间进位信号的串行传送也会带来较大的延时，因此，组间也可采用并行进位链结构，从而进一步提高运算速度。

仿照分析每一位进位信号的方法，将每个小组最高位的进位信号分成进位传送函数和进位生成函数两个部分，有

$$C_4 = G_4 + P_4G_3 + P_4P_3G_2 + P_4P_3P_2G_1 + P_4P_3P_2P_1C_0$$

在组成C_4的五项中，只有最后一项依赖于低位小组的进位信号，这一项称为第1组的传送进位，其中，$P_4P_3P_2P_1$为小组的传送函数，记作P_i^*。而前面4项与C_0无关，只与本小组内的G_i、P_i有关，所以称它们为第1小组的进位生成函数，记作G_i^*，即

$$G_1^* = G_4 + P_4G_3 + P_4P_3G_2 + P_4P_3P_2G_1$$

$$P_1^* = P_4P_3P_2P_1$$

因此有 $C_4 = G_1^* + P_1^*C_0$

同理 $C_8 = G_2^* + P_2^*C_4$

$$C_{12} = G_3^* + P_3^*C_8$$

$$C_{16} = G_4^* + P_4^*C_{12}$$

这是一组递推表达式，可将其展开为

$$C_4 = G_1^* + P_1^*C_0$$

$$C_8 = G_2^* + P_2^*G_1^* + P_2^*P_1^*C_0$$

$$C_{12} = G_3^* + P_3^*G_2^* + P_3^*P_2^*G_1^* + P_3^*P_2^*P_1^*C_0$$

$$C_{16} = G_4^* + P_4^*G_3^* + P_4^*P_3^*G_2^* + P_4^*P_3^*P_2^*G_1^* + P_4^*P_3^*P_2^*P_1^*C_0$$

用逻辑电路实现展开后的表达式，就可以构成组间并行的进位线路，即第二重分组并行进位线路。这样就可以较快地得到每个小组最高位的进位信号，省去了高位小组等待低位小组

的进位信号所占用的时间。组间并行进位的表达式与小组内的并行进位表达式的形成完全相同,故可利用图 2-15 所示的逻辑网络构成组间的并行进位链,只是网络的输入与输出变量不同,变量的含义不同而已。组间并行进位逻辑图这里就不重复给出了。

在组内采用并行进位、组间也采用并行进位时,每个小组应产生本小组的进位生成函数 G_i^* 和本小组的进位传递函数 P_i^*,以作为组间并行进位网络的输入变量,所以,应对小组内的并行进位线路作适当的修改,即

第 1 小组应产生 G_1^*、P_1^*、C_1、C_2、C_3,而不在小组内产生 C_4;

第 2 小组应产生 G_2^*、P_2^*、C_5、C_6、C_7,而不在小组内产生 C_8;

第 3 小组应产生 G_3^*、P_3^*、C_9、C_{10}、C_{11},而不在小组内产生 C_{12};

第 4 小组应产生 G_4^*、P_4^*、C_{13}、C_{14}、C_{15},而不在小组内产生 C_{16}。

各小组的进位生成函数和进位传递函数的逻辑表达式为

$$G_1^* = G_4 + P_4G_3 + P_4P_3G_2 + P_4P_3P_2G_1$$

$$G_2^* = G_8 + P_8G_7 + P_8P_7G_6 + P_8P_7P_6G_5$$

$$G_3^* = G_{12} + P_{12}G_{11} + P_{12}P_{11}G_{10} + P_{12}P_{11}P_{10}G_9$$

$$G_4^* = G_{16} + P_{16}G_{15} + P_{16}P_{15}G_{14} + P_{16}P_{15}P_{14}G_{13}$$

$$P_1^* = P_4P_3P_2P_1$$

$$P_2^* = P_8P_7P_6P_5$$

$$P_3^* = P_{12}P_{11}P_{10}P_9$$

$$P_4^* = P_{16}P_{15}P_{14}P_{13}$$

作如上修改后,仍以第 1 小组为例,组内的逻辑电路如图 2-18 所示。

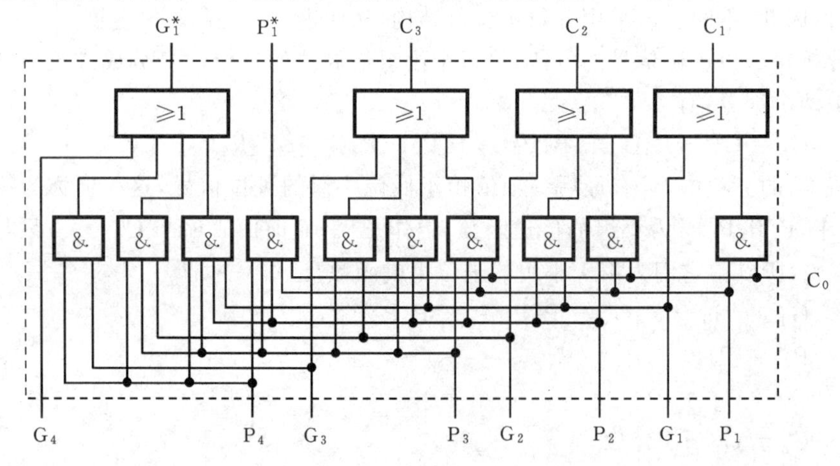

图 2-18 组内、组间并行进位第 1 小组内进位链逻辑图

图 2-19 给出了组内并行、组间并行进位的 16 位加法器进位链部分的框图。根据逻辑关系可知,首先产生第一小组的 C_1、C_2、C_3 及所有 G_i^*、P_i^*;其次产生组间的进位信号 C_4、C_8、C_{12}、C_{16};最后产生第 2、3、4 小组的 C_5、C_6、C_7,C_9、C_{10}、C_{11},C_{13}、C_{14}、C_{15}。至此,进位信号全部形成,和数也随之产生。

产生所有进位的延迟时间为 $6t_d$,虽然延迟时间较图 2-17 所示的没缩小多少,但这种方式在位数达到 64 位时延迟时间的缩小就将会很明显。

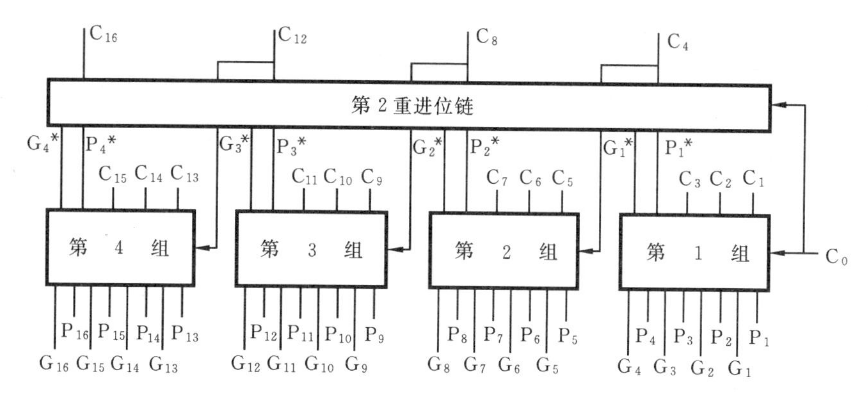

图 2-19　16 位组内并行组间并行进位链框图

3. 用集成电路构成 ALU 的原理

集成电路的发展使人们可利用现成的集成电路芯片像搭积木一样构成 ALU。常见的产品有 SN74181，它是 4 位片形的芯片，即一片能完成 4 位数的算术运算和逻辑运算。还有 8 位、16 位的 ALU 芯片。下面介绍 SN74181 芯片，然后讨论如何用它构成 ALU。

(1) SN74181 芯片

SN74181 是一种具有并行进位功能的多功能 ALU 芯片，每片 4 位，构成一组，组内是并行进位的，其芯片示意图如图 2-20 所示。

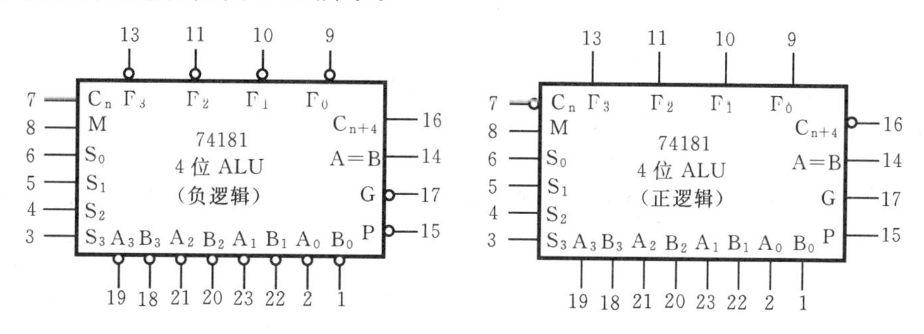

图 2-20　74181 ALU 芯片示意图

图 2-20 中除了 $S_0 \sim S_3$ 四个控制端外，还有一个控制端 M，它是用来控制 ALU 是进行算术运算还是进行逻辑运算的。

当 M=0 时，M 对进位信号没有任何影响，此时 F_i 不仅与本位的操作数 x_i 和 y_i 有关，而且还与向本位进位的值 C_{n+i} 有关，因此 M=0 时，进行算术操作。

当 M=1 时，封锁各位的进位输入，即 $C_{n+i}=0$，因此，各位的运算结果 F_i 仅与 y_i 和 x_i 有关，故 M=1 时，进行逻辑操作。

表 2-8 列出了 74181ALU 的运算功能表，它有两种工作方式。对正逻辑操作数来说，算术运算称高电平操作，逻辑运算称正逻辑操作(即高电平为“1”，低电平为“0”)。对于负逻辑操作数来说，则正好相反。由于 $S_0 \sim S_3$ 有 16 种状态组合，因此，对正逻辑输入与输出而言，有 16 种算术运算功能和 16 种逻辑运算功能。同样，对于负逻辑输入与输出而言，也有 16 种算术运算功能和 16 种逻辑运算功能。图 2-20 所示的是工作于负逻辑和正逻辑操作数方式的 74181ALU 示意图。显然，这个器件执行的正逻辑输入/输出方式的一组算术运算和逻辑操作，与负逻辑输入/输出方式的一组算术运算和逻辑操作是等效的。

表 2-8 74181 ALU 算术/逻辑运算功能表

工作方式选择输入	负逻辑输入与输出		正逻辑输入与输出	
S_3 S_2 S_1 S_0	逻辑运算 (M=H)	算术运算 (M=L)(C_n=L)	逻辑运算 (M=H)	算术运算 (M=L)(C_n=H)
0 0 0 0	$\overline{A}$	A 减 1	$\overline{A}$	A
0 0 0 1	$\overline{AB}$	AB 减 1	$\overline{A+B}$	A+B
0 0 1 0	$\overline{A}+B$	$A\overline{B}$ 减 1	$\overline{A}B$	$A+\overline{B}$
0 0 1 1	逻辑 1	减 1	逻辑 0	减 1
0 1 0 0	$\overline{A+B}$	A 加($A+\overline{B}$)	$\overline{AB}$	A 加 $A\overline{B}$
0 1 0 1	$\overline{B}$	AB 加($A+\overline{B}$)	$\overline{B}$	(A+B)加 $A\overline{B}$
0 1 1 0	$\overline{A\oplus B}$	A 减 B 减 1	$A\oplus B$	A 减 B 减 1
0 1 1 1	$A+\overline{B}$	$A+\overline{B}$	$A\overline{B}$	$A\overline{B}$ 减 1
1 0 0 0	$\overline{A}B$	A 加(A+B)	$\overline{A}+B$	A 加 AB
1 0 0 1	$A\oplus B$	A 加 B	$\overline{A\oplus B}$	A 加 B
1 0 1 0	B	$A\overline{B}$ 加(A+B)	B	($A+\overline{B}$)加 AB
1 0 1 1	A+B	A+B	AB	AB 减 1
1 1 0 0	逻辑 0	A 加 A*	逻辑 1	A 加 A*
1 1 0 1	$A\overline{B}$	AB 加 A	$A+\overline{B}$	(A+B)加 A
1 1 1 0	AB	$A\overline{B}$ 加 A	A+B	($A+\overline{B}$)加 A
1 1 1 1	A	A	A	A 减 1

注意:表 2-8 所示的算术运算操作是用补码表示法来表示的,其中,"加"是指算术加,运算时要考虑进位,而符号"+"是指"逻辑加"。其次,减法是用补码方法进行的,其中,减数的反码是内部产生的,其结果为"A 减 B 减 1",因此,做减法时需在最末位产生一个强迫进位(加 1),以便产生"A 减 B"的结果。另外,"A=B"输出端可指示两个数相等,因此,它与其他 ALU 的"A=B"输出端按"与"逻辑连接后,可以检测若干部件的全"1"条件。

(2) 利用 SN74181 芯片构成 16 位 ALU 的原理

SN74181 的结构很适合于将它们连成不同位数的 ALU,每片 SN74181 芯片作为一个 4 位的小组,由于芯片给出了 C_{n+4}、P_i^* 和 G_i^*,所以用该芯片既可构成组间串行进位的 ALU,也可以构成组间并行进位的 ALU。

1) 组间串行进位的 16 位 ALU 的构成

若组间采用串行进位方式,则只需将 4 片 SN74181 芯片作简单的连接,就可以获得一个 16 位组内并行、组间串行进位的 ALU,如图 2-21 所示。

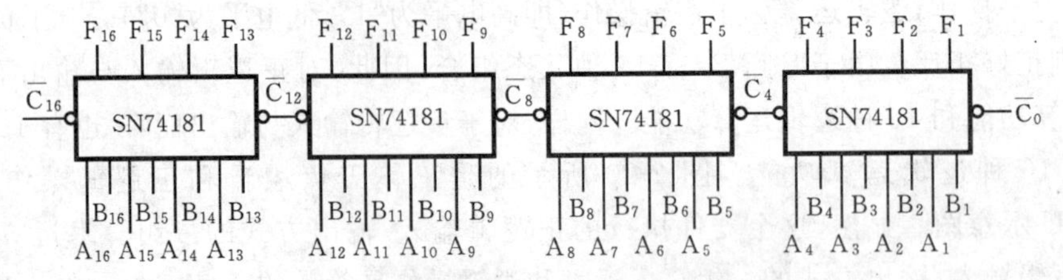

图 2-21 16 位组内并行、组间串行进位 ALU

图中，芯片的第 7 脚是接受低位芯片进位信号的输入端，16 脚是本芯片最高位进位信号输出端，因此，只需将低位芯片的第 16 脚与高位芯片的第 7 脚连接即可。如此连接 4 块芯片，就可满足设计要求。

2）组间并行进位的 16 位 ALU 的构成

当组间采用并行进位时，只需增加一片 SN74182 芯片。SN74182 是与 SN74181 配套的产品，是一个产生并行进位信号的部件。由于 SN74181 提供了小组的进位传递函数 P_i^* 和进位生成函数 G_i^*，SN74182 可以利用它们作输入参数，以并行的方式给出每个小组（芯片）的最高位进位信号。SN74182 在这里的用途是作为第二级并行进位系统。SN74182 的逻辑框图如图 2-22 所示。

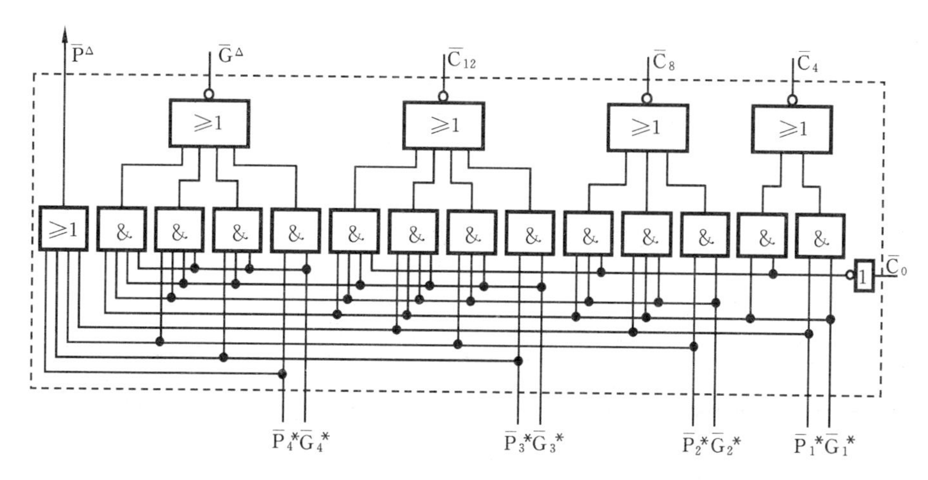

图 2-22　SN74182 逻辑电路图

图中，假设最低位的进位信号为 C_0，SN74182 芯片并行给出的 3 个进位信号分别为 C_4、C_8、C_{12}，这 3 个进位信号分别作为高位 SN74181 芯片的进位输入信号，就可以构成 SN74181 芯片间并行进位的 16 位 ALU，如图 2-23 所示。

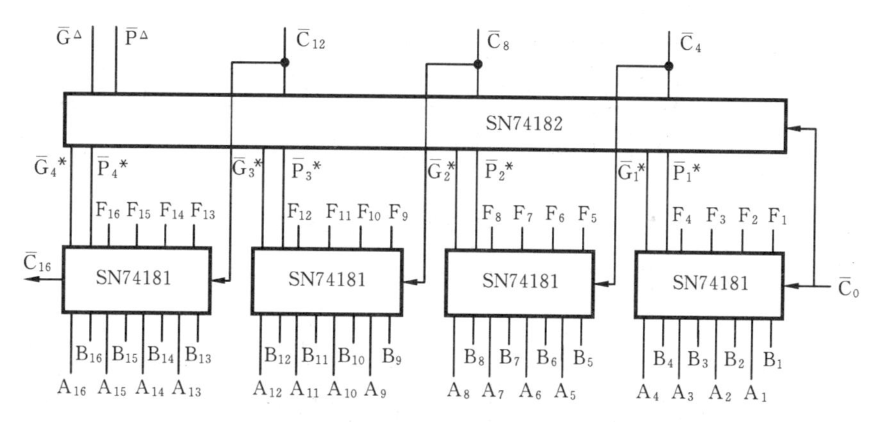

图 2-23　16 位两级并行进位 ALU 框图

SN74182 芯片输出的 P^{Δ} 和 G^{Δ} 仍然是进位传递函数和进位生成函数。以图2-22所示的逻辑电路为例，P^{Δ} 表示以 16 位为一大组的进位传递函数，G^{Δ} 表示 16 位的生成函数，这两个信号可用于产生第三级并行进位信号。例如，当要构成 64 位三级并行进位 ALU 时，64 位可分成四个大组，用 4 片 SN74182 芯片实现第二级并行进位。这 4 片 SN74182 芯片将提供 4 对 P^{Δ}、G^{Δ} 函数，再用一片 SN74182 芯片以 4 对 P^{Δ}、G^{Δ} 作它的输入，它输出的 3 个进位信号分别作为

3 个高位组的进位输入，从而实现第三级并行进位，它所产生的 P^{Δ}、G^{Δ}函数分别是关于 64 位的进位传递函数和进位生成函数。

例 2.20 用 SN74181 和 SN74182 设计如下的 32 位 ALU：

① 两重进位方式；② 三重进位方式；③ 行波进位方式。

解 ① 两重进位方式的 32 位 ALU 如图 2-24 所示。

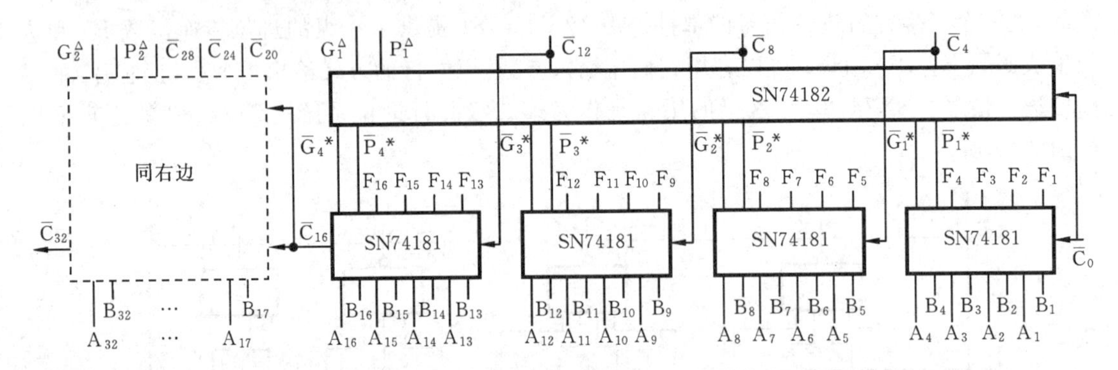

图 2-24 32 位两重进位方式的 ALU

② 三重进位方式的 32 位 ALU 如图 2-25 所示。

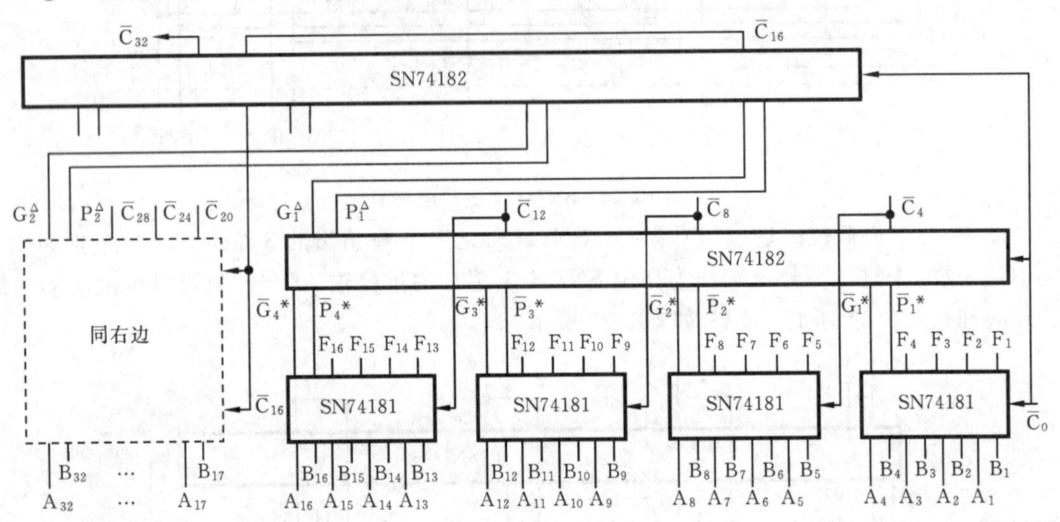

图 2-25 32 位三重进位方式的 ALU

③ 行波进位方式的 32 位 ALU 如图 2-26 所示。

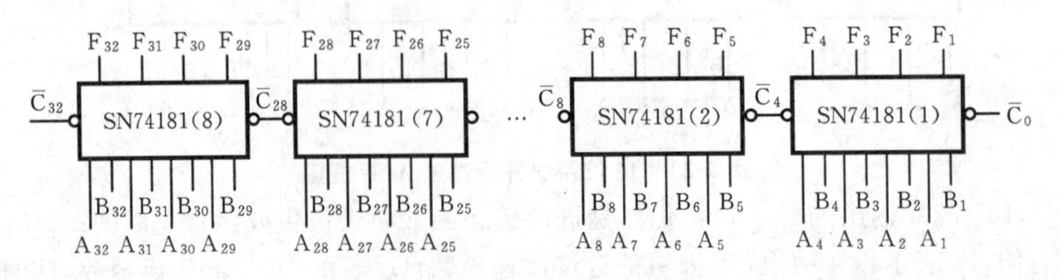

图 2-26 32 位行波进位方式的 ALU

2.5.2　定点运算器

1. 定点运算器的基本结构

各种计算机中的运算器的结构虽然有区别，但它都必须包含如下几个基本部分：加法器、通用寄存器、输入数据选择电路、输出数据控制电路和内部总线等。

运算器的基本结构如图 2-27 所示。其工作过程为：加法器输入选择电路将选择的系统总线(BUS)或寄存器组中的数据送往加法器进行运算处理，再将加法器的运算结果送入输出数据控制电路处理，处理结果根据要求通过系统 BUS 送到内存储器或通过内部 BUS 送往寄存器暂存。

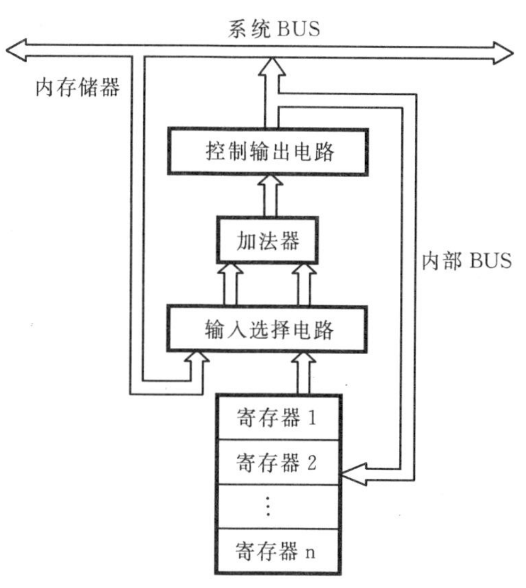

图 2-27　运算器基本结构框图

2. 运算器组成实例

(1) 小型计算机的运算器

图 2-28 所示的是国产某小型机的运算器逻辑方框图，它是一个可以实现加、减、乘、除四则运算的并行定点运算器，所执行的基本算术/逻辑运算有：+、−、×、÷、∧、∨、求补、求反、传送、增1、加反，并可完成左移、右移、字节交换与结果判零等操作。

运算器由以下几部分组成。

① ALU。由 4 片 74181ALU 和 1 片 74182CLA 组成 16 位字长两级先行进位的 ALU。

② 通用寄存器。4 个通用寄存器 R_0、R_1、R_2、R_3 中的任何一个都可作为源操作数，也可作为目标操作数，运算的结果通过总线可送往任何一个寄存器，因此，4 个寄存器均可以作为累加器。其中，R_0、R_2、R_3 仅有寄存功能，而 R_1 是双向移位寄存器，这是为了在做乘法时在 R_1 中存放乘数，在做除法时在 R_1 中存放商数而设置的。

③ 多路选择器。多路选择器 A_2 可选择 4 个寄存器 R_0～R_3 中的任何一个作为源操作数，而多路选择器 B_2 可选择 R_0～R_3 中的任何一个作为目标操作数。通路的选择由 A_2S_0、A_2S_1 或 B_2S_0、B_2S_1 来控制。例如，当 $A_2S_0=0$，$A_2S_1=0$ 时，选择 R_0；当 $A_2S_0=1$，$A_2S_1=1$ 时，选择 R_3，其他以此类推。因此，A_2 和 B_2 是四选一的多路选择器，每次只选一个数。A_1 和 B_1 是三选一的多路选择器。其中，A_1 可选择来自 A_2(R_0、R_1、R_2、R_3)、地址寄存器 AR 和数据缓冲寄存器 DR 中的任一路数据，以便送往 ALU 的一个输入端；B_1 可选择来自 B_2(R_0、R_1、R_2、R_3)、指令寄存器 IR 和指令计数器 PC 中的任一路数据，以便送往 ALU 的另一个输入端。虽然地址寄存器 AR、指令寄存 IR 和指令计数器 PC 不属于运算器的组成部分，但这些寄存器内的数据往往需通过 ALU 进行加工处理，因此，它们可通过多路选择器被选择，输入到 ALU 中。

④ 移位器。移位器实质上是四选一的多路选择器，根据 ALU 的 16 位运算结果和一位进位值，它能实现“循环左移”、“循环右移”、“字节交换”或不移位的“直接传送”等四种功能。

⑤ 进位寄存器 C_Y。C_Y 由一个触发器组成，它用来寄存每次算术/逻辑运算所形成的最终

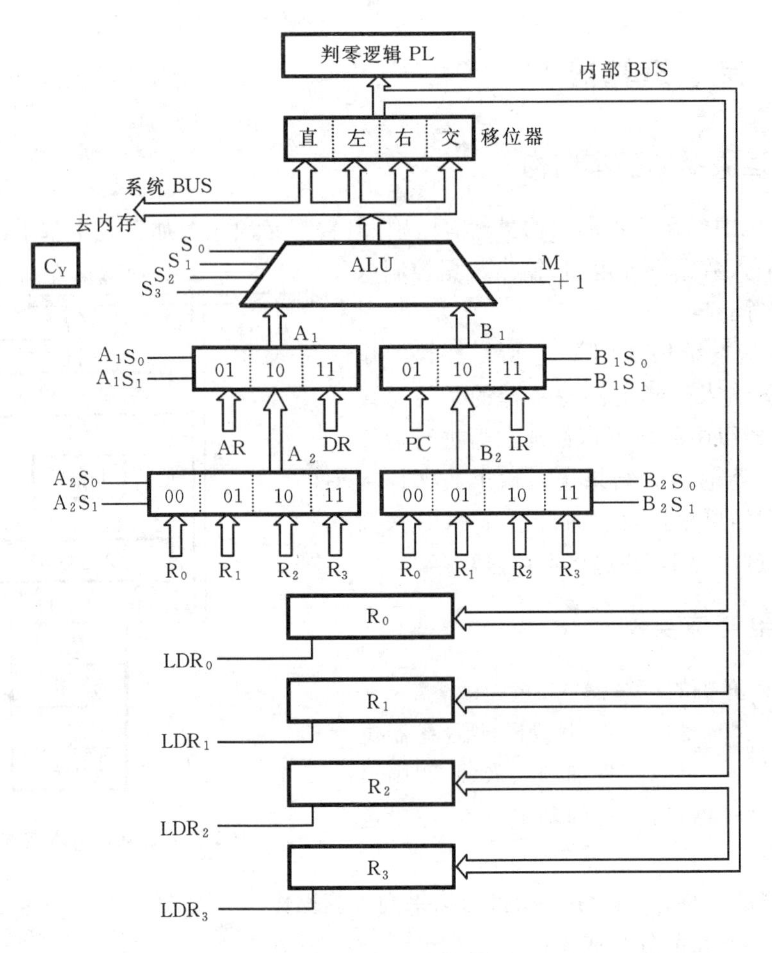

图 2-28 小型机运算器框图

进位值,在实现双字长运算或乘除法运算中,C_Y起着桥梁的作用。

⑥ 判零逻辑 PL。PL 逻辑用来判别 ALU 的 16 位运算结果是否为全“0”,以便实现机器指令所规定的操作。

(2) 位片式运算器

图 2-29 所示的是 4 位双极型位片式运算器 AM2901 的逻辑结构示意图,它将 ALU、通用寄存器组、多路开关、移位器等逻辑构件集成在一个芯片内。运算器由以下几部分组成。

① ALU。它有两个数据输入端 R 和 S,可实现 3 种算术运算(R 加 S,S 减 R,R 减 S)和 5 种逻辑运算($R+S$,$R\cdot S$,$\bar{R}\cdot S$,$R\oplus S$,$\overline{R\oplus S}$),这 8 种运算功能的选择控制是通过 CPU 控制部件送入的 3 位编码值 $I_5I_4I_3$的 8 种状态(000~111)来实现的,ALU 的最低位 C_n则接收从更低位片送来的进位信号C_{n+4}。

ALU 的输出有:4 位的运算结果值 F;超前进位信号 $\overline{G}$ 和 $\overline{P}$;运算器产生的向更高位进位的信号 C_{n+4};最高位的取值 F_3(可用做符号位);运算结果溢出信号 OVR;运算结果为零信号 $F_{=0}$。

② 通用寄存器。通用寄存器组(RAM)含有 16 个 4 位字长的寄存器,具有双端口输出功能,每一个寄存器都可以用 A 地址或 B 地址选择,将寄存器中的内容读出后分别送到端口 A 或端口 B(各用一个锁存器暂存)。当 A 和 B 地址不同时,在输出端口 A、B 将得到两个不同寄存器中的内容。寄存器组的写入只能用 B 地址实现。写入的数据是由 ALU 的输出,经过移

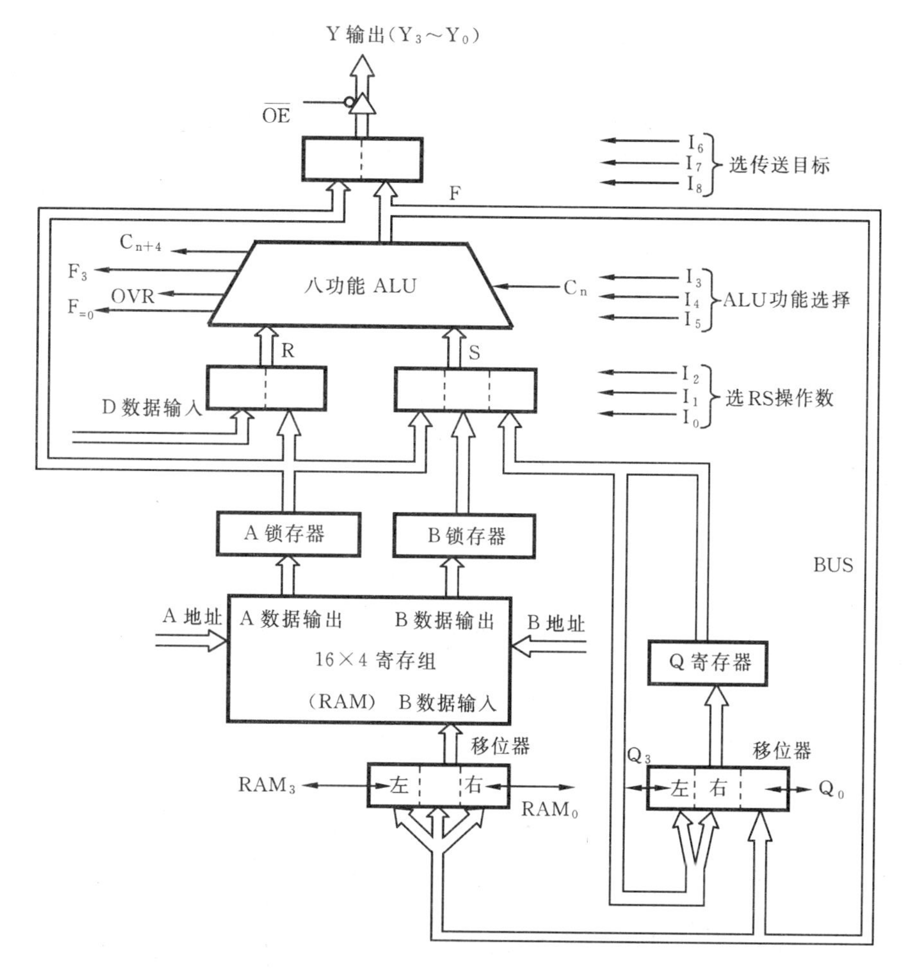

图 2-29　AM2901 位片式运算器逻辑结构示意图

位器送到寄存器组的输入端，在外部写命令控制下，可将写入数据存入 B 地址指定的某一寄存器中。

还有一个 4 位的 Q 寄存器，它可以通过一个多路开关实现自己左移一位或右移一位的操作，还可以接收 ALU 输出的 F 值。Q 寄存器的输出可以经三选一多路开关送入 ALU 的 S 输入端，Q 寄存器在进行乘、除法时用做乘商寄存器。

③ 移位器。ALU 的输出 F 值送到移位器后，可执行直送、左移一位或右移一位的操作，使加、减运算和移位操作可在同一操作中完成，移位器还可接收与送出移位数值的引线RAM_3 和 RAM_0，它们是用三态门组成的具有双向传送功能的线路实现的。

④ 多路开关。ALU 的输入端采用 R、S 两个多路开关来选择运算的数据来源。其中，R 是二选一多路开关，接收外部送入运算器的数据 D，寄存器组的 A 端口输出数据或接收逻辑 0 值；S 是三选一多路开关，接收寄存器组 A 端口输出数据，B 端口输出数据，以及 Q 寄存器数据。为此使用由控制部件送来的 3 位控制码 $I_2I_1I_0$来统一选择 ALU 的输入数据，其编码值与对应的选择关系如表 2-9 所示。

运算器的 4 位输出为 $Y_3 \sim Y_0$，它可以是 ALU 的运算结果，也可以是寄存器组 A 端口的输出，此外它采用了二选一多路开关，且用三态门电路来实现，仅当控制信号 OE 为低电平时，Y 的值才是可用的，否则，Y 输出处于高阻状态。

数据传送控制功能，即控制数据发送的去向以及是否进行移位操作，是用另外 3 位控制码 $I_8I_7I_6$ 的编码来实现的，其对应的关系如表 2-10 所示。

表 2-9　控制码 $I_2I_1I_0$ 与 R、S 开关选择关系

I_2	I_1	I_0	R 开关选择	S 开关选择
0	0	0	A	Q
0	0	1	A	B
0	1	0	0	Q
0	1	1	0	B
1	0	0	0	A
1	0	1	D	A
1	1	0	D	Q
1	1	1	D	0

表 2-10　传送控制功能

I_8	I_7	I_6	寄存器组	Q 寄存器	Y 输出
0	0	0		F→Q	F
0	0	1			F
0	1	0	F→B		A
0	1	1	F→B		F
1	0	0	F/2→B	Q/2→Q	F
1	0	1	F/2→B		F
1	1	0	2F→B	2Q→Q	F
1	1	1	2F→B		F

AM2901 采用了 4 位的位片式结构，当要设计不同位数的运算器时，需要多片 AM2901 串接起来使用。例如，采用 4 片 AM2901 连接，可构成 16 位字长的定点运算器，如图 2-30 所示。

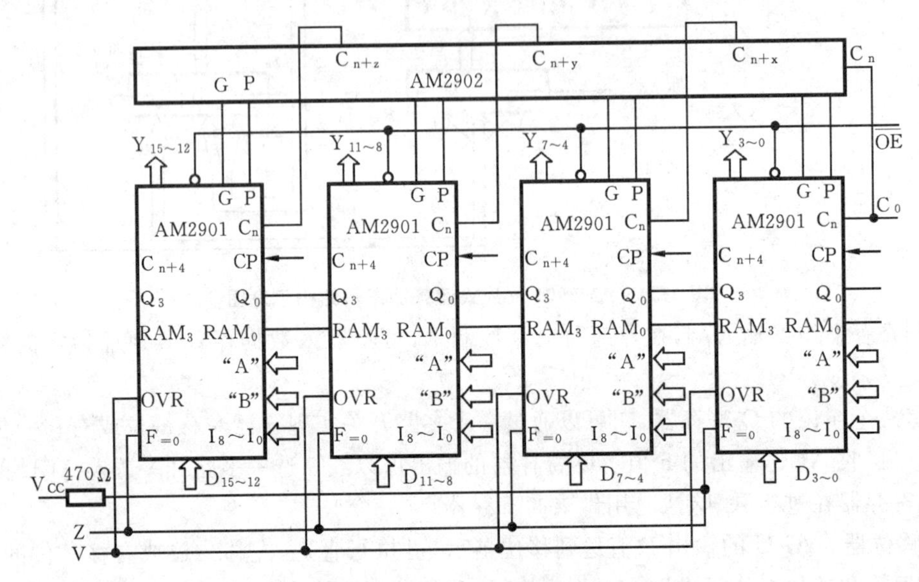

图 2-30　用 4 片 AM2901 组成的 16 位定点运算器

图 2-30 所示的是 4 片串接起来的 AM2901。为了保证片间的左、右移位功能和进位关系正确，低位片的 Q_3 端与相邻高位片的 Q_0 端相连，对应的 RAM_3 端与 RAM_0 端相连，低位片的 C_{n+4} 与高位片的 C_n 相连。最低位片的移位输入/输出信号 Q_0 端和 RAM_0 端，以及进位输入信号 C_n 端在图中空着，要用另外的电路控制其输入/输出数据。例如，当要实现左、右循环移位功能时，就要连接相应的信号。最高位片的 C_{n+4}、RAM_3、OVR 输出端可用于设置进位标志、结果为负标志、溢出标志。4 片的 $F_{=0}$ 端接在一起可得到 16 位运算结果为零的信号，它们是用 OC 门实现的，故外部需要通过电阻接在＋5V 电源上。

每个器件上的 Q_0 与 Q_3 端、RAM_0 与 RAM_3 都能用于输入/输出，因此，它们用三态门来实现。在 $I_8I_7I_6$ 控制下，可实现将高位片的 Q_0 端和 RAM_0 的输出信号送入低位邻片的 Q_3 端和

RAM_3输入端，或将低位片的Q_3端的RAM_3端的输出信号送入高位邻片的Q_0端和RAM_0输入端。

为实现两级并行进位，用1片AM2902将4片AM2901的进位产生函数G和进位传递函数P信号进行连接。

4片的数据输入端$D_3 \sim D_0$分别作为16位运算器的16个数据输入端$D_{15} \sim D_0$，4片的数据输出端$Y_3 \sim Y_0$分别作为16位运算器的16个数据输出端$Y_{15} \sim Y_0$，并通过$\overline{OE}$端进行控制，便于运算器和其他逻辑部件分时使用数据总线。

4片的3组编码控制信号$I_2 \sim I_0$、$I_5 \sim I_3$、$I_8 \sim I_6$分别与CPU控制器送来的3组控制信号进行连接，使4片都使用相同的控制信号，以保证它们的并行工作关系。

通用寄存器组RAM的两个地址控制端A(读)，B(读/写)，Q寄存器移位用的CP时钟信号，分别送入每一片的A、B、CP输入端。

当运算器实现乘、除运算时，Q寄存器用做乘商寄存器。对于乘法运算，每次求得的部分积都要用$I_8I_7I_6=100$码接收，即在$F/2 \to B$操作的同时，还要完成$Q/2 \to Q$的右移操作。对于除法运算，要用$I_8I_7I_6=110$码接收后的余数，即在$2F \to B$操作的同时，还要实现$2Q \to Q$的左移操作。

进行原码乘、除法时，其符号运算、判求部分积是用被乘数还是用0与前一次部分积相加、上商以及节拍计数等逻辑电路，需要在AM2901芯片外面另行设计附加电路。

2.6 浮点运算方法和浮点运算器

2.6.1 浮点算术运算

1. 浮点加法和减法

设有两个浮点数x和y，它们分别为

$$x=2^m M_x, \quad y=2^n M_y$$

其中，m、n分别为数x和y的阶码，M_x、M_y分别为数x和y的尾数。

两浮点数进行加、减时，首先要看两数的阶码是否相同，即小数点的位置是否对齐。若两数的阶码相等，表示小数点是对齐的，就可以进行尾数加、减。反之，若两数的阶码不等，表示小数点位置没有对齐，则必须使两数的阶码相等，这个过程叫做对阶。对阶完后才能做尾数的加、减运算。运算结果可能不是规格化的数，为了保证运算精度，需要对运算结果进行规格化(尾数最高位上是有效数字)。在对阶和规格化的过程中，可能有数码丢失，为了减少误差，还需要进行舍入。总之，完成浮点加法或减法运算，需要进行对阶、求和、规格化、舍入、判断溢出等工作。

(1) 对阶

要对阶，首先应求出两数的阶码m和n之差，即

$$\Delta E=m-n$$

若$\Delta E=0$，则表示两数的阶码相等，即$m=n$；若$\Delta E>0$，则表示$m>n$；若$\Delta E<0$，则表示$m<n$。

当 $m \neq n$ 时,要通过尾数的移位来改变 m 或 n,使之相等,原则上,既可以通过 M_x 移位以改变 m 来达到 $m=n$,也可以通过 M_y 移位以改变 n 来实现 $m=n$。但是,由于浮点表示的数多是规格化的,尾数左移会引起最高有效位的丢失,造成很大误差,而尾数右移虽会引起最低有效位的丢失,但造成的误差较小。因此,对阶操作规定使尾数右移,尾数右移后阶码作相应增加,其数值保持不变。很显然,一个增加后的阶码与另一个阶码相等,所增加的阶码一定是小阶,因此在对阶时,总是使小阶向大阶看齐。

若 $m>n$,则将操作数 y 的尾数右移一位,y 的阶码 n 加 1,直到 $m=n$ 为止。

若 $m<n$,则将操作数 x 的尾数右移一位,x 的阶码 m 加 1,直到 $m=n$ 为止。

(2) 尾数相加

使两个数的阶码相等后,就完成了小数点对准的工作,这时可以执行尾数相加操作。尾数相加与定点数的加、减法相同。

(3) 结果规格化

结果规格化就是使运算结果成为规格化数。为了运算处理方便,可将尾数的符号位扩展为两位,当运算结果的尾数部分不是 11.0××…× 或 00.1××…× 的形式时,就要进行规格化处理。根据运算结果的不同,可能需要左规(尾数左移成规格化数),也可能需要右规(尾数右移成规格化数)。什么情况下需要左规,什么情况下需要右规呢?可按以下规则处理。

① 当尾数符号位为 01 或 10 时,需要右规。右规的方法是,将尾数连同符号位右移一位,和的阶码加 1,经右规处理后得到 11.0××…× 或 00.1××…× 的形式,即成为规格化的数。

② 当运算结果的符号位和最高有效位为 11.1 或 00.0 时,需要左规。左规的方法是,将尾数连同符号位一起左移一位,和的阶码减 1,直到尾数部分出现 11.0 或 00.1 的形式为止。

(4) 溢出判断

当运算结果的尾数部分符号位为 01 或 10 时,在定点加、减法运算中表示溢出,而在浮点运算中并不表示溢出。在浮点数中,阶码的位数决定了数的表示范围,因此,浮点运算是在阶码的符号位出现 01 或 10 时,才表示溢出,而尾数的符号位为 01 或 10 时,给出的是运算结果需要右规的信号。

下面举例说明浮点数的运算过程。

例 2.21 设浮点数的阶码为 4 位(含阶符),尾数为 6 位(含尾数),x、y 中的指数项,小数项均为二进制真值。

(1) 已知 $x=2^{01}\times 0.1101$,$y=2^{11}\times(-0.1010)$,求 $x+y$。

(2) 已知 $x=-2^{-010}\times 0.1111$,$y=2^{-100}\times 0.1110$,求 $x-y$。

解 (1) $[x]_{补}=0001,0.11010$;$[y]_{补}=0011,1.01100$。

① 对阶 $[\Delta E]=[m]_{补}-[n]_{补}=0001+1101=1110$,其真值为 -010,即 x 的阶码比 y 的阶码小 2,x 的尾数应右移 2 位,阶码加 2,得

$$[x]_{补}=0011,0.00111 \quad (0 舍 1 入)$$

② 尾数相加(用双符号),$[x_{尾}]_{补}+[y_{尾}]_{补}$,即

$$\begin{array}{r} 00.00111 \\ +\ 11.01100 \\ \hline 11.10011 \end{array}$$

③ 结果规格化,由于运算结果的尾数为 11.1××…× 的形式,所以应左规,尾数左移一

位，阶码减1，结果为$[x+y]_{补}=0010,1.00110$，$x+y=2^{010}\times(-0.11010)$。

(2) $[x]_{补}=1110,1.00010$；$[y]_{补}=1100,0.11100$；$[-y]_{补}=1100,1.00100$。

① 对阶　$[\Delta E]=[m]_{补}-[n]_{补}=1110+0100=0010$，其真值为0010，即x的阶码比y的阶码大2，$-y$的尾数应右移2位，阶码加2，得

$$[-y]_{补}=1110,1.11001 \quad (0舍1入)$$

② 尾数相减(用双符号)，$[x_{尾}]_{补}+[-y_{尾}]_{补}$，即

$$\begin{array}{rr} & 11.00010 \\ + & 11.11001 \\ \hline 丢掉\rightarrow \boxed{1} & 10.11011 \end{array}$$

③ 结果规格化，由于运算结果的尾数为10.××…×的形式，所以应右规，尾数右移一位，阶码加1，结果为

$$[x-y]_{补}=1111,1.01110 \quad (0舍1入)；\quad x-y=2^{-001}\times(-0.10010)$$

2. 浮点乘法运算

设 $x=2^{m}M_x$，$y=2^{n}M_y$，则

$$xy=2^{m+n}(M_xM_y)$$

其中，M_x、M_y分别为x和y的尾数。

浮点乘法运算也可以分为如下三个步骤。

(1) 阶码相加

两个数的阶码相加可在加法器中完成。当阶码和尾数两个部分并行操作时，可另设一个加法器专门实现对阶码的求和；串行操作时，可用同一加法器分时完成阶码求和、尾数求积的运算，并且先完成阶码求和运算。阶码相加后有可能产生溢出，若发生溢出，则相应部件将给出溢出信号，指示计算机作溢出处理。

(2) 尾数相乘

两个运算数的尾数部分相乘就可得到积的尾数。尾数相乘可按定点乘法运算的方法进行运算。

(3) 结果规格化

当运算结果需要规格化时，就应进行规格化操作。规格化及舍入方法与浮点加、减法处理的方法相同。

3. 浮点除法运算

设 $x=2^{m}M_x$，$y=2^{n}M_y$，则

$$x\div y=2^{m-n}(M_x\div M_y)$$

浮点除法运算也可以分如下三步进行。

(1) 检查被除数的尾数

检查被除数的尾数是否小于除数的尾数(从绝对值考虑)。如果被除数的尾数大于除数的尾数，则将被除数的尾数右移一位并相应地调整阶码。由于操作数在运算前是规格化的数，所以最多只作一次调整。这一步的操作可防止商的尾数出现混乱。

(2) 阶码求差

由于商的阶码等于被除数的阶码减去除数阶码，所以要进行阶码求差运算。阶码求差可

以很简单地在阶码加法器中实现。

(3) 尾数相除

商的尾数由被除数的尾数除以除数尾数获得。由于操作数在运算前已规格化并且调整了尾数,所以尾数相除的结果是规格化定点小数。两个尾数相除与定点除法相类似,这里不再讨论。

2.6.2 浮点运算器

计算机内专门用于浮点数运算的部件是浮点运算器。浮点数是由阶码和尾数这样两部分组成的。阶码是定点整数形式,尾数是定点小数形式,对这两部分执行的操作并不相同。因此,计算机中的浮点运算器总是由处理阶码和处理尾数的两部分组成的。微机系统中的浮点运算器目前有两种形式:浮点协处理器和微处理器芯片内集成浮点部件(FPU)。如8086、80286和80386微机系统可选用相应的浮点协处理器,80486以上的微机系统则将FPU集成到微处理器芯片之中。

1. 浮点运算器的一般结构

浮点运算可用两个松散连接的定点运算部件来实现,这两个定点运算部件就是图2-31中所示的阶码部件和尾数部件。

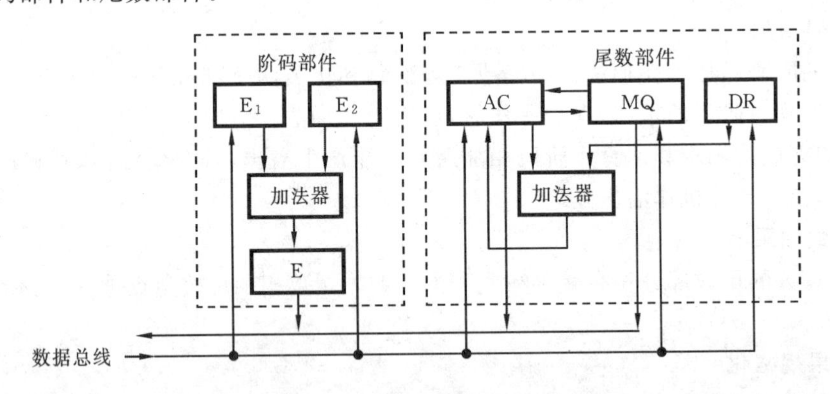

图 2-31 浮点运算器的一般结构图

尾数部件实质上就是一个通用的定点运算器,要求该运算器能实现加、减、乘、除4种基本算术运算,其中,3个单字长寄存器,即AC(累加器)、MQ(乘商寄存器)、DR(数据寄存器)用来存放操作数,AC和MQ连起来还可组成左右移位的双字长寄存器AC-MQ。并行加法器用来完成数据的加工处理,其数据输入来自AC和DR,结果回送到AC。MQ寄存器在做乘法时存放乘数,做除法时存放商数,所以称为乘商寄存器。DR用来存放被乘数或除数,而结果(乘积或商与余数)则存放在AC-MQ中。在四则运算中,使用这些寄存器的典型方法如表2-11所示。

表 2-11 寄存器的使用

运算类别	寄存器关系
加法	AC+DR→AC
减法	AC−DR→AC
乘法	DR×MQ→AC-MQ
除法	AC÷DR→AC-MQ

对阶码部件来说,只要能进行阶码相加、相减和比较操作即可,在图2-31所示的浮点运算器中,操作数的阶码部分放在寄存器E_1和E_2中,它们与并行加法器相连以便计算$E_1 \pm E_2$。

浮点加法和减法所需的阶码比较是通过 E_1-E_2 来实现的，相减的结果先放入计数器 E 中，然后按照 E 的符号来决定哪一个阶码较大。在尾数相加或相减之前，需要将其中一个尾数进行移位，这是由计数器 E 来控制的，目的是使 E 的值按顺序减到 0，E 每减一次 1，相应的尾数移 1 位。一旦尾数调整完毕，它们就可按通常的定点方法进行处理，运算结果的阶码值仍放到计数器 E 中。

2. 浮点运算器实例

80287/80387 是美国 Intel 公司为处理浮点数等数据的算术运算和多种函数计算而设计生产的专用算术运算处理器。由于它们的算术运算是配合 80286/80386 微处理器进行的，所以 80287/80387 又称为协处理器。在 80286/80386 微机系统中，协处理器是作为选购件提供给用户使用的，如果无此选件，要完成浮点数运算，只能由 80286/80386 微机以软件方式来执行，其执行速度要慢得多。

现以 80387 浮点协处理器为例，说明其特点和内部结构。

(1) 80387 内部结构

80387 浮点协处理器内有三个主要功能部件：总线控制逻辑部件、数据接口控制部件和浮点运算部件，其内部结构如图 2-32 所示。

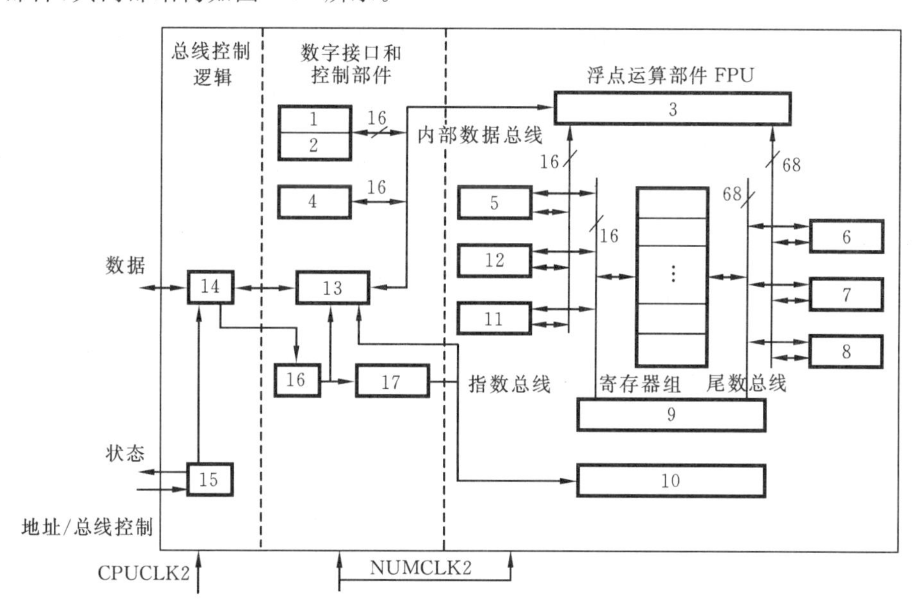

图 2-32　80387 内部结构

1—状态字；2—控制字；3—尾数总线接口；4—特征字；5—指数译码单元；6—操作数寄存器 A 和 B；7—尾数加法器和寄存器；8—16 位双向移位寄存器；9—常量 ROM；10—FPU 控制单元；11—操作数 A 指数寄存器；12—操作数 B 指数寄存器；13—数据 FIFO 寄存器；14—数据缓冲器；15—总线控制逻辑；16—指令译码器；17—微指令队列

① 总线控制逻辑。在总线控制逻辑与 CPU 共同使用 I/O 总线周期单独通信时，总线控制逻辑以 CPU 的一个特殊外围设备出现。当它碰到 ESC 指令时，CPU 自动启动 I/O 总线周期，使用保留的 I/O 地址与总线控制逻辑通信。总线控制逻辑不能直接与存储器通信。所有的存储器访问，即由存储器到 80387、由 80387 到存储器之间的传输由 CPU 完成。

② 数据接口和控制单元。数据接口和控制单元中的指令译码器对由 CPU 送来的 ESC 指令进行译码,并直接对浮点 I/O 的数据流产生控制信号。数据接口和控制单元还负责微指令的时序控制,浮点运算单元及其他部件的操作控制;还要产生总线同步信号 BUSY、PEREQ 和 ERROR 信号。在所有操作中它支持 FPU,但不能单独执行操作。

③ 浮点运算单元。浮点运算单元可执行有关寄存器堆栈的所有指令。这些指令有算术指令、逻辑指令、超越指令、常数指令和数据传送指令等。部件中的数据通道为 84 位,其中有 68 个有效位、15 个阶码运算位和 1 个符号位。该数据通道可以以很高的速度完成内部数据传送。浮点运算单元内有处理浮点数指数的部件和处理尾数的部件,有加速移位操作的移位器线路,它们通过指数总线和小数总线与 8 个 80 字长的寄存器堆栈相连接。这些寄存器可按堆栈方式工作,此时,栈顶被用做累加器,也可以按寄存器相对栈顶的编号直接访问任一个寄存器。8 个寄存器的编号用 0~7 表示,处在栈顶的那个寄存器的编号由状态字段 TOP 给出。在浮点指令中,用 ST 表示栈顶寄存器,并且可以用 ST(i)来访问其他 7 个寄存器,此时,i 值可以作为 1~7 中的一个值。i 是相对于栈顶的一个偏移量,而不一定真正是 8 个寄存器的实际编号。仅当栈顶为 0 号寄存器时,寄存器 1~7 正好用ST(1)~ST(7)表示,而当 7 号寄存器为栈顶时,则 ST(1)~ST(7)分别表示寄存器0~6。

(2) 浮点数据类型

浮点部件可以处理以存储器为基础的三大类数值数据,分别为二进制整数、压缩的十进制整数和二进制实数。三类数据又可进一步分成 7 种数据类型。

1) 二进制整数

二进制整数分为三种数据类型,即字整数、短整数和长整数,格式表示如下。

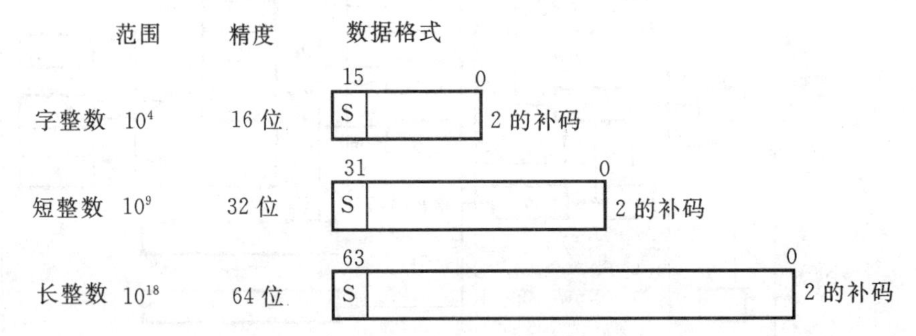

三种整数格式一样,长度不同。每种整数的长度决定了能表示的数值范围。每种格式的最左一位是数值的符号位 S,S=0 表示是正数,S=1 表示是负数,均采用标准二进制补码表示。数值 0 用全 0 表示,即全部各位均为 0,符号位也为 0。字整数格式与 16 位带符号整型数据类型是相同的,而短整数格式则与 32 位带符号的整型数据的格式相同。

二进制整数格式只能在存储器内保存,当微处理器使用浮点部件时,自动地将二进制整数格式转换成 80 位的扩展实型数,所有二进制数都可以用扩展的实型格式精确表示。

2) 十进制整数

十进制整数以压缩 BCD 形式存放,也就是一个字节存放两位十进制数。十进制整数的表示形式为$(-1)^s(d_{17}d_{16}\cdots d_0)$,十进制数有 d_{17}~d_0共 18 位,用 71~0 共 72 个二进制数表示,d_{17}为最高有效位。S 为符号位,0 为正,1 为负。d_{17}~d_0所有各位值的范围均需在 0~9 范围内。×为无意义位,格式表示如下。

范围	精度	数据格式
10^{18}	18位十进制	79: S; 78–72: ×××××××××; 71–0: $d_{17}d_{16}d_{15}d_{14}\cdots d_3d_2d_1d_0$ (位号 79 78 72 71 68 3 0)

十进制整数格式只是在存储器中存放的格式，当微处理器使用浮点部件时，就自动地将十进制整数转换成80位扩展实数格式。所有十进制整数均可用扩展的实数格式给以精确表示。

3）实型数

浮点部件是以$(-1)^S2^E(b_{0\Delta}b_1b_2b_3\cdots b_{p-1})$形式表示实型数的。其中，S是符号位，0为正，1为负；E是指数，为整数形式；b_i是有效数字位，为0或1；P为精度位数；$_\Delta$为隐含小数点位置。

实型数有单精度、双精度和扩展精度三种格式，其格式如下。

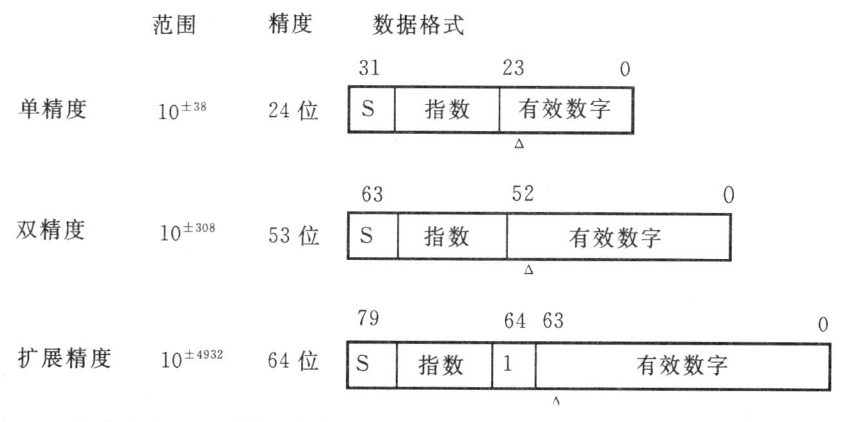

实型数以3个字段的二进制格式存放，这种格式与科学计数法，或者说与指数实型数计数法类似。这种格式由如下三种字段构成。

① 有效数字段。这个字段用来保存数的有效数字，用$b_{0\triangle}b_1b_2b_3\cdots b_{p-1}$来表示，与通常所说的浮点数的尾数概念类似。单精度为23位，双精度为52位，扩展精度为64位。

② 指数字段。用来规定有效数字的小数点位置。它决定了所表示数值的大小，指数与通常所说的浮点数的阶码是同一概念。单精度为7位，双精度为11位，扩展精度为15位。

③ 符号位字段。这是一个1位的字段，为有效数字的符号位，由它来指出所表示的数是正还是负。正数和负数的区别只是在有效数字的符号位上不同。

实型数的有效数字位$b_{0\triangle}b_1b_2b_3\cdots b_{p-1}$在规格化形式下通常还有进位。也就是说，除了0之外，有效数字不仅有小数位而且还有整数位，其形式为$1_\triangle b_1b_2b_3\cdots b_{p-1}$。其中，$_\triangle$符号所处的位置表示的是假设的二进制小数点位置。

由于要对实型数实施规格化处理，使得所有实型数的整数位总是1，因此，即使是一个非常小的数，经规格化处理后其整数位也必须是1。采用这项技术后可以使有效位数为最多，从而使精度也最高。

习 题 二

2.1 写出下列各数的原码、反码、补码、移码表示（用8位二进制数），其中，MSB是最高位（又是符号位），LSB是最低位，如果是小数，小数点在MSB之后；如果是整数，小数点在

LSB之后。

① $-35/64$。② $23/128$。③ -127。④ 用小数表示-1。⑤ 用整数表示-1。

2.2 将下列十进制数表示成浮点规格化数，阶码3位，用补码表示；尾数9位，用补码表示。

① $27/64$。② $-27/64$。

2.3 用补码表示8位二进制整数，最高位用一位表示符号(即形如 $x_f x_1 x_2 x_3 x_4 x_5 x_6 x_7 x_8$)时，模应为多少？

2.4 “8421码就是二进制数”的说法对吗？为什么？

2.5 如何识别浮点数的正负？浮点数能表示的数值范围和数值的精确度取决于什么？

2.6 设有两个正的浮点数：$N_1=2^m M_1$，$N_2=2^n M_2$。①若 $m>n$，是否有$N_1>N_2$？②若M_1和M_2是规格化的数，上述结论是否正确？

2.7 设二进制浮点数的阶码为4位，尾数是8位，均含一位符号，用模2补码写出它们所能表示的最大正数、最小正数、最大负数和最小负数，并将它们转换成十进制数。

2.8 已知x和y，用变形补码计算 $x\pm y$，并对结果进行讨论。

① $x=0.1101$，$y=-0.1110$。

② $x=-0.1011$，$y=0.1111$。

③ $x=-0.1111$，$y=-0.1100$。

2.9 用原码一位乘法和补码一位乘法计算 $x\times y$。

① $x=-0.1111$，$y=0.1110$。　② $x=-0.110$，$y=-0.010$。

2.10 用原码两位乘法和补码两位乘法计算 $x\times y$。

① $x=0.1011$，$y=-0.0001$。　② $x=-0.101$，$y=-0.111$。

2.11 用原码不恢复余数法和补码不恢复余数法计算 $x\div y$。

① $x=0.1010$，$y=0.1101$。　② $x=-0.101$，$y=0.110$。

2.12 设数的阶码为4位，尾数为7位(均含符号位)，按机器补码浮点运算步骤，完成下列$[x\pm y]_{补}$运算。

① $x=2^{-011}\times 0.100100$，$y=2^{-010}\times(-0.011010)$。

② $x=2^{101}\times(-0.100010)$，$y=2^{100}\times 0.010110$。

2.13 如何判断浮点数运算的溢出？

2.14 设数的阶码3位，尾数6位，用浮点运算方法，计算下列各式。

① $(2^3\times 13/16)\times[2^4\times(-9/16)]$。　② $(2^{-2}\times 13/32)\div(2^3\times 15/16)$。

2.15 某加法器进位链小组信号为$C_4C_3C_2C_1$，低位来的进位信号为C_0，请分别按下述两种方式写出$C_4C_3C_2C_1$的逻辑表达式。

① 串行进位方式。　② 并行进位方式。

2.16 利用SN74181芯片和SN74182芯片设计以下两种方式的64位字长的ALU(框图)。

① 二重并行进位。　② 三重并行进位。

2.17 余3码编码的十进制加法规则如下：两个一位十进制数的余3码相加，如结果无进位，则从和数中减去3(加上1101)；如结果有进位，则和数中加上3(加上0011)，即得和数的余3码。试设计余3码编码的十进制加法器单元电器，用SN74181实现，画出其框图。

第3章 存储器及存储系统

计算机的存储系统是计算机的重要组成部分,由内存储器和外存储器组成。存储器是在计算机里用来存储二进制信息的重要部件,存储器性能的优劣对计算机系统的性能影响极大。如何设计一个容量大、速度快、能耗小、成本低的存储器是一个很重要的课题。

在这一章里将着重介绍各种类型存储器的存储信息的基本原理和存储器的逻辑设计。

3.1 存储器概述

3.1.1 存储器分类

存储器的存储介质,目前主要是半导体和磁性材料。一个双稳态半导体电路或磁性材料的存储元,均可以存储1位二进制代码。这个二进制代码位是存储器中最小的存储单位,称为一个存储位或存储元。由若干个存储元组成一个存储单元,再由许多存储单元组成一个存储器。

根据存储元件的性能及使用方法不同,存储器有各种不同的分类方法。

1. 按存储介质分类

作为对存储介质的基本要求,存储介质必须具备能够显示两种有明显区别的物理状态的性能,分别用来表示二进制代码0和1。另一方面,存储器的存取速度又取决于这两种物理状态的变换速度。

(1) 半导体存储器

用半导体器件组成的存储器称为半导体存储器。它具有集成度高、容量大、体积小、存取速度快、功耗低、价格便宜、维护简单等一系列优点。半导体存储器的种类很多,目前主要有两大类:一种是双极型存储器,它又分为TTL型和ECL型两种;另一种是金属氧化物半导体存储器,简称MOS存储器,它又分为静态MOS存储器和动态MOS存储器两类。

(2) 磁表面存储器

用磁性材料做成的存储器称为磁表面存储器,简称磁存储器。它包括磁盘存储器、磁带存储器等。这种存储器存在体积大、生产自动化程度低、存取速度慢等缺点,但它也具有存储容量比半导体存储器大得多且不易丢失的优点。

(3) 激光存储器

除了以上两种外,还有一种类似于激光唱盘的存储器。信息以刻痕的形式保存在盘面上,用激光束照射盘面,靠盘面的不同反射率来读出信息。正因为如此,人们常称这类存储器为光盘。光盘可分为只读型光盘(CD-ROM)、只写一次型光盘(WORM)和磁光盘(MOD)三种。

2. 按存取方式分类

按照对存储器的存取方式划分,可分为随机存储器、串行访问存储器。

(1) 随机存储器(RAM)

如果存储器中任何存储单元的内容都能被随机存取,且存取时间与存储单元的物理位置无关,则这种存储器称为随机存储器(RAM)。RAM 主要用来存放各种输入/输出的程序、数据、中间运算结果,以及存放与外界交换的信息和做堆栈用。通常意义上的随机存储器多指读/写存储器。随机存储器主要充当高速缓冲存储器和主存储器,在计算机系统中无论是大型、中型、小型及微型计算机的主存储器都采用随机存储器。

(2) 串行访问存储器(SAS)

如果存储器只能按某种顺序来存取,也就是说,存取时间与存储单元的物理位置有关,则这种存储器称为串行访问存储器。串行存储器又可分为顺序存取存储器(SAM)和直接存取存储器(DAM)。顺序存取存储器是完全的串行访问存储器,如磁带,信息以顺序的方式从存储介质的始端开始写入(或读出);直接存取存储器是部分串行访问存储器,如磁盘存储器,它介于顺序存取和随机存取之间。

(3) 只读存储器(ROM)

只读存储器是一种对其内容只能读不能写入的存储器,即预先一次写入的存储器。它通常用来存放固定不变的信息。只读存储器的应用十分广泛,比如,经常用来做微程序控制存储器。"只读不写"的含义有新的发展和扩充,目前已有可重写的只读存储器。

ROM 的存储内容是通过特殊线路预先写进去的,一旦写入后便长期保存。广泛使用的是用半导体集成电路制成的 ROM。为适应各种用户的要求,写入 ROM 的方式也有不同。常见的有掩模 ROM(MROM),由制造厂家在制作集成电路时用掩模工艺写入固定程序;可编程 ROM(PROM)是由用户一次性写入自己编制的程序;可擦除可编程 ROM(EPROM),可通过紫外线照射设备擦去已写入的内容,再写入新内容,能多次改写;电擦除可编程 ROM(EEPROM),可用电的方法擦去已写入的内容,且可多次重写。

ROM 的电路比 RAM 的简单、集成度高、成本低,且是一种非易失性存储器,计算机常把一些管理、监控程序和成熟的用户程序放在 ROM 中。

3. 按信息的可保存性分类

断电后信息就消失的存储器称为非永久记忆的存储器。半导体读/写存储器 RAM 是非永久性存储器。断电后仍能保持信息的存储器称为永久性记忆的存储器。磁性材料做成的存储器以及半导体 ROM 是永久性存储器。

4. 按在计算机系统中的作用分类

根据存储器在计算机系统中所起的作用,存储器可分为主存储器、辅助存储器、缓冲存储器、控制存储器等。

3.1.2　存储器的分级结构

对存储器的要求有容量大、速度快、成本低等。各类存储器各具特点。半导体存储器速度快、成本较高；磁表面存储器容量大、成本低但速度慢，无法与 CPU 高速处理信息的能力相匹配。可见单一类型存储器无法满足需要。实际上，计算机存储器都是由多种类型、不同特点的存储器组成的。目前在计算机系统中，通常采用三级存储器结构，即使用高速缓冲存储器、主存储器和外存储器组成的结构。CPU 能直接访问的存储器称为内存储器，它包括高速缓冲存储器和主存储器。CPU 不能直接访问的称为外存储器，外存储器的信息必须调入内存储器后才能被 CPU 处理。

1. 高速缓冲存储器

高速缓冲存储器(Cache)，也称为快速缓冲存储器，简称快存。它是计算机系统中的一个高速、小容量的存储器。在中、高档计算机中，为了提高计算机的处理速度，常利用快存来临时存放指令和数据。快存目前主要由双极型半导体存储器组成，和主存储器相比，它的存取速度快，但存储容量小。

2. 主存储器

主存储器是计算机系统的主要存储器，用来存放计算机运行期间的大量程序和数据。它和快速缓冲存储器交换数据和指令，快速缓冲存储器再与 CPU 打交道。主存储器目前一般由 MOS 存储器组成。

当内存储器中只有主存储器而没有快速缓冲存储器时，内存储器就是主存储器，所以内存储器也泛称为主存储器。通常，内存储器简称内存，主存储器简称主存。

3. 外存储器

外存储器也称为辅助存储器，简称外存，外存由磁表面存储器构成。目前主要使用磁盘存储器和磁带存储器。外存的特点是存储容量大，通常用来存放系统程序和大型数据文件及数据库。

上述三种类型的存储器形成计算机的三级存储管理系统，它们之间的关系如图 3-1 所示。

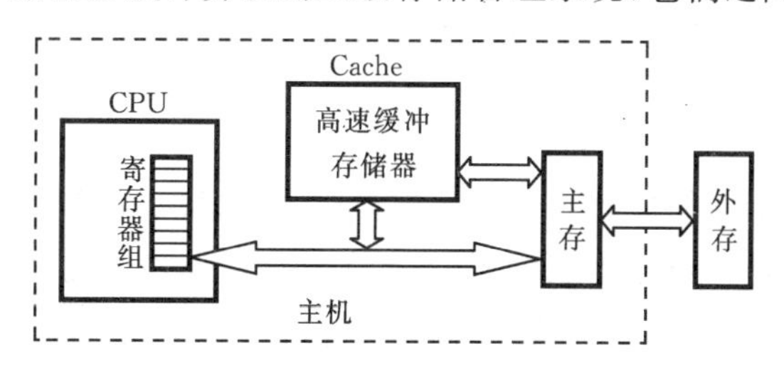

图 3-1　各类存储器之间的关系

各级存储器承担的职能各不相同，其中快速缓冲存储器主要强调快速存取，以便使存取速度和 CPU 的运算速度相匹配；外存储器主要强调大的存储容量，以满足计算机的大容量存储要求；主存储器介于快存与外存之间，要求选取适当的存储容量和存取周期，使它能容纳系统的核心软件和较多的用户程序。

3.2 主存储器

3.2.1 主存储器的技术指标

主存储器的性能指标主要有存储容量、存取时间和存取周期等。

1. 存储容量

存放一个机器字的存储单元,通常称为字存储单元,相应的单元地址叫做字地址;存放一个字节的单元,称为字节存储单元,相应的地址称为字节地址。如果计算机中可编址的最小单位是字存储单元,则该计算机称为按字编址的计算机;如果计算机中可编址的最小单位是字节,则该计算机称为按字节编址的计算机。一个机器字可以包含数个字节,所以一个主存储器单元也可以包含数个能够单独编制的字节地址。

在一个存储器中,可以容纳的主存储器的单元总数通常称为该存储器的存储容量。存储容量越大,表示能存储的信息就越多。存储容量通常用字节表示,符号以 B(Byte)作单位。比如某 8 位机存储器容量是 64KB,计算机中 $1K=2^{10}=1024$,所以该机能够存储 $64B\times1024=65536B$ 信息。有时存储容量用二进制位,符号以 b(bit)作单位(1B=8b),64KB 可以写作 $64K\times8b$。外存中为了表示更大的存储容量,可采用 MB、GB、TB 等单位。其中,$1KB=2^{10}B$,$1MB=2^{20}B$,$1GB=2^{30}B$,$1TB=2^{40}B$。计算机中一个字的字长通常是 8 的 2^n 倍。存储容量这一概念反映了存储空间的大小。容量越大,记忆的信息越多,计算机系统的功能就越强,使用越灵活。

2. 存取时间

信息存入存储器的操作叫写操作,从存储器取出信息的操作叫读操作,读/写操作统称做"访问"。从存储器接收到读(或写)命令到从存储器读出(或写入)信息所需的时间称为存储器访问时间(Memory Access Time)或称存取时间,用 T_A 表示。存取时间 T_A 是反映速度的指标,取决于存储介质的物理特性和访问机构的类型。T_A 决定了 CPU 进行一次读/写操作必须等待的时间,目前大多数计算机存储器的存取时间在 ns 级。

3. 存取周期

另一个与存取时间指标相近的速度指标是存取周期(Memory Cycle Time),用 T_M 表示。T_M 表示存储器作连续访问操作过程中完成一次完整存取操作所需的全部时间。因为有的存储器读出操作是破坏性的,在读取信息的同时也将信息给破坏了,所以在读出信息的同时要将该信息立刻重新写回到原来的存储单元中,然后才能进行下一次访问。即使是非破坏性读出的存储器,读出后也不能立即进行下一次读/写操作,因为存储介质与有关控制线路都需要有一段稳定恢复的时间,所以存取周期是指连续启动两次独立的存储器操作(如连续两次读操作)所需间隔的最小时间。通常,存取周期略大于存取时间,即 $T_M>T_A$。

存取时间和存取周期都是主存的速度指标。

3.2.2　主存储器的基本结构

图 3-2 所示的是主存储器组成示意图。它由存储体加上一些外围电路构成。外围电路包括地址译码驱动器、数据寄存器和存储器控制电路等。

地址译码驱动器接收来自 CPU 的 n 位地址信号，经过译码、驱动后形成 2^n 个地址选择信号，每次选中一个地址。

数据寄存器寄存 CPU 送来的 m 位数据，或寄存从存储体中读出的 m 位数据。

控制线路在接收到 CPU 的读/写(R/W)控制信号后，产生存储器内部的控制信号，将指定地址的信息从存储体读出，再送到数据寄存器供 CPU 使用，或将来自 CPU 并已经存入数据寄存器的信息写入指定地址的存储体中。

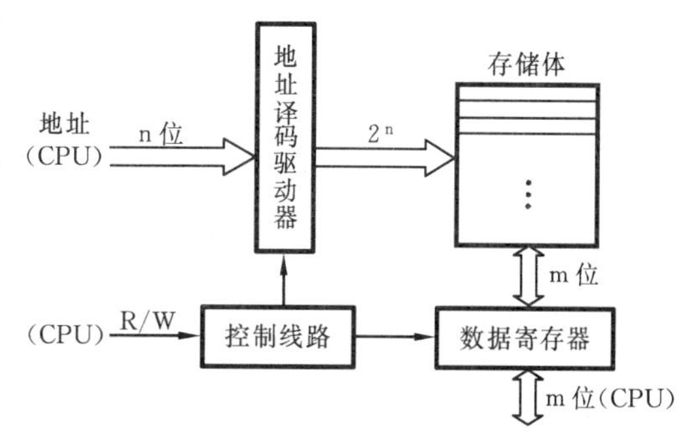

图 3-2　主存储器组成示意图

3.2.3　主存储器的基本操作

主存储器用来暂时存储 CPU 正在使用的指令和数据，它和 CPU 关系最密切。主存储器和 CPU 的连接是由总线支持的，连接形式如图 3-3 所示。图中，把主存储器作为一个黑箱子来对待，总线包括数据总线、地址总线和控制总线。

CPU 通过使用 AR(地址寄存器)和 DR(数据寄存器)这两个寄存器和主存进行数据传送。若 AR 为 k 位字长，DR 为 n 位字长，则主存包含 2^k 个可寻址单位(字节或字)。在一个存储周期内，CPU 和主存之间通过总线进行 n 位数据传送。此外，总线还包括为控制数据传送的读、写和表示存储器功能完成的 MAC 控制线。

为了从存储器中读取一个信息字，CPU 必须指定存储器字地址，并进行“读”操作。为了完成这种“读”操作，CPU 需要把信息字的地址送到 AR，再经过地址总线送往主存储器；同时，CPU 应用控制线(Read)发一个“读”请求。此后，CPU 等待从主存储器发来的回答信号，通知 CPU“读”操作完成。主存储器通过 AC 控制线作出回答，若 AC 信号为“1”，则说明存储字的内容已经读出，并放在数据总线上，送入 DR。这时，“读”操作完成。

为了“写”一个字到主存，CPU 先将信息字在主存中的地址经过 AR 送到地址总线上，并将信息字送到 DR；同时，发出“写”命令，它由控制线(Write)实现。此后，CPU 等待写操作完成信号。主存储器从数据总线接收到信息字并按地址总线指定的地址存储，然后经过 AC 控制线发回存储器操作完成的信号。这时，“写”操作完成。

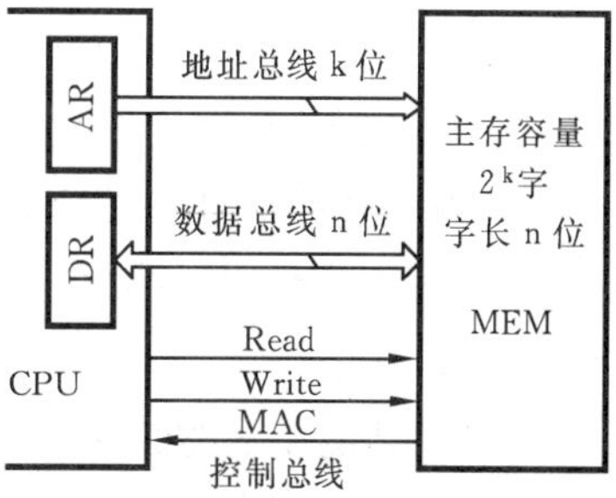

图 3-3　主存储器和 CPU 的连接

3.3 半导体存储器芯片

半导体存储器分双极型半导体存储器和 MOS 存储器两种。根据存储信息机构的原理不同,MOS 存储器又分为静态 MOS 存储器和动态 MOS 存储器两种。按信息存储方式分,半导体存储器分为读/写存储器和只读存储器两种。半导体存储器的主要优点有存取速度快、存储体积小、可靠性高、价格低;主要缺点有断电时读/写存储器不能保存信息。

3.3.1 静态 MOS 存储器(SRAM)

1. 静态 MOS 存储元

图 3-4 所示的是六管静态 MOS 存储元电路,它是由 2 个 MOS 反相器交叉耦合而成的触发器。1 个存储元对应着 1 位二进制代码,如果 1 个存储单元为 n 位,则需要由 n 个存储元才能组成 1 个存储单元。

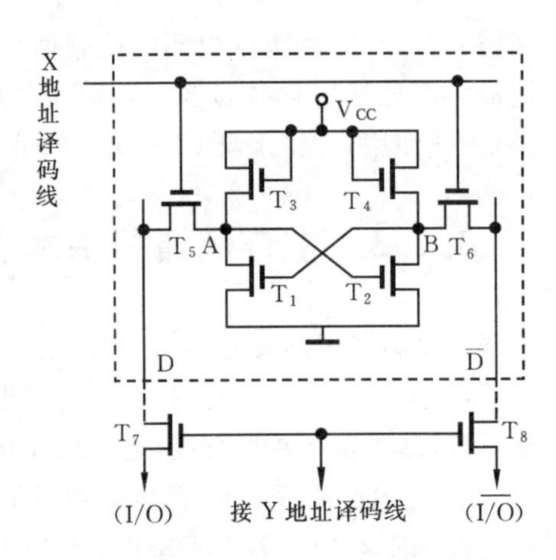

图 3-4 六管静态 MOS 存储元电路

如图 3-4 所示,T_1、T_2是存储管。T_1截止时,A 点为高电位,使 T_2导通,此时 B 点处于低电位,而 B 点的低电位又使 T_1更加截止,因此,这是一个稳定状态。反之,如果 T_1导通,则 A 点处于低电位,使 T_2截止,这时 B 点处于高电位,而 B 点处于高电位也使 T_1更加导通,因此,这也是一个稳定状态。显然,这种电路有两个稳定的状态,并且 A、B 两点的电位总是互为相反的。如果 A 点高电位代表“1”,A 点低电位代表“0”,那么,这个触发器电路就能表示 1 位二进制的 1 和 0。T_3、T_4是负载管,起限流电阻的作用。

T_5、T_6、T_7、T_8为控制管或开门管。由它们实现按地址选择存储元。如果某存储元被选中,则 X 地址译码线和 Y 地址译码线均处于高电位,使 T_5、T_6、T_7、T_8均导通,输入/输出电路 I/O及$\overline{I/O}$就分别与 A 点和 B 点相接。这时,A 点和 B 点的电位状态 0 或 1,就能够输出到 I/O 及$\overline{I/O}$线上。

(1) 写操作

在写操作时,如果要写入“1”,则在 I/O 线上输入高电位,而在$\overline{I/O}$线上输入低电位,并通过开启 T_5、T_6、T_7、T_8,把高、低电位分别加在 A 点、B 点上,使 T_1截止,使 T_2导通。当输入信号及地址选择信号消失后,T_5、T_6、T_7、T_8都截止,T_1和 T_2保持被迫写入的状态不变,从而将“1”写入存储元。当 T_5、T_6、T_7、T_8关闭(截止)后,各种干扰信号就不能进入 T_1和 T_2。

写“0”的情况完全类似,在 I/O 线上输入低电位,在$\overline{I/O}$线上输入高电位,打开 T_5、T_6、T_7、T_8,把低、高电位分别加在 A 点、B 点上,使 T_1导通,T_2截止,于是,将“0”写入了存储元。

注意：要同时打开 T_5、T_6、T_7、T_8，必须在X地址译码线和Y地址译码线同时输入高电位。如果X地址译码线和Y地址译码线中任一个为低电位或同时为低电位，则该存储元就没有被选中，T_1 和 T_2 的状态就保持不变。

（2）读操作

在读操作时，若某个存储元被选中，则该存储元的 T_5、T_6、T_7、T_8 均导通，于是A点、B点与位线D、$\overline{D}$ 相连，存储元的信息被送到I/O及 $\overline{I/O}$ 线上。I/O及 $\overline{I/O}$ 线连接着一个读出差动放大器，从其电流方向，可以判断所存信息是“1”还是“0”；也可以只有一个输出端连接到外部，从其有无电流通过，判断出所存信息是“1”还是“0”。

2. 静态MOS存储器的组成

一个静态MOS存储器由存储体、读/写电路、地址译码电路和控制电路等组成，如图3-5所示。

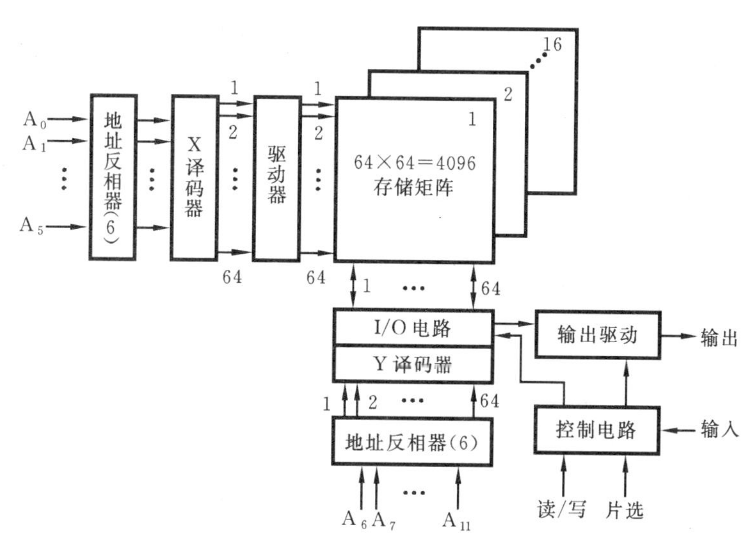

图3-5　静态MOS存储器结构框图

（1）存储体

存储体是存储单元的集合。在较大容量的存储器中，往往把各个字的同一位组织在一个集成片中。例如，图3-5中的4096×1位，是指4096个字的同一位。由这样的16个片子就可组成4096×16位的存储器。同一位的这些字通常排成矩阵的形式，如64×64=4096。由X选择线——行线和Y选择线——列线的交叉点来选择所需要的单元。

（2）地址译码器

地址译码器的输入信息来自CPU的AR(用来存放所要访问的存储单元的地址)。CPU要选择某一存储单元时，就在地址总线 $A_0 \sim A_{11}$ 上输出此单元的地址信号给地址译码器，再由地址译码器把用二进制代码表示的地址转换成输出端的高电位，驱动相应的读/写电路，以便选择所要访问的存储单元。

地址译码有两种方式，一种是单译码方式，适用于小容量存储器；另一种是双译码方式，适用于大容量存储器。

单译码结构也称为字结构。在这种方式下，地址译码器只有一个，译码器的输出叫字选线，而字选线可选择某个字(某存储单元)的所有位。例如，地址输入线n=4，经地址译码器译码,可译出 $2^4=16$ 个状态,分别对应 16 个字地址。

为了节省驱动电路,存储器中通常采用双译码结构。采用双译码结构,可以减少选择线的数目。在这种译码方式中,地址译码器分成 X 向和 Y 向两个译码器。若每一个有 n/2 个输入端,可以译出 $2^{n/2}$ 个输出状态,那么两个译码器交叉译码,共可译出 $2^{n/2}\times 2^{n/2}=2^n$ 个输出状态,其中,n 为地址输入量的二进制位数。但此时译码输出线只有 $2\times 2^{n/2}$ 根。

(3) 驱动器

由于在双译码结构中,一条 X 方向选择线要控制接在其上的所有存储元的 T_5、T_6 管,例如,4096×1 中要控制 64×2 个 T_5、T_6 管,故其负载很大。为此,需要在译码器输出端加驱动器,由驱动器驱动接在各条 X 方向选择线上的所有存储元电路的 T_5、T_6 管。

(4) I/O 电路

它处于数据总线和被选用的单元之间,用以控制被选中的单元读出或写入,并具有放大信息的作用。实际上就是图 3-4 中所示的 T_7、T_8 管。

(5) 片选与读/写控制电路

目前,每一个集成片的存储容量终究是有限的,所以需要一定数量的芯片按一定方式进行连接才能组成一个完整的存储器。在地址选择时,首先要选片。只有当片选信号有效时,才能选中某一片,使此片所连的地址线有效,这样才能对这一片上的存储元进行读操作或写操作。至于是读还是写,取决于 CPU 所给的命令是读命令还是写命令。

(6) 输出驱动电路

为了扩展存储器的容量,常需要将几个集成片的数据线并联使用;另外,存储器读出的数据或写入的数据都放在双向的数据总线上。这就用到三状态输出缓冲器。

3. 静态 MOS 存储器芯片实例

图 3-6 所示的是 Intel 2114 静态 MOS 芯片逻辑结构框图,该芯片是一个 1Kb×4 位的静

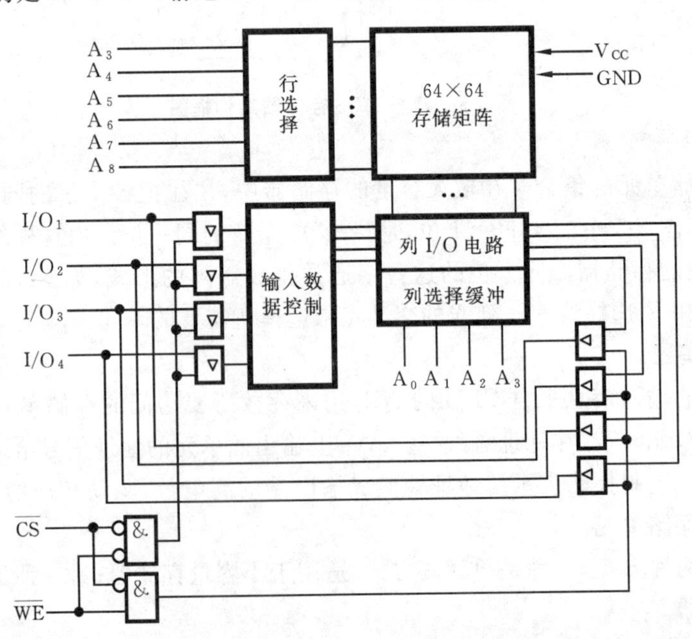

图 3-6　Intel 2114 逻辑结构框图

态 RAM，片上共有 4096 个六管存储元电路，排成 64×64 的矩阵。因为是 1Kb，故有地址线 10 根（A_0～A_9），其中，6 根（A_3～A_8）用于行译码，产生 64 根行选择线；4 根（A_0、A_1、A_2、A_9）用于列译码，产生 64/4 条选择线，即 16 条列选择线，每条线同时接矩阵的 4 位。

存储器的内部数据通过 I/O 电路以及输入三态门和输出三态门同数据总线 I/O_1～I/O_4 相连。由片选信号$\overline{CS}$和写允许信号$\overline{WE}$一起控制这些三态门。在片选信号$\overline{CS}$有效（低电平）的情况下，如果写命令$\overline{WE}$有效（低电平），则输入三态门打开，数据总线上的数据信息便写入存储器；如果写命令$\overline{WE}$无效（高电平），则意味着从存储器读出数据，此时输出三态门打开，数据从存储器读出，送到数据总线上。

注意：读操作与写操作是分时进行的，读时不写，写时不读，输入三态门与输出三态门是互锁的，这样数据总线上的信息才不至于混乱。

4. 存储器的读/写操作

存储器在与 CPU 连接时，CPU 的时序与存储器的读/写周期之间的配合问题是非常重要的。对于已知的 RAM 存储片，读/写周期是已知的。下面结合 Intel 2114 芯片，对读周期和写周期进行分析。

(1) 读周期

表 3-1 所示为 2114 芯片的读周期参数表。图 3-7 所示为 2114 的读周期时序波形，它表示了读周期内地址信号、片选命令$\overline{CS}$和读出的数据之间的关系。要实现存储器读操作，必须使片选$\overline{CS}$为低电平（有效），而$\overline{WE}$为高电平。

表 3-1　2114 芯片的读周期参数表

参数	名　　称	t_{min}/ns	t_{max}/ns
t_{RC}	读周期时间	450	
t_A	读出时间		450
t_{CO}	片选有效到数据输出延迟		120
t_{CX}	片选到输出有效	20	
t_{OTD}	断开片选到输出变为三态	0	100
t_{OHA}	地址改变后数据的维持时间	50	

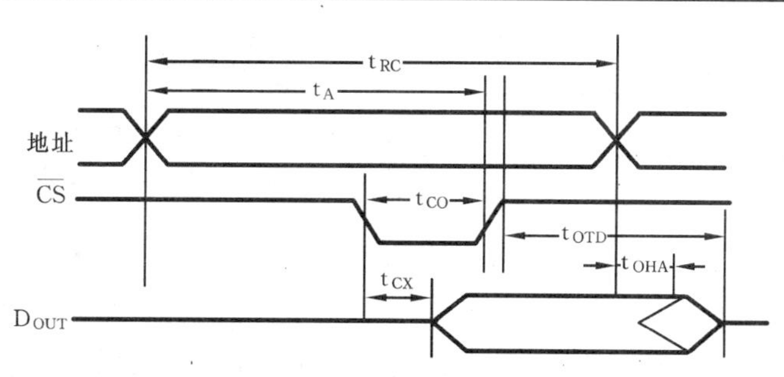

图 3-7　2114 的读周期波形图

从读周期波形图可以看出，从给出有效地址后，经过译码电路、驱动电路的延迟，到读出所选中单元的内容，再经过 I/O 电路延迟，在外部总线上稳定地出现所读出的数据信息，这一过程总共需要 t_A时间，所以，称 t_A为读出时间。

数据能否送到外部数据总线上，还取决于片选信号$\overline{CS}$。从$\overline{CS}$给出并有效（低电平），到存储器读出的数据被稳定地送到外部数据总线上所需要的时间为 t_{CO}。

T_{OTD}表示片选信号无效后,数据还能保持的时间。

T_{OHA}表示地址改变后,数据还能保持的时间。

读周期时间与读出时间是两个不同的概念,读周期时间 t_{RC}表示存储片进行两次连续读操作所必须间隔的时间,它总是大于或等于读出时间。

显然,CPU 访问存储器而读取数据时,从给出的地址有效起,只有经过 t_A时间才能在数据总线上可靠地获得数据,而连续的读数操作必须保留间隔时间 t_{RC},否则,存储器无法正常工作,CPU 的读数操作就将失效。

(2) 写周期

表 3-2 所示为 2114 芯片的写周期参数表。图 3-8 所示为 2114 的写周期的时序波形。要实现写操作,要求片选$\overline{CS}$与写命令$\overline{WE}$必须均为低电平(即有效)。

要使数据总线上的信息能够可靠地写入存储器,要求$\overline{CS}$信号与$\overline{WE}$信号相“与”的宽度至少应为 t_W。

表 3-2　2114 芯片的写周期参数表

参数	名　称	t_{min}/ns	t_{max}/ns
t_{WC}	写周期时间	450	
t_W	写数时间	200	
t_{WR}	写恢复时间	0	
t_{DTW}	写信号有效到输出变为三态	0	100
t_{DW}	数据有效时间	200	
t_{DH}	写信号无效后数据保持时间	0	

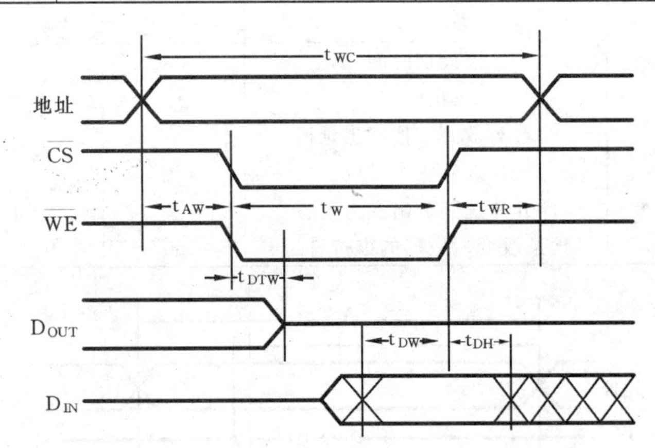

图 3-8　2114 的写周期波形图

为了保证在地址变化期间不会发生错误写入而破坏存储器的内容,$\overline{WE}$信号在地址变化期间必须为高电平。只有在地址有效后再经过一段时间 t_{AW},写命令$\overline{WE}$才能有效。并且只有$\overline{WE}$变为高电平,再经过 t_{WR}时间,地址信号才允许改变。

为了保证有效数据的可靠写入,地址有效的时间至少应为

$$t_{WC}=t_{AW}+t_W+t_{WR}$$

为了保证在$\overline{WE}$和$\overline{CS}$变为无效前能把数据可靠地写入,要求写入的数据必须在t_{DW}以前已经稳定在数据总线上。

3.3.2 动态MOS存储器(DRAM)

1. 四管动态存储元

在六管静态存储元电路中,信息暂时存于T_1、T_2的栅极,这是因为管子总是存在着一定的电容。负载管T_3、T_4是为了给这些存储电荷的电容补充电荷用的。由于MOS管的栅极电阻很高,故泄漏电流很小,在一定的时间内这些信息电荷可以维持不变。为了减少管子以提高集成度,可把负载管T_3、T_4去掉,这样就变成了四管的动态存储电路,如图3-9(a)所示。

在图3-9(a)中,T_5、T_6仍然为控制管,由字选择线(X线)控制。当选择线为高电平时,T_5、T_6导通,存储电路的A、B点与位线D、$\overline{D}$分别相连,再通过T_7、T_8与外部数据线I/O和$\overline{I/O}$相通。同时在一列的位线上接有两个公共的预充管T_9、T_{10}。

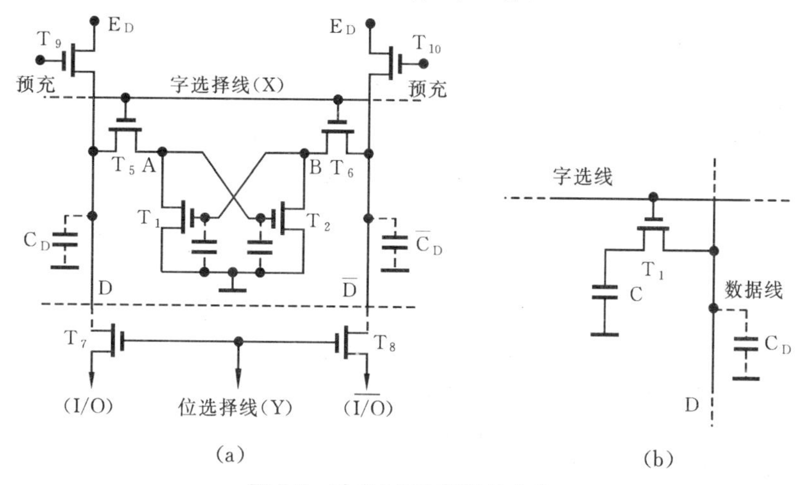

图3-9 动态MOS存储元电路

为了叙述方便,以下按写入、读出、刷新三种工作状态作简要说明。

当写入信息时,I/O与$\overline{I/O}$仍然加相反的电平(例如,写入"1"时I/O="1",$\overline{I/O}$="0"),字选择线为高电平时打开T_5、T_6管,所存的信息送到A、B端,将信息存储在T_1、T_2的栅极电容上。当T_5、T_6截止时,靠T_1、T_2上栅极电容的存储作用,可以在一定时间内(2ms)保留所写入的信息。

在读出信息时,先给出预充信号,使T_9、T_{10}导通,于是电源就向位线D和$\overline{D}$上的电容充电,使它们的电压都达到电源电压。当字选择线使T_5、T_6导通时,存储的信息通过A、B端向位线输出。若原存信息为"1",则电容C_2上存有电荷,T_2导通,而T_1截止,因此,$\overline{D}$上的预充电荷经T_2泄漏,$\overline{D}$="0",而D仍然为"1",信号通过I/O与$\overline{I/O}$线输出。与此同时,D上的电荷可以通过A点向C_2补充。故读出过程也是刷新的过程。

在刷新时,由于存储的信息电荷终究是有泄漏的,电荷数又不能像六管电路那样由电源经负载管来不断补充,时间一长,就会丢失信息。为此,必须设法由外界按一定规律不断给栅极充电,补充栅极的信息电荷,这就是所谓的"刷新"或"再生"。

四管存储元的刷新过程并不复杂,先给出预充信号,使T_9、T_{10}导通,向C_D和$\overline{C}_D$充电,然后在字选择线上加一个脉冲就能自动刷新存储信息。设原存储的信息为"1",这时T_2导通,T_1截止。经过一段时间,T_2栅极上漏失了一部分信息电荷,使A端的电压稍小于存"1"时的满值电压，经过一段时间后，信息就会丢失。当字选择线上加脉冲使得 T_5、T_6 开启后，A 端与位线 D 连接，就被充电到满值电压，从而刷新了原存的“1”信息。显然，只要定时给全部存储元电路执行一遍读操作，而不向外输出信息，就可实现信息刷新或再生。

2. 单管动态存储元

为了进一步缩小存储器的体积，提高它们的集成度，人们又设计了单管动态存储元电路。

单管动态存储元电路如图 3-9(b)所示。它由一个管子 T_1 和一个电容 C 构成。写入时，字选择线为“1”，T_1 导通，写入信息由位线(数据线)存入电容 C 中；读出时，字选择线为“1”，存储在电容 C 上的电荷，经过 T_1 输出到数据线上，再通过读出放大器即可得到存储的信息。

为了节省面积，这种单管存储元电路的电容 C 不可能做得很大，一般要比数据线上的分布电容 C_D 小，这样，每次读出后，存储的信息就会被破坏。为此，必须采取恢复措施，以便再生原存信息。

比较四管和单管存储元电路，它们各有优缺点。四管电路的缺点是管子多，占用的芯片面积大；它的优点是外围电路比较简单，读出过程就是刷新过程，故在刷新时不需要另加外部逻辑电路。单管电路的元件数量少，集成度高，但因读“1”和“0”时，数据线上电平差别很小，需要有高鉴别能力的读出放大器配合工作，且外围电路比较复杂。

3. 动态 MOS RAM 芯片实例

动态 MOS RAM 芯片的组成大体上与静态 MOS RAM 芯片相似，由存储体与外围电路构成。不过动态 MOS RAM 芯片的集成度高，外围电路由于有再生操作的功能，所以比静态 MOS RAM 芯片复杂。通常动态 MOS RAM 简称 DRAM，静态 MOS RAM 简称 SRAM。图 3-10 所示的为 16K×1 位的 DRAM 芯片结构示意图。

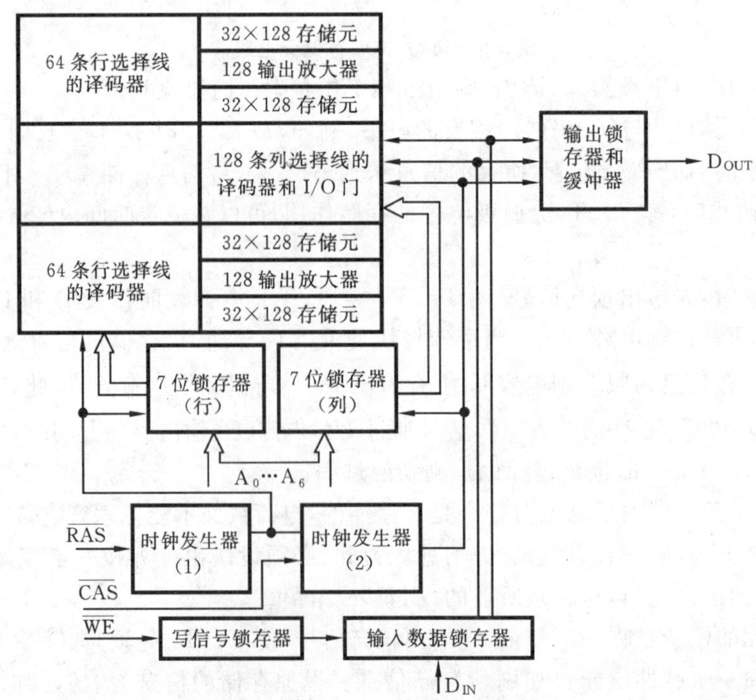

图 3-10　2116 内部结构示意图

该芯片是16脚封装的。受引脚数量的限制，将14条地址线分为行地址与列地址两部分。存储矩阵为128×128=16384，这样只需7条地址线$A_0 \sim A_6$。它的内部设有两个锁存器，通过7条地址线接收CPU分时发送的地址：行地址选通信号$\overline{CAS}$先送7位行地址到行地址锁存器，随后由列地址选通信号$\overline{RAS}$送7位列地址进入列地址锁存器。7条行地址线也作刷新用，刷新时地址计数，逐行刷新。

行、列地址译码后均产生128条选择线。选中某行时，该行的128个存储元都被选通到读出放大器。在那里每个存储元的信息都被鉴别、锁存和重写。而列译码器中只选通128个放大器中的一个，将读出的信息送到输出锁存器和缓冲器中。

注意：动态MOS芯片与静态MOS芯片的不同点有两个，一是数据输入(D_{IN})和数据输出(D_{OUT})是分开的而且可以锁存；二是该芯片控制信号只有$\overline{WE}$，没有片选信号$\overline{CS}$。

4. 动态MOS存储器的刷新

动态MOS存储器采用“读出”方式进行刷新。因为在读出过程中将恢复存储单元的MOS栅极电容电荷，并保持原单元的内容，所以读出过程就是刷新过程。通常，在刷新过程中只改变行选择线地址，每次刷新一行，依次对存储器的每一行进行读出，就可完成对整个动态MOS存储器的刷新。从上一次对整个存储器刷新结束到下一次对整个存储器刷新结束，这一段时间间隔叫刷新周期。刷新周期一般为2ms，4ms或8ms。

常用的刷新方式有三种，一种是集中式，另一种是分散式，第三种是异步式。

(1) 集中式刷新方式

集中式刷新方式的时间分配如图3-11(a)所示。

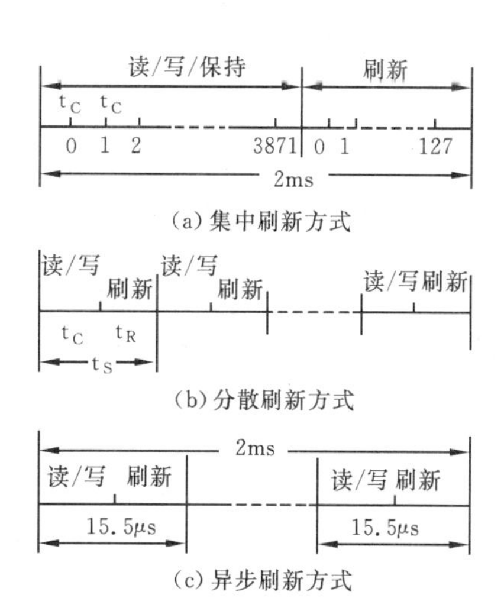

(a) 集中刷新方式

(b) 分散刷新方式

(c) 异步刷新方式

图3-11　刷新时间分配

在整个刷新周期内，前一段时间重复读/写周期或维持周期(在维持周期内，不进行读/写，存储单元保持原有存储内容)，等到需要进行刷新操作时，便暂停读/写周期或维持周期，而逐行进行刷新。设存储器结构为128×128的矩阵，读/写周期$t_C=0.5\mu s$，刷新间隔为2ms，那么，在2ms内就有4000个t_C，用于刷新的时间只需128个t_C，且集中在后段时间。前段3872个t_C都用来进行读/写/维持的操作。

这种方式的主要缺点是在集中刷新的这一段时间内不能进行存取访问，称为死时间。采用这种方式的整个存储器的平均读/写周期，与单个存储器片的读/写工作所需的周期相差不多，所以这种刷新方式比较适用于高速存储器。

(2) 分散式刷新方式

分散式刷新方式的时间分配如图3-11(b)所示。其中，把一个存储系统周期t_S分为两半，前半段时间用来进行读/写操作或维持信息，后半段时间作为刷新时间。在这种方式下，每过128个t_S，整个存储器就刷新一次。设$t_C=0.5\mu s$，系统周期为$1\mu s$，那么，只需$128\mu s$的时间即可将整个存储器刷新一遍。显然，在2ms内可进行多次刷新。假如存储器的读/写周期为$0.5\mu s$，则存储器系统的周期为$1\mu s$。由此可见，整个系统的速度降低了，因刷新过于频繁，会影响系统的速度，但它不存在死时间。这种方式不适合于高速存储器。

(3) 异步式刷新方式

将以上两种方式结合起来,便形成异步刷新方式,如图 3-11(c)所示。它首先对刷新周期(2ms)用刷新时间进行分割,然后将已经分割的每段时间分为两部分,前段时间用于读/写/维持操作,后一小段时间用于刷新。例如,当行数为 128 时可分割成为 128 个时间段,每个时间段为 2ms/128=15.5μs,只要每隔 15.5μs 刷新一行,就可利用 2ms 时间刷新 128 行,可保持系统的高速性。

异步式刷新方式由于具有上述(1)(2)两种刷新方式的优点,故目前应用较为广泛。

为了区别 CPU 发来的存/取数据的访问地址和刷新地址,通常要设置一个刷新地址寄存器,由它自动产生刷新地址,这样,对访问地址就不会有干扰。

5. 动态 MOS 存储器技术介绍

目前的软件特别是多媒体应用程序对存储器速度,以及 CPU 频率需求的提高,操作系统如 Windows XP、Windows 2000 等越来越复杂,对存储器的性能要求越来越高。为了弥补性能的差距,必须开发新的存储器来满足计算机对速度的需求。下面对几种常用的动态 MOS 存储器技术进行介绍。

(1) FPM(Fast Page Mode)RAM

FPM RAM(快速页面模式随机存储器)是较早的微机中普遍使用的内存,它每隔 3 个时钟脉冲周期传送一次数据。

(2) EDO(Extended Data Out)RAM

EDO RAM(扩展数据输出随机存储器)取消了主板与内存两个存储周期之间的时间间隔,它每隔 2 个时钟脉冲周期传输一次数据,大大地缩短了存取时间,使存取速度提高 30%,达到 60ns。

(3) S(Synchronous)DRAM

SDRAM(同步动态随机存储器)是目前奔腾机普遍使用的内存。SDRAM 将 CPU 与 RAM 通过一个相同的时钟锁在一起,使 RAM 和 CPU 能够共享一个时钟周期,以相同的速度同步工作,在每一个时钟脉冲的上升沿便开始传递数据,速度比 EDO 内存提高 50%。SDRAM 也采用多体(Bank)存储器结构和突发模式,能传输一整块而不是一段数据。

(4) SDRAM Ⅱ

SDRAM Ⅱ(同步动态随机存储器Ⅱ),也称为 DDR(Double Data Rate),是 SDRAM 的更新产品。DDR 的核心建立在 SDRAM 的基础上,但在速度和容量上有了提高。与 SDRAM 相比,它有两个不同点,首先,它使用了更多、更先进的同步电路;其次,DDR 使用了 Delay-Locked Loop (DLL,延时锁定回路)来提供一个数据滤波信号(Data Strobe signal),当数据有效时,存储器控制器可使用这个数据滤波信号来精确定位数据,每 16 次输出一次,并重新同步来自不同的双存储器模块的数据。DDR 本质上不需要提高时钟频率就能加倍提高 SDRAM 的速度,它允许在时钟脉冲的上升沿和下降沿读出数据,因而其速度是标准 SDRAM 的两倍。另外,DDR 也可以使用更高的频率。

(5) SLDRAM(SyncLink DRAM)

SLDRAM(同步链接存储器)是一种增强和扩展的 SDRAM 架构,它将当前的 4 体(Bank)结构扩展到 16 体,并增加了新接口和控制逻辑电路。SLDRAM 像 SDRAM 一样使用每个脉冲沿传输数据。

(6) RDRAM(Rambus DRAM)

RDRAM是Rambus公司开发的具有系统带宽、芯片到芯片接口设计的新型DRAM,它能在很宽的频率范围内通过一个简单的总线来传输数据。RDRAM更像是系统级的设计,包括下面三个关键部分。

① 基于DRAM的Rambus(RDRAM)。

② Rambus ASIC cells(专用集成电路单元)。

③ 内部互联的电路,称为Rambus Channel。

RDRAM在1995年首先用于图形工作站,使用独特的RSL(Rambus Signaling Logic)技术,使用低电压信号在高速同步时钟脉冲的两个边沿传输数据,在常规的系统上能达到600MHz的传输速率。

(7) Concurrent RDRAM

它属于第二代RDRAM。它在处理图形和多媒体程序时可以达到非常高的带宽,即使在寻找小的、随机的数据块时也能保持相同的带宽。作为RDRAM的增强产品,它在用于同步并发块数据导向、交叉传输时会更有效,在600MHz的频率下可达到每个通道600Mb/s的数据传输速率。另外,Concurrent RAM同其前一代产品兼容。

(8) Direct RDRAM

Direct RDRAM是当前的RDRAM的扩展,Direct RAM使用了同样的RSL,但其接口宽度达到16位,频率达到800MHz,效率更高。单个Direct RDRAM传输速率可达1.6Gb/s,两个的传输速率可达3.2Gb/s。1个Direct RDRAM使用2个8位通道,传输速率为1.6Gb/s,3个通道的传输速率可达2.4Gb/s。

6. 内存的模块封装与性能指标

(1) 内存的模块封装

微机上常用的封装形式是将内存芯片安装在一小条形印制电路板上,称为内存条。目前常用的内存条有30线、72线、168线之分。所谓多少线是指内存条与主板插接时有多少个接点,俗称"金手指"。

30线的内存条的规格是每条8位,72线的内存条的规格是每条32位,168线的内存条的规格是每条64位。30线内存条在286、386机和早期的486微机上使用较多,但如果使用在64位数据存取方式的586微机上,就得至少一次同时使用8条。显然,这样极不适应Pentium微机主板的设计结构。所以,随着486以前的微机的衰亡,30线内存条已不多见了。32位的72线内存在多年前比较流行,在486微机上只用一条就可以了,但用于Pentium微机时必须成对使用,以组成64位数据存取单元,也已经基本被淘汰。目前普遍使用的是64位的168线SDRAM内存,只要用单条就可启动Pentium微机,Pentium Ⅱ的主板上甚至只提供了168线的内存插槽。

(2) 内存的性能指标

① 速度。一般用存取一次数据的时间(单位一般用ns)来作为内存速度的性能指标,时间越短,速度就越快。普通内存速度只能达到70～80ns,EDO内存速度可达到60ns,而SDRAM内存速度则已小于10ns。

② 容量。内存条容量有多种规格,早期的30线内存条有256KB、1MB、4MB、8MB多种容量,72线的EDO内存条则多为4MB、8MB、16MB,而168线的SDRAM内存条大多为

256MB、512MB,甚至为1GB容量。这也是与技术发展和市场需求相适应的。

③ 内存的奇偶校验。为检验内存在存取过程中是否准确无误,每8位容量配备了1位作为奇偶校验位,配合主板的奇偶校验电路对存取的数据进行正确校验,这需要在内存条上额外加装一块芯片。因目前芯片质量较好且很少出错,在实际使用中,有无奇偶校验位对系统性能并没有什么影响,所以目前大多数内存条上已不再加装校验芯片。

④ 内存的电压。FPM内存条和EDO内存条均使用5V电压,而SDRAM则使用3.3V电压。在使用中应注意主板上的跳线不能设错。

⑤ 内存芯片的标注。内存芯片的生产厂家非常多,而目前大家还没有形成一个统一的标注规范,所以内存的性能指标难以简单地从内存芯片的标注上读出来。但也不是没有一定的规律可循,比较容易看出的是速度。在前面的一串标注后紧跟的－70或－60等数字,就表示此内存芯片的速度为70ns或60ns。

7. 内存的使用

① 在不同的主板上一般都分别提供了30线、72线或168线的内存插槽。因此,对应地应该使用合适的内存条才能安装进去。大多数Pentium(以上的)机型的主板上同时提供了72线和168线内存插槽,但少数主板除外。一般不能同时使用两种内存条,因为二者的电压不同。

② 在主板上提供了成组的内存插槽,1组称为1个BANK。因此,必须至少成组地插满1个BANK。在只有30线内存插槽的386、486机型的主板上必须4条一组地使用30线内存条;在只有72线插槽的486机型的主板上可以单独使用72线内存条;Pentium机型的主板上必须成对使用72线内存条,而168线内存条可以单条使用。同时,成组使用的内存条必须容量相同,其他参数也应相同。

③ 内存条芯片的速度应与主板的速度相匹配,特别是不能低于主板运行的速度,因为这样会影响整个系统的性能。

④ 在没有30线内存插槽的主板上,可以将4条30线的内存条分别装到一块30线、一片72线的内存转换板上作为一条72线内存条来使用,其容量相当于4条30线内存条的容量。但是,在转接板上插满内存条后,会比一条72线内存插槽宽许多,故只能放在最外侧的内存插槽上使用。

⑤ 168线内存条下缘有一左右不对称的缺口,安装时须对正内存插槽上的槽口,均匀用力向下压,使内存插槽两侧的锁扣扣紧内存条即可。30线和72线内存条的侧边上有一缺角,安装时把内存条带有缺角的侧边对准内存插槽上凸起的侧边,倾斜地放好后均匀用力扳正,使内存插槽两侧的锁扣扣紧内存条。看不准时不要用力过大,以免损坏内存条或内存插槽。

⑥ 使用无奇偶校验的内存条时要注意将主板CMOS中的奇偶校验开关关闭,同时,不能将有奇偶校验位和无奇偶校验位的内存条混用。

3.3.3 半导体只读存储器

信息只能读出不能随意写入的存储器,称为只读存储器,简称ROM。它的特点是通过一定方式将信息写入后,信息就固定在ROM中,断电后信息也不会丢失。按照制造工艺的不同,ROM可分为:掩模式只读存储器(MROM);可编程只读存储器(PROM)和可擦除可编程只读存储器(EPROM);电可擦除可改写的只读存储器(E^2PROM)。

1. 掩模式只读存储器

MROM 的存储元可以由半导体二极管、双极型晶体管或 MOS 电路构成。它是由制造厂家在生产过程中按要求做好的，用户不能修改。

图 3-12 所示的为存储元采用 MOS 管的 1024×8 位 MROM 结构图。该 MROM 采用单译码结构，存储元排列成 1024×8 位矩阵，每行一个字，每字 8 位。MOS 管与行、列线连接表示该存储元存储 0 信息，否则存储 1 信息。图 3-12(b)所示的是图 3-12(a)所示的 MROM 的信息分布情况。

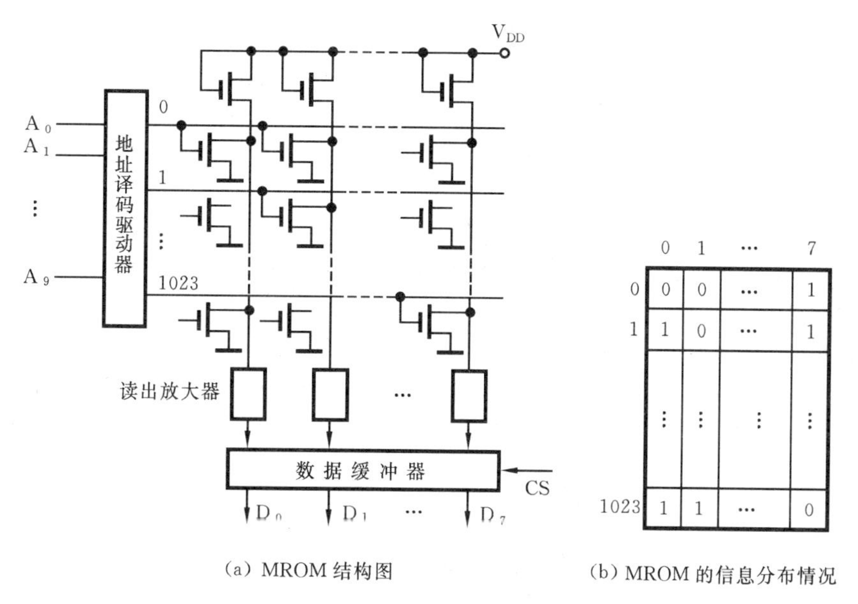

图 3-12　采用 MOS 管的 MROM 结构

图 3-12(a)所示的 MROM 的工作原理是：当某行被选中时，该行选择线位为高电位，一行对应 8 个 MOS 管。与行、列选择线相连的 MOS 管导通，输出为 0；否则输出为 1。这些信号经读出放大器放大后送到数据缓冲器中。若片选 CS 有效，则输出 $D_0 \sim D_7$。

MROM 具有以下特点。

① 存储的信息一次写入后再不能修改，灵活性差。

② 信息固定不变，可靠性高。

③ 生产周期长，只适合定型批量生产。

2. 可编程只读存储器

为了克服 MROM 的缺点，让用户能通过一定手段将自己所需的信息写入只读存储器中，人们研制出了一种可编程的只读存储器(PROM)。PROM 的种类很多，这里介绍一种熔丝型 PROM，如图 3-13 所示。它是一种单译码结构，存储矩阵为 4×4 的矩阵，共有 4 个字，每字 4 位。实际上，每个字都是一个发射极管，每个管子的发射极通过一根熔丝与位线相连，工作在发射极输出器状态。当某字被选中时，对应管子的基极处于高电位，被熔丝连通的那一位经读/写控制电路反相输出 0。如果熔丝被烧断，则对应的位线就不与管子的发射极相连，将读/写控制反相输出为 1。生产厂家提供的 PROM 芯片是半成品，所有熔丝都与发射极相连。用户可根据需要把有些熔丝烧断来存入 1 信息。

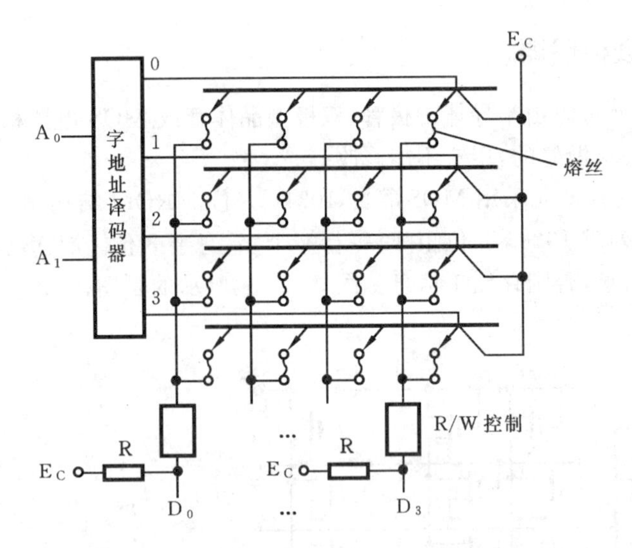

图 3-13　熔丝型 PROM 示意图

写入时,E_C接+12V,要写 1 的那一位的 D 端接地,用大电流烧断熔丝;写 0 位的 D 端断开,电流不经过熔丝。如此逐字写入需要的信息。

读出时,E_C接+5V,信息从 $D_0 \sim D_3$输出。

PROM 方便了用户,可由用户自己决定只读存储器中的内容,但是,一旦内容写入 PROM,就无法再改变了。

3. 可擦除可编程只读存储器

人们在工作过程中往往需要多次修改 ROM 中的信息。为了达到这个目的,出现了一种可以擦除原先 ROM 中的信息并且可以重新写入新信息的 EPROM。

图 3-14 所示为可用紫外光擦除原存信息的 EPROM 存储元电路。关键元件是 EPROM,其栅极由 SiO_2与多晶硅做成,且浮空。管子做好时,栅极(G)上无电荷,该管不导通,即漏极(D)和源极(S)间无电流,存入信息 1。若要写 0,则需在 D 和 S 间加 25V 高压,外加编程脉冲(宽 50ms),被选中的单元在高压作用下瞬时击穿,电子注入硅栅。高压撤除后,因硅栅有绝缘层包围,电子无法泄漏,硅栅变负,在紧靠硅栅处形成导电沟道,EPROM 导通,于是存入信息 0。

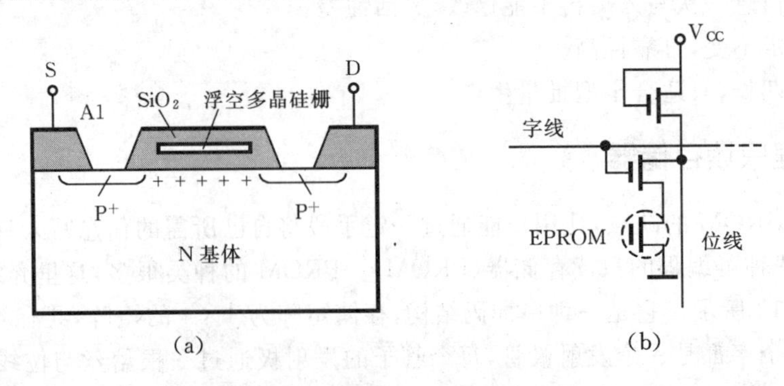

图 3-14　P 沟道 EPROM 存储元结构示意图

这种 EPROM 芯片上有一个石英玻璃窗口。若想擦除原存信息,则用紫外光照射这个窗口,浮空硅栅上的电荷便形成光电流泄漏掉,使存储元恢复 1 状态。经擦除过的 EPROM 芯片可以再写入新的信息。写入后的芯片作为只读存储器使用。

4. 电可擦除电可改写的只读存储器

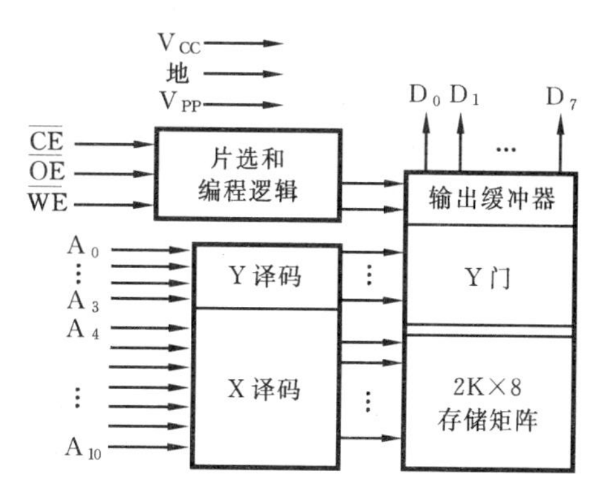

图 3-15 E^2PROM 结构图(2816)

电可擦除电可改写的只读存储器(E^2PROM)又记为 EEPROM。其工作原理与 EPROM 的相同,区别在于 EPROM 中的信息是用电的方式编程写入的,擦除它们要靠外界的紫外线照射才行。而 E^2PROM 由于其本身带有 V_{PP}编程电源,故可以使用单一的+5V 电源擦除和写入,而不必外加 V_{PP}编程电源和紫外灯,使用十分方便,如图 3-15 所示。其工作过程如下。

① 将从 CPU 来的地址 A_0~A_{10}送到地址锁存器中,经 X、Y 译码到达 2K×8 位存储矩阵,选中某一单元。

② 写入时,$\overline{CE}$为低电平,$\overline{OE}$为高电平,$\overline{WE}$加负脉冲,此时,数据 D_0~D_7经I/O缓冲器和数据锁存器写入选中的单元。

③ 读出时,$\overline{CE}$为低电平,$\overline{OE}$为低电平,$\overline{WE}$加高电平,此时,选中单元所存的数据通过数据锁存器、I/O 缓冲器输出。

若要擦除某一字节内容,则给出单元地址,在写入状态下在 D_0~D_7端送全 1 即可。也就是将选中单元写入“1111 1111”。

整片擦除需在$\overline{CE}$加低电平,$\overline{OE}$端上加 10~15V 电压,$\overline{WE}$加低电平,D_0~D_7为全 1。V_{PP}编程电压由其本身的编程电压发生器产生。

芯片不工作时,$\overline{CE}$为低电平,$\overline{OE}$和$\overline{WE}$都为高电平,其输出为高阻状态。

E^2PROM 可作为调试阶段的代码存储器,掉电后不会丢失片内信息。若程序需经常修改,则使用 E^2PROM 比使用 EPROM 更灵活、方便。正因为它可以在线修改,所以它的可靠性不如 EPROM。

5. 几种新型存储器

(1) NOVRAM

NOVRAM 是一种不挥发随机存取存储器。所谓“不挥发”,就是在关掉供电电源之后,存储器中的信息不会丢失。其典型产品为带有锂电池保护的静态随机存取存储器(SRAM)。它是一种厚膜集成电路,将 SRAM、微型电池、电源检测和切换开关封装在一个芯片中。因此,其厚度比普通 SRAM 芯片要大些,而引脚与普通 SRAM 芯片兼容。由于采用了 CMOS 工艺,存在 NOVRAM 芯片中的数据可以保存 10 年以上。

NOVRAM 与 E^2PROM 相比,它的写数据时间短,特别适合存放实时采集的重要数据。如果将磁盘操作系统存入其中,则运行速度比磁盘要快很多。它可以在线实时改写,用它可以组成固态大容量存储装置(又称半导体盘或电子盘)。在恶劣环境下用这种装置代替磁盘存储器,省掉了磁盘驱动器等机械装置,在抗灰尘、抗振动、抗腐蚀等方面比磁盘优越得多。因此,在工业控制计算机中常使用这类存储器。

(2) Flash Memory

Flash Memory 是一种快擦写存储器,通常又称为闪速存储器(闪存),也是一种具有不挥发性的存储器,可以在线擦除和重写。目前,其集成度和价格已接近 EPROM,因而它是

EPROM 和 E^2PROM 的理想替代器件。特别是它的集成度的提高以及抗振动、高可靠性、低价格的特点,使得用它组成的固态大容量存储装置来代替小型硬磁盘存储器已成为可能。

Flash Memory 与 E^2PROM 逻辑结构相似,最主要的区别在于存储元的结构和工艺。E^2PROM可以按字节擦除,而 Flash Memory 不能按字节擦除,只能整片擦除。

Flash Memory 的工作方式有读工作方式、编程工作方式、擦除工作方式和功耗下降方式。它的编程和擦除工作方式是采用写命令到命令寄存器中的方法来管理编程和擦除的。有些芯片具有功耗下降引脚$\overline{PWD}$,当$\overline{PWD}$=5V 时为正常工作方式。当$\overline{PWD}$=0V 时,内部电路与电源断开,输出高阻,芯片消耗的功率仅为0.25μW,所以它是非常省电的。其典型产品有 Intel 公司的 28F010,它与 EPROM 芯片 27C010 容量相同,均为 128K×8 位,而且引脚也相同。28F008SA 为 1M×8 位芯片。用它可以组成 10MB、20MB 容量的存储卡,以代替小型硬盘,而在存取速度上比普通硬盘要快很多。

Flash Memory 与其他存储器的比较如表 3-3 所示。

表 3-3 Flash Memory 与其他存储器的比较

存储手段	非易失性	高密度	低功耗	单管单元	在线重写能力	字节写入能力	抗冲击能力
MROM	√	√	√	√			√
EPROM	√	√	√	√			√
E^2PROM	√		√		√	√	√
NOVRAM (SRAM+电池)	√		√		√	√	
Flash Memory	√	√	√	√	√		√

3.4 主存储器组织

3.4.1 存储器与 CPU 的连接

存储器芯片只有与 CPU 连接起来,才能真正发挥作用。存储器与 CPU 相连的有地址线、数据线和控制线。CPU 对存储器进行读/写操作时,首先由地址总线给出地址信号,然后要发出有关进行读操作或写操作的控制信号,最后在数据总线上进行信息交流。

根据芯片的结构不同,可分别采用位并联法和地址串联法进行连接。

1. 位并联法(位扩展法)

假定使用 8K×1 位的 RAM 存储芯片,那么,组成 8K×8 位的存储器,可采用如图 3-16 所示的位并联法。此时只加大字长,而存储器的字数与存储器芯片字数一致即可。图中,每一片 RAM 是 8192×1 位,故其地址线为 13 条(A_0～A_{12}),可满足整个存储体容量的要求。每一片对应于数据的 1 位(只有一条数据线),故只需将它们分别接到数据总线上的相应位即可。在位并联法方式中,对片子没有选片要求,就是说,片子按已经被选中的来考虑。如果片子有选片输入端($\overline{CS}$),则可将它们直接接地(有效)。在这个例子中,每一条地址总线接有 8 个负

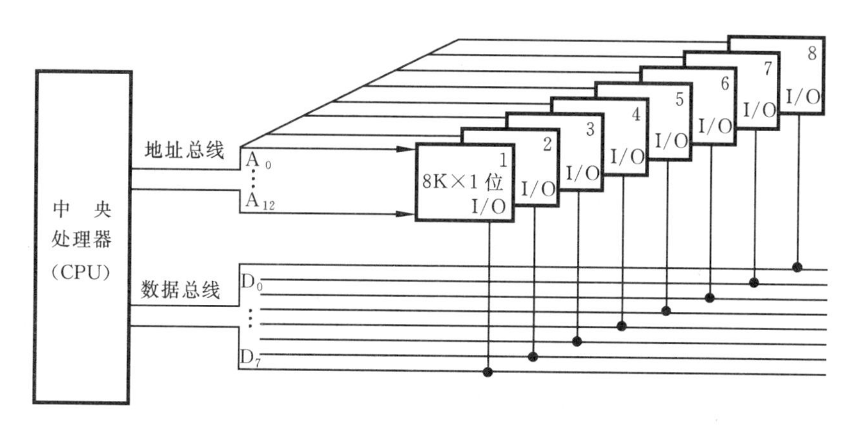

图3-16　位并联法组成8KB RAM

载，每一条数据线接一个负载。

2. 地址串联法(字扩展法)

字扩展法是在字的数量上扩充，而位数不变。因此，将芯片的地址线、数据线、读/写控制线并联，而由片选信号来区分各片地址，故片选信号端连接到选片译码器的输出端。图3-17所示的是用16K×8位的芯片采用字扩展法组成64K×8位的存储器连接图。图中，4个芯片的数据端与数据总线D_0～D_7相连，地址总线低位地址A_0～A_{13}与各芯片的14位地址端相连，而两位高位地址A_{14}、A_{15}经译码器和4个片选端相连。这4片的地址空间分配如表3-4所示。

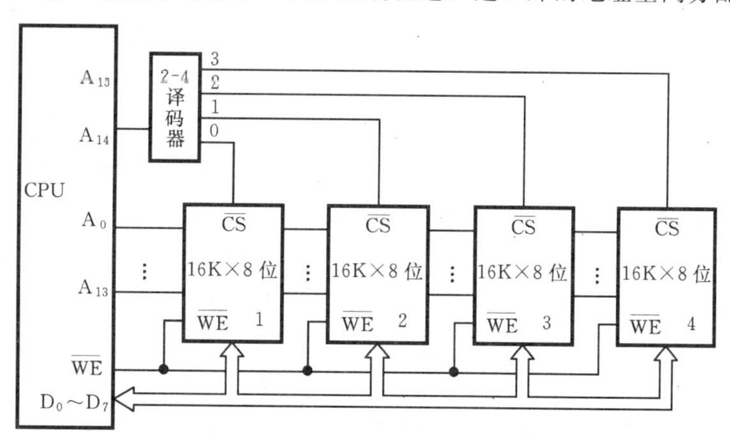

图3-17　字扩展法组成64KBRAM

表3-4　地址空间分配表

片　号	A_{15}	A_{14}	A_{13}	A_{12}	A_{11}	…	A_1	A_0	说　明
1	0	0	0	0	0	…	0	0	最低地址
	0	0	1	1	1	…	1	1	最高地址
2	0	1	0	0	0	…	0	0	最低地址
	0	1	1	1	1	…	1	1	最高地址
3	1	0	0	0	0	…	0	0	最低地址
	1	0	1	1	1	…	1	1	最高地址
4	1	1	0	0	0	…	0	0	最低地址
	1	1	1	1	1	…	1	1	最高地址

3.4.2 高速缓冲存储器

高速缓冲存储器(Cache)是20世纪60年代末发展起来的一项计算机存储技术,英文名字叫Cache,简称快存。作为提高主存速度的有效措施之一,在CPU和主存储器之间增设一级一定容量的Cache,近些年来越来越受到计算机设计者的青睐,因为实践证明,它取得了很好的效果。在目前主流的CPU中已经出现了两级Cache系统。

在CPU和主存储器之间增设一级Cache存储器就构成"Cache-主存"两级存储层次,Cache的主要特点如下。

① 位于CPU与主存之间,是存储器层次结构中级别最高的一级。

② 容量比主存小,一般可到数百MB。

③ 速度一般比主存快5～10倍。

④ 由快速半导体存储元件(SRAM)组成。

⑤ 其内容是主存的部分副本。

⑥ 其用途可用来存放指令,也可用来存放数据。

1. Cache的读、写操作

(1) Cache的读操作

CPU在执行读操作指令时,由地址总线发送地址信号,地址信号经地址映像产生两种情况中的一种:一种是命中,另一种是未命中。若为命中,即所需的信息已经在Cache中,则CPU通过硬件电路直接访问Cache;若没有命中,即CPU访问的信息不在Cache中,CPU就要访问主存,并把访问的信息调入Cache。在把从主存读出的信息存入Cache时,如果Cache中无空闲的块,则利用替换算法找出一个旧块,把该块的内容存放到主存相应的单元中,再把新的内容存放进去,这称为替换。替换进Cache的字块又有两种实现方法:一种是把整个字块装入Cache后,再把需要的信息读出来送给CPU。另一种是把信息装入Cache的同时就把信息送到CPU,这种方式称为通过式加载(Load-Through)或通过式读取(Read-Through)。后一种方式比前一种方式的速度更快,因此应用得比较普遍。

(2) Cache的写操作

Cache中保存的字块是主存中相应字块的一个副本,如果程序执行过程,要对某一单元进行写操作,就会遇到如何保持Cache和主存内容一致性的问题。这个问题通常有以下三种解决方法。

1) 通过式写

通过式写(Write-Through)又称直达法,即将所需保存的信息同时写入Cache和主存。这种方法始终能保证Cache和主存内容的一致性,在多个处理机共享一个存储系统中,这种方法极为重要。但是,在单处理机的系统中,若当前保存的信息不是一个最后结果,而是一个中间结果,这种方法增加了不必要的对主存的写操作,因而降低了系统的存取速度。

2) 标志交换法

标志交换法(Flag-Swap)又称写回法,这种方法是:暂时只将信息写入Cache,并用标志加以注明,直到被修改的字块从Cache中替换出来时才一次性地写入主存,即只有写标志"置位"的字块才有必要从Cache写回主存。这种方式的优点是写操作速度快。但是,在此之前,主存的信息未经即时修改而可能失效。

3）仅将信息写入主存

当写入的地址为命中地址时，将Cache中该块的有效标志置成“0”，即使该块的副本失效。也就是说，被修改的单元根本不在Cache中，写操作直接对主存进行。

当I/O设备向主存传送数据时，也会引起Cache和主存的内容不一致的问题。解决的方法是用专用的硬件自动将Cache中对应单元的副本作废。

2. 相联存储器与命中率

(1) 相联存储器

Cache和虚拟存储器中，都要使用页表。为了提高查表的速度，需要使用相联存储器。例如，虚拟存储器中将虚地址的虚页号与相联存储器中所有行的虚页号进行比较，若有内容相等的行，则将其相应的实页号取出。相联存储器不是按地址访问的存储器，而是按所存数据字的全部内容或部分内容进行查找（或检索）的。

相联存储器中，每个存储的信息单元都是固定长度的字。存储字中的每个字段都可以作为检索的依据（关键字段），这种访问方式可用于数据库中的数据检索等。相联存储器结构，如图3-18所示。所需的关键字段由屏蔽寄存器指定，该关键字段同时与所有存储的字进行比较，若比较结果为相同的单元，则发出一个匹配信号。这个匹配信号进入选择电路，选择电路从各匹配单元中选择出要访问的字段。如果多个字段含有相同的关键字，则由选择电路决定读出哪个字段，它可以按某种预定的顺序读出所有匹配的项。因为相联存储器中必须将所有的字与访问键同时进行比较，所以每个单元都配有匹配电路。

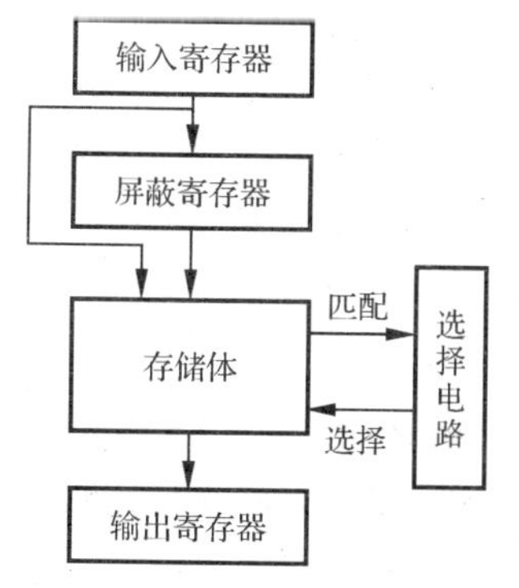

图3-18 相联存储器的结构

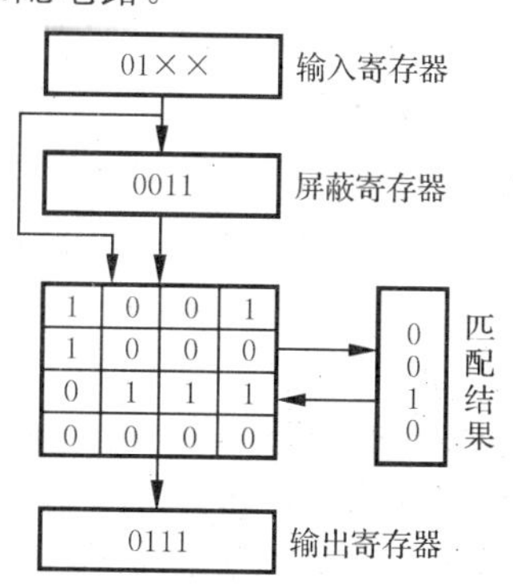

图3-19 4×4矩阵的相联存储器

为了更具体地了解相联存储器的工作原理，这里举一个例子。假设相联存储器阵列是一个4×4的矩阵，其中存储的数据如图3-19所示。假如要查找的数据的前两位内容是01，放在输入寄存器中。因为要查找的信息在高两位，所以屏蔽寄存器的高两位置0。不需要查找该数据的后两位，屏蔽寄存器的低两位置1，于是将屏蔽寄存器的内容置为0011。操作时根据输入寄存器的高两位在阵列的高两列同时进行查找。找到第三行数据满足要求，而且只有第三行数据满足匹配要求，所以选择电路就选择第三行数据放到输出寄存器中。

相联存储器进行这种访问操作的一个特点是整个存储器阵列同时进行数据的匹配操作。如上例中四行的有关位（未屏蔽的位）同时与输入寄存器的内容进行比较，从而使得数据查找的操作迅速完成。如果采用一般存储器，这样的匹配操作需要逐行进行。如果存储器容量较大时，每次查找过程都需要较长的时间。

相联存储器除了应用于虚拟存储器与 Cache 中以外，还经常用于在数据库与知识库中按关键字进行检索。从按地址访问的存储器中检索出某一单元，平均约进行 m/2 次操作(m 为存储单元数)，而在相联存储器中仅需要进行一次检索操作，因此大大提高了处理速度。近年来相联存储器用于一些新型的并行处理的人工智能系统中，在语音识别、图像处理、数据流计算机等都有采用相联存储器的实例。

(2) 命中率

在程序执行期间，设 CPU 访问 Cache 的总次数为 N_C，访问主存的总次数为 N_M，h 定义为命中率，则有

$$h=\frac{N_C}{N_C+N_M}$$

命中率越接近 1 越好，命中率与程序的结构、Cache 的容量和组织方式、块的大小和替换策略有关。另外 Cache/主存系统的平均访问时间

$$t_a=ht_c+(1-h)t_m$$

式中，t_c 表示命中时的 Cache 访问时间，t_m 表示未命中时的主存访问时间。

3. Cache 替换算法

替换算法的目标是，使 Cache 获得最高的命中率，就是让 Cache 中总是保持着使用频率高的数据，从而使 CPU 访问 Cache 的成功率最高。替换算法有 4 种。

(1) 随机替换算法(RANDorn，RAND)

这种算法用随机数发生器产生需替换的块号。由于这种算法没有考虑信息的历史情况和使用情况，故其命中率很低，已无人使用。

(2) 先进先出算法(First In First Out，FIFO)

这种算法把最早进入 Cache 的信息块给替换掉。由于这种方法只考虑了历史情况，并没有反映出信息的使用情况，所以其命中率也并不高。原因很简单，最先进来的信息块，或许就是经常要用的块。

(3) 近期最少使用算法(Least Recently Used，LRU)

这种算法把近期最少使用的信息块替换掉。这就要求随时记录 Cache 中各块的使用情况，以便确定哪个字块是近期最少使用的。由于近期使用少的，未必是将来使用最少的，所以，这种算法的命中率比 FIFO 有所提高，但并非最理想。

(4) 优化替换算法(Optimal Replacement Algorithm，OPT)

这是一种理想算法，实现起来难度较大。因此，只作为衡量其他算法的标准，这种算法需让程序运行两次，第一次分析地址流，第二次才真正运行程序。

下面通过一个程序的运行情况，来说明各种算法的工作过程及性能比较。假定该程序有 5 块信息块，Cache 中间为 3 块，该程序的块地址流如下：

时间(t)	t_1	t_2	t_3	t_4	t_5	t_6	t_7	t_8	t_9	t_{10}	t_{11}	t_{12}
使用块(P_r)	P_2	P_3	P_2	P_1	P_5	P_2	P_4	P_5	P_3	P_2	P_5	P_2

那么，三种算法工作过程和命中情况，如图 3-20 所示。图中，标有 * 号的 Cache 块是被选中的替换块。从该图可以看出，三种算法运行同一程序的结果是，OPT 算法的命中率最高，为 6 次；LRU 算法的命中率接近 OPT，为 5 次；FIFO 算法的命中率最低，为 3 次。

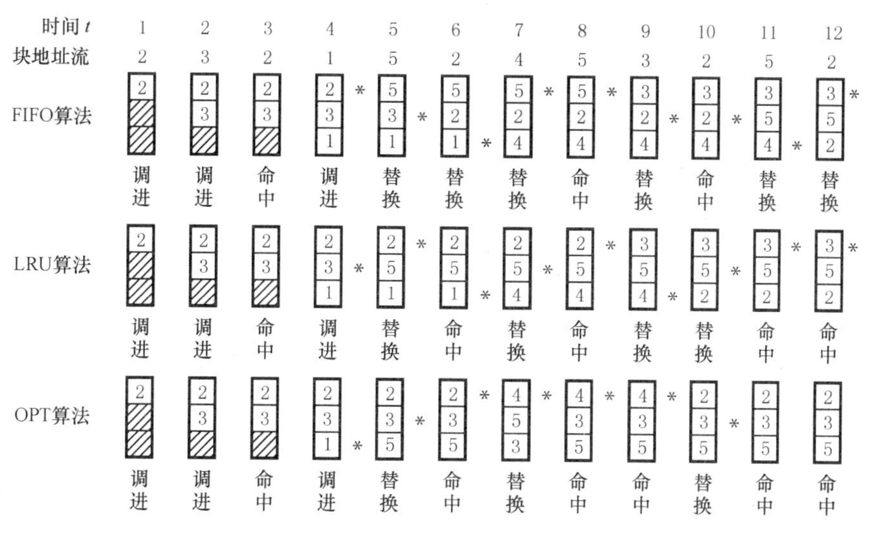

图 3-20 三种算法工作过程和命中情况

4. Cache 的改进

Cache 刚出现时，典型系统只有一个缓存，近年来普遍采用多个 Cache。其含义有两方面：一是增加 Cache 的级数；二是将统一的 Cache 变成分开的 Cache。

(1) 单一缓存和两级缓存

所谓单一缓存，顾名思义它是在 CPU 和主存之间只设一个缓存。随着集成电路逻辑密度的提高，又把这个缓存直接与 CPU 制作在同一个芯片内，故又叫片内缓存（片载缓存）。片内缓存可以提高外部总线的利用率，因为 Cache 做在芯片内，CPU 直接访问 Cache 不必占用芯片外的总线（外部总线），而且片内缓存与 CPU 之间的数据通路很短，大大提高了存取速度，外部总线又可更多地支持 I/O 设备与主存的信息传输，增强了系统的整体效率。

可是，由于片内缓存在芯片内，其容量不可能很大，这就可能致使 CPU 欲访问的信息不在缓存内，势必再通过外部总线访问主存，访问次数多了，整机速度就会下降。如果在主存与片内缓存之间，再加一级缓存，叫做片外缓存，而且它是由比主存动态 RAM 和 ROM 存取速度更快的静态 RAM 组成，那么，从片外缓存调入片内缓存的速度就能提高，而 CPU 占用外部总线的时间也就大大下降，整机工作速度有明显改进。这种由片外缓存和片内缓存组成的 Cache，叫做两级缓存，并称片内缓存为第一级，片外缓存为第二级。

(2) 统一缓存和分开缓存

统一缓存是指指令和数据都存放在同一缓存内的 Cache；分开缓存是指指令和数据分别存放在两个缓存中，一个叫指令 Cache，一个叫数据 Cache。两种缓存的选用主要考虑如下两个因素。

其一，它与主存结构有关，如果计算机的主存是统一的（指令、数据存在同一主存内），则相应的 Cache 就采用统一缓存；如果主存采用指令、数据分开存放的方案，则相应的 Cache 就采用分开缓存。

其二，它与机器对指令执行的控制方式有关。当采用超前控制或流水线控制方式时，一般都采用分开缓存。

所谓超前控制是指在当前指令执行过程尚未结束时，就提前将下一条准备执行的指令取出，即超前取指或叫指令预取。所谓流水线控制实质上是多条指令同时执行，又称为指令流水。当然,要实现同时执行多条指令,机器的指令译码电路和功能部件也需多个。超前控制和流水线控制特别强调指令的预取和指令的并行执行,因此,这类机器必须将指令 Cache 和数据 Cache 分开,否则可能出现取指和执行过程对统一缓存的争用。如果此刻采用统一缓存;则在执行部件向 Cache 发出取数请求时,一旦指令预取机构也向 Cache 发出取指请求,那么统一缓存只有先满足执行部件请求,将数据送到执行部件,让取指请求暂时等待,这样就达不到预取指令的目的,从而影响指令流水的实现。因此,这类机器将两种缓存分开尤为重要。

5. Cache 与主存之间的地址变换

为了简化 Cache 与主存之间地址变换的操作,加快地址变换的速度,将 Cache 和主存分成同样大小的块,每块可包含几十个或几百个存储字,显然主存中的块数会比 Cache 中的块数多得多。例如,某系统中主存容量为 1MB,而 Cache 容量为 8KB,每 1KB 为一块,于是主存中共有 1K 块,而 Cache 中只有 8 块,这就是说,任何时候主存中最多只能有 8 块信息进入 Cache 中,使主存和 Cache 的块内地址保持一致,于是主存与 Cache 之间的地址变换就简化成为块号的变换,它们的地址结构如下图所示。

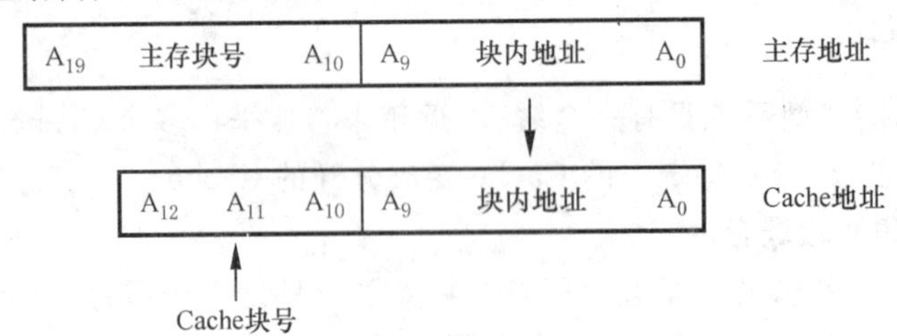

当主存中的信息需要调入 Cache 时,以块为单位,主存中的任何一块是否可调入到 Cache 的任何一块中,这就是地址映像问题。

常用的地址映像方式有全相联映像、直接映像和组相联映像等三种方式。

(1) 全相联映像方式

"全相联映像方式"是指主存中任何一块信息可调入 Cache 的任何一块中的映像方式。在采用全相联映像方式的 Cache 系统中,CPU 访问主存时,需要将主存块号变换成 Cache 块号,为此需要设置一个块号对照表,如表 3-5 所示。

表 3-5 块号对照表

主存块号	Cache 块号	装入位
005	5	1
3A0	1	1
245	6	1
…	…	…

主存中任何一块调入 Cache 时,要填写好块号对照表,并将其装入位置"1",表示 Cache 中该块已被占用。待 CPU 给出访存地址时,则立即查块号对照表,当从表中能找到对应的 Cache 块号时,表示 Cache 命中,将所得 Cache 块号与块内地址连接起来去访问 Cache。这种映像方式使得 Cache 的利用率比较高,只有 Cache 的所有块全部被占用后才会出现 Cache 冲突,需要进行替换。Cache 与主存之间的全相联映像方式,如图 3-21 所示。

(2) 直接映像方式

"直接映像方式"是指主存中的某些页只能固定调入 Cache 中的某一页的映像方式,它们之间存在固定的关系。其做法是将主存分成与 Cache 同样大小的区,每个区的第 0 块只能调入 Cache 的第 0 块,每个区的第 1 块只能调入 Cache 的第 1 块,其他块以此类推。图 3-22 中 Cache 共 8 块,而主存有 1K 块,可分成 128 个区。

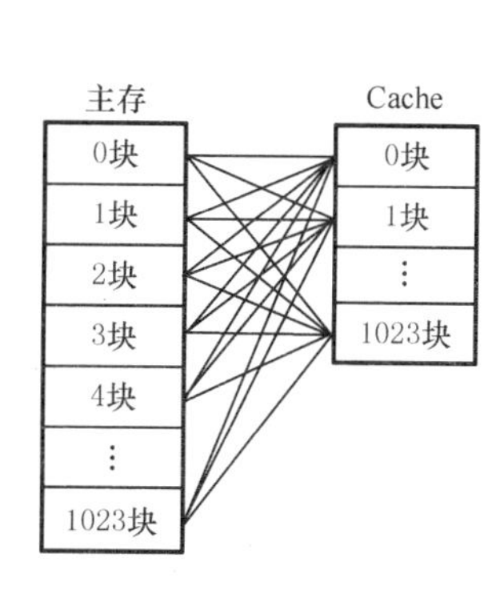

图 3-21　全相联映像方式

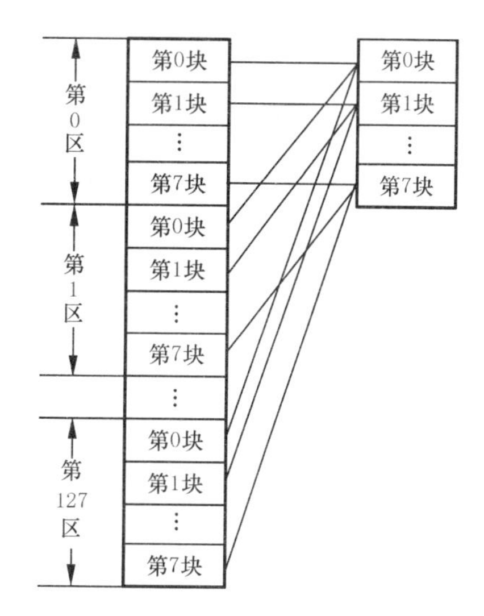

图 3-22　直接映像方式

主存与 Cache 之间的地址结构如下图所示。

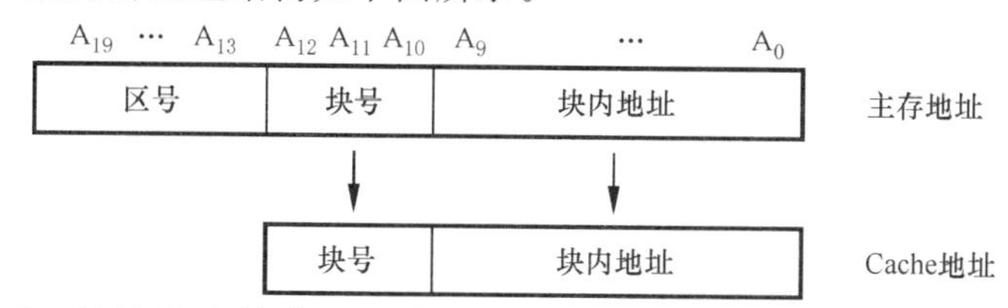

可以看出，Cache 的块号和块内地址与主存相同，可以直送，在块号对照表中只需记录各个块所对应的主存区号(7 位)。CPU 访问主存时，只需查看该区号是否在对照表中。这种映像方式简化了地址变换过程，但是 Cache 的利用率非常低，Cache 中任何一块被占用后，若主存中另外一个区的同一块又要调入 Cache，则会产生 Cache 冲突，必须将这一块替换掉，尽管这时 Cache 中其他块空闲着也无法调入。Cache 与主存之间的直接映像方式，如图 3-22 所示。

(3) 组相联映像方式

组相联映像方式是以上两种映像方式的折中方案。将主存和 Cache 分成同样大小的组，每个组内包含同样数量的块，组内采用全相联映像方式，而组间采用直接映像方式。图 3-23 中 Cache 共 8 块分成两个小组，每个小组 4 块，主存中同样每 4 块构成一个小组，2 个小组构成一个区，于是主存中共有 128 个区，每个区内包含第 0 组和第 1 组。任何一个区内的第 0 组只能调入 Cache 的第 0 组，第 1 组只能调入 Cache 的第 1 组，实现组间的直接映像，而各个小组内部实现全相联映像方式。Cache 与主存之间的组相联映像方式，如图3-23所示。

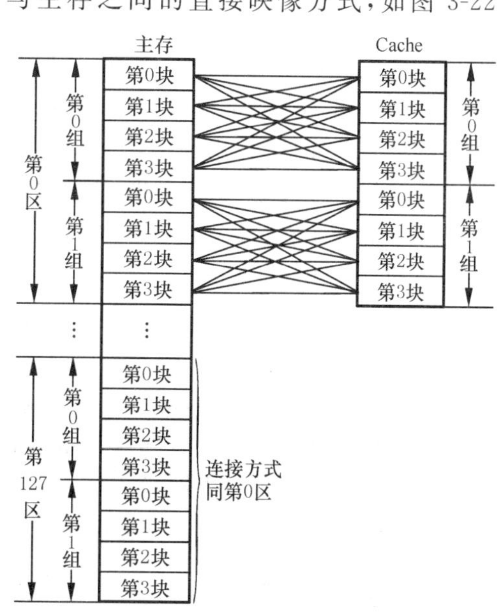

图 3-23　组相联映像方式

主存和 Cache 的地址结构如下图所示。

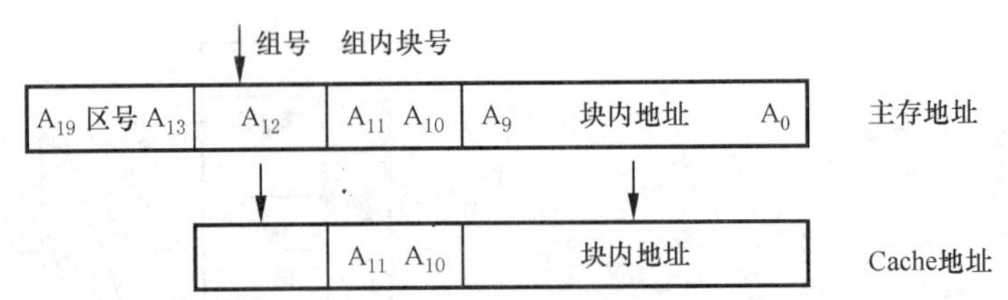

可以看出,Cache 的块内地址和组号与主存的块内地址和组号均相同可以直达。块号对照表中需要记录的是主存的某一区中某一组的某一块调入了 Cache 的同一组的某一块。其地址变换过程介于前面两种映像方式之间,Cache 的利用率比直接映像方式有所提高。任何一个组只有组内 4 块都被占用时才会产生 Cache 冲突而需要替换。主存中有 128×4 块可调入 Cache 中同一组内的某一块。

3.4.3 多体交叉存储器

1. 多体交叉存储的基本原理

CPU 的速度比存储器快。假如能同时从存储器取出 n 条指令,这必然会提高机器的运行速度。多体交叉存储方式就是基于这种思想提出来的。

图 3-24 所示的为 4 体交叉存储器结构框图。主存被分成 4 个相互独立、容量相同的模块(或称为存储体)M_0、M_1、M_2、M_3。每个存储体都有自己的读/写线路、地址寄存器和数据寄存器,各自以相同的方式与 CPU 传递信息。通常采用的编址方法是 4 个存储体交叉编址,即将单元地址依次排列在各个存储体中。如 0 体的地址为 0,4,8,…,4I+0;1 体的地址为 1,5,9,…,4I+1;2 体地址为 2,6,10,…,4I+2;3 体的地址为 3,7,11,…,4I+3。这样的编址方法会使 4 个存储体对应的二进制地址最后两位的数码分布将分别是 00,01,10 和 11,因而使用地址码的低位字段经过译码后将选择不同的存储体,而高位字段指向相应的存储体内部的存储字。这样,连续地址分布在相邻的不同存储体内,而同一个存储体内的地址都是不连续的。在理想情况下,如果程序段和数据块都是连续地在主存中存放或读取,那么将大大地提高主存的有效访问速度。

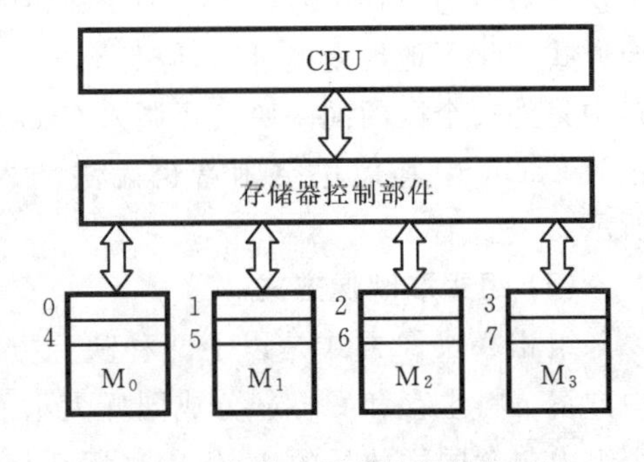

图 3-24 多体交叉存储器结构框图

CPU 访问 4 个存储体时,一般有两种方式:一种方式是在一个存取周期内,同时访问 4 个存储体,由存储器控制部件控制它们分时使用总线进行信息传递;另一种方式是在一个存取周期内分时访问每个存储体,即每经过 1/4 存取周期就访问一个存储体。这样,对每个存储体来说,从 CPU 给出访问命令直到读出信息仍然使用了一个存取周期的时间。而对 CPU 来说,它可以在一个存取周期内连续访问 4 个存储体,各存储体的读/写过程将重叠进行。所以多体交叉存储系统是一种并行存储器结构。

2. 地址交叉方法

设 X_0,X_1,…,X_{k-1} 为一台中央处理器依次所需要的 k 个字(例如它们是程序中 k 条前后相继的指令),当把它们分配给主存储器中 k 个前后相继的物理地址A_0,A_1,…,A_{k-1}时,可用以下交叉规则在 m 个存储模块之间分配这些地址

如果 $j = i \mod (m)$,那么把地址 A_i分配给存储模块 M_j。

于是 A_0,A_m,A_{2m},…分配给 M_0;A_1,A_{m+1},A_{2m+1},…分配给 M_j;以此类推。存储模块之间分配地址的这种技术通常称为交叉,在 m 个模块之间的地址交叉称为 m 路交叉。假如取模块数 $m=2^p$,那么使用起来就很方便,此时,每个二进制地址的最低位 p 位直接指出了这个地址所属的模块号。

对任何交叉存储器来说,使用效率与所产生的存储器地址的顺序密切相关,显然这个顺序是由正在执行的程序所决定的。如果两个以上的地址要同时访问同一块模块,则会出现存储器争用,因而这些存储器的读/写操作就不能同时进行。在最坏情况下,如果所有的地址都访问同一个模块,那么存储器模块化的好处就完全丧失了。

常常用程序地址交叉的方法来加快指令从存储器读出的速度。通常的做法是,把程序中的指令分配在前后相继的地址中,并以书写时的先后次序来执行,只有遇到转移指令时才会引起程序执行次序的改变。但由于转移指令所占的比例很小,所以 CPU 可合理地假定:在当前执行的指令后面要执行的指令是紧接着它的下一条指令地址。这样 CPU 可以读出指令,并把它们存放在指令缓冲器中。当采用 m 路交叉时,可以在一个存储周期中读出 m 条前后相继的指令。

3.4.4 虚拟存储器

1. 虚拟存储器的基本概念

(1) 虚拟存储器

虚拟存储器是建立在主存与辅存物理结构基础之上,由附加硬件装置以及操作系统存储管理软件组成的一种存储体系。它把主存和辅存的地址空间统一编址,形成一个庞大的存储空间,在这个大空间里,用户可自由编程,完全不必考虑程序在主存中是否装得下,或者放在辅存的程序将来在主存中的实际位置。编好的程序由计算机操作系统装入辅助存储器中,程序运行时,附加的辅助硬件机构和存储管理软件会把辅存的程序一块块自动调入主存由 CPU 执行或从主存调出,用户感觉到的不再是处处受主存容量限制的存储系统,而是一个容量充分大的存储器。因为实质上 CPU 仍只能执行调入主存的程序,所以这样的存储体系称为“虚拟存储器”。

(2) 虚地址和实地址

虚拟存储器的辅存部分也能让用户像内存一样使用。用户编程时指令地址允许涉及辅存的空间范围,这种指令地址称为“虚地址”(即虚拟地址),或称“逻辑地址”,虚地址对应的存储空间称为“虚拟空间”,或叫“逻辑空间”,实际的主存储器单元的地址则称为“实地址”(即主存地址),或叫“物理地址”,实地址对应的是“主存空间”,也称物理空间。显然,虚地址范围要比实地址范围大得多。

虚拟存储器的用户程序以虚地址编址并存放在辅存里,程序运行时,CPU 以虚地址访问主存,由辅助硬件找出虚地址和实地址的对应关系,判断这个虚地址指示的存储单元内容是否已装入主存,如果在主存,CPU 就直接执行已在主存的程序;如果不在主存,则要将辅存内容

向主存调度,这种调度同样以程序块为单位进行。计算机系统存储管理软件和相应的硬件可把访问单元所在的程序块从辅存调入主存,且把程序虚地址变换成实地址,然后由CPU访问主存。虚拟存储器在程序执行中其各程序块在主存和辅存之间可进行自动调度和地址变换,主存与辅存形成一个统一的有机体,对于用户是透明的。

由于CPU只对主存操作,虚拟存储器存取速度主要取决于主存而不是慢速的辅存,但它又具有辅存的容量和接近辅存的成本。更为重要的是,程序员可以在比主存大得多的空间里编制程序且免去对程序分块、对存储空间动态分配的繁重工作,大大缩短了应用软件开发周期。所以虚拟存储器是实现小内存运行大程序的有效办法,虽然需要增加一些硬件费用和系统软件的开销,可是它的优越性使它在大、中、小型机器中都得到广泛运用。

(3) 虚拟存储器和主存-Cache存储器

这是两个不同存储层次的存储体系,但在概念上有不少相同之处:它们都把程序划分为一个个信息块;运行时都能自动把信息块从慢速存储器向快速存储器调度;信息块的调度都采用一定的替换策略,新的信息块将淘汰最不活跃的旧的信息块,以提高继续运行时的命中率;新调入的信息块需遵守一定的映射关系变换地址后确定其在存储器的位置。但是,由主存与辅存组成的虚拟存储器和主存-Cache存储器也有很多不同之处。

主存-Cache存储器采用与CPU速度匹配的快速存储元件来弥补主存和CPU之间的速度差距,而虚拟存储器不仅最大限度地减少了慢速辅存对CPU的影响,而且弥补了主存的容量不足,具有容量大和程序编址方便的优点。

两个存储体系均以信息块作为存储层次之间基本信息的传递单位,主存-Cache存储器每次传递的是定长的信息块,长度只有几十字节,而虚拟存储器信息块划分方案很多,有页、段等等,长度均在几百字节至几百千字节内。

CPU访问Cache存储器的速度比访问慢速主存快5～10倍。虚拟存储器中主存的速度要比辅存快100～1000倍以上。

在主存-Cache存储体系中,CPU与Cache和主存都建立了直接访问的通路,一旦Cache被命中,CPU就直接访问Cache,并同时向Cache调度信息块,从而减少了CPU等待的时间。辅助存储器与CPU之间没有直接通路,一旦在主存中不命中,则只能从辅存调度信息块到主存。因为辅存的速度与CPU的速度差距太大,调度需要ms级时间,因此,CPU一般将改换执行另一个程序,等到调度完成后再返回原程序继续工作。

主存-Cache存储器存取信息、地址变换和替换策略全部用硬件实现,所以对各类程序员均是透明的。主-辅层次的虚拟存储器基本上由操作系统的存储管理软件辅助一些硬件进行信息块的划分和主、辅存之间的调度,所以对设计存储管理软件的系统程序员来说,它是不透明的,而面向广大用户时,因为虚拟存储器提供了庞大的逻辑空间可以任意使用,对应用程序员来说是透明的。

2. 页式虚拟存储器

(1) 分页原理

以页为信息传送的基本单位的虚拟存储器叫页式虚拟存储器。虚存空间和主存空间都分成同样大小的页面(Page),分别称为虚页和实页。各类计算机的页面大小的设置不尽相同,一般一页包括512至几K字或字节,通常都取2的整数幂个字或字节,所以页的起点都落在低位字段为零的地址上。页面从0开始顺序编号称为页号,分别称为虚页号和实页导。因此,虚拟地址分为两个字段,高位字段为虚页号、低位字段为页内地址;实地址也分成实页号和页内地址两部分,页内地址的长度(位数)由页面大小决定,实页号的长度取决于主存的容量,因为主存和虚存的页面大小一致,所以实地址与虚地址的页内部分长度相同,但因虚存空间一般要比主存大得多,所以虚页号要比实页号的长度要长。

(2) 地址映射

采用页式虚拟存储器的计算机,编写程序时用户使用虚地址编程,程序内操作系统装到辅存中。程序在执行时,通常的做法是一部分在主存内,其余在辅存内。在程序运行的过程中,CPU要访问的信息可能在主存中,也可能在辅存中,所以需要不断地在主存和辅存之间进行信息交换,即所谓的调页。把辅存中有关页面的信息调到主存(把该页面的信息逐字全部调到主存)称为调进;把主存中有关页面的信息调到辅存,称为调出。

每个虚页调进主存时应当按照一定的规则装入主存。对主存的每个实页位置而言,可能出现有多个虚页要求装入,这就会发生页面争用。装入规则要解决的问题就是如何减少页面冲突。地址映射就是指每个虚页以什么规则装入主存。注意,当程序运行时CPU访问主存送出的是程序虚地址,该地址的存储内容必须存储在主存时才能访问,如果不在主存,需将它所在的页调进主存页后才能被CPU访问,读/写操作时必须首先进行虚、实地址的变换。地址映像方式就是指虚、实地址之间是如何对应的。

通常有以下三种地址映像方式。

① 全相联映像。任何虚页都可以调到主存中的任意页面位置,这种映像规则称为全相联映像。这种映像方式非常灵活,命中率(CPU要访问的信息在主存中的百分比)最大,但由于地址变换过程的速度太慢且实现的成本太高而无法实用。

② 直接映像。每个虚页只能调到主存的一个特定页面的方式称为直接映像。由于使用起来不够灵活,实主存空间的利用不够充分,容易产生页面失效(即不命中),该方式在虚拟存储器中很少采用(主要用于容量较小的Cache中)。

③ 组相联映像。将虚存空间与主存空间均分组,虚存每组只能调到主存的一个特定组(即组间采用直接映像);每组又分成若干页(各组的页面数都相同),组内各页在虚、实存之间按全相联方式映像。换句话说,虚存的一页可调到特定的主存组内的任意一个页面中。这种方式命中率介于上两种方式之间,但地址变换过程的速度比全相联方式高(注意在速度要求快的Cache中一般采用组相联映像)。

(3) 地址变换过程与工作过程

由于程序执行过程中,CPU每次访问都需将它的虚地址变换为实地址,其变换过程对程序员是透明的。为实现地址变换,通常需要建立一张虚地址页号与实地址页号的对照表,记录程序的虚页向主存调进时安排在主存中的位置,这张表叫页表(Page Table)。它是存储管理软件根据主存运行情况自动建立的,主存中分配固定区域存放页表,每个程序都有一张页表。

页表中的每一行记录了与某个虚页对应的若干个信息,包括虚页号、装入位和实页号等。页表基址寄存器和虚页号相加成为页表索引地址,根据这个索引地址可读到一个页表信息字,然后检测页表信息字中装入位的状态。若装入位为"1",表示该页已在主存中,将对应的实页号与虚地址中的页内地址相拼接就得到完整的实地址;若装入位为"0",表示该页面不在主存中,于是要启动 I/O 系统,把该页从辅存中调到主存后再供 CPU 使用。页式虚拟存储器的虚、实地址的变换过程,如图 3-25 所示。

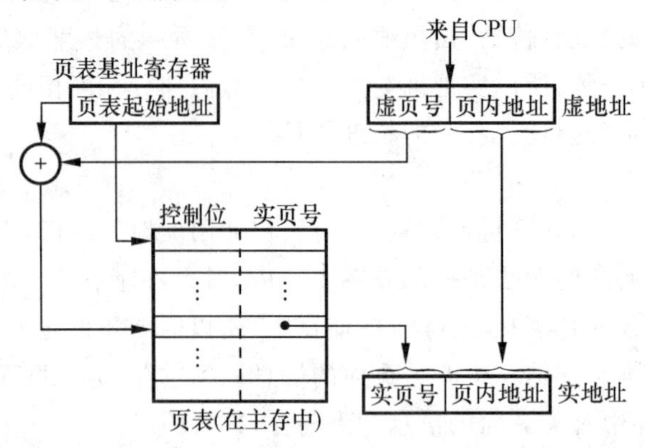

图 3-25 虚、实地址的变换过程

从上述的地址转换过程可知,CPU 访存时首先要查页表,为此需要访问一次主存,若不命中,还要进行页面替换和页表修改,则访问主存的次数就更多了。为了将访问页表的时间降到最低限度,许多计算机将页表分为快表和慢表两种。将当前最常用的页表信息存放在快表中,作为慢表局部内容的副本。快表很小,存储在一个快速小容量的存储器中。该存储器是一种按内容查找的相联存储器,可按虚页号直接进行查询,迅速找到对应的实页号。如果计算机采用多道程序工作方式,则慢表可有多个,但全机只有一个快表。采用快、慢表结构后,访问页表的过程与访问 Cache 的工作原理很相似,即根据虚页号可以同时访问快表和慢表,若该页号在快表中,就能迅速找到实页号并形成实地址。

从上述的工作过程可以看出,页式虚拟存储器的管理是采用软、硬件结合的方法来实现的。软、硬件分工的原则是:因每次访存都要进行虚、实地址变换,速度应越快越好,所以应由硬件实现,包括地址转换硬件、存储页表的高速存储器等;而主、辅存之间的页面调动不是经常发生的,加上辅存工作本来就比较慢,因此可以由软件实现。总之,应在速度与实现的复杂性之间进行利弊权衡后进行软、硬件分工。

页式虚拟存储器的每页长度是固定的,页表的建立很方便,新页的调入也容易实现。但是由于程序不可能正好是页面的整数倍,最后一页的零头将无法利用而造成浪费。同时页不是逻辑上独立的实体。这使程序的处理、保护和共享都比较麻烦。

例 3.1 某计算机的虚拟存储系统有 40 位虚地址,32 位实地址,虚页容量为 1M 字(2^{20})。假设有效位、保护位、修改位和使用位共用去四位,所有虚页都在使用。

① 计算页表大小;

② 计算页面大小;

③ 画出该虚拟存储系统的虚、实地址转换逻辑图(包括虚地址、实地址、页表寄存器及相互关系)。

解 因为虚拟存储器系统有 40 位虚地址,32 位实地址,虚页容量为 1M 字(2^{20}),所以主存地址格式为

31　　　　20	19　　　　0
实页号(12 位)	页内地址(20 位)

虚地址格式为

39　　　　　　20	19　　　　　　0
虚页号(20位)	页内地址(20位)

① 页表的字长＝实页号位数(12位)＋有效位、保护位、修改位和使用位(4位)＝16位。

页表的单元数＝1M(2^{20})；所以页表大小＝1M×16b。

② 页面大小＝1M(2^{20})字。

③ 虚、实地址转换示意如图3-26所示。

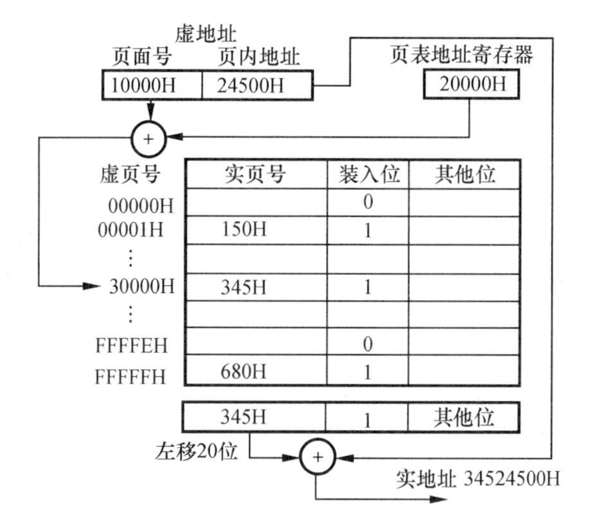

图3-26 虚、实地址转换示意图

通常在页表的表项中还包括由装入位(有效值)、修改位、替换控制位及其他保护位等组成的控制字。如装入位为“1”，则表示该虚页已从辅存调入主存；如装入位为“0”，则表示对应的虚页尚未调入主存，如果访问该页就要产生页面失效中断。此时启动I/O子系统，根据外页表项目中查得的辅存地址，从磁盘等辅存中读出新的页到主存中来。修改位指出主存页面中的内容是否被修改过，替换时是否要写回辅存，替换控制位指出需替换的页等。

假设页表保存在主存中，那么在访问存储器时首先要查页表，即使页面命中，也得先访问一次主存去查页表，再访问主存才能取得数据，这就相当于主存速度降低了1/2。如果页面失效，还要进行页面替换、页面修改，访问主存次数就更多了。因此，把页面的最活动部分存放在快速存储器中组成快表，这是减少时间开销的一种方法。此外，在一些影响工作速度的关键部分引入了硬件支持，例如采用按内容查找的相联存储器并行查找。一种经快表与慢表实现内部地址变换的方式，如图3-27所示。

快表由硬件组成，通常称为转换旁路缓冲器(Ttranslation Lookaside Buffer，TLB)。它是一张高速查找表，表中存放了大多数近期很可能需要访问的页面项，页面项是由成对虚页号和实页号组成的。

查表时，由虚页号同时去查快表和慢表，如果在快表中有此虚页号时，就能很快地找到对应的实页号送入实主存地址寄存器并停止查找慢表，从而就能做到虽采用虚拟存储器但访问主存速度几乎没有下降。如果在快表中查不到时，那就要开销一个访主存时间去查慢表，从中查到实页号送入实主存地址寄存器，并将此虚页号和对应的实页号送入快表，替换快表中某一行内容，这要用到替换算法。

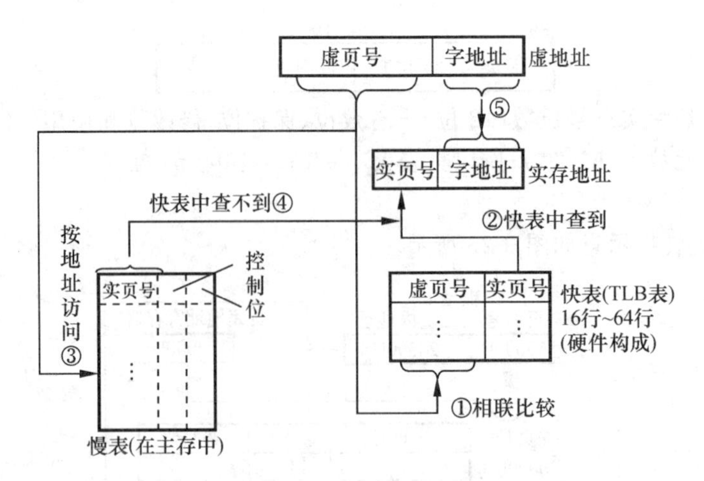

图 3-27　用快表和慢表实现虚、实地址变换

3. 段式虚拟存储器

(1) 分段原理

段是利用程序的模块化性质,按照程序的逻辑结构将其划分成的多个相对独立的部分。例如,过程、函数子程序、数据表、阵列等。段作为独立的逻辑单位可以被其他程序段调用,这样就形成段间连接,产生规模较大的程序,从而可实现信息的共享。段式虚拟存储器一般用段表来指明各段在主存中的位置,如图 3-28 所示。

段表实际上是程序的逻辑结构段与其在主存中所存放的位置之间的关系对照表,段表中每一行记录某个段所对应的若干信息,包括段号、装入位、段起点和段长等。段表一般驻留在主存中,这里段号指虚拟段号。装入位为“1”、表示该段已调入主存;装入位为“0”,则表示该段不在主存中。由于段的大小可变,所以在段表中要给出各段的起始地址与段的长度。

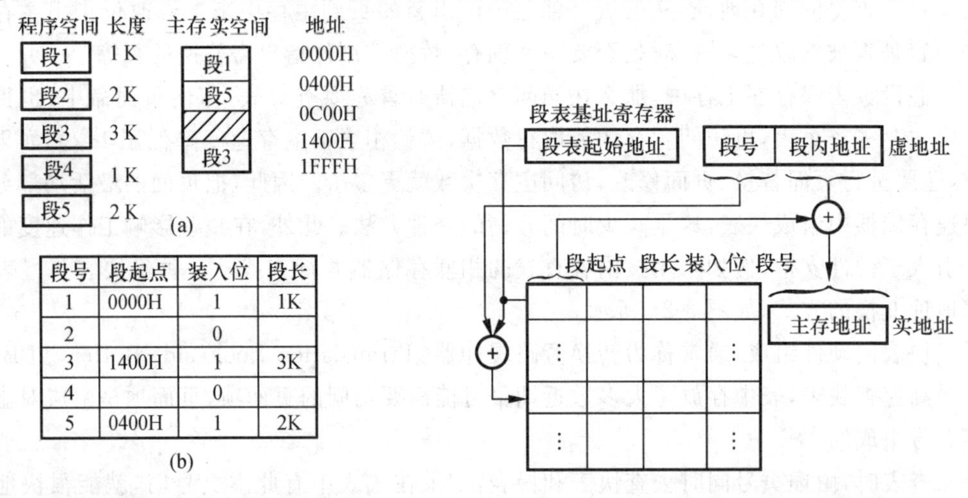

段号	段起点	装入位	段长
1	0000H	1	1K
2		0	
3	1400H	1	3K
4		0	
5	0400H	1	2K

(b)

图 3-28　程序在主存中的分配及其段表

图 3-29　段式虚拟存储器地址变换

(2) 地址变换

编程使用的虚地址包含两部分:高位是段号,低位是段内地址。段式虚拟存储器的虚、实地址变换,如图 3-29 所示。CPU 根据虚地址访问时,首先将段号与段表的起始地址相加,形成访问段表对应行的地址,然后根据段表内装入位判断该段是否已调入主存。若已调入主存,

从段表读出该段在主存中的起始地址，与段内地址(偏移量)相加，得到对应的主存实地址。

由于段的分界与程序的自然分界相对应，所以具有逻辑独立性，易于程序的编译、管理、修改和保护，也便于多道程序共享。但是，因为段的长度参差不齐，起点和终点不定，给主存空间分配带来了麻烦，容易在段间留下不能利用的零头，造成存储空间的浪费。

(3) 段页式虚拟存储器

页式虚拟存储器每页长度固定且可顺序编号，页表设置很方便，虚页调进主存时主存空间分配简单、开销少、页面长度较小，主存空间可比较充分地利用，因而得到广泛应用。缺点是程序不可能正好为页面的整数倍，最后一页的零头无法利用而浪费，同时机械分页无法照顾程序内部的逻辑结构，几乎不可能出现一页正好是一个逻辑上独立的程序段、指令或数据跨页的状况会增加查页表的次数和页面失效的可能性。

段式虚拟存储器因段与程序功能模块相对应，模块可独立编址，便于多人同时编制、修改、调试。段长度不固定，增删时对其他段不产生影响，各段有段名，便于公用；按段调度可提高命中率。不足之处是各段长度不等、调进主存时，主存空间分配工作比较复杂，段与段之间的主存空间常常不好利用而造成浪费。

页式虚拟存储器与段式虚拟存储器各有其优缺点，在段式、页式存储器的基础上，有一种段页式虚拟存储器。将程序按其逻辑结构分段，每段再划分为若干大小相等的页；主存空间也划分为若干同样大小的页。虚存和实存之间以页为基本传送单位，每个程序对应一个段表，每段对应一个页表。CPU 访问时，虚地址包含段号、段内页号、页内地址三部分。首先将段表起始地址与段号合成，得到段表地址；然后从段表中取出该段的页表起始地址，与段内页号合成，得到页表地址；最后从页表中取出实页号，与页内地址拼接形成主存实地址。段页式虚存综合了前两种结构的优点，但要经过两级查表才能完成地址转换，时间开销要多些。

3.5　存储保护和校验技术

3.5.1　存储保护

当多个用户共享主存时，就有多个用户程序和系统软件存于主存中。为使系统能正常工作，应防止由于一个用户程序出错而破坏其他用户的程序和系统软件，还要防止一个用户程序不合法地访问不是分配给它的主存区域。为此，系统应提供存储保护。通常采用的方法是存储区域保护和访问方式保护。

1. 存储区域保护

对于不是虚拟存储器的主存系统可采用界限寄存器方式进行保护。由系统软件经特权指令设置上、下界寄存器，为每个程序划定存储区域，禁止越界访问。由于用户程序不能改变上、下界的值，所以它如果出现错误，也只能破坏该用户自身的程序，而不能侵犯到别的用户程序和系统软件。界限寄存器方式只适用于每个用户占用一个或几个连续的主存区域的场合。

在虚拟存储系统中，由于一个用户程序的各页离散地分布于主存中，故通常采用页表保护、段表保护和键式保护等方法来进行存储保护。

(1) 页表保护和段表保护

每个程序都有自己的页表和段表,段表和页表本身都有自己的保护功能,每个程序的虚页号是固定的,经过虚地址向实地址变换后的主存页号也就固定了,所以不论虚地址如何出错,也只能影响到相对的几个主存页面。假设一个程序有三个虚页号分别为0、1、2,分配给它对应的实页号分别为7、4、5,如果虚页号错定为"4",必然在页表中找不到它,也就访问不了主存,当然不会侵犯其他程序空间。

段表和页表的保护功能相同,但段表中除了包括段表起点外,还包括段长。段长通常用该段所包含的页数表示,如图3-30所示。当进行地址变换时,将段表中的段长和虚地址中的页号相比较,若出现页号大于段长的情况,则说明此页号为非法地址,可发出越界中断。否则为正确页号,继续进行地址变换,访问主存。

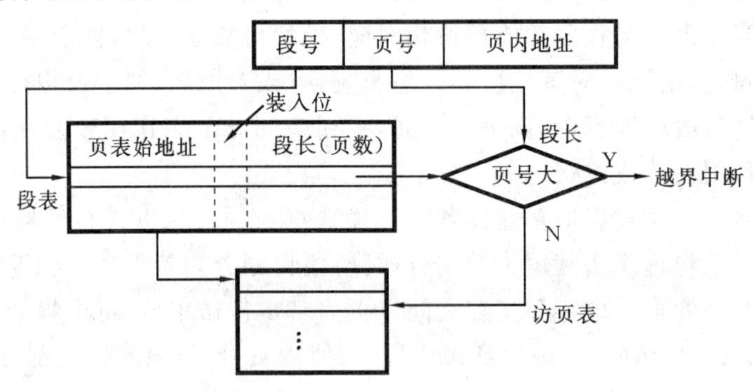

图3-30 段表保护方式

这种段表、页表保护是在未形成主存地址前的保护。但若在地址变换过程中出现错误,形成了错误主存地址,那么这种保护是无效的。因此,还需要其他保护方式。键保护就是一种成功的保护方式。

(2) 键保护方式

键保护方式的基本思想是,为主存的每一页配一个键,称为存储键,它相当于一把"锁"。它是由操作系统赋予的。每个用户的主存页面的键都相同。为了打开这个锁,必须有钥匙,称为访问键。访问键赋予每道程序,并保存在该道程序的状态寄存器中。当数据要写入主存的某一页时,要将访问键与存储键相比较。若两键相符,则允许访问该页,否则拒绝访问。

如图3-31所示,设主存按2KB分块,每块有一个4位的存储键寄存器,可表示16个已经调入主存的活跃的页面;主存内共有5个页面A、B、C、D、E,存储键分别为5、0、7、5、7。操作系统的访问键为0,允许它访问这5个页面中的任何一页。如果用户程序的访问键为7,则允许它将数据写入C、E页面中,任何写入其他页的企图,都会因访问键和存储键不符而引起中断。

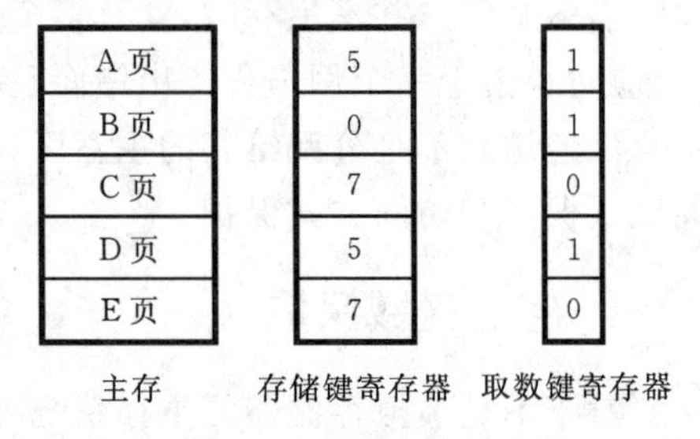

图3-31 键保护方式

这种方式提供了存数保护。另外还有取数保护,其方法就是为每个页面设置一个1位的取数键寄存器。如果取数键寄存器为0,则存储器中该页只受存数保护,如果取数键寄存器为1,则指出该页也同样受取数保护。例如,在图3-31所示的键保护方式中5个页面的取数键分别为1、1、0、1、0,其中,A、B、D三页不仅受存数保护,也受取数保护,只有访问键和取数键相符的用户才能存取这些页。

(3) 环保护方式

以上两种方式只能保护未运行的程序区域不受破坏,而正在运行的程序本身则不受保护。环保护方式可以对正在执行的程序本身的核心部分或关键部分进行保护。

如图 3-32 所示,环保护方式是按系统程序和用户程序的重要性以及对整个系统的正常运行的影响程度进行分层的,每一层叫做一个环。环号大小表示保护的级别,环号越大,等级越低。例如,虚拟存储空间分成 8 段,每段有 512MB,构成 8 层嵌入式结构,每层设一个保护环,保护环的环号和段的编号相同。并规定 0～3 段用于操作系统,4～7 段用于用户程序,每个用户最多可用 4 段。

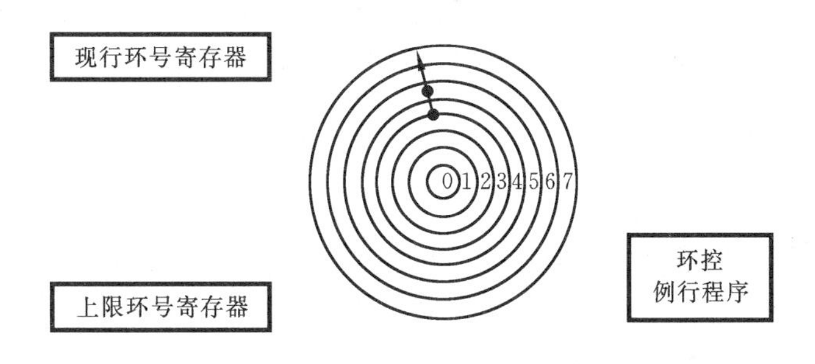

图 3-32 环保护方式

在现行程序运行前,先由操作系统定好程序各页的环号,并放入页表中;然后把该道程序的开始环号送入 CPU 的现行环号寄存器中,并把操作系统为其规定的上限环号也放入相应寄存器中。程序可以跨层访问任何外层(环号大于现行环号)空间,但如果企图向内层(环号小于现行环号)空间访问,则需由操作系统的环控例行程序判断这个向内访问是否合法。如果合法,则允许访问,否则按出错进入保护处理。但肯定现行程序不能访问低于上限环号的存储区域。当允许现行程序访问其他层时,相应地要改变现行环号寄存器。

2. 访问方式保护

对主存信息的使用有三种方式,即读(R)、写(W)和执行(E)。“执行”是指作为指令来使用。相应的访问方式保护就有 R、W、E 三种方式形成的逻辑组合,如表 3-6 所示。

表 3-6 访问方式保护的逻辑组合

逻辑组合	含义	逻辑组合	含义
$\overline{R+W+E}$	不允许任何访问	$(\overline{R+E})\cdot W$	只能写访问
$R+W+E$	可进行任何访问	$(R+E)\cdot W$	不准写访问

这些访问方式保护通常作为程序状态寄存器的保护位,并且和上述区域保护结合起来实现。比如,在界限寄存器中加一位访问方式位、键方式的取数保护键等。环方式保护和页方式保护通常将访问方式位放在页表和段表中,使得同一环内或同一段内的各页可以有不同的访问方式,从而增强保护的灵活性。

上述存储保护都由硬件来实现。在某些机器中还提供了特权指令来实现某种保护。

3.5.2 存储校验技术

计算机存储器主要用来存放程序和数据,但它与 CPU 或外围设备之间也存在信息传送问题。器件质量不可靠、线路工艺不过关、噪声干扰等因素,使得信息在存取、传送的过程中难免发生诸如"1"误变为"0"的错误。为减少和避免这类错误,计算机从硬件、软件上都采取了很多措施,以提高机器抗干扰能力。一方面是精心设计各种电路,提高计算机硬件本身的可靠性;另一方面是在数据编码上找出路,即对数据信息扩充,加入新的代码,将这种代码与原数据信息一起按某种规律编码后具有发现本身错误的能力,甚至能指出错误的所在位置,然后借助逻辑线路自动纠正。这种具有发现错误或者同时能给出错误所在位置的数据编码,称为数据校验码。利用校验码实现对数据信息的校验,目的是提高计算机的可靠性。校验码的种类很多,这里介绍常见的几种。

1. 检错码

最简单且应用广泛的检错码是添加一位校验位的奇偶校验编码。

奇偶校验包含奇校验和偶校验两种校验。奇校验(Odd Parity)是这样一种校验:它所约定的编码规律是,让整个校验码(包含有效信息和校验位)中"1"的个数为奇数。而偶校验(Even Parity)约定的编码规律是,让整个校验码中"1"的个数为偶数。有效信息(被校验的信息)部分可能是奇性("1"的个数为奇数)的,也可能是偶性的,所以奇、偶两种校验都只需配一个校验位,就可以使整个校验码满足指定的奇偶性要求。这个校验位取"0"还是取"1"的原则是:若是奇校验,则连同校验位在内编码里含"1"的个数共有奇数个;若是偶校验,则连同校验位在内编码里含"1"的个数是偶数个。

例 3.2 有效信息为 10001101,分别求其奇校验编码和偶校验编码。

解 有效信息中有 4 个"1",所以奇校验的校验位取"1"才能使"1"的总数为奇数个;偶校验的校验位取"0"才能使"1"的总数为偶数个。所以,奇校验编码为 110001101;偶校验编码为 010001101。

在计算机处理数据的各个地方都设有奇偶校验器(一般用异或门实现)对全部代码进行检查,当检测信息编码中"1"的个数是偶(奇)数,与奇(偶)校验设定不符时,意味着有某信息位上的"0"变成了"1",或"1"变成了"0"。

奇偶校验只具有发现一串二进制代码中,同时出现奇数个代码出错的能力。如果同时发生偶数个代码出错,这种校验就不具备发现错误的能力。但几个代码同时出错的概率很小,所以奇偶校验仍得到了广泛应用。

奇偶校验只具有校验能力,即发现错误的能力,但无法识别错误信息的位置因而不具备纠错能力。

2. 纠错码

常用的纠错码有海明码、循环码等。只要使用足够的校验位,就可以达到对任何错误进行检测和纠错的水平。若需要校正字长 k 位的单错,则必须添加 r 个校验位,它能够指出 k+r 个错误及无错误的情况,r 必须满足 $2^r \geq k+r+1$。

(1) 海明校验码

这是由 Richard Hamming 于 1950 年提出的，它不仅具有检测错误的能力，同时，还具有正确给出错误所在位置的能力。只要增加少数几个校验位，就能检测出多位出错，并能自动恢复一位或几位出错位的正确值。它的实现原理是：在数据中加入几个校验位，将数据代码的码距比较均匀地拉大，并把数据的每一个二进制位分配在几个奇偶校验组中。某一位出错，就会引起有关的几个校验位的值发生变化，这不但可以发现错误，还能指出是哪一位出错，为进一步自动纠错提供了依据。

这里只介绍具有检出和校正一位错误的海明编码。前面所述奇偶校验方法，将整个有效信息作为一组，进行奇偶校验，每次只能提供一位检错信息，用以指示出错，而不能指出出错位置。如果将有效信息，按某种规律分成若干组，每组安排一个校验位，作奇偶测试，就能提供多位检错信息，以指出最大可能是哪位出错，从而将其纠正。这就是海明校验的基本思想。从这一意义上讲，海明校验实质上是一种多重奇偶校验。

1）校验位的位数

对有效信息进行分组测试，如何确定其组数和校验位的位数呢？校验位的位数是与有效信息的长度有关的。

设校验码为 N 位，其中有效信息为 k 位，校验位为 r 位，分成 r 组作奇偶校验，这样能产生 r 位检错信息。这 r 位信息就构成一个指误字，可指出 2^r 种状态，其中的一种状态表示无错，余下的组合状态，就能指出 2^r-1 位中某位出错。

如果要求海明码能指出并纠正一位错误，则它应满足如下关系式：

$$N = k + r \leqslant 2^r - 1$$

例如，$r=3$，则 $N = k + r \leqslant 7$，所以，$k \leqslant 4$。

也就是 4 位有效信息应配上 3 位校验位。根据上述关系式，可以算出不同长度有效信息编成海明码所需要的最少校验位数（见表 3-7）。

表 3-7 有效信息位数与校验位位数的关系

k	1	2～4	5～11	12～26	27～57	58～120	…
r	2	3	4	5	6	7	…

2）分组原则

在海明码中，位号数（1，2，3，…，n）为 2 的权值的那些位（即 $1(2^0)$，$2(2^1)$，$4(2^2)$，…，2^{r-1} 位），作为奇偶校验位，并记作 P_1，P_2，P_3，…，P_r，余下各位则为有效信息位。

例如，与 $N=11$，$k=7$，$r=4$ 相应，海明码可示意为

位号	1	2	3	4	5	6	7	8	9	10	11
P_i占位	P_1	P_2	×	P_3	×	×	×	P_4	×	×	×

其中，×均为有效信息。海明码中的每一位被 P_1，P_2，P_3，…P_r 中的一至若干位所校验。

例如，N_5 即校验码中第 5 位被 P_1 和 P_3 所校验；N_7 即校验码中第 7 位被 P_1、P_2 和 P_3 所校验。这里有一个规律：第 i 位由校验位位号之和等于 i 的那些校验位所校验。由此可得表3-8。从表 3-8 可以清楚地看到，某一位是由哪几个校验位所校验的。反过来说，每个校验位，可校验它以后的一些确定位置上的有效信息，并包括它本身，例如，P_1 可校验海明码中第 1、3、5、7、9、11 位；P_2 可校验第 2、3、6、7、10、11 位。归并起来，如表 3-9 所示。这样，就形成了 4 个小组，每个小组一个校验位，校验位的取值仍采用奇偶校验方式确定。

表 3-8　海明码每位所占用的校验位(k=7)

海明码位号	占用的校验位号	备　　注
1	1	1=1
2	2	2=2
3	1、2	3=1+2
4	4	4=4
5	1、4	5=1+4
6	2、4	6=2+4
7	1、2、4	7=1+2+4
8	8	8=8
9	1、8	9=1+8
10	2、8	10=2+8
11	1、2、8	11=1+2+8

表 3-9　每个校验位所校验的位数(k=7)

校验位位号	被校验位位号
1(P_1)	1、3、5、7、9、11
2(P_1)	2、3、6、7、10、11
4(P_1)	4、5、6、7
8(P_1)	8、9、10、11

3）编码、查错、纠错原理

下面以 4 位有效信息和 3 位校验位，来说明编码原理、查错原理及纠错方法。

设 4 位有效信息为 b_1、b_2、b_3、b_4，3 位校验位为 P_1、P_2、P_3，海明校验码的序号和分组如表 3-10 所示。

表 3-10　k=4，r=3 的海明编码

海明码序号	1	2	3	4	5	6	7	指误字	无错误	出错位						
含义	P_1	P_2	b_1	P_3	b_2	b_3	b_4			1	2	3	4	5	6	7
第 3 组				√	√	√	√	G_3	0	0	0	0	1	1	1	1
第 2 组		√	√			√	√	G_2	0	0	1	1	0	0	1	1
第 1 组	√		√		√		√	G_1	0	1	0	1	0	1	0	1

从表中可以看到：

- 每个小组只有一位校验位，第 1 组是 P_1，第 2 组是 P_2，第 3 组是 P_3；
- 每个校验位，校验着它本身和它后面的一些确定位。

① 编码原理。若有效信息 $b_1b_2b_3b_4$=1011，则先将它分别填入第 3、5、6、7 位，再分组进行奇偶统计，分别填入校验位 P_1、P_2、P_3 的值。这里每个分组均采用偶校验，因此，要保证 3 组校验位的取值都满足偶校验规则。如第 1 组有 $P_1b_1b_2b_4$，因 $b_1b_2b_4$ 含偶数个 1，故 P_1 应取值为 0，才能保证第 1 组为偶性；同理可得，$P_2=1$，$P_3=0$。这样得到了海明码，正确的编码应为 $P_1P_2b_1P_3b_3b_3b_4=0110011$。

② 查错与纠错原理。分组校验，能指出错误所在的确切位置。分作 3 组校验时，若每组可产生一个检错信息，则 3 组共 3 个检错信息便构成一个指误字。这里的指误字由 $G_3G_2G_1$ 组成，其中，$G_3=P_3\oplus b_2\oplus b_3\oplus b_4$，$G_2=P_2\oplus b_1\oplus b_3\oplus b_4$，$G_1=P_1\oplus b_1\oplus b_2\oplus b_4$。采用偶校验，在没有出错的情况下，$G_3G_2G_1=000$。

由于在分组时，就确定了每一位参加校验的组别，所以指误字能准确地指出错误所在位。例如，第 3 位 b_1 出错，由于 b_1 参加了第 1 组和第 2 组的校验，必然破坏了第 1 组和第 2

组的偶性，从而使 G_1 和 G_2 为 1，又因 b_1 没有参加第 3 组校验，故 G_3 仍为 0，这就构成了一个指误字 $G_3G_2G_1=011$，它指出第 3 位出错。反之，若 $G_3G_2G_1=111$，则说明海明码第 7 位 b_4 出错。这是因为只有第 7 位 b_4 参加了 3 个小组的校验，而且第 7 位出错才能破坏 3 个小组的偶性。

假定源部件发送的海明码为 0110011，若接收端海明码为 0110011，则 3 个小组都满足偶校验要求，这时，$G_3G_2G_1=000$，表明收到的信息正确，可以从中提取有效信息 1011。若接收端的海明码为 0110111，分组检测后，指误字 $G_3G_2G_1=101$，它指出第 5 位 b_2 出错，则只需将第 5 位信息变反，就可还原成正确的数码 0110011。

(2) 循环码(CRC)

广泛应用的循环码是一种基于模 2 运算建立编码规律的校验码，它可以通过模 2 运算来建立有效信息和校验位之间的约定关系，即要求 $N=k+r$ 位的某数能被某一约定的数除尽，其中 k 是待编码的有效信息，r 是校验位。

设待编码的有效信息以多项式 M(x) 表示，用约定的一个多项式 G(x) 去除，一般情况下得到一个商 Q(x) 和余数 R(x)，即

$$M(x)=Q(x)G(x)+R(x)$$

$$M(x)-R(x)=Q(x)G(x)$$

显然，将 M(x) 减去余数 R(x) 就必定能为 G(x) 所除尽。因而，可以设想将 M(x)－R(x) 作为编好的校验码送往目标部件，当从目标部件取得校验码时，仍用约定的多项式 G(x) 去除，若余数为 0，则表明该校验码正确；若余数不为 0，则表明有错，再进一步由余数值确定哪一位出错，从而加以纠正。

例 3.3 对 4 位有效信息(1100)作循环校验编码，选择的生成多项式 G(x)=1011。

解 ① 将待编码的 n 位有效信息码组表示为多项式 M(x)，有

$$M(x)=x^3+x^2=1100$$

② 将 M(x) 左移 r 位，得 $M(x)x^r$，其目的是空出 r 位，以便拼装 r 位余数(校验位)，有

$$M(x)x^3=x^6+x^5=1100000 \qquad \text{(左移 r=3 位)}$$

③ 用 r+1 位的生成多项式 G(x)，对 $M(x)x^r$ 作模 2 除，有

$$G(x)=x^3+x+1=1011 \qquad \text{(r+1=4 位)}$$

$$\frac{M(x)x^3}{G(x)}=\frac{110000}{1011}=1110+\frac{010}{1011} \qquad \text{(模 2 除)}$$

式中，G(x) 是约定的除数。因为它是用来产生校验码的，故称为生成多项式。由于最后余数的位数应比除数少一位，所以 G(x) 应取 r+1 位。

④ 将左移 r 位后的待编有效信息与余数 R(x) 作模 2 加，即形成循环校验码，有

$$M(x)x^3+R(x)=1100000+010=1100010 \qquad \text{(模 2 加)}$$

此处编好的循环校验码称为(7,4)码，即 $N=7, k=4$，可向目标部件发送。

⑤ 循环码的译码与纠错。接收部件将收到的循环码用约定的生成多项式 G(x) 去除，如果码字无误，则余数为 0，如果某一位出错，则余数不为 0，不同位数出错，则余数不相同。本例求出的错误模式如表 3-11 所示。

表 3-11 G(x)=1011 时的(7,4)循环码的出错模式

	N_1	N_2	N_3	N_4	N_5	N_6	N_7	余数			出错位
正确	1	1	0	0	0	1	0	0	0	0	无
错误	1	1	0	0	0	1	1	0	0	1	7
	1	1	0	0	0	0	0	0	1	0	6
	1	1	0	0	1	1	0	1	0	0	5
	1	1	0	1	0	1	0	0	1	1	4
	1	1	1	0	0	1	0	1	1	0	3
	1	0	0	0	0	1	0	1	1	1	2
	0	1	0	0	0	1	0	1	0	1	1

如果循环码有一位出错，则用 G(x)作模 2 除将得到一个不为 0 的余数。对余数补 0 后继续除下去，各次余数将按表 3-10 所示的顺序循环。例如第 7 位出错，余数将为 001，补 0 后再除，第 2 次余数为 010，以后依次为 100，011，…反复循环，这就是"循环码"名称的由来。

利用余数循环的特点，在求出余数不为 0 后，一边对余数补 0 后继续除，同时让被检测的校验码字循环左移，这样可得每一位的纠错条件。例如，当出现余数 101 时，出错位也移到N_1位置，可通过异或门将它纠正后在下一次移位时送回N_7。继续移满一个循环(本例共移位 7 次)，就得到一个纠错后的码字。

习 题 三

3.1 什么是半导体存储器，它有何特点？

3.2 什么是存储器的存取时间？什么是存取周期？说明两者之间的差别。

3.3 DRAM 和 SRAM 的主要差别是什么？为什么 DRAM 芯片的地址一般要分两次接收？

3.4 为什么在存储器芯片中要设置片选输入端？

3.5 已知某 16 位机主存采用半导体存储器，其地址码为 20 位，若使用 16K×8 位的 SRAM 组成该机所允许的最大主存空间，并选用模块板结构形式，问：

① 若每个模块板为 128K×16 位，共需几个模块板？

② 每个模块板内共有多少 SRAM 芯片？

③ 主存共需多少 SRAM 芯片？CPU 如何选择各模块板？

④ 画出该存储器的组成逻辑框图。

3.6 有一个 16K×16 位的存储器，由 1K×4 位的 DRAM 芯片构成(芯片内部是 64×64 结构)。问：

① 总共需要多少 DRAM 芯片？

② 设计此存储器组成框图(要考虑刷新电路部分)。

③ 若采用异步刷新方式，且刷新间隔不超过 2ms，则刷新信号周期是多少？

④ 若采用集中刷新方式，存储器刷新一遍最少用多少读/写周期？设读/写周期 T=0.1μs，那么死时间率是多少？

3.7 某机器中，已知 ROM 区域的地址空间为 0000H～3FFFH(用 8K×8 位的 ROM 芯

片构成)，RAM 的起始地址为 6000H，地址空间为 40K×16 位(用 8K×8 位的 RAM 芯片构成)。假设 RAM 芯片有$\overline{CS}$和$\overline{WE}$信号控制端，CPU 的地址总线为 A_{15}～A_0，数据总线为D_{15}～D_0，控制信号为 R/$\overline{W}$(读/写)，$\overline{MREQ}$(访存)，要求：

① 画出地址译码方案；

② 将 ROM 与 RAM 同 CPU 连接。

3.8　设有 64K×1 位的 DRAM 芯片，访问周期为 100 ns。若需由此种芯片为主构成 1M×16 位的主存，平均访问周期降至 50 ns 以内。问：

① 可供选择的方案有哪些?

② 设计此存储器的组成框图。

3.9　主存容量为 4MB，虚存容量为 1GB，则虚拟地址和物理地址各多少位? 如页面大小为 4KB，则页表长度是多少?

3.10　某机器采用四体交叉存储器，今执行一段小循环程序，此程序放在存储器的连续地址单元中，假设每条指令的执行时间相等，而且不需要到存储器存取数据，请问在下面两种情况中(执行的指令数相等)。程序运行的时间是否相等? 为什么?

① 循环程序由 6 条指令组成，重复执行 80 次。

② 循环程序由 8 条指令组成，重复执行 60 次。

3.11　有一个(7,4)码，生成多项式为 $G(x)=x^3+x+1$，请写出代码 0011 的 CRC 校验码和海明码。

第4章 指令系统

指令系统的性能是计算机系统性能的集中体现,是软件与硬件的界面。因此,如何表示指令,直接影响到计算机系统的功能。本章讨论的是计算机中机器级指令的格式、指令和操作数的寻址方式以及典型指令系统的组成。

4.1 指令系统的发展与性能

计算机系统主要是由硬件系统和软件系统两部分组成的。硬件系统是指由中央处理器(CPU)、存储器以及外围设备等组成计算机的实际装置。软件系统则是指为了实现人们能使用计算机而编写的各种程序和文档,它实际上是由一系列指令组成的。

计算机的性能与它所设置的指令系统有很密切的关系,而指令系统的设置又与机器的硬件结构紧密相关。通常性能好的计算机都要设置种类丰富、功能齐全、通用性强、使用方便高效的指令系统,而这些需要复杂的硬件结构来支持。

本节主要介绍指令系统的发展概况和指令系统的性能,并简要说明计算机语言与硬件结构之间的关系。

4.1.1 指令系统的发展

指令就是指挥计算机执行某种操作的命令。按组成计算机的层次结构来划分,计算机的指令有微指令、机器指令和宏指令等。微指令是微程序级的命令,属于硬件;宏指令是由若干条机器指令组成的软件指令,属于软件;机器指令则介于微指令与宏指令之间,通常简称为指令,每一条指令可完成一个独立的算术运算或逻辑运算操作。本章所讨论的指令,是机器指令。

一台计算机中所有机器指令的集合,称为该计算机的指令系统。指令系统是表征一台计算机性能的重要因素,它的格式与功能不仅直接影响到机器的硬件结构,而且也直接影响到系统软件,影响到机器的适用范围。

在20世纪50年代到60年代早期,由于计算机主要逻辑部件都由分立元件(电子管或晶体管)构成,体积庞大,价格昂贵,因此,计算机的硬件结构比较简单,所支持的指令系统一般只有十几条至几十条最基本的定点加、减运算指令,逻辑运算指令,数据传送和转移指令等,而且寻址方式简单。

20世纪60年代中、后期,随着集成电路的出现,计算机的价格不断下降,硬件功能不断增强,指令系统也越来越丰富,除了具有上述最基本的指令以外,还设置了乘、除运算指令,浮点运算指令,十进制运算指令以及字符串处理指令等,指令数多达一两百条,寻址方式也趋于多样化。

随着集成电路的发展和计算机应用领域的不断扩大，计算机的软件价格不断提高。为了沿用已有的软件，减少软件的开发费用，人们迫切希望各机器上的软件能够兼容，以便在旧机器上编制的各种软件也能在新的、性能更好的机器上正常运行，因此，出现了系列计算机。所谓系列计算机是指基本指令系统相同，基本体系结构相同的一系列计算机，如 IBM 370 系列，VAX-11 系列，IBM PC(XT/AT/286/386/486)微机系列等。一个系列计算机往往有多种型号，各型号的基本结构相同，但因为推出的时间不同，所采用的器件也不同，所以在结构和性能上有所差异。通常是新推出的机种在性能和价格方面要比旧的机种优越。系列机能相互兼容的必要条件是该系列的各机种能兼容共同的指令集，而且新推出的机种的指令系统一定包含所有旧机种的所有指令，因此，旧机种上运行的各种软件不加任何修改即可在新机种上运行。

20 世纪 70 年代末期，随着大规模集成电路 VLSI 技术的飞速发展，硬件成本不断下降，而软件成本不断上升。为增加计算机的功能，以及缩小指令系统与高级语言的差异，以便于高级语言的编译，降低软件开发成本，于是产生了以增加指令数和设计复杂指令为手段的计算机。大多数计算机的指令系统多达几百条，称这些计算机为复杂指令系统计算机，简称 CISC。典型的产品有 DEC 公司的 VAX-11/780，它有 303 条指令，18 种寻址方式。

由于 CISC 计算机指令系统庞大，不但计算机的研制周期变长，难以保证其正确性，调试和维护也较困难，而且因为采用了大量的使用频率很低的复杂指令而造成硬件资源的极大浪费。为了解决这些问题，IBM 公司在 1975 年开始探讨指令系统的合理性问题，John Cocke 提出了精简指令系统的想法。1982 年，美国加州伯克利大学、斯坦福大学、IBM 公司都先后研制出便于 VLSI 技术实现的精简指令系统计算机，简称 RISC(Reduced Instruction Set Computer)。1983 年后，RISC 计算机商品化。典型的产品有 Sun microsystem 公司的 SPARC 机，仅有 89 条指令。

4.1.2 指令系统的性能

指令系统是一台计算机的指令集合，其性能决定了这台计算机的基本功能。因而，指令系统的设计是计算机系统设计中的一个核心问题，它与计算机的硬件结构密切相关，直接关系到用户的使用需求。一个完善的指令系统应该具备下面几个方面的性能。

1. 完备性

完备性是指用汇编语言编写各种程序时，该机的指令系统直接提供的指令足够使用，而不必用软件来实现。完备性要求指令系统丰富、功能齐全、使用方便高效。

一台计算机中最基本的、必不可少的指令是不多的，许多指令都可用最基本的指令编程来实现。例如，乘、除运算指令，浮点运算指令可直接用硬件来实现，也可用基本指令编写的程序(软件)来实现。采用硬件指令的目的是提高程序执行速度，便于用户编写程序。

2. 高效性

高效性是指用该指令系统所编写的程序能够高效率地运行。高效率主要表现在程序占据存储空间小、执行速度快。一般来说，一个功能更强的、更完善的指令系统，必定有更好的高效性。

3. 规整性

规整性包括指令系统的对称性、匀齐性以及指令格式和数据格式的一致性。对称性是指，在指令系统中所有的寄存器和存储器单元都可同等对待，所有的指令都可使用各种寻址方式。匀齐性是指，一种操作性质的指令可以支持各种数据类型，如算术运算指令可支持字节、字、双字整数的运算，十进制数运算和单、双精度浮点数运算等。指令格式和数据格式的一致性是指，指令长度和数据长度有一定的关系，以方便处理和存取。例如，指令长度和数据长度通常是字节长度的整数倍。

4. 兼容性

系列机各机种之间具有相同的基本结构和共同的基本指令集，因而，指令系统是兼容的，即在各机种上基本软件可以通用。但由于不同机种推出的时间不同，在结构和性能上各有差异，做到所有软件都完全兼容是不可能的，只能做到“向上兼容”，即低档机上运行的软件不加修改便可以在高档机上运行。

4.1.3 计算机语言与硬件结构的关系

计算机的程序是计算机能够识别的一串指令或语句。编写程序的过程，称为程序设计，而程序设计所使用的工具则是计算机语言。

计算机语言有高级语言和低级语言之分，高级语言的语句和用法与具体机器的指令系统无关；低级语言分机器语言和汇编语言，这两种语言都是面向机器的语言，它们和具体机器的指令系统密切相关。

计算机能够直接识别并执行的语言并不是高级语言，而是一种用二进制码表示的、由一系列指令组成的机器语言。因此，任何问题不管使用哪一种计算机语言(汇编语言或某种高级语言)描述，都必须通过翻译程序转换成相应的机器语言后才能执行。

机器语言存在着可读性差、不易编程、不易维护等许多缺陷，这就给编写程序带来许多困难。但是，可以用预先规定的符号来分别替代用二进制码表示的操作码、操作数或地址。这种用助记符来表示二进制码指令序列的语言，称为汇编语言，它基本上是与机器语言一一对应的。用汇编语言编写程序比用机器语言方便得多，出错也便于检查和修改，但它与计算机的硬件结构、指令系统的设置的关系非常密切。因此，汇编语言仍然是一种面向计算机硬件本身的语言，程序员使用它编写程序必须十分熟悉计算机硬件结构的配置、指令系统和寻址方式，这就对程序员有很高的要求。

汇编语言依赖于计算机的硬件结构和指令系统，不同的机器有不同的指令，所以用汇编语言编写的程序不能在其他类型的机器上运行，而且由于汇编语言的基本操作简单(主要是简单的算术/逻辑运算和数据传送)，描述问题的能力差，用汇编语言编写程序工作量大，编写的程序与问题的描述相差甚远，其可读性仍然不好。为了克服汇编语言的上述缺陷，出现了高级语言，如 Fortran、C、Pascal 等语言。高级语言与计算机的硬件结构及指令系统无关，表达方式比较接近于自然语言，描述问题的能力强，通用性、可读性和可维护性都很好。而且用高级语言编写程序时，无需考虑机器的字长、寄存器状态、寻址方式和内存单元地址等，显然，高级语言在编写程序方面比汇编语言优越得多。

高级语言在编写程序时虽然远比汇编语言优越，但是，高级语言程序"看不见"机器的硬件结构，因而，不能用它来编写直接访问机器硬件资源（如某个寄存器或存储器单元）的系统软件或设备控制软件。为了克服这一缺陷，一些高级语言（如C、Fortran等）提供了与汇编语言之间的调用接口，将用汇编语言编写的程序作为高级语言的一个外部过程或函数，利用堆栈来传递参数或参数的地址，两者的源程序通过编译或汇编生成目标（OBJ）文件后，再利用链接程序把它们连接成可执行文件，便可运行。采用这种方法，用高级语言编写程序时，若要用到硬件资源，则可用汇编程序来实现。另外，用高级语言编写的程序，必须翻译成机器语言才能执行，这一工作通常是由计算机执行编译程序来完成。由于编译过程既复杂又死板，翻译出来的机器语言非常冗长，因而与有经验的程序员用汇编语言编写的程序相比至少要多占2/3的内存，速度要降低一半以上，显然高级语言也有不尽如人意之处。

综上所述，汇编语言和高级语言有各自的特点。汇编语言与硬件的关系密切，编写的程序紧凑、占用内存小、速度快，特别适合于编写经常与硬件打交道的系统软件；而高级语言不涉及机器的硬件结构，通用性强、编写程序容易，特别适合于编写与硬件没有直接关系的应用软件。

4.2 指令格式

计算机是通过执行指令来完成各种操作的，指令是用指令字来表示的。表示一条指令的指令字（通常简称指令）必须指出所执行操作的性质和功能，操作数据的来源以及操作结果的去向等信息，这些信息在计算机中都是以二进制代码形式存储的。指令格式就是用二进制代码表示的一条指令的结构形式，通常由操作码和地址码两种字段组成。操作码字段表征指令操作的性质和功能；地址码字段通常指定参与操作的操作数的地址。一条指令的指令格式形式为

操作码字段	地址码字段

计算机指令格式的设定一般与机器的字长、存储器的容量以及指令的功能有关。

4.2.1 指令操作码与地址码

1. 操作码

设计计算机时，对指令系统的每一条指令都要规定一个操作码，操作码指出该指令应该执行什么性质的操作和具有何种功能。不同的指令用操作码字段的不同编码来表示，每一种编码代表一种指令。例如，操作码0001可以规定为加法操作；操作码0010可以规定为减法操作；操作码0110可以规定为取数据操作；而操作码0111则可以规定为存数据操作等等。CPU中设有专用电路来解释每个操作码，因此，计算机能够按照操作码的要求执行指定的操作。组成操作码字段的位数一般取决于计算机指令系统的规模，愈大的指令系统需要愈多的位数来表示每条特定的指令。例如，一个指令系统有16条指令，那么只需4位操作码就够了（$2^4=16$）。如果有32条指令，则需要5位操作码（$2^5=32$）。一般来说，一个包含n位操作码字段的指令系统最多能够表示2^n条指令。早期的计算机指令系统，操作码字段和地址码字段长度是

固定的。目前,在小型和微型计算机中,由于指令字较短,为了充分利用指令字长度,操作码字段和地址码字段是不固定的,即不同类型的指令有不同的划分,以便尽可能用较短的指令字长来表示越来越多的操作种类。

2. 地址码

指令中参加运算的操作数既可存放在主存储器中,也可存放在寄存器中,地址码应该指出该操作数所在的存储器地址或寄存器地址。

根据指令中的操作数地址码的数目的不同,可将指令分成零地址指令、一地址指令、二地址指令、三地址指令和多地址指令等多种格式。一般操作数有被操作数、操作数及操作结果 3 种,因此,形成了早期计算机指令的三地址指令格式,后来又发展成二地址指令格式、一地址指令格式、零地址指令格式以及多地址指令格式。目前二地址和一地址指令格式用得最多。不同数目操作数地址的指令格式如下。

(1) 三地址指令格式

格式

OPCODE	A1	A2	A3

其中,OPCODE 表示操作码;A1 表示第一个源操作数存储器地址或寄存器地址;A2 表示第二个源操作数存储器地址或寄存器地址;A3 表示操作结果的存储器地址或寄存器地址。

三地址指令字中有 3 个操作数地址 A1、A2 和 A3,其操作是对 A1、A2 指出的两个源操作数执行操作码所规定的操作,操作结果存入 A3 中。

其数学形式描述为 $(A1)\ OP\ (A2) \rightarrow A3$

其中,OP 表示操作性质,如加、减、乘、除等;(A1)、(A2)分别表示主存中地址为 A1、A2 的存储单元中的操作数,或者是运算器中地址为 A1、A2 的通用寄存器中的操作数。

(2) 二地址指令格式

格式

OPCODE	A1	A2

其中,OPCODE 表示操作码;A1 表示第一个源操作数存储器地址或寄存器地址;A2 表示第二个源操作数和存放操作结果的存储器地址或寄存器地址。

二地址指令常称为双操作数指令,它有两个源操作数地址 A1 和 A2,分别指明参与操作的两个源操作数在内存或寄存器的地址,其中地址 A1(也可能是 A2)兼作存放操作结果的目的地址。这是最常见的指令格式,其操作是对两个源操作数执行操作码所规定的操作后,将结果存入目的地址。

其数学形式描述为

$$(A1)\ OP\ (A2) \rightarrow A1 \text{ 或 } (A1)\ OP\ (A2) \rightarrow A2$$

(3) 一地址指令格式

格式

OPCODE	A

其中,OPCODE 表示操作码;A 表示操作数的存储器地址或寄存器地址。

指令中只给出一个地址,该地址既是操作数的地址,又是操作结果的存储地址,又称为单操作数或单地址指令。例如,加 1、减 1 和移位等指令均采用这种格式,其操作是对这一地址所指定的操作数执行相应的操作后，产生的结果又存回该地址中。通常，这种指令也可以是以运算器中累加器AC中的数据为被操作数，指令字的地址码字段所指明的数为操作数，操作结果又放回累加器AC中，而累加器中原来的数据随即被冲掉。

其数学形式描述为

$$OP\ (A) \rightarrow A \text{ 或 } (AC)\ OP\ (A) \rightarrow AC$$

(4) 零地址指令格式

格式

OPCODE

其中，OPCODE表示操作码。

指令中只有操作码，没有地址码，即没有操作数，通常也叫无操作数指令或无地址指令。这种指令的含义有两种可能：一是无需任何操作数，如空操作指令、停机指令等；二是所需要的操作数地址是默认的，如堆栈结构计算机的运算指令，所需的操作数默认在堆栈中，由堆栈指针SP隐含指出，操作结果仍然放回堆栈中。

(5) 多地址指令格式

性能较好的大、中型计算机甚至高档小型计算机中，往往设置一些功能很强的，用于处理成批数据的指令，例如，字符串处理指令，向量、矩阵运算等指令。为了描述一批数据，指令中往往需要用多个地址来指出数据存放的首地址、长度和下标等信息。例如，CDC STAR-100矩阵运算指令就有7个地址码段，用来指明两个矩阵的存储情况以及结果的存放情况。

上述五种指令格式并非任何一种计算机都具备。各种指令格式各有其优缺点，零地址、一地址和二地址指令具有指令短、执行速度快、硬件实现简单等优点，但是功能相对比较简单，因此大多为结构较简单、字长较短的小型和微型机所采用；而二地址、三地址和多地址指令具有功能强、便于编程等优点，但是，指令长，执行时间就长，且结构复杂，多为字长较长的大型机和中型机所采用。当然指令格式的选定还与指令本身的功能有关，如停机指令不管是哪种类型的计算机，都是采用零地址指令格式。

按存放操作数的物理位置来划分，指令格式主要有三种类型。第一种为存储器-存储器(SS)型指令，执行这类指令操作时都涉及内存单元，即参与操作的数据都放在内存里。从内存某单元中取操作数，操作结果存放到内存的另一单元中，因此，机器执行这种指令需要多次访问内存。第二种为寄存器-寄存器(RR)型指令，执行这类指令过程中，需要多个通用寄存器或专用寄存器，从寄存器中取操作数，把操作结果存放到另一寄存器中。机器执行寄存器-寄存器型指令的速度很快，因为执行这类指令不需要访问内存。第三种为寄存器-存储器(RS)型指令，执行此类指令时，既要访问内存单元，又要访问寄存器。目前在计算机系统结构中，通常一个指令系统中指令字的长度和指令中的地址结构并不是单一的，往往采用多种格式混合使用，这样可以增强指令的功能。

在计算机中，指令和数据都是以二进制代码的形式存储的，二者在表面上没有什么差别。但是，指令的地址是由程序计数器(PC)规定的，而数据的地址是由指令规定的，因此，在CPU控制下访问存储器时绝对不会将指令和数据混淆。为了程序能重复执行，一般要求程序在运行前、后所有的指令都保持不变，因此，在程序执行过程中，要避免修改指令。有些计算机如发生了修改指令情况，则按出错处理。

4.2.2 指令字长度与扩展方法

1. 指令字长度

指令字中二进制代码的位数称为指令字长度。如上所述,指令格式的设定一般与机器的字长、存储器的容量以及指令的功能有关。机器字长是指计算机能够直接处理的二进制数据的位数,是计算机的一个重要技术指标。它决定了计算机的运算精度,字长越长,计算机的运算精度越高。另外,地址码长度决定了指令直接寻址能力,n 位地址码可直接寻址 2^n 字节。对于字长较短的微型机,可以通过增加机器字长和采用地址扩展技术(参见寻址方式)来增加地址码的长度,扩大寻址能力,满足实际寻址的需要。为了便于处理字符数据和尽可能地充分利用存储空间,一般机器的字长是字节长度的 1、2、4 或 8 倍,即 8、16、32 或 64 位。如 20 世纪 80 年代微型机的字长一般为 16 位和 32 位,大、中型机的字长多为 32 位和 64 位。随着集成度的提高,机器字长也在增长。

指令字的长度主要取决于操作码的长度、操作数地址的长度和操作数地址的个数。由于操作码的长度、操作数地址的长度及指令格式不同,各指令字长度并不是固定的,指令字长度通常为字节的整数倍。例如,Intel 8086 的指令的长度为 8、16、24、32、40 和 48 位六种。指令字长度与机器的字长没有固定的关系,它既可以小于或等于机器的字长,也可以大于机器的字长。前者称为短格式指令,后者称为长格式指令。在同一台计算机中可能既有短格式指令又有长格式指令,但通常是把最常用的指令(如算术/逻辑运算指令、数据传送指令)设计成短格式指令,以便节省存储空间和提高指令的执行速度。

指令字长度等于机器字长度的指令,称为单字长指令;指令字长度等于半个机器字长度的指令,称为半字长指令;指令字长度等于两个机器字长度的指令,称为双字长指令;以此类推。例如,IBM 370 系列的指令格式有 16 位(半字)的和 32 位(单字)的,还有 48 位(一个半字)的。

使用多字长指令的目的,在于提供足够的地址位来解决访问内存任何单元的寻址问题,但是,使用多字长指令的一个主要缺点是,必须两次或多次访问内存才能取出一整条指令,这就降低了 CPU 的运算速度,同时又占用了更多的存储空间。

在一个指令系统中,如果各种指令字长度是相等的,则称为等长指令字结构,它们可以都是单字长指令或半字长指令,这种指令字结构简单,且指令字长度是不变的。如果各种指令字长度随指令功能而异,比如有的指令是单字长指令,有的指令是双字长指令或三字长指令,则这种可变字长形式指令字结构称为变长指令字结构,这种指令字结构灵活,能充分利用指令长度,但指令的控制比较复杂。

2. 指令操作码扩展方法

指令操作码的长度决定了指令系统中完成不同操作的指令总数目。若某计算机的操作码长度为 m 位,则它最多只能有 2^m 条不同的指令。

指令操作码通常有两种编码格式,一种是固定格式,即操作码的长度固定,且集中放在指令字的一个字段中。这种格式可以简化硬件设计,减少指令译码时间,一般用在字长较长的大、中型机和超级小型机以及 RISC 机上,如 IBM 370 和 VAX-11 系列机,其操作码长度均为 8 位,可表示 256 种指令。另一种是可变格式,即操作码的长度可变,且分散地放在指令字的不同字段中。这种格式能够有效地压缩程序中操作码的平均长度，在字长较短的微型机上广泛采用。如 Z80、Intel 8086 等，操作码的长度都是可变的。

显然，操作码长度不固定将增加指令译码和分析的难度，使控制器的设计复杂化，因此，操作码的编码至关重要。通常在指令字中用一个固定长度的字段来表示基本操作码，而对于一部分不需要某个地址码的指令，则把它们的操作码的长度扩充到该地址字段，这样既能充分利用指令字的各个字段，又能在不增加指令长度的情况下扩展操作码的长度，使它能表示更多的指令。

例如，某机器的指令字长度为 16 位，包括 4 位基本操作码字段和 3 个 4 位地址字段，其指令格式为

15　　12	11　　8	7　　4	3　　0
OPCODE	A1	A2	A3

4 位基本操作码有 16 种组合，若全部用于表示三地址指令，则只有 16 条。但是，如果三地址指令仅需 15 条，二地址指令需 15 条，一地址指令需 15 条，零地址指令需 16 条，共 61 条指令，应该如何安排操作码？显然，只有 4 位基本操作码是不够的，必须将操作码的长度向地址码字段扩展才行。这可采用如下操作码扩展方法。

① 三地址指令仅需 15 条，由 4 位基本操作码的 0000～1110 组合给出，剩下的一个组合 1111 用于把操作码长度扩展到 A1，即 4 位扩展到 8 位。

② 二地址指令需 15 条，由 8 位操作码的 11110000～11111110 组合给出，剩下一个 11111111 用于把操作码长度扩展到 A2，即从 8 位扩展到 12 位。

③ 一地址指令需 15 条，由 12 位操作码的 111111110000～111111111110 组合给出，剩下一个组合 111111111111 用于把操作码长度扩展到 A3，即从 12 位扩展到 16 位。

④ 零地址指令需 16 条，由 16 位操作码的 1111111111110000～1111111111111111 组合给出。

采用上述指令操作码扩展方法后，三地址指令、二地址指令和一地址指令各 15 条，零地址指令 16 条，共计 61 条指令。

除了上面介绍的方法外，还有多种其他的指令操作码扩展方法。例如，可以形成 15 条三地址指令，14 条二地址指令，31 条一地址指令和 16 条零地址指令，共计 76 条指令。

由此可见，操作码扩展技术是一种重要的指令优化技术，它可以缩短指令的平均长度，减少程序的总条数，并且能增加指令字所表示的操作信息。但是，扩展操作码比固定操作码在译码时更复杂，使控制器的设计难度增大，而且需要更多的硬件来支持。

4.2.3 指令格式举例

为了增加对指令格式的认识，下面举出几种典型类型的计算机指令格式，这些计算机是 Intel 公司的 16 位微型机 Intel 8086/8088（CISC），IBM 公司的 32 位大型机 IBM 370 系列（CISC），Sun 微系统公司的 RISC 计算机 SPARC。

1. 微型计算机 Intel 8086/8088 指令格式

Intel 8086 是 Intel 公司于 1978 年推出的 16 位的微型机，字长 16 位。Intel 8088 是在

8086 基础之上推出的扩展型准 16 位微型机,字长 16 位,但其外部数据总线 8 位,这样便于与众多的 8 位外围设备连接。由于 Intel 8086/8088 指令字较短,所以指令采用变长指令字结构。指令格式包含单字长指令、双字长指令、三字长指令等多种。指令长度为 1～6 字节不等,即有 8 位、16 位、24 位、32 位、40 位和 48 位六种,其中第 1 个字节为操作码;第 2 个字节指出寻址方式;第 3 个至第 6 个字节则给出操作数地址等。基本指令格式如图 4-1 所示。

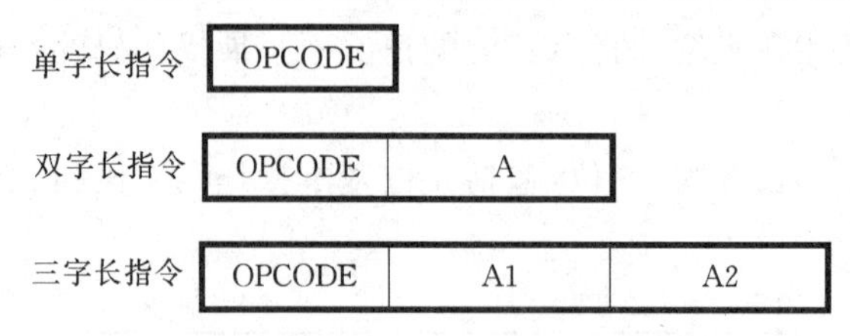

图 4-1　Intel 8086/8088 指令格式

单字长指令只有操作码,没有操作数地址。双字长或三字长指令包含操作码和地址码。由于内存按字节编址,所以单字长指令每执行一条指令后,指令地址加 1。双字长指令或三字长指令每执行一条指令后,指令地址加 2 或加 3。

2. 大型机 IBM 370 系列指令格式

IBM 370 系统是 IBM 公司于 1970 年推出的 32 位大型机,1983 年 IBM 又推出了 370 的扩充结构:IBM 370-XA(eXtended Architecture),首次在 3080 系列上实现,后来又有扩充结构 ESA/370,于 1986 年推出 3090 系列。ESA/370 增加了指令格式,称为扩充格式,有 16 位操作码,包括了向量运算与 128 位长度的浮点运算指令。

IBM 370 系列计算机的指令格式分为 RR 型指令、RRE 型指令、RX 型指令、RS 型指令、SI 型指令、S 型指令、SS 型(两种)及 SSE 型指令等 9 类。其中 RR 型指令字长度为半个字长,SS 型指令和 SSE 型指令的指令字长度为一个半字长,其余五种类型的指令均为单字长指令。除 RRE 型、S 型、SSE 型指令操作码为 16 位外,其余几种类型指令的操作码均为 8 位。IBM 370 系列计算机的指令格式如图 4-2 所示。

操作码的第 0 位和第 1 位组成 4 种不同编码,代表不同类型指令:

00 表示 RR 型指令;

01 表示 RX 型指令;

10 表示 RRE 型、RS 型、S 型及 SI 型指令;

11 表示 SS 型和 SSE 型指令。

RR 型指令与 RRE 型指令是寄存器-寄存器型指令,参加运算的操作数都在通用寄存器中。

RX 型指令和 RS 型指令是寄存器-存储器型指令。其中,RX 是二地址指令:第一个源操作数与结果放在同一寄存器 R_1 中;第二个源操作数在存储器中,其地址＝$(X_2)+(B_2)+D_2$。RS 是三地址指令:R_1 存放结果;R_2 存放源操作数;另一个源操作数在主存中,其地址＝$(B_2)+D_2$。

SI 型指令是存储器-立即数型指令,该指令将立即数 imm 送到地址＝$(B_2)+D_2$ 的存储器中。

SS 和 SSE 型指令是存储器-存储器指令,两个操作数都在存储器中,其地址分别为 $(B_1)+D_1$ 和 $(B_2)+D_2$,同时 $(B_1)+D_1$ 也是目的地址。SS 和 SSE 型指令是可变字长的指令,用于十进制运算及字符串的运算和处理。

S 型指令是单地址存储器指令。

第一个半字		第二个半字		第三个半字	
第 1 字节	第 2 字节	第 3 字节	第 4 字节	第 5 字节	第 6 字节

类型	指令字段
RR 型	OP | R_1 | R_2
RRE 型	OP | （空） | R_1 | R_2
RX 型	OP | R_1 | X_2 | B_2 | D_2
RS 型	OP | R_1 | R_2 | B_2 | D_2
SI 型	OP | I_2 | B_1 | D_1
S 型	OP | B_2 | D_2
SS 型	OP | L | B_1 | D_1 | B_2 | D_2
SS 型	OP | L_1 | L_2 | B_1 | D_1 | B_2 | D_2
SSE 型	OP | B_1 | D_1 | B_2 | D_2

图 4-2　IBM 370 系列计算机的指令格式

3. SPARC 计算机的指令格式

SPARC 是 Sun Microsystem 公司于 1987 年推出的 RISC 计算机，字长 32 位。SPARC 共有三种指令格式，即格式 1、格式 2 和格式 3，如图 4-3 所示。图中，OP、OP2、OP3 为指令操作码，OPf 为浮点指令操作码。整数部件 IU 的大部分指令码固定在第 31、30 位（OP）和第 24～19 位（OP3）上。为了增加立即数长度和位移量长度，共用 3 条指令来缩短指令码，其中，CALL 为调用指令；BRANCH 为转移类指令；SETHI 指令的功能是，将 22 位立即数左移 10

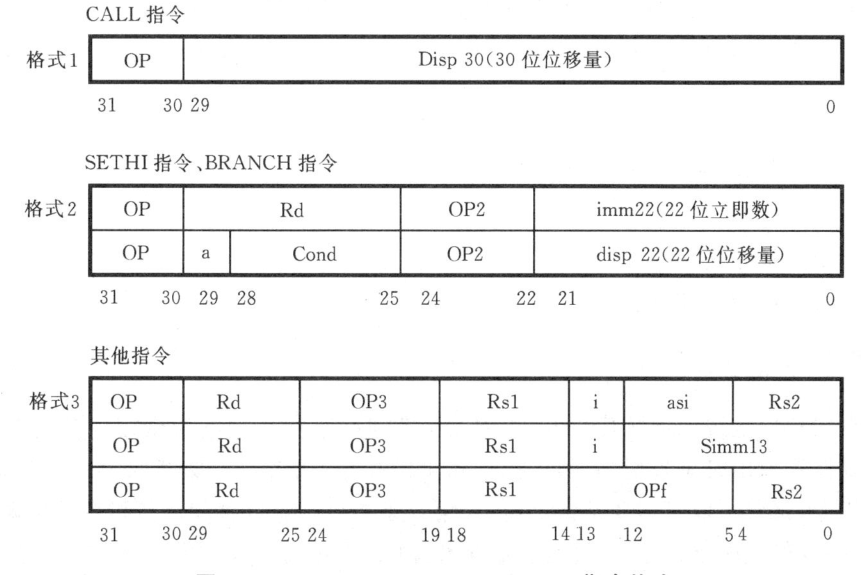

图 4-3　Sun Microsystem RISC SPARC 指令格式

位,送入 Rd 所指示的寄存器中,然后再执行一条加法指令来补充后面 10 位数据,从而生成 32 位字长的数据。

Rs1、Rs2 为通用寄存器地址,一般用做源操作数寄存器地址。

Rd 为目的寄存器地址,通常用来保存运算结果或从存储器中取出数据。惟有执行 STORE 指令时,Rd 中保存的才是源操作数,并将此操作数送往存储器的指定地址中。

Simm13 是 13 位扩展符号的立即数,对其执行运算时,若它的最高位为 1,则最高位前面所有位均扩展为 1;若它的最高位为 0,那么最高位前面所有位都扩展为 0。

i 用来选择第 2 个操作数,若 i=0,则第 2 个操作数在 Rs2 中;若 i=1,则 Simm13 为第 2 操作数。

4.3 寻址方式

计算机运行的程序,主要由指令和数据组成。在计算机中,指令和数据一样都是以二进制代码的形式存储的。数据可能存放在存储器中,或者存放在运算部件的某个寄存器中,也可能就在指令中;而指令代码,一般存放在存储器中。当某个操作数或某条指令存放在某个存储单元时,其存储单元的编号,就是该操作数或指令在存储器中的地址。寻找并确定本条指令的数据(操作数)地址及下一条要执行的指令地址的方法,称为寻址方式。

寻址方式分为两大类:指令寻址方式和操作数寻址方式。在主存中,指令寻址方式与操作数寻址方式交替进行,前者比较简单,后者比较复杂。

寻址方式与计算机硬件结构紧密相关,而且对指令格式和功能有很大的影响。寻址方式与汇编程序的设计关系极为密切;与高级语言的编译程序设计也同样很密切。不同的计算机有不同的寻址方式,但其基本原理是相同的。有的计算机寻址种类较少,一般是在指令的操作码中表示出寻址方式;有的计算机则采用多种寻址方式,在指令中专设一个字段表示操作数的来源或去向;还有一些计算机组合使用某些基本寻址方式,从而形成更复杂的寻址方式。为增加计算机的功能,每个机种都有多种不同的寻址方式,但是归纳起来,大多是由几种最基本的寻址方式经过不同的组合而形成的。本节将介绍指令寻址和操作数寻址中常见的基本寻址方式。

4.3.1 指令的寻址方式

所谓指令寻址方式,就是确定下一条将要执行的指令地址的方法。指令寻址有两种基本方式:顺序寻址方式和跳跃寻址方式。

1. 顺序寻址方式

指令在内存中是按地址顺序安排的,执行程序时,通常是一条指令接一条指令顺序进行的。即从存储器取出第 1 条指令,然后执行第 1 条指令;接着从存储器取出第 2 条指令,再执行第 2 条指令;接着再取出第 3 条指令,执行第 3 条指令……这种程序按指令地址顺序执行的过程,称为指令的顺序寻址方式。因此,必须在 CPU 中设置专用电路来控制指令按照指令在内存中的地址顺序依次逐条执行。该专用控制部件就是程序计数器(又称指令计数器 PC),计算机中就是由PC来计数指令的顺序号,控制指令顺序执行的。图4-4(a)是指令顺序寻址方式的示意图。

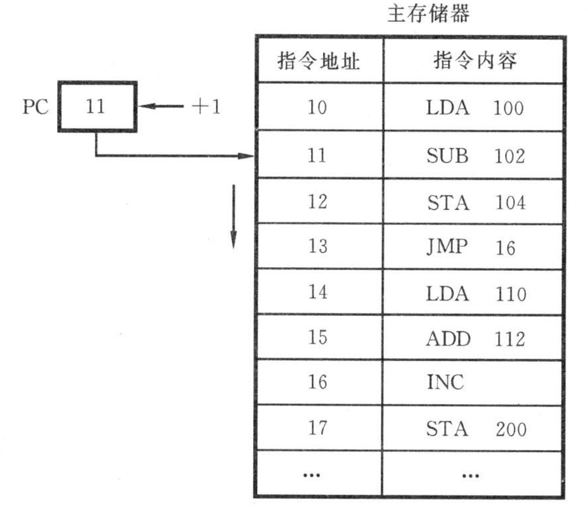

(a) 指令的顺序寻址方式

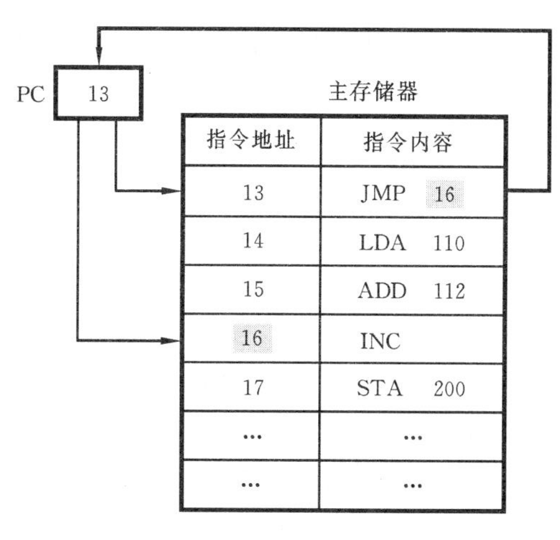

(b) 指令的跳跃寻址方式

图4-4 指令的寻址方式

2. 跳跃寻址方式

当程序要改变执行顺序时,指令的寻址就采取跳跃寻址方式。所谓跳跃,又称跳转,是指下一条指令的地址由本条指令修改PC后给出,图4-4(b)是指令跳跃寻址方式的示意图。注意,程序跳跃后,按新的指令地址开始顺序执行。

指令跳跃寻址方式,可以实现程序转移或构成循环程序,从而能缩短程序长度,或将某些程序作为公共程序引用。指令系统中的各种条件转移或无条件转移指令,就是为了实现指令的跳跃寻址而设置的。

4.3.2 操作数的寻址方式

所谓操作数寻址方式,就是形成操作数的有效地址(EA)的方法。指令字中的地址码字段,通常是由形式地址和寻址方式特征位组成的,并不是操作数的有效地址。其表示形式为

OPCODE	寻址方式特征 MOD	形式地址 A

形式地址,是指令字结构中给定的地址量。而寻址方式特征位,通常由间址位(I)和变址位(X)组成,若指令无间址和变址要求,则形式地址就是操作数的有效地址;若指令中指明要进行变址或间址变换,则形式地址就不是操作数的有效地址,而必须按指定方式进行变换,才能形成有效地址。因此,操作数的寻址过程就是将形式地址变换为操作数的有效地址的过程。下面介绍典型而常见的操作数寻址方式。

1. 隐含寻址方式

指令字中并不明显指出操作数地址,而是将操作数的地址隐含在指令中。这种操作数隐含在CPU的寄存器或者主存储器的某指定存储单元中,指令中却没有明显给出操作数地址

的寻址方式,称为隐含寻址方式。例如,单地址指令,常以运算器中累加器 AC 中的数据为被操作数,指令字的地址码字段所指明的数为操作数,操作结果又放回累加器 AC 中。这类指令格式明显指出的只是第一操作数的地址,并没有明显地在地址字段中指出第二操作数的地址,但是,该指令规定累加器 AC 作为第二操作数地址。因此,累加器 AC 对这类单地址指令来说是隐含地址。

2. 立即寻址方式

指令字中的地址字段指出的不是操作数的地址,而是操作数本身。这种所需的操作数由指令的地址码字段直接给出的寻址方式称为立即寻址方式。用这种方式取一条指令时,操作数立即同操作码一起被取出,不必再次访问存储器去取操作数,从而节省了访问内存的时间,提高了指令的执行速度,所以这种寻址方式的特点是指令执行时间很短。但是,由于操作数是指令的一部分,不能修改,而指令所处理的数据大多都是在不断变化的,故这种方式只适用于操作数固定的情况。通常用于给某一寄存器或存储器单元赋初值或提供一个常数等。立即寻址方式表示形式为

OPCODE	立即寻址方式	操作数 Data

3. 寄存器寻址方式

计算机的 CPU 设置有一定数量的通用寄存器,用于存放操作数、操作数的地址或者中间结果。当操作数没有放在存储器中,而是放在 CPU 的通用寄存器中时,存放操作数的寄存器,其地址编号便可通过指令地址码指出。这种所需要的操作数存放在某一通用寄存器中,由指令地址码字段给出该通用寄存器地址的方式,称为寄存器寻址方式。通用寄存器的数量一般在几个至几十个之间,比存储单元少很多,因此地址码短。从寄存器中存取数据比从存储器中存取快得多,这种方式可以缩短指令长度,节省存储空间,提高指令的执行速度,在计算机中得到广泛应用。

4. 直接寻址方式

指令地址码字段直接给出操作数的有效地址,由于操作数的有效地址已由指令地址码直接给出而不需要经过某种变换或运算,所以称这种方式为直接寻址方式。采用直接寻址方式时,操作数的有效地址 EA 就是指令字中的形式地址 A,即 EA=A,所以这类指令中的形式地址 A 又称为直接地址。直接寻址方式表示形式为

OPCODE	直接寻址方式	操作数直接地址 A

直接寻址方式又可分为寄存器直接寻址方式和存储器直接寻址方式。

(1) 寄存器直接寻址方式

指令地址码字段直接给出所需操作数在通用寄存器中地址编号。其表示形式为

OPCODE	寄存器直接寻址	寄存器地址编号 R_i

有效地址 EA 数学形式为 $EA=R_i$。

(2) 存储器直接寻址方式

一般简称直接寻址方式，其指令地址码字段直接给出存放在存储器中操作数的存储地址。图 4-5 所示的是存储器直接寻址方式的示意图。

有效地址 EA 的数学形式为 EA=A。

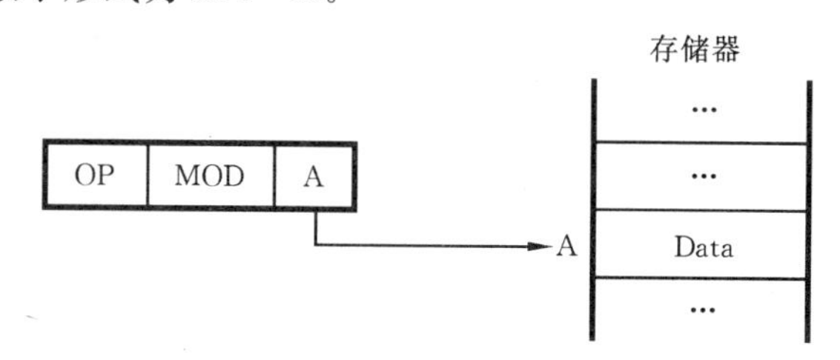

图 4-5 直接寻址方式

5. 间接寻址方式

间接寻址是相对于直接寻址而言的。间接寻址时，指令地址码字段给出的不是操作数的真正地址，而是存放操作数地址的地址，换句话说就是形式地址 A 所指定单元中的内容才是操作数的有效地址。这种操作数有效地址由指令地址码所指示的单元内容间接给出的方式，称为间接寻址方式，简称间址。间接寻址又有一次间接寻址和多次间接寻址之分，一次间接寻址是指形式地址 A 是操作数地址的地址，即 EA=(A)；多次间接寻址是指这种间接变换在二次或二次以上。若 Data 表示操作数，间接寻址过程可用如下逻辑符号表示，即

一次间接寻址　　　　Data=(EA)=((A))；

二次间接寻址　　　　Data=((EA))=(((A)))。

由于大多数计算机只允许一次间接寻址，因此下面均以一次间接寻址方式进行说明。

按寻址特征间址位 X 的要求，根据地址码指的是寄存器地址还是存储器地址，间接寻址又可分为寄存器间接寻址和存储器间接寻址两种。

(1) 寄存器间接寻址方式

寄存器间接寻址时，需先访问寄存器，从寄存器读出操作数地址后，再访问存储器才能取得操作数。图 4-6(a)是寄存器间接寻址方式示意图。

有效地址 EA 数学形式为 EA=(R)，即 Data=(EA)=((R))。

(2) 存储器间接寻址方式

存储器间接寻址时，需访问两次存储器才能取得数据，第一次先从存储器读出操作数地

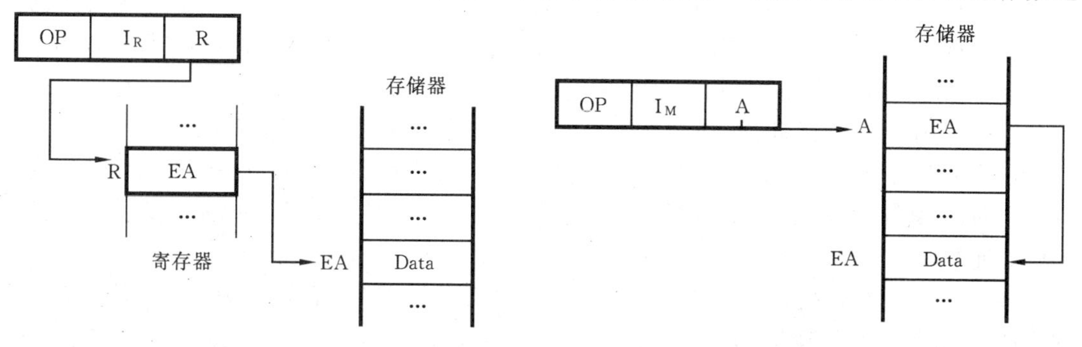

(a) 寄存器间接寻址方式　　(b) 存储器间接寻址方式

图 4-6 间接寻址方式

址,根据读出的操作数地址,第二次才能取出真正的操作数(参见图 4-6(b))。

有效地址 EA 数学形式为 EA=(A),即 Data=(EA)=((A))。

6. 相对寻址方式

所谓相对寻址方式,是指根据一个基准地址及其相对量来寻找操作数地址的方式。根据基准地址的来源不同,它又分为基址方式和变址方式,以及 PC 相对寻址方式,这里主要指后者。

PC 相对寻址方式,一般简称相对寻址方式,是指将 PC 的内容(即当前执行指令的地址)与地址码部分给出的位移量(Disp)通过加法器相加,所得之和作为操作数的有效地址的方式。

采用相对寻址方式的好处是程序员勿需用指令的绝对地址编程,因此,所编程序可以放在内存的任何地方,而位移量的值可正可负,相对于当前指令地址进行浮动。相对寻址方式的特征由寻址特征位 X_{PC} 指定。图 4-7 是相对寻址方式示意图。

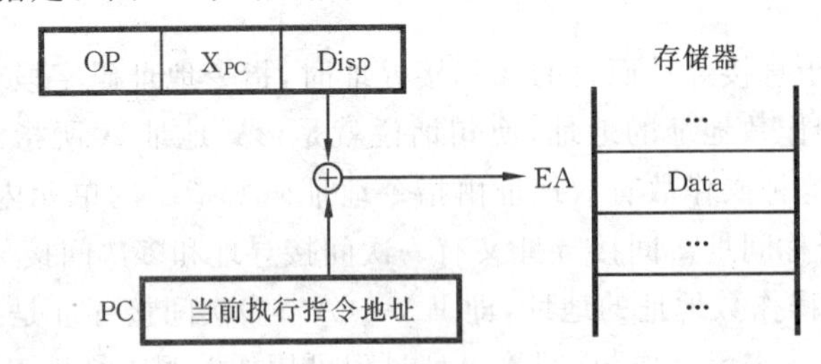

图 4-7 相对寻址方式

有效地址 EA 数学形式为 EA=(PC)+Disp。

7. 基址寻址方式

计算机中设置了一个寄存器,专门用来存放基准地址,该寄存器就是基址寄存器(RB)。RB 既可在 CPU 中专设,也可由指令指定某个通用寄存器担任。使用基址寻址时,先将指令地址码给出的地址 A 和基址寄存器 RB 的内容通过加法器相加,所得的和作为有效地址,再从存储器中读出所需的操作数。这种操作数的有效地址由基址寄存器中的基准地址和指令的地址码 A 相加得到的方式称为基址寻址方式。地址码 A 在这种方式下通常被称为位移量(Disp)。

基址寄存器主要为程序或数据分配存储区,对于多道程序或浮动程序很有用处,可实现从浮动程序的逻辑地址(编写程序时所使用的地址)到存储器的物理地址(程序在存储器中的实际地址)的转换。例如,当程序浮动时,只要改变基址寄存器的内容即可,而不必修改程序。

当存储器的容量较大,由指令的地址码字段直接给出的地址不能直接访问到存储器的所有单元时,通常把整个存储空间分成若干个段,段的首地址存放于基址寄存器或段寄存器中,段内位移量由指令给出。存储器的实际地址就等于基址寄存器的内容(即段首地址)与段内位移量之和,这样通过修改基址寄存器的内容就可以访问到存储器的任一单元。这种方式又称为段寻址方式。

基址寻址主要解决程序在存储器中的定位和扩大寻址空间等问题。为保证计算机系统的安全性,一般基址寄存器中的值只能由系统程序设定,由特权指令执行,用户指令是不允许修改的。图 4-8(a)是基址寻址过程示意图。

有效地址 EA 数学形式为 EA=(RB)+Disp。

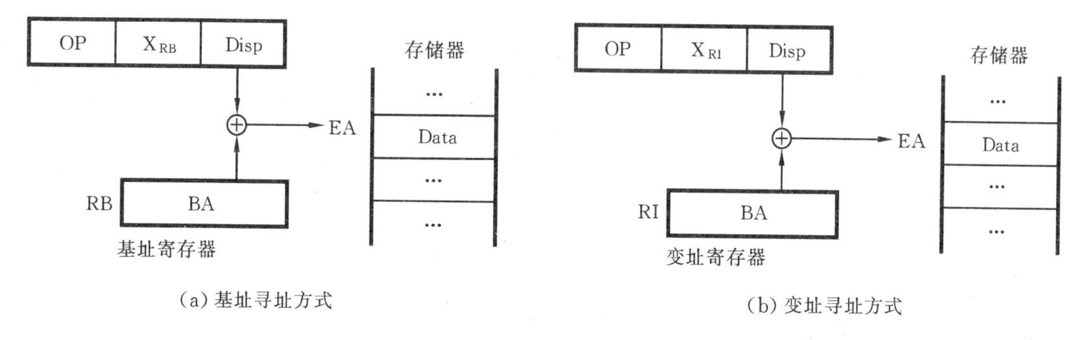

图 4-8　基址与变址寻址方式

8. 变址寻址方式

变址寻址方式在有效地址的求法上与基址寻址方式类似，即把某个变址寄存器的内容，加上指令格式中的形式地址而形成操作数的有效地址，如图 4-8(b)所示。其中 X_{RI} 指出变址寻址方式的特征。

有效地址 EA 数学形式为 EA=(RI)+Disp。

变址寻址与基址寻址两种方式是计算机广泛采用的寻址方式，变址寻址方式，也可以实现程序块的浮动，使有效地址按变址寄存器的内容实现有规律的变化，而不改变指令本身。正因为变址寻址和基址寻址的有效地址计算方法相同，所以许多教材在介绍这部分内容时将其合并为一种寻址方式。但二者是有区别的，而且应用场合也不一样。习惯上采用基址寻址时，基址寄存器提供地址基准量而指令提供位移量；在采用变址寻址时，变址寄存器提供修改量而指令提供基准量。变址寻址对数组的处理非常有利。

9. 堆栈寻址方式

计算机中，堆栈是按照先进后出(FILO)原则存取数据的一个特定存储区，它可以是主存中指定的一段连续区域，也可以是 CPU 中的一组寄存器。由于在存储器中可以建立符合程序员要求的任意长度和任意数量的堆栈，而且可以用对存储器寻址的任何一条指令来对堆栈中的数据进行寻址，所以大多数计算机都是指定主存的一部分当做堆栈来使用，该堆栈也称为主存堆栈。

堆栈对数据的存取方式和寻址方法与一般存储器有所不同，一般存储器按指定的地址随机读/写数据；而堆栈中数据的读出和写入要遵照一定的规律，按先进后出原则存取。下面以主存堆栈为例，说明堆栈寻址过程。堆栈寻址方式如图 4-9 所示。

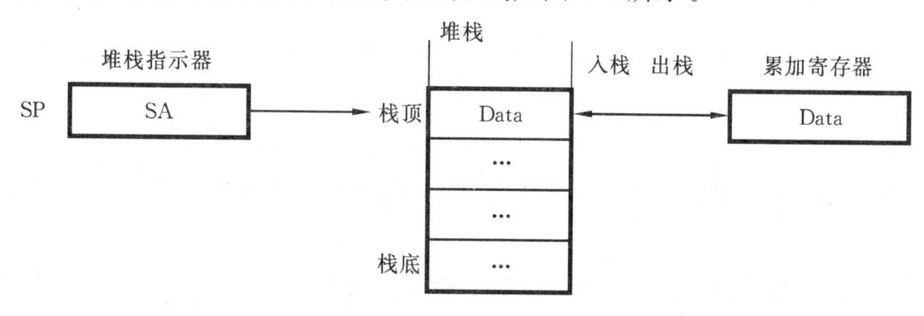

图 4-9　堆栈寻址方式

在堆栈结构中，堆栈的起始单元称为栈底，第一个存入堆栈的数据就放在栈底，第二个存入堆栈的数据则放在栈底上面相邻的空单元，以此类推……最后存入堆栈中的数据放在栈顶；

从堆栈中取出数据时,只能从栈顶取出。在 CPU 中设置一个专用的堆栈指示器,用来存放栈顶单元的地址,称为堆栈指针 SP。当堆栈工作时,数据存入和取出时,SP 都始终指向栈顶,任何堆栈操作都只能在栈顶进行。

① 数据压入过程:首先 SP 的内容减 1,使其指向栈顶单元;然后数据存入栈顶,即

$$(SP)-1 \longrightarrow SP$$

$$\text{数据} \longrightarrow (SP)$$

② 数据弹出过程:弹出一个数据的过程与压入过程相反,先从栈顶取出一个数据,然后 SP 的内容加 1,即

$$(SP) \longrightarrow \text{数据}$$

$$(SP)+1 \longrightarrow SP$$

堆栈寻址方式在计算机中十分有用,为数据处理与程序控制提供了很大的便利。一般计算机中,堆栈主要用来暂存中断或子程序调用时的现场数据以及返回地址。

10. 复合型寻址方式

上面介绍的几种寻址方式,在计算机中可以组合使用。比如把间接寻址方式同相对寻址方式或变址方式相结合而形成复合型寻址方式。复合型寻址方式有如下几种类型。

(1) 相对间接寻址

这种寻址方式先把 PC 的内容和形式地址(通常为位移量)Disp 相加得(PC)+Disp,然后再间接寻址求得操作数的有效地址,即先相对寻址再间接寻址。

操作数的有效地址 EA 数学形式为 EA=((PC)+Disp)。

(2) 间接相对寻址

这种寻址方式先将形式地址 Disp 作间接变换为(Disp),然后将间接变换值和 PC 的内容相加得到操作数的有效地址,即先间接寻址再相对寻址。

操作数的有效地址 EA 数学形式为 EA=(PC)+(Disp)。

(3) 变址间接寻址

这种寻址方式先把变址寄存器 RI 的内容和形式地址 Disp 相加得(RI)+Disp,然后再间接寻址求得操作数的有效地址,即先变址再间址。

操作数的有效地址 EA 数学形式为 EA=((RI)+Disp)。

(4) 间接变址寻址

这种寻址方式先将形式地址 Disp 作间接变换为(Disp),然后将间接变换值和变址寄存器 RI 的内容相加得到操作数的有效地址,即先间址再变址。

操作数的有效地址 EA 数学形式为 EA=(RI)+(Disp)。

除了上述这些复合寻址方式外,还可以组合形成更复杂的寻址方式。例如,在一条指令中可以同时实现基址寻址与变址寻址,其有效地址为基址寄存器内容+变址寄存器内容+指令地址码。

不同计算机采用的寻址方式是不同的,即使是同一种寻址方式,在不同的计算机中也有不同的表达方式或含义。因此,用汇编语言编程时,必须详细了解所使用计算机的指令系统,才能编出正确而高效的程序。若用高级语言编程,则由编译程序解决有关寻址问题,用户不必考虑寻址方式。

4.4 指令系统的要求与指令分类

4.4.1 指令系统的要求

计算机的指令系统决定了计算机的基本功能，它既与计算机硬件组织结构设计密切相关，又对系统软件的设计影响极大，直接影响编写操作系统和编写编译程序的难易程度。因此，指令系统的设计是计算机系统设计中的一个核心问题，设计一个合理而又有效的指令系统是至关重要的。

计算机最基本的、必不可少的指令并不多，很多指令都可以用最基本指令的组合来实现。例如，乘、除运算指令，浮点运算指令，既可以直接用硬件实现，也可以用其他基本指令编成的子程序来实现，但二者在执行时间上差别很大，前者快后者慢，而后者便于用户编程。在指令系统中，有相当一部分指令是为了提高程序的执行速度和便于程序员编写程序而设置的。另外，指令系统的有效性还表现在用它所编制的程序占用的存储器空间要小。

计算机的性能与其设置的指令系统密切相关，性能比较好的计算机要设置功能齐全、指令丰富、通用性强、使用方便有效的指令系统。正如前面所述，一个完善的指令系统应该符合完备性、高效性、规整性和兼容性的要求（详见 4.1.2 小节）。

4.4.2 指令的分类

一台计算机的指令系统通常有几十条至几百条指令，机器不同其指令系统也不相同。按照指令所完成的功能可将指令分为数据传送指令、算术/逻辑运算指令、移位操作指令、转移指令、输入/输出指令、字符串处理指令、堆栈操作指令、特权指令等。

1. 数据传送指令

这类指令用于实现寄存器与寄存器、寄存器与主存储器、主存储器与主存储器之间的数据传送，主要包括取数指令、存数指令、传送指令、成批传送指令、字节交换指令、清零累加器指令等。传送数据时，数据从源地址传送到目的地址，而源地址中的数据保持不变，因此，实际上是数据拷贝。有些机器设置了数据交换指令，能完成源操作数与目的操作数互换的操作，实现双向数据传送。

2. 算术/逻辑运算指令

(1) 算术运算指令

这类指令用以实现二进制或十进制的定点算术运算和浮点运算功能，主要包括：二进制定点加、减、乘、除算术运算指令，浮点加、减、乘、除算术运算指令，十进制算术运算指令，求反、求补指令，算术移位指令，算术比较指令。大型机中还有向量运算指令，可以直接对整个向量或矩阵进行求和、求积运算。

(2) 逻辑运算指令

这类指令用以实现对两个数进行逻辑运算和位操作的功能，主要包括逻辑与（逻辑乘）、或

(逻辑加)、非(求反)、异或(按位加)等逻辑操作指令,以及位测试、位清除、位求反等位操作指令。

3. 移位操作指令

移位操作指令用以实现将操作数向左移动或向右移动若干位的功能,包括算术移位、逻辑移位和循环移位三种指令。左移时,若寄存器中的数为算术操作数,则符号位不动,其他位左移,最低位补零。右移时,其他位右移,最高位补符号位,这种移位称为算术移位。移位时,若寄存器中的操作数为逻辑数,则左移或右移时,所有位一起移位,最低位或最高位补零,这种移位称为逻辑移位。循环移位按是否与"进位"位 C 一起循环分为小循环(即自身循环)和大循环(即和进位位 C 一起循环)两种,用于实现循环式控制,高、低字节互换或与算术、逻辑移位指令一起实现双倍字长或多倍字长的移位。

算术逻辑移位指令还有一个很重要的用途是实现简单的乘、除运算。算术左移或右移 n 位,可分别实现对带符号数据乘以 2^n 或整除以 2^n 的运算;同样,逻辑左移或右移 n 位,分别实现对无符号数据乘以 2^n 或整除以 2^n 的运算。移位指令的这个性质,对于无乘、除运算指令的计算机特别重要。移位指令的执行时间比乘除运算的执行时间短,因此,采用移位指令来实现简单的乘、除运算可取得较高的速度。

4. 转移控制指令

这类指令用于控制程序流的转移。通常情况下,计算机是按顺序方式执行程序的,但是,也经常会遇到离开原来的顺序而转移到另一段程序或循环去执行某段程序的情况。转移控制指令主要包括无条件转移指令、条件转移指令、过程调用与返回指令、中断调用与返回指令、陷阱指令等。

(1) 无条件转移指令与条件转移指令

无条件转移指令不受任何条件限制,直接把程序转移到指令所规定的目的地,从那里开始继续执行程序。

条件转移指令根据计算机处理结果来控制程序的执行方向,实现程序的分支。执行时首先测试根据处理结果设置的条件码,然后判断所测试的条件是否满足,从而决定是否转移。条件码的建立与转移的判断可以在一条指令中完成,也可以由二条指令完成。在第一种情况中,通常在转移指令中先完成比较运算,然后根据比较的结果来判断转移的条件是否成立,如条件为"真",则转移,如条件为假,则程序执行下一条指令。在第二种情况中,由转移指令前面的指令来建立条件码,转移指令根据条件码来判断是否转移。通常用算术指令建立的条件码有结果为负(N)、结果为零(Z)、结果溢出(V)、进位或借位(C)、奇偶标志位(P)等。

转移指令的转移地址一般采用直接寻址和相对寻址方式来确定。若采用直接寻址方式,则称为绝对转移,转移地址由指令地址码部分直接给出;若采用相对寻址方式,则称为相对转移,转移地址为当前指令地址(PC 的值)和指令地址部分给出的位移量相加之和。

(2) 调用指令与返回指令

编写程序时,常常需要编写一些能够独立完成某一特定功能且经常使用的程序段,在需要时能随时调用,而不必多次重复编写,以便节省存储器空间和简化程序设计。这种程序段就称为子程序或过程。

除了用户自己编写的子程序以外,为了便于各种程序设计,系统还提供了大量通用子程序，如申请资源、读/写文件、控制外围设备等。需要时，只需直接调用即可，而不必重新编写。通常使用调用(过程调用、系统调用、转子程序)指令来实现从一个程序转移到另一个程序的操作，例如，Call 调用指令。调用指令与条件转移和无条件转移指令的主要区别在于前者需要保留返回地址，即当执行完被调用的程序后要回到原调用程序，继续执行 Call 指令的下一条指令，返回地址一般保留于堆栈中，随同保留的还有一些状态寄存器或通用寄存器中内容。保留寄存器内容有两种方法：一是由调用程序保留从被调用程序返回后要用到的那部分寄存器内容，其步骤为先由调用程序将寄存器内容保存在堆栈中，当执行完被调用程序后，再从堆栈中取出并恢复寄存器内容；二是由被调用程序保留本程序要用到的那些寄存器内容，也是保存在堆栈中。这两种方法的目的都是保证调用程序继续执行时寄存器内容的正确性。

调用(Call)与返回(Return)是一对配合使用的指令，返回指令从堆栈中取出返回地址，然后继续执行调用程序的下一条指令。

(3) 陷阱与陷阱指令

在计算机运行过程中，有时可能会出现电源电压不稳、存储器校验出错、输入/输出设备出现故障、用户使用了未定义的指令或特权指令等种种意外情况，使计算机不能正常工作，这时，若不及时采取措施处理这些故障，将影响到整个系统的正常运行。因此，一旦出现这些情况，计算机就会发出陷阱信号，并暂停当前程序的执行(称为中断)，转入故障处理程序进行相应的故障处理。陷阱实际上是一种意外事故中断，它中断的主要目的不是请求 CPU 的正常处理，而是通知 CPU 已出现了故障，并根据故障情况，转入相应的故障处理程序。

有关中断的概念，请参阅本书第 7 章。

5. 输入/输出指令

输入/输出(I/O)指令主要用来启动外围设备，检查测试外围设备的工作状态，并实现外围设备和 CPU 之间，或外围设备与外围设备之间的信息传送。输入指令完成从指定的外围设备寄存器中读入一个数据；输出指令是把数据送到指定的外围设备寄存器中。此外，输出指令还可用来发送和接收控制命令和回答信号，用于控制外围设备的工作。不同机器的输入/输出指令差别很大，有的机器指令系统中含有输入/输出专用指令，这种系统其外围设备接口中的寄存器与存储器单元分开而独立编址；有的机器指令系统中没有设置输入/输出指令，这种系统的各个外围设备的寄存器和存储器单元统一编址，因此，CPU 可以跟访问主存一样去访问外围设备，即可以使用取数指令、存数指令来代替输入/输出指令。

6. 字符串处理指令

字符串处理指令是一种非数值处理指令，主要用于信息管理、数据处理、办公室自动化等领域中，在文字编辑和排版时对大量的字符串进行各种处理。字符串处理指令主要包括字符串传送、字符串比较、字符串查找、字符串转换、字符串抽取、字符串替换等。字符串传送是指将数据块从主存储器的某个区域传送到另一个区域；字符串比较是指将一个字符串与另一字符串逐个字符进行比较，以确定其是否相等；字符串查找是指在字符串中查找是否含有某一指定的子串或字符；字符串转换是指把一种编码形式的字符串转换成另一种编码形式的字符串；字符串抽取是指在字符串中提取某一子串或字符；字符串替换是指把某一字符串用另一字符串替换。

7. 堆栈操作指令

堆栈操作指令通常有两条，一条是入栈指令，另一条是出栈指令。入栈指令(PUSH)执行两个动作：一是将数据从CPU取出并压入堆栈栈顶；二是修改堆栈指示器。出栈指令(POP)也执行两个动作：一是修改堆栈指示器；二是从栈顶取出数据到CPU。这两条指令总是成对出现的，在程序的中断嵌套、子程序调用嵌套过程中使用它非常实用和方便。

8. 特权指令

特权指令是指具有特殊权限的指令。由于指令的权限最大，因此，使用不当，会破坏系统和其他用户信息。这类指令只用于操作系统或其他系统软件，一般不直接提供给用户使用。在多用户、多任务的计算机系统中特权指令必不可少，它主要用于系统资源的分配和管理，包括改变系统工作方式，检测用户的访问权限，修改虚拟存储器管理的段表、页表，完成任务的创建和切换等。

9. 其他指令

除上述各类指令外，还有多处理器指令，向量指令，状态寄存器置位、空操作、复位指令，测试指令，停机指令等控制指令，以及其他一些特殊控制指令。

习 题 四

4.1　名词解释：①指令；②指令系统；③机器语言；④汇编语言；⑤指令字；⑥形式地址；⑦机器字长；⑧等长指令与变长指令；⑨寻址方式；⑩堆栈。

4.2　填空(根据操作数所在位置，指出相应寻址方式)。

① 操作数在寄存器中，称为________寻址方式。

② 操作数地址在寄存器中，称为________寻址方式。

③ 操作数在指令字中，称为________寻址方式。

④ 主存中操作数的地址在指令字中，称为________寻址方式。

⑤ 操作数的地址，为某一寄存器内容与位移量之和，可以是________、________和________寻址方式。

4.3　寻址方式分为哪几类？操作数基本寻址方式有哪几种？每种基本寻址方式有效地址的数学形式如何表达？

4.4　基址寻址与变址寻址有何区别？

4.5　ASCII码是7位，如果设计主存单元字长为31位，指令字长为12位，是否合理？为什么？

4.6　假设某计算机指令字长度为32位，具有二地址、一地址、零地址3种指令格式，每个操作数地址规定用8位表示。若操作码字段固定为8位，现已设计出K条二地址指令，L条零地址指令，那么这台计算机最多能设计出多少条单地址指令？

4.7　指令系统指令字长为20位，具有双操作数、单操作数和无操作数3种指令格式，每个操作数地址规定用6位表示，当双操作数指令条数取最大值，而且单操作数指令条数也取最大值时，这3种指令最多可能拥有的指令数各是多少？

4.8 基址寄存器的内容是3000H(其中H表示十六进制)，变址寄存器的内容是02B0H，指令地址码为1FH，当前正在执行的指令地址是3A00H，请问：变址寻址方式的访存有效地址是多少？相对寻址方式访存有效地址又是多少？

4.9 指令格式如下所示，该指令为复合型寻址方式——变址间接寻址方式，试分析指令的寻址过程，并给出操作数有效地址的数学表达式。

15　　10	9　　8	7　　5	4　　0
OPCODE	寻址方式	变址寄存器	位移量

4.10 指令格式结构如下所示，其中6～11位指定源地址，0～5位指定目标地址。试分析指令格式及寻址方式特点。

15　　12	11　　9	8　　6	5　　3	2　　0
OPCODE	寻址方式	寄存器	寻址方式	寄存器

4.11 指令系统常分为哪几种指令类型？每种指令类型的功能如何？

4.12 某计算机字长为16位，主存容量为640kB，采用单字长单地址指令，共有80条指令。试用直接、间接、变址、相对四种寻址方式设计指令格式。

4.13 某指令系统采用变字长指令格式，指令字长1～4字节不等，若CPU与存储器之间数据传送宽度为32位，每次取出一字(32位)，如何知道该字包含几条指令？

4.14 设某计算机字长为32位，CPU中有16个32位通用寄存器，设计一种能容纳64种操作的指令系统。若用通用寄存器作基址寄存器，那么RS型指令的最大存储空间是多少？

4.15 某RISC机有加法指令、减法指令，指令格式及功能与SPARC相同，且R_0的内容恒为零，现要将R_2的内容清除，应该如何实现？

4.16 判断说明题(判断下面有关RISC的描述是否正确，并加以说明)。

① RISC的主要设计目标是减少指令数，降低软、硬件开销。

② 新设计的RISC，为了实现其兼容性，是从原来CISC系统的指令系统中挑选一部分简单指令实现的。

③ 采用RISC技术后，计算机的体系结构又恢复到早期的比较简单的情况。

④ RISC没有乘、除法指令和浮点运算指令。

4.17 调用指令与转移指令主要区别是什么？

第5章 中央处理器

中央处理器(CPU)是计算机工作的指挥和控制中心。因此,掌握控制器的工作过程也就掌握了计算机的全部工作过程。本章将在了解计算机指令系统的基础上,深入讨论CPU的组成原理、基本功能和控制方式。

5.1 CPU的总体结构

电子计算机的构成遵循冯·诺依曼的结构准则,该结构的特点是:数据信息和控制信息按存储地址存放在存储器中;计算机由一个程序计数器控制指令的执行。根据该结构准则,计算机分成运算器、控制器、存储器、输入设备和输出设备五大部件。早期的计算机采用分立元件,运算器和控制器分开设计、制作。随着大规模集成电路的出现,能够将运算器与控制器集成在一个芯片上,这种由大规模集成电路制作的具有运算器和控制器功能的部件通常称为CPU。早期CPU由于集成度低,位数较少,有些引出线也分时复用,构成的计算机系统结构简单。随着大规模集成电路的发展和集成度的大幅度提高,CPU的功能愈来愈强大,而且与之配套的芯片组产品也不断地推出,这样就可很方便地选用这些芯片来构成功能很强的计算机系统。本章重点介绍CPU的内部结构。由于CPU内的运算器已经在第2章中讨论过了,因此,本章将重点放在控制计算机运行的控制器上。

本节主要介绍CPU的硬件组成和CPU的功能。读者通过本节的学习,将掌握计算机在运行过程中,CPU内部各个硬件部件的组成及其作用,了解控制器控制各个部件的过程及其实现原理。

5.1.1 CPU的组成与功能

1. CPU的组成

CPU由控制器和运算器两个主要部件组成。图5-1所示的是CPU主要组成部分的逻辑结构图。

(1) 控制器组成

控制器由程序计数器、指令寄存器、指令译码器、时序产生器和操作控制器等组成,主要负责协调和指挥整个计算机系统的操作,控制计算机的各个部件执行程序的指令序列。控制器内的主要寄存器有:程序计数器(PC)、缓冲寄存器(DR)、指令寄存器(IR)、指令译码器(ID)、地址寄存器(AR)。

1) 程序计数器(PC)

为了保证程序能够连续地执行,CPU必须能够确定下一条指令的地址,PC就是能够具体

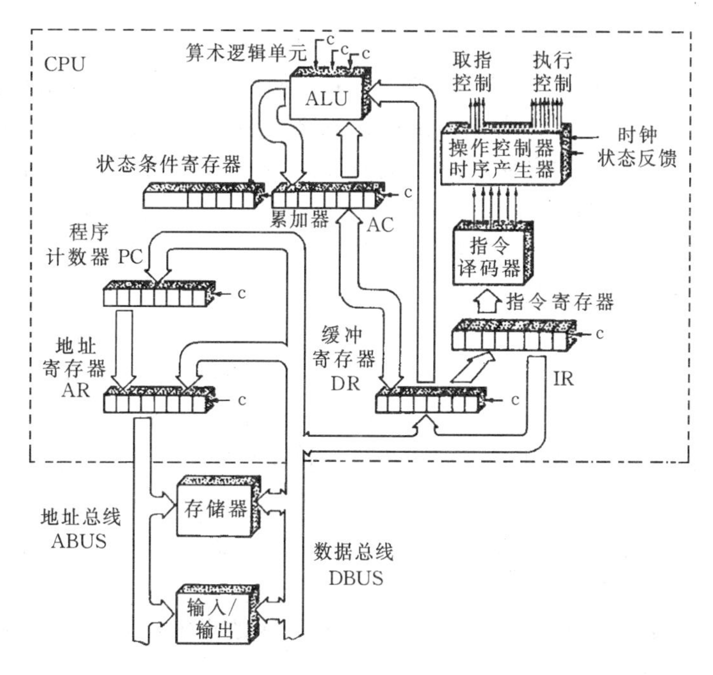

图 5-1 CPU 主要组成部分逻辑结构图

指出下一条指令的地址的部件，它又称做指令计数器。在程序开始执行前，必须将它的起始地址，即程序的第一条指令所在的内存单元地址（程序入口）送入 PC，此时 PC 的内容即是从内存提取的第一条指令的地址。当执行指令时，CPU 将自动修改 PC 的内容，以便使其内容保持总是将要执行的下一条指令的地址。由于大多数指令都是按顺序来执行的，所以修改的过程通常只是简单地对 PC 加 1。但是，当遇到转移指令时，后继指令的地址（即 PC 的内容）必须从指令寄存器中的地址字段取得。在这种情况下，下一条从内存取出的指令将由转移指令来规定，而不是像通常一样按顺序取得。PC 的结构应当是具有寄存信息和计数两种功能的结构。如果计数功能由运算器的算术逻辑单元来实现，那么，PC 可采用单纯的寄存器结构。

2）缓冲寄存器（DR）

缓冲寄存器用来暂时存放从主存储器读来的一条指令或者一个数据字；当向主存储器存放一条指令或一个数据字时，也暂时将它们存放在缓冲寄存器中。缓冲寄存器将作为 CPU 和主存储器、外围设备之间信息传送的中转站，并能协调补偿 CPU 和主存储器、外围设备之间在操作速度上的差别。

3）指令寄存器（IR）

指令寄存器用来保存当前正在执行的一条指令字代码。当执行一条指令时，先把它从主存储器取到缓冲寄存器中，然后再传送至指令寄存器。

4）指令译码器（ID）

指令分为操作码和地址码字段，由二进制数字组成。为了能执行任何给定的指令，必须对操作码进行分析，以便识别所要求的操作。指令译码器就是对指令寄存器中的操作码字段进行分析，识别该指令规定的操作，向操作控制器发出具体操作的特定信号的。

5）地址寄存器（AR）

地址寄存器用来保存当前 CPU 所访问的内存单元的地址。由于在内存和 CPU 之间存在着操作速度上的差别，所以必须使用地址寄存器来保持地址信息，直到内存的读/写操作完成为止。当CPU和内存进行信息交换,即CPU向主存储器存/取数据时,或者CPU从主存中读出指令时,都要使用地址寄存器和缓冲寄存器。同样,若将外围设备的设备地址像内存的地址单元那样来看待,则当CPU和外围设备交换信息时同样可使用地址寄存器和缓冲寄存器。地址寄存器的结构和缓冲寄存器、指令寄存器一样,通常使用单纯的寄存器结构。信息的存入一般采用电位-脉冲方式,电位输入端对应数据信息位,脉冲输入端对应控制信号,在控制信号作用下,瞬时地将信息打入寄存器。

控制器的主要作用有以下几个方面。

① 取指令。从主存储器中取出一条指令,并且指出下一条指令在主存中的位置。

② 指令译码。对当前取得的指令进行分析,指出该指令要求做什么操作,并产生相应的操作控制命令,以便启动规定的动作。若参与操作的数据在存储器中,则需要形成操作数地址。

③ 控制指令执行。根据分析指令时产生的操作命令和操作数地址形成相应的操作控制信号序列,通过运算器、存储器及I/O设备的执行,实现每条指令的功能。

控制器不断重复取指、译码、执行;再取指、再译码、再执行……直到遇到停机指令或外来的干预为止。此外,控制器还应该具有以下作用。

- 控制程序和数据的输入与结果输出。根据程序的规定或人为干预,向I/O设备发出一些相应的命令来完成I/O功能。
- 处理异常情况和请求。当计算机出现异常情况,如除数为零和数据传送的奇偶错等,或者出现外部中断请求和DMA请求的时候,控制器可以中止当前执行的程序,转去执行异常处理或者响应中断和DMA请求并进行相关处理。详细情况将在第7章讨论。

(2) 运算器组成

运算器由算术逻辑单元(ALU)、累加寄存器、数据缓冲寄存器和状态标志寄存器组成,负责完成对操作数据的加工处理任务。运算器接受控制器的命令并且进行操作,即运算器所进行的全部操作都是由控制器发出的控制信号来指挥的,所以它是执行部件。

1) 算术逻辑单元(ALU)

算术逻辑单元ALU是处理数据的部件,主要负责实现对数据的算术运算和逻辑运算。

2) 累加寄存器(AC)

累加寄存器AC通常简称为累加器,累加器是暂时存放参加ALU运算的操作数据和结果的部件,当运算器的ALU执行算术和逻辑运算时,为ALU提供一个工作区。例如,执行一个加法运算时,先将一个操作数暂时存放在累加器中,再从主存储器中取出另一个操作数,然后同累加器内容相加,所得结果再送回累加器中,累加器原有的内容随即被冲掉。

运算器中通常至少要有一个累加器。根据运算器的结构不同,可采用多个累加寄存器。当使用多个累加器时,就变成通用寄存器结构,其中的任何一个既可存放源操作数,也可存放结果操作数。在这种情况下,需要在指令格式中对寄存器加以编址。

3) 数据缓冲寄存器(DR)

数据缓冲寄存器用来暂时存放从主存储器、I/O设备读出的数据或者准备写入主存储器、I/O设备的数据。缓冲寄存器的作用:一是作为CPU和主存储器、外围设备之间信息传送的中转站;二是协调补偿CPU和主存储器、外围设备之间在操作速度上的差别;三是在单累加器结构的运算器中,缓冲寄存器还常常作为操作数寄存器。

4) 状态标志寄存器

状态标志寄存器用来保存由算术指令和逻辑指令运行或测试的结果而建立的各种条件码

内容，如运算结果进位标志(C)，运算结果溢出标志(V)，运算结果为零标志(Z)，运算结果为负标志(N)等。这些标志位通常分别由1位触发器保存。除此之外，状态标志寄存器还用来保存中断和系统工作状态等信息，以便CPU和系统能及时了解机器运行状态和程序运行状态。

运算器的主要作用有：

① 执行所有的算术运算；

② 执行所有的逻辑运算，并进行逻辑测试，如零值测试或两个值的比较。

通常，算术运算产生一个运算结果，而逻辑运算则产生一个逻辑判断值。

2. CPU的功能

当要用计算机解决某个问题时，首先必须编写程序。程序是由若干条指令组成的一个指令序列，这个序列说明计算机应该执行何种操作，用来操作的数据来自于哪里。程序装入主存储器中，运行程序时，由计算机自动完成取出指令和执行指令的任务。CPU就是专门用来完成此项工作的计算机部件。CPU具有以下几方面的功能。

(1) 指令控制

程序的顺序控制称为指令控制。由于程序是一个指令序列，这些指令的顺序不能任意颠倒，必须严格按程序规定的顺序进行，因此保证机器按顺序执行程序是CPU的首要任务。

(2) 操作控制

一条指令的功能往往是由若干个操作信号的组合来实现的，CPU负责管理并产生由主存取出的每条指令的操作信号，并将各种操作信号送往相应的部件，来控制这些部件按指令的要求进行动作。

(3) 时间控制

对各种操作实施时间上的控制，称为时间控制。在计算机中，为保证计算机有条不紊地连续自动工作，各种指令的操作信号必须受到时间的严格控制。一条指令的整个执行过程也受到时间的严格控制。

(4) 数据加工

对数据进行算术运算和逻辑运算处理，称为数据加工。完成数据的加工处理是CPU的根本任务。原始信息只有经过加工处理后才能为人们所用。

5.1.2 操作控制器与时序产生器

CPU中有多个寄存器，每一个寄存器负责完成一种特定的功能。那么信息如何在各寄存器之间传送呢？又由何种部件控制信息数据的传送呢？本小节将介绍这方面的内容。

寄存器之间传送信息的通路，称为数据通路。信息开始来自于哪里，中间经过哪个寄存器或多路开关，最后传送到哪个寄存器，都要加以控制。在各个寄存器之间建立数据通路的任务，是由操作控制器来完成的。所谓操作控制器，就是根据指令操作码和时序信号的要求，产生各种操作控制信号，以便正确地建立数据通路，从而完成取指令和执行指令的控制的部件。

操作控制器根据设计方法的不同可分为：①硬布线控制器；②微程序控制器；③门阵列控制器。硬布线控制器是采用组合逻辑技术来实现控制的操作控制器；微程序控制器是采用存储逻辑技术来实现的控制操作控制器；门阵列控制器是吸收前两种设计思想，即组合逻辑技术与存储逻辑技术相结合的操作控制器。本书重点介绍微程序控制器。

CPU 中除了操作控制器外,还必须有时序产生器。计算机高速地运行,每一个动作的规定时间都是极其严格的,不能出现丝毫差错。时序产生器是对各种操作实施时间上的严格控制的部件。

综上所述,CPU 是由控制器和运算器组成的,控制器控制计算机的运行,而运算器完成对操作数据的加工处理。一个典型的 CPU 具有:多个通用寄存器,用来保存 CPU 运行时所需要的各类数据信息或运行状态信息;算术逻辑运算单元(ALU),对寄存器中的数据进行加工处理;操作控制器,产生各种操作控制信号,以便在各寄存器之间建立数据通路;时序产生器,对各种操作控制信号进行定时,以便进行时间上的约束。

5.2 指令的执行与时序产生器

计算机进行信息处理时,首先将数据和程序输入计算机存储器中,然后从该程序的第一条指令处(即程序入口)开始执行程序,得到所需要的结果后结束运行。控制器的作用是协调并控制计算机的各个部件执行程序的指令序列。

当计算机刚加电时,假如不采取措施,那么半导体存储器(RAM)以及寄存器的状态将处于随机状态,可能会执行一些不该执行的操作。为保证正常工作,在计算机内一般设置有存放固定程序的只读存储器(ROM),利用加电时硬件产生的一个复位(Reset)信号,使计算机处于初始状态,并从上述固定程序入口开始运行,接着对计算机各部件进行测试,然后进入到操作系统环境,等候操作员从键盘送入命令。对于某些仅存放少量固定程序的计算机,只将“引导程序”放在 ROM 中,目的是从外围设备输入操作系统或其他程序。有些微机将 Basic 语言存放在 ROM 中,因此,开机后可直接进入 Basic 语言环境,立即执行 Basic 命令。计算机运行程序是从程序入口地址开始执行该程序的指令序列,是不断地取指令、分析指令和执行指令这样一个周而复始的过程的程序。

综上所述,计算机的工作过程可描述如下:

加电→产生 Reset 信号→执行程序→停机→停电

本节将重点讲述程序是如何执行的;计算机怎样实现各条指令的功能;又如何保证逐条指令的连续执行过程。

5.2.1 指令周期

在计算机中,指令和数据都是以二进制代码的形式存放在主存储器里的,很难区分出这些代码是指令还是数据。然而 CPU 却能够识别这些二进制代码,CPU 能准确迅速地判别出哪些是指令字,哪些是数据字,并且将它们送往相应的地方。本小节主要讨论在一些典型的指令周期中,CPU 的各组成部分是如何进行工作的。

1. 指令周期的基本概念

计算机之所以能连续自动地工作,是因为 CPU 能从存放程序的主存代码区内取出一条指令并执行这条指令,紧接着取出下一条指令并执行下一条指令……不断地取指令并执行指令,如此周而复始,直到遇到停机指令时为止。取指令与执行指令过程如图 5-2 所示。

CPU每取出并执行一条指令，都要完成一系列的操作，这一系列操作所需的时间通常称为一个指令周期。指令周期就是CPU取出一条指令、分析指令并执行这条指令所占用的时间。简单地说，指令周期就是执行一条指令所需要的总的时间。由于各种指令的操作功能不同，有的指令简单，有的指令复杂，所以各种指令的指令周期是不相同的。

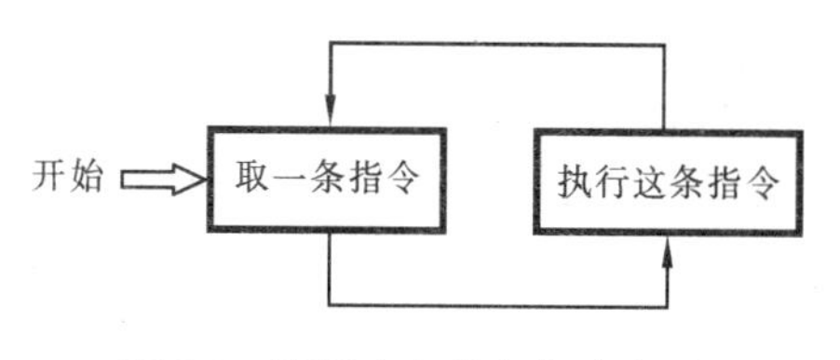

图5-2　取指令与执行指令序列

指令周期常常用若干个CPU周期数来表示，CPU周期也称为机器周期。由于CPU内部的操作速度较快，而CPU访问一次主存储器所花的时间比较长，故通常是用主存储器中读取一个指令字的最短时间来规定CPU周期的。这就是说，一条指令的取出阶段（简称取指），需要一个CPU周期时间。而一个CPU周期又包含有若干个时钟周期，时钟周期通常又称为节拍脉冲或T周期，是处理操作的最基本时间单位。一个CPU周期的时间宽度就由若干个时钟周期的总和决定。如果采用定长的CPU周期并使用上面的定义，则取出和执行任何一条指令所需的最短时间为两个CPU周期，而复杂的指令周期就需要更多的CPU周期。图5-3(a)是采用定长CPU周期的指令周期示意图。

由于零地址指令在执行阶段不需要访问内存，操作比较简单，所以为了提高时间利用率，在许多机器中采用了不定长的CPU周期，如图5-3(b)所示。在这种情况下，在执行阶段可以跳过某些时钟周期，从而可以缩短指令周期。

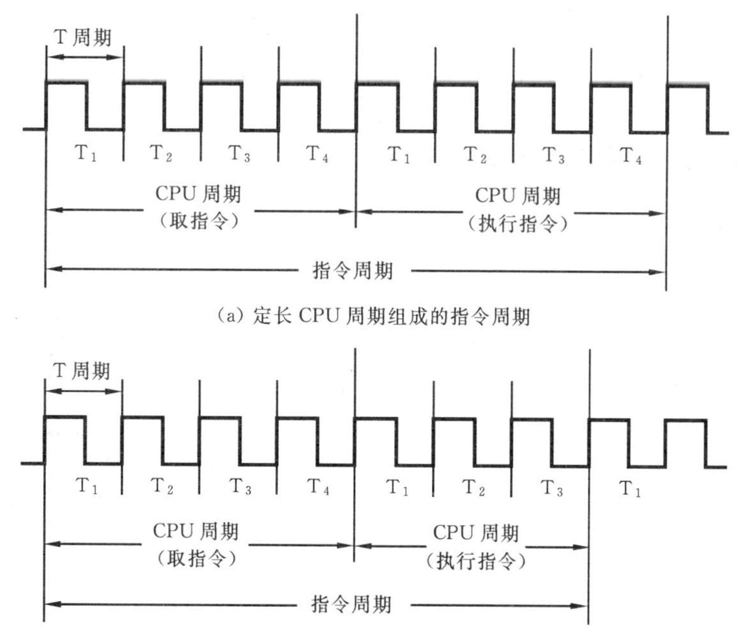

(a) 定长CPU周期组成的指令周期

(b) 不定长CPU周期组成的指令周期

图5-3　指令周期

不同种类的计算机对CPU周期的规定是不一样的。例如，有的微型机中，第一个CPU周期即取指周期包含有5个时钟周期，其中，T_1、T_2和T_3用来从内存中取指令，而T_4和T_5则用来进行CPU内部的操作，这样寄存器零地址指令从取指到执行只需一个CPU周期就可以完成，因此，这类指令周期仅为一个CPU周期。

在下面讨论中,对 CPU 周期仍使用前面的定义,指令周期是由若干个 CPU 周期组成的,所有指令的第一个 CPU 周期一定是取指周期,每个 CPU 周期又由若干个时钟周期组成。根据指令的复杂程度不同,有的指令周期包含的 CPU 周期数较多,有的则较少。

表 5-1 列出了由 4 条指令组成的一个简单程序,这 4 条指令是非常典型的。表中,CLA 指令是非访问内存指令;ADD 指令是一条直接访问内存指令;STA 指令是一条间接访问内存指令;JMP 指令是转移控制指令。下面通过 CPU 在执行这一程序的过程中,对每一条指令取指阶段与执行阶段的分解,来具体认识每一条指令的指令周期。

表 5-1 4 条典型指令组成的一个程序

八进制地址	八进制内容	指令助记符
020	250 000	CLA
021	030 000	ADD 30
022	021 031	STA I 31
023	140 021	JMP 21
024	000 000	HLT
…	…	
030	000 006	
031	000 040	
…	…	
040	存和数单元	

2. 非访问主存储器指令的指令周期

一条非访问内存指令(如 CLA)的指令周期如图 5-4 所示,该指令需要两个 CPU 周期,其中,取指令阶段需要一个 CPU 周期,执行指令阶段需要一个 CPU 周期。

在第一个 CPU 周期,即取指令阶段,CPU 完成三项主要工作:①从内存取出指令;②对程序计数器 PC 加 1,准备取下一条指令;③对指令操作码进行译码分析,识别并确定该指令要求执行何种操作。

在第二个 CPU 周期,即执行指令阶段,CPU 根据对指令操作码的译码分析结果,进行指令所要求的操作。对非访问内存指令来说,执行阶段通常涉及累加器的内容,如累加器内容清零、累加器内容求反等操作。显然,其他零地址格式的指令,在执行阶段一般也仅需要一个 CPU 周期。

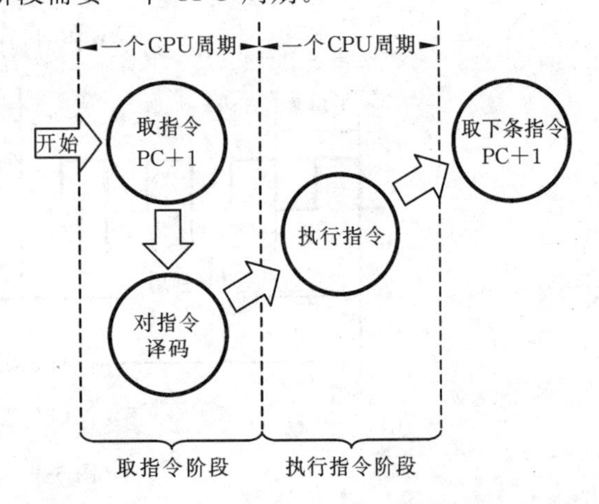

图 5-4 非访问内存指令的指令周期

(1) 取指令阶段

第一条指令(CLA)的取指令过程如图 5-5 所示。假设表 5-1 所示的程序已装入内存中,那么在此阶段内,CPU 要完成如下动作。

① 程序计数器 PC 的内容 020(八进制)被装入地址寄存器 AR 中,即(PC→AR)。

② 程序计数器内容加 1,变成 021,为取下一条指令做好准备,即(PC+1)。

③ 地址寄存器的内容被放到地址总线上,即(AR→ABUS)。

④ 所选存储器单元 020 的内容经过数据总线,传送到数据缓冲寄存器 DR 中,即($(M)_{20}$→DBUS→DR)。

⑤ 缓冲寄存器的内容传送到指令寄存器 IR 中,即(DR→IR)。

⑥ 指令寄存器中的操作码被译码或测试。

⑦ CPU 识别出一个零地址格式的指令 CLA。

取指令阶段到此结束。

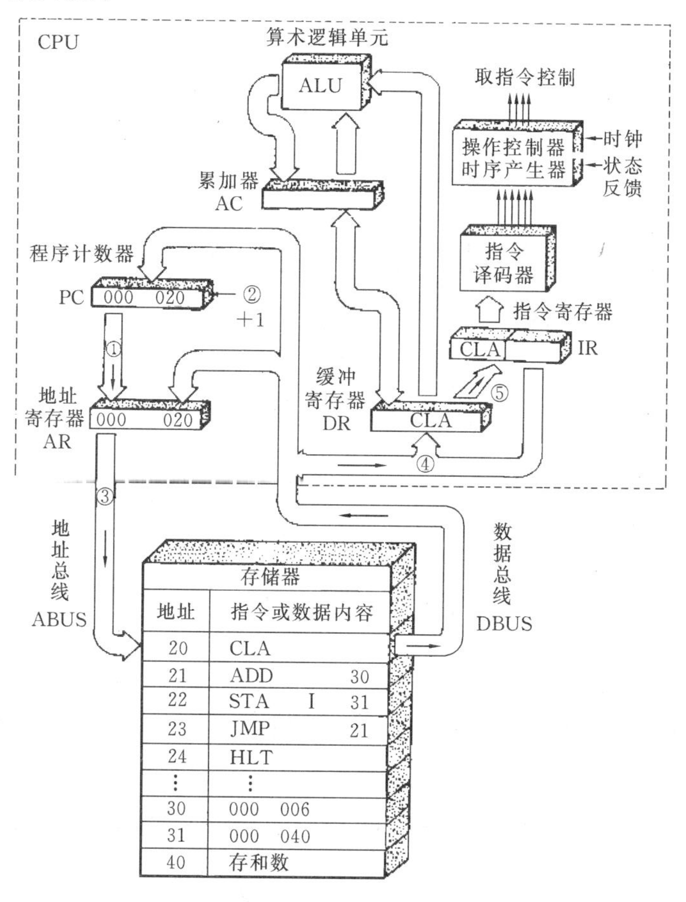

图 5-5 取出 CLA 指令

(2) 执行指令阶段

第一条指令(CLA)的指令执行过程如图 5-6 所示。在此阶段内,CPU 将完成如下动作。

① 操作控制器送一控制信号给 ALU。

② ALU 响应该控制信号,将累加器 AC 的内容全部清零,从而执行了 CLA 指令,即(0→AC)。

执行指令阶段到此结束。

3. 直接访问内存指令的指令周期

表 5-1 所示的程序的第二条指令是 ADD 指令,这是一条直接访问内存的指令。

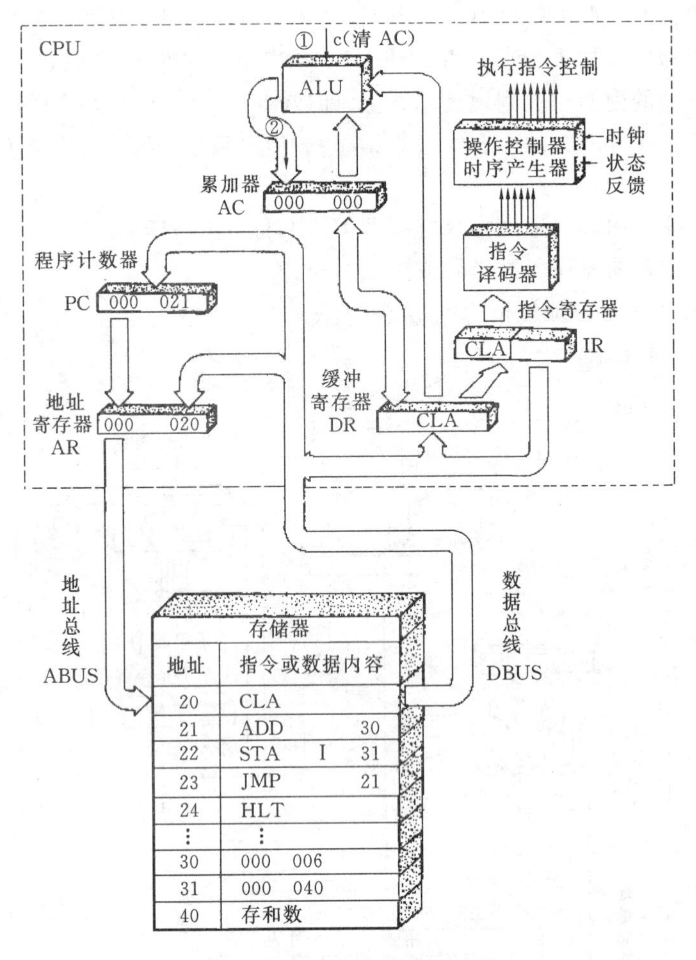

图 5-6 CLA 指令的执行阶段

ADD 指令的指令周期由三个 CPU 周期组成,如图 5-7 所示。第一个 CPU 周期为取指令阶段,其过程与 CLA 指令完全相同。执行指令阶段由两个 CPU 周期组成:在第二个 CPU 周期中将操作数的地址送往地址寄存器并完成地址译码,而在第三个 CPU 周期中从内存取出操作数并执行相加的操作。

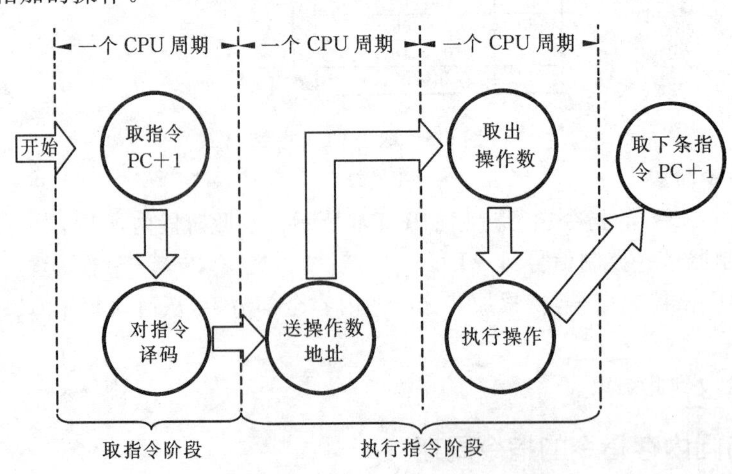

图 5-7 直接访问内存指令的指令周期

取出第一条指令 CLA 时,程序计数器的内容已经加 1 变成 21,这正好是存放"ADD 30"指令的内存单元。当从内存取第二条指令时,取指令阶段与第一条指令相同。对此就不做讨论,而从第二个 CPU 周期开始讨论这条指令的执行阶段。假定第一个 CPU 周期结束后,指令寄存器中已经存有 ADD 指令并进行译码分析,同时程序计数器内容又加 1,变为 22,为取第三条指令做好准备。

(1) 送操作数地址

第二个 CPU 周期主要完成送操作数地址的操作,其数据通路如图 5-8 所示。在此阶段,CPU 的动作只有一个,就是把指令寄存器中的地址码部分装入地址寄存器中,地址码 30 是内存中存放操作数的地址(IR→AR)。

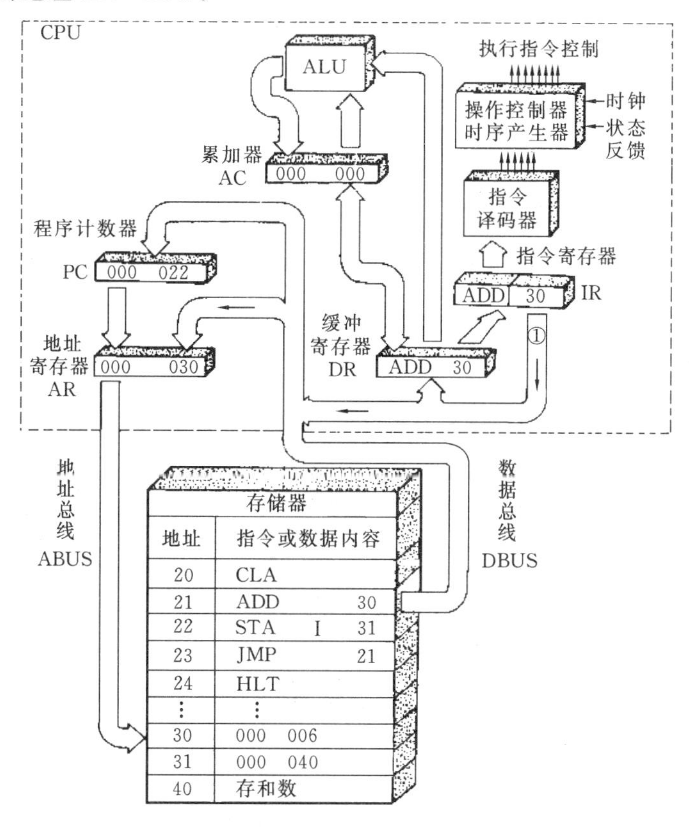

图 5-8 送操作数地址

(2) 两操作数相加

第三个 CPU 周期主要完成取操作数并执行加法的操作,其数据通路如图 5-9 所示。在此阶段,CPU 完成如下动作。

① 把地址寄存器中的操作数的地址 30 发送到地址总线上,即(AR→ABUS)。

② 由存储器单元 30 读出操作数 6,并经过数据总线传送到缓冲寄存器中,即($(M)_{30}$→DBUS→DR)。

③ 执行加法操作,将由数据缓冲寄存器来的操作数 6 送往 ALU 的一个输入端,而将已等候在累加器内的另一个操作数(因为上一条 CLA 指令执行结果现累加器内容为零)送往 ALU 的另一个输入端,于是 ALU 将两数相加,产生结果是0+6=6,这个结果放回累加器,替换了累加器中原先的数 0,即(AC+DR→AC)。

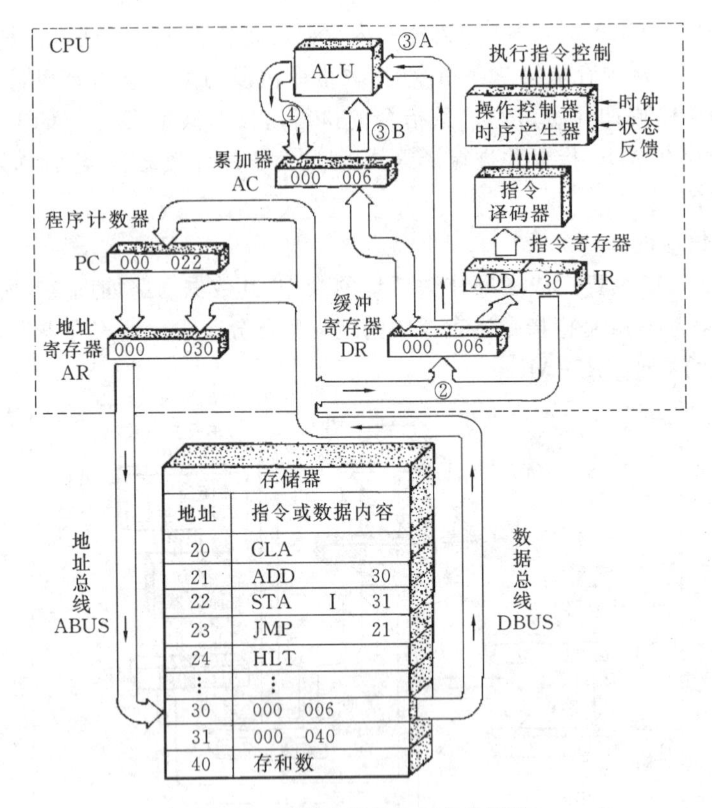

图 5-9 取操作数并执行加法操作

4. 间接访问主存储器指令的指令周期

表 5-1 所示的程序的第三条指令是“STA I 31”指令，这是一条间接访问内存的指令。STA 指令的指令周期由 4 个 CPU 周期组成，如图 5-10 所示。其中，第一个 CPU 周期仍然是取指令阶段，其过程和 CLA 指令、ADD 指令完全一样，只是此阶段中程序计数器加 1 后变为 23，为取第四条指令做好了准备。下面仍不讨论第一个 CPU 周期，而讨论从第二个 CPU 周期开始的指令执行阶段的各个操作。假定第一个 CPU 周期结束后，“STA I 31”指令已放入指令寄存器并完成译码分析。

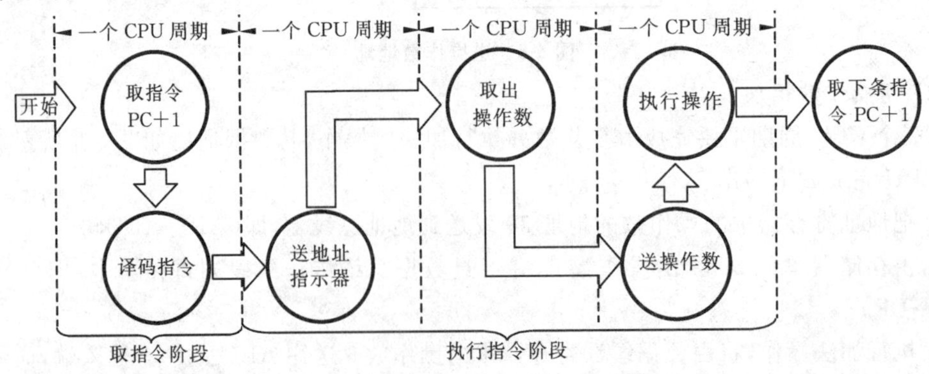

图 5-10 间接访问内存指令的指令周期

(1) 送地址指示器

在执行阶段的第一个 CPU 周期中，CPU 完成的动作是将指令寄存器中地址码部分的形式地址31装到地址寄存器中。其中，数字31不是操作数的地址，而是操作数地址的地址，或者说是操作数地址的指示器。其数据通路与图5-8所示的完全一样，即(IR→AR)。

(2) 取操作数地址

在执行阶段的第二个CPU周期中，CPU完成从内存取出操作数地址，其数据通路如图5-11所示。CPU完成如下动作。

① 地址寄存器的内容31发送到地址总线上，即(AR→ABUS)。

② 将存储单元31的内容40读出到数据总线上，即($(M)_{31}$→DBUS)。

③ 将数据总线上的数据40装入地址寄存器中，替代了原先的内容31，即(DBUS→AR)。

至此，操作数地址40已取出，并放入地址寄存器中。

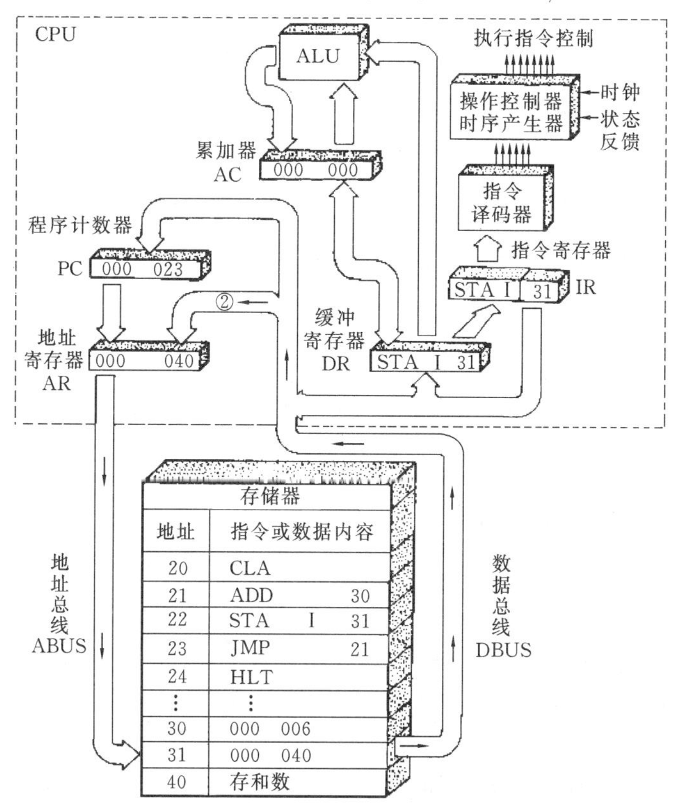

图5-11 取操作数地址

(3) 存储和数

执行阶段的第三个CPU周期中，累加器的内容传送到缓冲寄存器中，然后再存入所选定的存储单元40中，其数据通路如图5 12所示。CPU完成如下动作。

① 将累加器的内容6传送到数据缓冲寄存器DR中，即(AC→DR)；

② 将地址寄存器的内容40发送到地址总线上，40就是要存入的数据6的内存单元号，即(AR→ABUS)；

③ 将缓冲寄存器的内容6发送到数据总线上，即(DR→DBUS)；

④ 将数据总线上的数据写入所选的存储器单元中，即将数据6写入内存的40号单元中，即(DBUS→$(M)_{40}$)。

这个操作完成后，累加器中仍然保留和数6，而40号主存储器单元中原来的内容被冲掉。

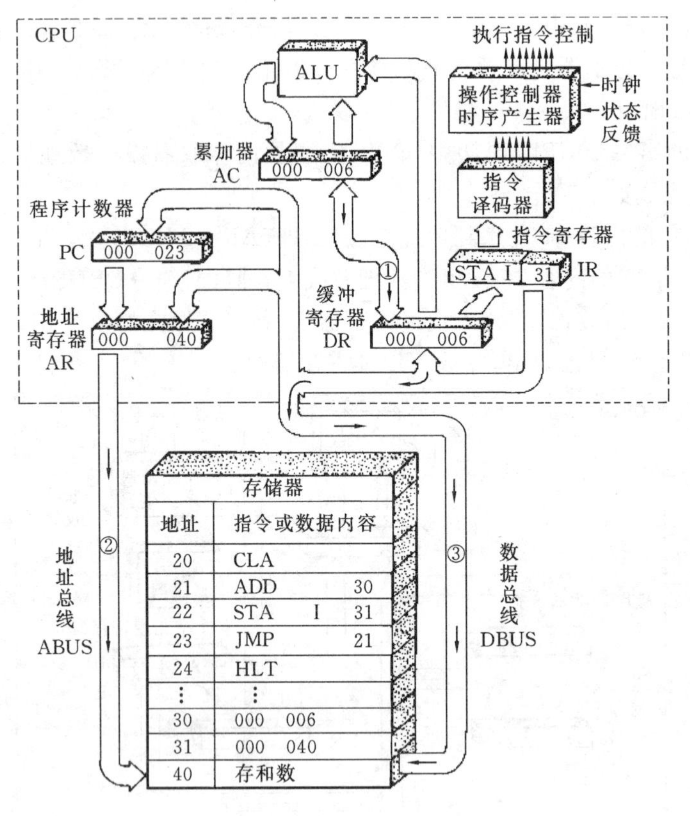

图 5-12 存储和数

5. 程序控制指令的指令周期

第四条指令是“JMP 21”指令，这是一条程序转移控制指令。其含义是，改变程序原先的顺序，无条件地转移到 21 号内存地址继续执行。JMP 指令既可采用直接寻址方式，也可采用间接寻址方式。这里以直接寻址方式为例，采用直接寻址方式的 JMP 指令周期由两个 CPU 周期组成，如图 5-13 所示。

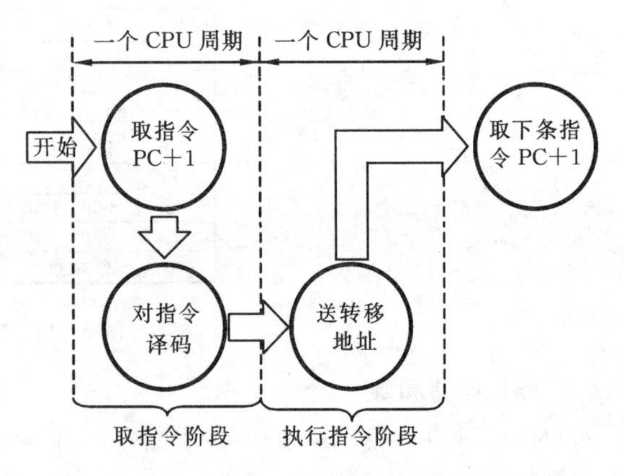

图 5-13 转移控制指令的指令周期

第一个 CPU 周期仍是取指令阶段。CPU 将 23 号内存单元中的“JMP 21”指令取出放入指令寄存器。同时程序计数器内容加 1，变为 24，为取下一条指令(HLT)做好准备。

第二个 CPU 周期为执行阶段。在这个阶段中，CPU 把指令寄存器中的地址码部分 21 送到程序计数器中，从而用新内容 21 代替程序计数器原先的内容 24。因此，下一条指令将不是从内存 24 单元读出，而是从内存 21 单元开始读出并执行，从而改变了程序原先的执行顺序。图 5-14 所示的是 JMP 指令执行阶段的数据通路图。

6. 用方框图语言表示指令周期

上面介绍了 4 条典型指令的指令周期，通过画示意图和数据通路图，对一条指令的取指过

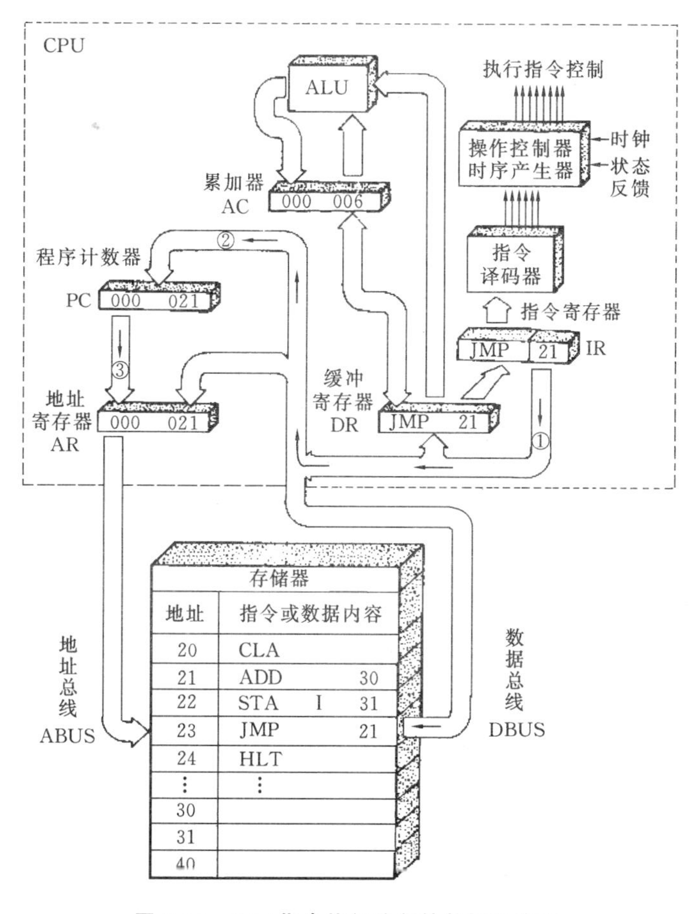

图 5-14 JMP 指令执行阶段的数据通路图

程和执行过程已有了比较深刻的认识。但是,在设计计算机时,如果用上述方法来表示指令周期就显得过于烦琐。在计算机系统设计时,可采用方框图来表示一条指令的指令周期。一个矩形方框代表一个 CPU 周期,矩形方框中的内容表示数据通路的操作或某种控制操作。除矩形方框外,还有菱形框,通常用来表示某种判断或测试,不过在时间上它依附于紧接它的前面一个方框的 CPU 周期,而不单独占用一个 CPU 周期。还有一个"~~"符号,称为公操作符号,该符号表示一条指令已经执行完毕,转入公操作。所谓公操作,就是一条指令执行完毕后 CPU 所开始进行的操作,这些操作主要是 CPU 对外围设备请求的管理,如中断管理、通道管理等。如果外围设备没有向 CPU 请求交换数据,CPU 将转向内存取下一条指令。由于所有指令的取指令阶段是完全一样的,所以取指令也可看做是公操作。

应当指出,在执行"JMP 21"指令时,表 5-1 中所给的 3 条指令组成的程序将进入死循环,除非人为停机,否则这个程序将无休止地运行下去,因而内存单元 40 中的和数将一直不断地发生变化。

图 5-15 所示的是用方框图语言描述的表 5-1 中的 4 条典型指令的指令周期。从图中看到,所有指令的取指令阶段是完全相同的,而且都是一个 CPU 周期。但是,在指令的执行阶段,由于各条指令的功能不同,所用的 CPU 周期是各不相同的,其中 CLA 指令的周期是一个 CPU 周期;JMP 指令的周期可以是一个 CPU 周期(直接访问),也可以是两个 CPU 周期(间接访问);ADD 和 STA 指令在直接访问情况下是两个 CPU 周期,在间接访问情况下是三个 CPU 周期。方框图中 DBUS 代表数据总线,ABUS 代表地址总线,RD 代表内存读命令,WE

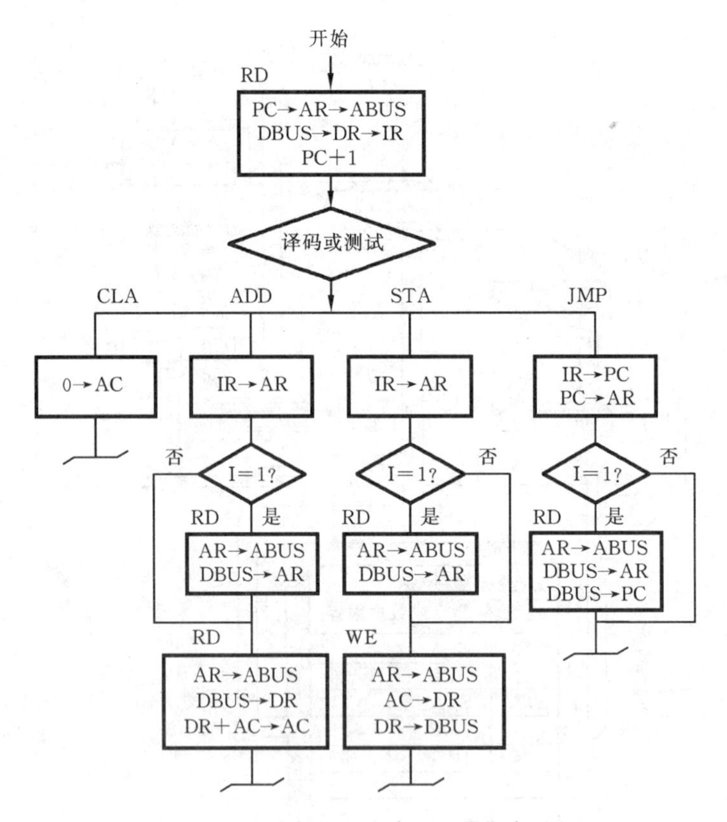

图 5-15 用方框图语言表示机器指令周期

代表内存写命令,I 表示直接/间接寻址标志(I=0 表示直接寻址,I=1 表示间接寻址)。

5.2.2 时序产生器

1. 时序信号的作用和体制

(1) 时序信号的作用

当计算机加电启动后,在时钟脉冲作用下,CPU 将根据当前正在执行的指令的需要,产生时序控制信号,控制计算机各个部件有序地工作。计算机之所以能够准确、迅速、有条不紊地工作,正是因为在 CPU 中有一个时序信号产生器。机器一旦被启动,CPU 就开始取指令并执行指令,操作控制器就利用定时脉冲的顺序和不同的脉冲间隔,有条理、有节奏地指挥机器各个部件按规定时间动作,提供计算机各部分工作时的时间标志。

指令周期分为取指阶段和执行阶段。从时间角度看,取指令发生在指令周期的第一个 CPU 周期中,即发生在取指阶段,而取操作数据发生在指令周期的后面几个 CPU 周期中,即发生在执行阶段。从空间角度看,如果取出的代码是指令,那么一定送往指令寄存器,如果取出的代码是数据,那么一定送往运算器。这样,虽然指令和数据都是用二进制代码表示而且都存放在内存中,但是,CPU 能很容易地通过时序控制信号从时间和空间上识别出是数据还是指令。由此可见,时间控制对计算机是极为重要的。

不仅如此,在一个 CPU 周期中,又把时间分为若干个小段,以便规定 CPU 在每一小段时间里具体进行何种操作。这种严格的时间约束对 CPU 是非常必要的,时间进度既不能来得太早，也不能来得太晚，否则就可能造成丢失信息或导致错误的结果。

总之，计算机要协调动作就需要时间标志，而时间标志则是通过时序信号来体现的。由于操作控制器发出的各种控制信号一般都是时间因素（时序信号）和空间因素（部件位置）的函数，时间因素在学习计算机硬件时是不可忽视的。

(2) 时序信号的体制

组成计算机硬件的器件特性决定了时序信号最基本的体制是电位-节拍脉冲制。用这种体制进行寄存器之间的数据传送时，将数据加在触发器的电位输入端，而将加入数据的控制信号加在触发器的时钟输入端。电位的高、低分别表示数据 1、0。为保证加入到寄存器中的数据可靠，必须先建立电位信号，并且要求电位信号在加入的数据控制信号到来之前必须已经稳定。计算机中某些部件，如 ALU 只用电位信号工作即可，尽管如此，运算结果还要送入累加器，所以仍然需要脉冲信号来配合。

组合逻辑控制器中，时序信号往往采用主状态周期—节拍电位-节拍脉冲制。主状态周期包含若干个节拍电位，主状态周期可以用一个触发器的状态持续时间来表示，是最大的时间单位；一个节拍电位表示一个 CPU 周期时间，以表示一个较大的时间单位；一个节拍电位包含若干个节拍脉冲，节拍脉冲表示较小的时间单位。

在微程序控制器中，时序信号比较简单，一般采用电位-节拍脉冲制。在一个节拍电位中包含若干个节拍脉冲，即时钟周期。节拍电位表示一个 CPU 周期的时间，而节拍脉冲把一个 CPU 周期划分成几个较小的时间间隔，这些时间间隔可以相等，也可以不相等。

2. 时序信号产生器

时序信号产生器就是用逻辑电路实现上述控制时序，产生指令周期控制时序信号的部件。不同种类计算机的时序信号的产生电路是不尽相同的，一般大、中型计算机涉及的操作动作较多，其时序电路比较复杂；而小型、微型计算机涉及的操作动作较少，所以时序电路比较简单。从设计操作控制器的方法来讲，组合逻辑控制器的时序电路比较复杂，而微程序控制器的时序电路比较简单。然而不管是哪一类，时序信号产生器最基本的结构是一样的，都是由时钟源、环形脉冲发生器、节拍脉冲和读/写时序译码逻辑、启停控制逻辑等部分构成的，如图 5-16 所示。

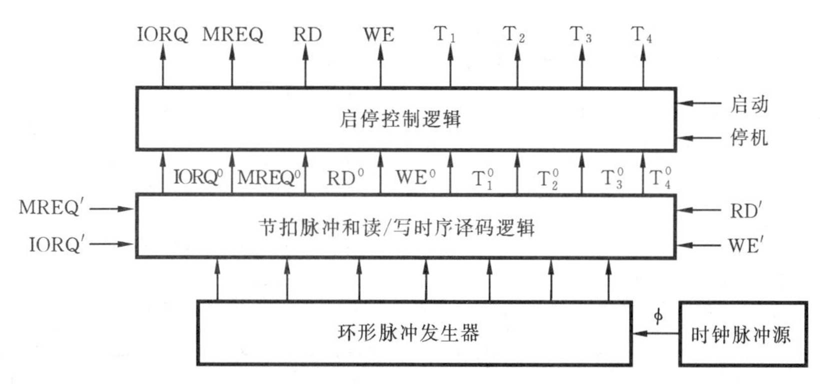

图 5-16 时序信号产生器结构图

(1) 时钟源

时钟源用来为环形脉冲发生器提供频率稳定而且电平匹配的时钟脉冲信号，通常由石英晶体振荡器和与非门组成的正反馈振荡电路构成。

(2) 环形脉冲发生器

环形脉冲发生器是用来产生一组有序的间隔相等或不相等的脉冲序列，以便通过译码电路产生需要的节拍脉冲的部件。环形脉冲发生器有两种形式：一种是采用普通计数器构成的；一种是采用循环移位寄存器构成的。图 5-17 所示的是一种典型的环形脉冲发生器及其译码逻辑，它采用循环移位寄存器的形式。

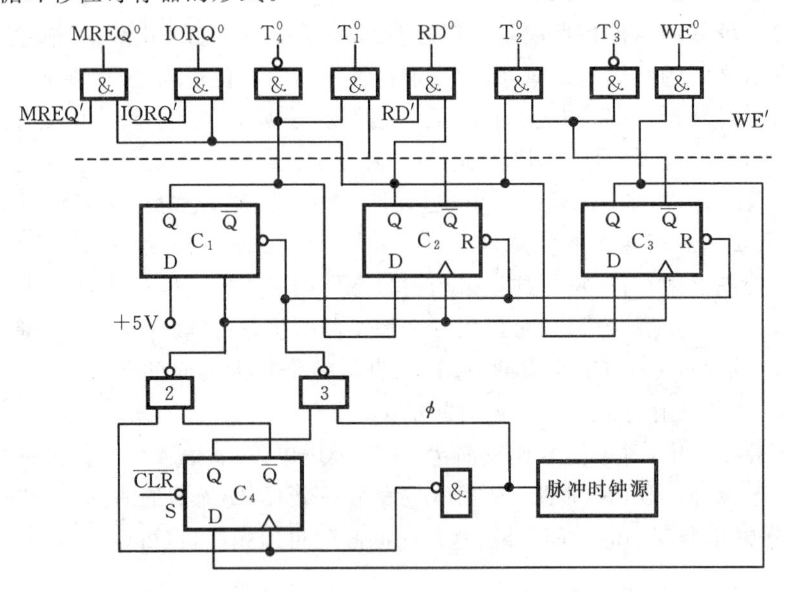

图 5-17 环形脉冲发生器与译码逻辑

时钟脉冲源输出时钟脉冲信号 ϕ。当 CPU 发出总清信号($\overline{CLR}$)使触发器C_4置“1”时，门 3 打开，第 1 个正脉冲 ϕ 通过门 3 使触发器 C_1～C_3 清“0”。经半个主脉冲周期的延迟，触发器 C_4 进行翻转即由“1”状态翻转到“0”状态，再经半个主脉冲周期的延迟，第 2 个正脉冲的上升沿(第 1 个负脉冲 ϕ 的后沿)作移位信号，使触发器 C_1～C_3 变为“100”状态。此后，第 2 个 ϕ、第 3 个 ϕ 连续通过门 2 形成移位信号，使 C_1～C_3 相继变为“110”、“111”状态，其过程如图 5-18 所示。

当 C_3 变为“1”状态时，其状态便发送到触发器 C_4 的 D 端，因而在第 4 个正脉冲的下降沿时又将 C_4 置“1”，门 3 再次打开，第 5 个正脉冲便通过门 3 形成清“0”脉冲，将触发器 C_1～C_3 清零，下一个循环再度开始。

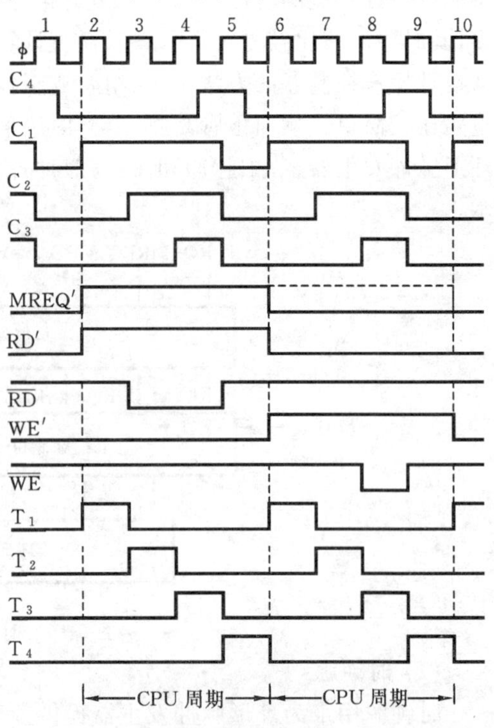

图 5-18 节拍电位与节拍脉冲时序关系图

(3) 节拍脉冲和读/写时序的译码

图 5-17 的上半部示出了节拍脉冲和读/写时序的译码逻辑。假设在一个 CPU 周期中产生 4 个等间隔的节拍脉冲，那么其译码逻辑可表示为

$$T_1^0=C_1\overline{C}_2,\quad T_2^0=C_2\overline{C}_3,\quad T_3^0=C_3,\quad T_4^0=\overline{C}_1$$

由图 5-18 可知，一个 CPU 周期是由 T_1^0、T_2^0、T_3^0、T_4^0 顺序组成的，下一个 CPU 周期又按固定

的时间关系，重复 T_1^0、T_2^0、T_3^0、T_4^0 的先后次序，以提供机器工作时所需的原始节拍脉冲。读/写时序信号的译码逻辑表达式为

$$RD^0=C_2RD', \qquad WE^0=C_3WE'$$

$$MREQ^0=C_2MREQ', \quad IORQ^0=C_2IORQ'$$

其中，RD^0、WE^0 和 $MREQ^0$ 信号配合后可进行存储器的读/写操作；而 RD^0、WE^0 和 $IORQ^0$ 信号配合后可进行外围设备的读/写操作。表达式右边带撇号的 RD′、WE′、MREQ′和 IORQ′是来自微程序控制器的控制信号，它们都是持续时间为一个 CPU 周期的节拍电位信号。读/写时序信号 RD^0、WE^0、$MREQ^0$、$IORQ^0$ 是受到控制的，它们只有在等式右边带撇号的控制信号有效后才能产生，而不能像原始节拍脉冲 T_1^0～T_4^0 那样，一旦加上电源就会自动产生。

在组合逻辑控制器中，节拍电位信号是由时序产生器本身通过逻辑电路来产生的，一个节拍电位持续时间正好包含若干个节拍脉冲。而在微程序控制器的计算机中，节拍电位信号可由微程序控制器提供，一个节拍电位持续时间，通常也是一个 CPU 周期时间。

(4) 启停控制逻辑

机器一旦接通电源，就会自动产生原始的节拍脉冲信号 T_1^0～T_4^0。但是，只有在启动机器运行的情况下，才允许时序产生器发出 CPU 工作时所需的节拍脉冲 T_1～T_4，为此需要由启停控制逻辑来控制原始信号 T_1^0～T_4^0 的发送。同样，对读/写时序信号也需要由启停控制逻辑加以控制。启停控制逻辑的核心是一个运行标志触发器(Cr)，如图 5-19 所示。当运行触发器为“1”时，原始节拍脉冲 T_1^0～T_4^0 和读/写时序信号 RD^0、WE^0、$MREQ^0$ 通过门电路发送出去，变成 CPU 真正需要的节拍脉冲信号 T_1～T_4 和读/写时序 $\overline{RD}$、$\overline{WE}$、$\overline{MREQ}$；当运行触发器为“0”时，关闭时序产生器。

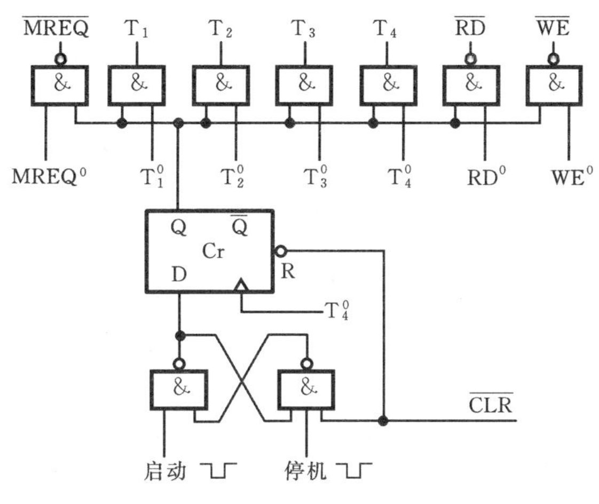

图 5-19　启停控制逻辑

由于启动计算机和停机都是随机的，启停控制逻辑必须符合如下要求：当计算机启动时，一定要从第一个节拍脉冲前沿开始工作，而在停机时一定要在第四个节拍脉冲结束后关闭时序产生器。只有这样，才能使发送出去的脉冲都是完整的脉冲。如图 5-19 所示，在 Cr 触发器下面加上一个双稳态电路，而且用 T_4^0 信号作为 Cr 触发器的时钟控制端，这样就可以保证在 T_1 的前沿开启时序产生器，而在 T_4 的后沿关闭时序产生器。

5.2.3　CPU 的控制方式

指令周期是指从取指到执行完一条指令所需要的时间，是由若干个 CPU 周期组成的。

CPU 周期数的多少反映了指令操作的复杂程度,也反映了操作控制信号的多少与复杂性。即使是一个 CPU 周期,同样也存在着操作控制信号的多少与出现的先后次序问题。从这两种情况综合考虑可知,每条指令所需的时间各不相同,每个操作控制信号所需的时间及出现的次序也是各不相同的。形成控制不同操作序列的时序信号的方法,称为控制器的控制方式。控制方式反映了时序信号的定时方式。CPU 常用的控制方式有同步控制方式、异步控制方式和联合控制方式等三种。

1. 同步控制方式

所谓同步控制方式,是指在任何情况下给定的指令在执行时所需的机器周期数和时钟周期数都是固定不变的控制方式。同步控制方式可选择如下方法实现。

① 采用完全统一的机器周期执行各种不同的指令。这要求计算机系统所有指令的指令周期都具有相同的节拍电位数和相同的节拍脉冲数。显然,这种方法对简单指令和简单的操作来讲,必然造成时间浪费。

② 采用不定长机器周期。将大多数操作安排在一个较短的机器周期内完成,对某些时间紧张的操作,则采取延长机器周期的办法来解决。

③ 中央控制与局部控制结合。将大部分指令安排在固定的机器周期内完成,称为中央控制;对少数复杂指令(乘、除、浮点运算等)采用另外的时序进行定时,称为局部控制。

2. 异步控制方式

在异步控制方式中,每条指令的指令周期既可由数量不等的机器周期数组成,也可由执行部件完成 CPU 要求的操作后发回控制器的"回答"信号决定。CPU 发出的每个操作控制信号的时间根据其需要占用的时间来决定。这就是说,每条指令、每个操作控制信号需要多少时间就可以占用多少时间。每条指令的指令周期可由时间不等的机器周期组成,这个时间是指当控制器发出某一操作控制信号后,等待执行部件完成操作后发出"回答"信号的时间。显然,用这种方式形成的操作控制序列没有固定的 CPU 周期数(节拍电位)和严格的时钟周期(节拍脉冲)与之同步,所以称为不同步即异步方式。

3. 联合控制方式

所谓联合控制方式,就是指同步控制和异步控制相结合的方式。它有两种实现方法。

① 大部分操作序列安排在固定的机器周期中,对某些时间难以确定的操作则以执行部件的"回答"信号作为本次操作的结束。例如,CPU 访问主存或者 I/O 端口时,以主存或者 I/O 发回 CPU 的有效"READY"信号作为读/写周期的结束。

② 机器周期的节拍脉冲数是固定的,但是,各条指令周期的机器周期数却是不固定的。下一节要讲到的微程序控制就是采用这种方法。

5.3 微程序设计技术和微程序控制器

在计算机系统设计中,微程序设计技术是利用软件方法进行硬件设计的一门技术。采用微程序设计思想的微程序控制器,同组合逻辑控制器相比较,具有规范、灵活、易维护等一系列优点。因此，在计算机设计中，用微程序设计的控制器取代早期采用的组合逻辑控制器已十分普遍。

微程序控制的基本思想就是按照设计解题程序的思路，把操作控制信号编成微指令，并将微指令代码存放到只读存储器里，当机器运行时，一条一条地读出这些微指令，产生计算机所需要的各种操作控制信号，使相应部件执行规定的操作。

5.3.1 微程序设计技术

1. 微程序设计技术的基本概念

在计算机中，一条指令是由控制部件通过控制线向执行部件发出各种控制命令，执行部件接受命令后，按一定次序执行一系列最基本操作完成的。这些控制命令通常称为微命令，而这些最基本的操作称为微操作。下面介绍微程序设计中的有关基本概念。

(1) 微指令

在微程序控制的计算机中，将在 CPU 周期中使计算机实现一定操作功能的一组微命令的集合称为微指令。微指令是为实现某个操作功能而发出的控制信号的有关信息汇集形成的。一条指令通常分成若干条微指令，按次序执行这些微指令，就可以实现指令的功能。

(2) 微程序

计算机的程序由指令序列构成。而计算机每条指令的功能均由微指令序列解释完成，这些微指令序列的集合就称为微程序。

(3) 控制存储器

控制存储器是存放微程序的存储器，由于该存储器主要存放控制命令和下一条执行的微指令地址，所以称为控制存储器。一般情况下，计算机指令系统是固定的，所以实现指令系统的微程序也是固定的，控制存储器可以用只读存储器来实现。由于机器内控制信号数量比较多，加上决定下一条微指令地址的地址码有一定宽度，所以控制存储器的字长要比机器字长长得多。执行一条指令实际上就是执行一段存放在控制存储器中的微程序。

2. 微指令基本结构

(1) 微指令的基本格式

微指令的基本格式如图 5-20 所示。微指令是由操作控制和顺序控制两个基本部分构成的。

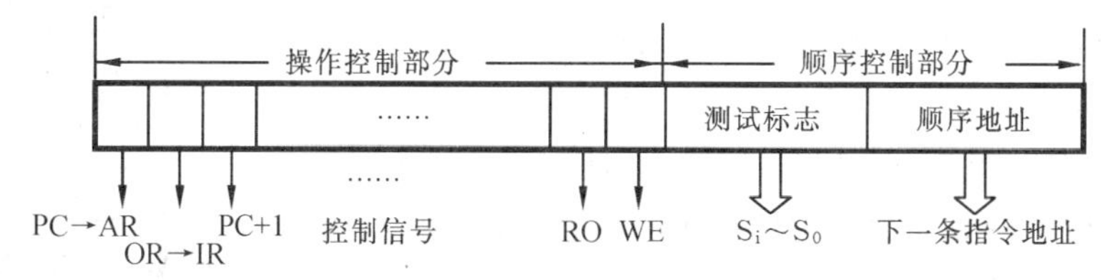

图 5-20 微指令基本格式

1) 操作控制部分

它用来发出指挥计算机工作的控制信号。可以用操作字段的每一位表示一个微命令，位信息为"1"表示发出微命令；位信息为"0"表示不发出微命令。微命令信号既不能来得太早，也不能来得太晚，为此，要求这些微命令信号还要加入时间控制，即与时序信号组合。

2）顺序控制部分

它用来决定产生下一条微指令的地址。一条机器指令的功能是由许多条微指令组成的序列来实现的，这个微指令序列就是微程序，当执行当前一条微指令时，必须指出下一条微指令的地址，以便当前一条微指令执行完毕后，取出下一条微指令。决定下一条微指令地址的方法有多种，但基本上还是由微指令顺序控制字段来决定，即用微指令顺序控制字段的若干位直接给出下一条微指令的地址，其余各位则作为判别测试状态的标志，如标志为“0”，则表示不进行判别测试，直接按顺序控制字段给出的地址取下一条微指令；若标志为“1”，则表示要进行判别测试，根据测试结果，按要求修改相应的地址位信息，并按修改后的地址取下一条微指令。

(2) 微指令周期与 CPU 周期的关系

在串行方式的微程序控制器中，微指令周期等于读出微指令的时间加上执行该条微指令的时间。为了保证整个机器控制信号的同步，可以将一个微指令周期时间设计得恰好和一个CPU 周期时间相等。图 5-21 所示的是 CPU 周期与微指令周期的时间关系。

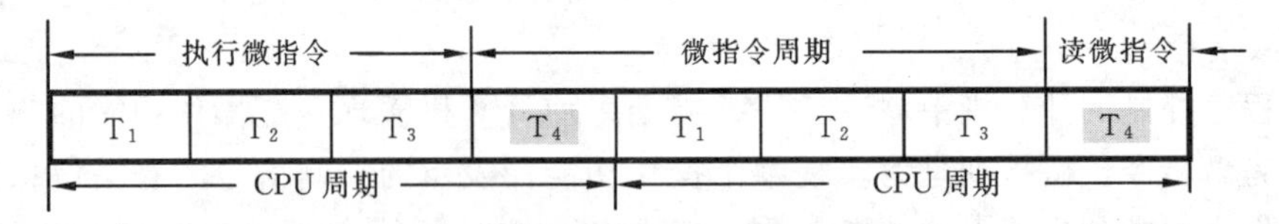

图 5-21　微指令周期与 CPU 周期的关系

一个 CPU 周期包含 4 个等间隔的节拍脉冲 $T_1 \sim T_4$，每个脉冲宽度为 200ns。可用 T_4 作为读取微指令的时间，用 $T_1+T_2+T_3$ 时间作为执行微指令的时间。例如，在前 600ns 时间内运算器进行运算，600ns 时间结束时运算器已运算完，用 T_4 上升沿将运算结果送入寄存器，同时可用 T_4 间隔读取下条微指令，经 200ns 的延迟，下条微指令又从控制存储器读出，并在 T_1 上升沿输入到微指令寄存器中。若忽略触发器的翻转延迟，则下条微指令的微命令信号就从 T_1 上升沿起开始有效，直到下一条微指令读出后并输入到微指令寄存器为止，这样一条微指令的时间恰好是 800ns。因此，一条微指令的时间就是一个 CPU 周期的时间。

(3) 微指令与机器指令的关系

微指令与机器指令的关系如下。

① 一条机器指令对应一个微程序，而微程序又由若干条微指令序列组成，因此，一条机器指令的功能是由若干条微指令组成的序列来实现的，即一条机器指令所完成的操作划分成若干条微指令来完成，由微指令进行解释和执行。

② 由指令与微指令、程序与微程序、地址与微地址的对应关系可知，指令、程序和地址与主存储器有关，而微指令、微程序和微地址与控制存储器有关，并且也有相对应的硬件设备，如图5-22所示。因此，微程序控制器可以看成是计算机中的计算机。

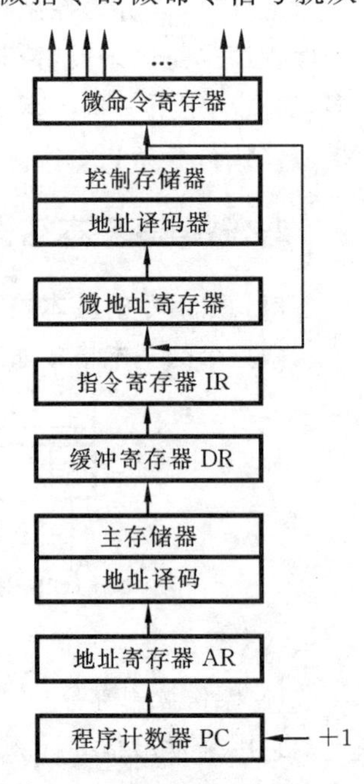

图 5-22　微指令与机器指令的关系

③ 由于一个 CPU 周期对应一条微指令，图 5-15 所示的 4 条典型指令的指令周期图，就是这 4 条指令的微程序流程图。从中可以看出，设计微程序的流程，也可进一步体验到机器指令与微指令的关系。

3. 微程序设计技术

微程序设计的关键是微指令结构的设计。设计微指令结构需要考虑以下问题。

① 如何缩短微指令字的长度。

② 如何减小控制存储器的容量。

③ 如何减少微程序长度。

④ 如何提高微程序的执行速度。

⑤ 如何易于修改微指令。

⑥ 如何增加微程序设计的灵活性。

这些也是微程序设计技术所要讨论的问题。

(1) 微指令的编码译码控制方法

微指令由操作控制字段和顺序控制字段组成。微命令编码、译码的控制方法是，对微指令中的操作控制字段进行编码表示，由此给出操作控制信号。通常有以下几种方法。

1）位直接控制法

采用位直接控制法的微指令结构如图 5-20 所示。在微指令的控制字段中，每一位表示一个微命令，在设计微指令时，只要将微指令控制字段中相应位置置成“1”或“0”，便可发出或禁止某个微命令。这种方法简单直观，其输出可直接用于控制。但是，在某些复杂的计算机中，微命令多达三四百个，这使微指令字过长并要求机器有大容量控制存储器，以至变得难以实现。

2）字段直接译码控制法

采用字段直接译码控制法的微指令结构如图 5-23 所示。由于计算机中的各个控制门在任一微周期(微指令所需的执行时间)内，不可能同时被打开，即大部分是关闭的，相应的控制位为“0”。如果在若干个(一组)微命令中，在选择使用它们的微周期内，每次只能有一个微命令有效，则这一组微命令是互相排斥的。字段直接译码控制法就是把一组相斥性的微命令信号组成一个字段(一个小组)，然后通过字段译码器对每一个微命令信号进行译码，译码输出作为操作控制信号。采用字段直接译码的编码方法，可以用较小的二进制信息位表示较多的微命令信号。一般，每个字段要留出一个代码表示本字段不发出任何微命令，因此，当字段长度为 n 位时，最多只能表示 2^n-1 个相斥的微命令，通常 000 表示不发出任何微命令。例如，3 位二进制位译码后最多可表示 7 个微命令，4 位二进制位译码后最多可表示 15 个微命令。与位直接控制法相比，字段直接译码控制法可使微指令字大大缩短，但由于电路中增加了译码电路，微程序的执行速度将略微减慢。目前，在微程序控制器设计中，字段直接译码法使用较普遍。

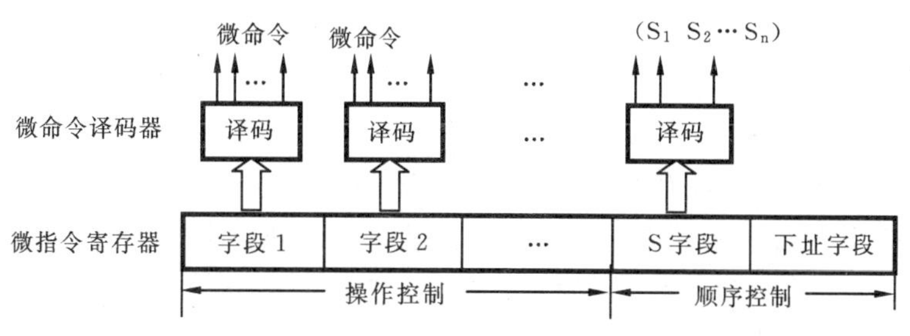

图 5-23　字段直接译码控制法

3) 字段间接译码控制法

字段间接译码控制法是在字段直接译码控制法的基础上,进一步缩短微指令字长的方法。若在字段直接译码控制法中规定一个字段的某些命令由另一个字段中的某些微命令来解释,则这种方法称为字段间接译码控制法,如图 5-24 所示。这种方法进一步减少了指令字的长度,但是,可能会削弱微指令的并行控制能力,因此,该方法通常只作为字段直接译码控制法的一种辅助手段。

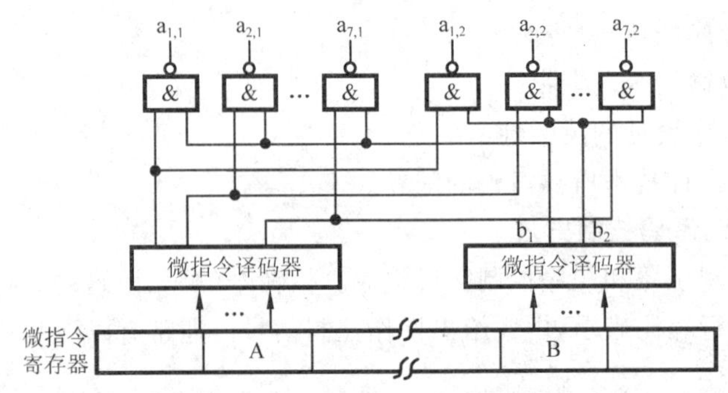

图 5-24 字段间接译码控制法

4) 混合编码译码控制法

这是将位直接控制法与字段译码控制法混合使用的方法,它能综合考虑微指令字长、灵活性和执行微程序速度等方面的要求。

5) 常数字段控制法

它是通过在微指令中附设一个常数字段,就像指令中的立即数一样,来给某些执行部件直接发送常数的。该常数有时作为操作数送入 ALU 参加运算,有时也作为计数器的初值来控制微程序循环次数。

(2) 微地址的产生及微程序流的控制

当前正在执行的微指令,称为现行微指令,现行微指令所在的控制存储器单元的地址称为现行微地址。现行微指令执行完毕后,下一条要执行的微指令称为后继微指令。后继微指令所在的控制存储器单元地址称为后继微地址。所谓微程序流的控制是当现行微指令执行完毕后,控制产生后继微指令的后继微地址的过程。通常,产生后继微地址有三种方法。

1) 计数器方法

这种方法与使用程序计数器产生机器指令地址的方法类似。在顺序执行微指令时,后继微地址由现行微地址加上一个增量来产生;在非顺序执行微指令时,必须通过转移方式使现行微指令执行后,转去执行指定的后继微地址的下一条微指令。在这种方法中,微地址寄存器通常改为计数器,顺序执行的微指令序列必须安排在控制存储器的连续单元中。

计数器方式的基本特点是微指令的顺序控制字段较短,微地址产生机构简单。但是,多路并行转移功能较弱、速度较慢、灵活性较差。

2) 增量方式与断定方式相结合的方法

这种方法将微指令顺序控制部分分成两个子部分:条件选择字段和转移地址字段。当微程序转移时,将转移地址送微程序计数器(μPC),否则顺序执行下一条微指令(μPC 加 1)。图 5-25 所示的是增量方式与断定方式结合形成微地址的示意图。图 5-25(a)所示的是这种类型微程序控制器的组成原理示意图,这将在介绍微程序控制器的原理时介绍,在此暂不作讨论。图 5-25(b)所示的是微指令格式,由微命令控制字段、条件选择字段和转移地址字段三部分组成。微命令控制字段可以编码或直接控制;条件选择字段用来规定条件转移微指令要测试的外部条件;当转移条件满足时,转移地址字段用做下一个微地址;如无转移要求,则微程序计数器 μPC 提供下一条微指令的地址。

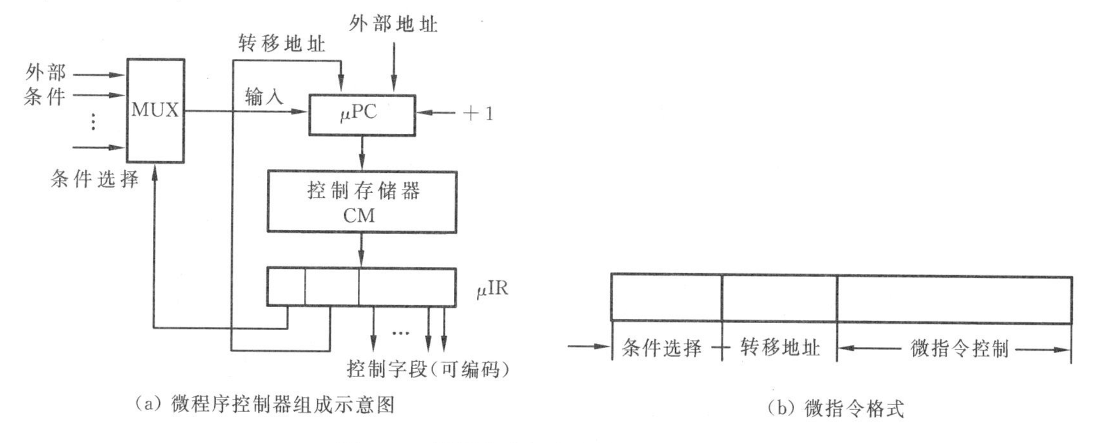

图 5-25 增量方式与断定方式结合的方法

3) 多路转移方式

一条微指令具有多个转移分支功能的情况称为多路转移。例如,"取指"微指令根据操作码 OP 产生多路微程序分支而形成多个微地址。在多路转移方式中,当微程序不产生分支时,后继微地址直接由微指令的顺序控制字段给出;当微程序出现分支时,将有若干个候选微地址可供选择,按顺序控制字段的"判别测试"标志和"状态条件"信息来选择其中一个微地址。状态条件若有 1 位标志,则可实现微程序 2 路转移,涉及微地址寄存器的 1 位;状态条件若有 2 位标志,则可实现微程序 4 路转移,涉及微地址寄存器的 2 位;以此类推,状态条件若有 n 位标志,则可实现微程序 2^n 路转移,涉及微地址寄存器的 n 位。因此,执行转移微指令时,根据状态条件可转移到 2^n 个微地址中的一个。

多路转移方式的特点是能与较短的顺序控制字段配合,实现多路并行转移,它灵活性好、速度较快,但转移地址逻辑需要用组合逻辑的方法来设计。

(3) 微指令的格式

微指令的编码译码控制方法是决定微指令格式的主要因素。在设计计算机时考虑到速度、价格等原因,可采用不同的编码译码控制方法,即使在一台计算机中,也有几种编码译码控制方法同时存在的情况。微指令的格式大体分成两类:水平型微指令和垂直型微指令。

1) 水平型微指令

一次能定义并执行多个并行操作微命令的微指令,称做水平型微指令。采用直接控制法进行编码的,属于水平型微指令的典型例子。水平型微指令的一般格式如下:

控制字段	判别测试字段	下一地址字段

按照控制字段的编码方法的不同,水平型微指令又分为三种:全水平型(不译码)微指令、字段译码法水平型微指令、直接和译码相混合的水平型微指令。

2) 垂直型微指令

设置微操作码字段时,采用微操作码编译法来规定微指令的功能的微指令,称为垂直型微指令。垂直型微指令的结构类似于机器指令的结构,有操作码,在一条微指令中只有 1~2 个微操作命令,每条微指令的功能简单,因此,实现一条机器指令的微程序要比水平型微指令编写的微程序长得多。它采用较长的微程序结构来换取较短的微指令结构。

下面给出简化的垂直型微指令的微指令格式的例子。设微指令字长为16位,其中微操作码占最高3位,因此可定义八种类型的微指令。

① 寄存器-寄存器传送型微指令,其格式如下:

15 13	12 8	7 3	2 0
000	源寄存器编址	目标寄存器编址	其他

其中,第13~15位为微操作码;源寄存器和目标寄存器编址各5位,可指定31个寄存器之一;第0~2位是其他字段,可协助本条微指令完成其他控制功能。

功能:将源寄存器数据送到目标寄存器。

② 寄存器-存储器型微指令,其格式如下:

15 13	12 8	7 3	2 1	0
001	寄存器编址	存储器编址	读/写	其他

其中,存储器编址是指按规定的寻址方式进行编址;第1、2位指定进行读操作还是写操作,第0位可协助本条微指令完成其他控制功能。

功能:将主存中一个单元的信息送入寄存器或者将寄存器的数据送往主存。

③ 运算控制型微指令,其格式为

15 13	12 8	7 3	2 0
010	左输入源编址	右输入源编址	ALU

功能:选择ALU的左、右两个输入端信息,按ALU字段,即第2~0位所指定的八种运算操作中的一种功能进行处理,并将结果送入暂存器中。左、右输入源编址可指定31种信息源中的一种。

④ 移位控制型微指令,其格式为

15 13	12 8	7 3	2 0
011	寄存器编址	移位次数	移位方式

其中,第12~8位寄存器编址可指定31个寄存器之一,指出移位数据所在的寄存器编号,移位结果仍然保留在原寄存器中;第7~3位表示移位次数;第2~0位是移位方式,可指明循环左移、循环右移、逻辑左移、逻辑右移、算术左移、算术右移等方式。

功能:将寄存器中的数据按指定的移位方式进行移位。

⑤ 无条件转移型微指令,其格式为

15 13	12 1	0
100	D	S

其中,D是要转向的微指令地址单元;S用来区分是无条件转移还是转微子程序微指令,若是后者,则将下一顺序微地址(μPC+1)保存在返回微地址寄存器中。

功能:实现无条件转移或转子微程序的功能。

⑥ 条件转移型微指令,其格式为

15 13	12 4	3 0
101	D	测试条件

其中,9 位 D 字段虽然不足以表示一个完整的微地址,但是,可以替代现行 μPC 的低位地址。测试条件字段有 4 位,可规定 16 种测试条件。

功能:根据测试对象的状态条件决定是转移到 D 所指定的微地址单元,还是顺序执行下一条微指令。

⑦ 其他微指令。第 15～13 位还有 110 和 111 两种操作码,可以用来定义输入/输出微操作或者其他微操作,其余第 12～0 位可根据需要定义相应的微命令字段。

3) 水平型微指令与垂直型微指令的比较

① 水平型微指令并行操作能力强而且高效灵活,而垂直型微指令并行操作能力弱且效率低。水平型微指令中,设置有能控制信息传送通路以及进行所有操作的微命令,在设计微程序时,可以同时定义比较多的并行操作的微命令,来控制尽可能多的并行信息传送,因此,水平型微指令具有效率高及灵活性强的优势;而垂直型微指令一般只能完成一个操作,控制一两个信息传送通路,因此,微指令的并行操作能力低,效率也低。

② 水平型微指令执行时间短,垂直型微指令执行时间长。由于水平型微指令的并行操作能力强,因此,可以用较少的微指令数来实现一条指令的功能,从而缩短了指令的执行时间。在执行一条微指令时,水平型微指令的微命令一般能直接控制被控对象,而垂直型微指令要经过译码才能控制被控对象,这也会影响速度。

③ 由水平型微指令解释指令的微程序,其微指令字比较长,但微程序短;而垂直型微指令的微指令字比较短但微程序长。

④ 水平型微指令用户难以掌握,而垂直型微指令与指令相似,用户比较容易掌握。水平型微指令与机器指令差别很大,一般需要对计算机的结构、数据通路、时序系统以及微命令很精通才能设计。

(4) 串行微程序控制方式和并行微程序控制方式

1) 串行微程序控制方式

前面介绍的都是以串行操作方式工作的微程序控制方式,称为串行微程序控制方式,如图 5-26(a)所示。在串行微程序控制方式中,执行现行微指令的操作与取下一条微指令的操作在时间上是按顺序进行的,所以微指令周期等于取微指令的时间加上执行微指令的时间,即等于只读存储器的读取周期。串行微程序控制的微指令周期较长,但控制简单,形成微地址的硬件比较少。

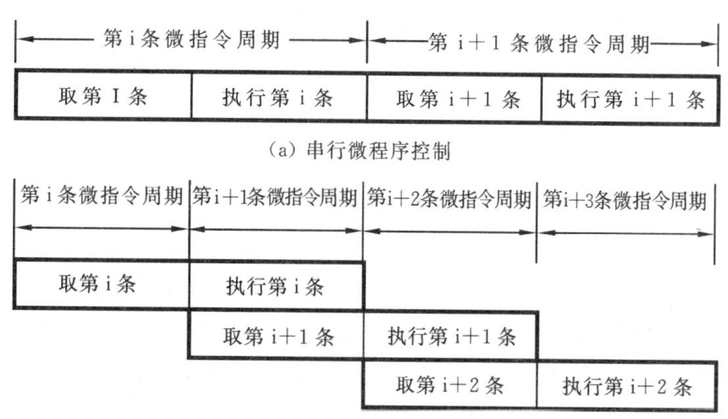

图 5-26 串行微程序控制和并行微程序控制方式

2）并行微程序控制方式

所谓并行微程序控制方式，就是将取微指令和执行微指令这两类操作在时间上重叠并行进行的方式。由于取微指令和执行微指令的操作是在两个完全不同的部件中执行的，所以可以将这两部分操作同时进行，以缩短微指令周期，如图 5-26(b)所示。在并行微程序控制方式中，要求在执行本条微指令的同时，预取下一条微指令，从而微指令周期仅等于执行微操作的时间，可节省取微指令的时间。并行微程序控制可以缩短微指令周期，但是，为了不影响本条微指令的正确执行，需要增加一个微指令寄存器，以暂存下一条微指令。另外，当微程序出现转移时，需要解决如何确定下一条微指令地址的问题。

(5) 动态微程序设计

微程序设计有静态微程序设计和动态微程序设计之分。若计算机的机器指令只有一组微程序，而且这一组微程序设计好之后，一般无需改变而且也不易改变，那么这种微程序设计称为静态微程序设计。本节前面讲述的内容基本上都属于静态微程序设计的范畴。

当采用 EPROM 作为控制存储器时，可以通过改变微指令和微程序来改变机器的指令系统，这种微程序设计称为动态微程序设计。采用动态微程序设计时，微指令和微程序可以根据需要加以改变，因而，可以在一台机器上实现不同类型的指令系统。

(6) 毫微程序设计

毫微程序是用来解释微程序的一种微程序，因此，组成毫微程序的毫微指令就可看做是解释微指令的微指令。采用毫微程序设计的主要目的是减少控制存储器的容量。它采用的是两级微程序设计方法。通常第一级采用垂直微程序，第二级采用水平微程序。当执行一条指令时，首先进入第一级微程序，由于它是垂直型微指令，所以并行操作功能不强，但需要时可由它来调用第二级微程序(即毫微程序)，执行完毕后再返回第一级微程序。

这种两级控制技术的优点是，使用少量的控制存储器空间就可以达到高度的并行性。对于很长的微程序，可以采用垂直格式编码将其存放在一个短字长的控制存储器中。毫微程序使用了高度并行的水平格式，使毫微存储器字长很长，但是，因为毫微程序本身通常很短，所以可占用较少的空间。采用两级微程序的主要缺点是，由于要取毫微指令，所以增加了时间延迟，同时也增加了设计 CPU 的复杂性。

毫微指令所执行的操作比起微程序机器中微指令的操作，就级别而言更低一些。这样，所设计的毫微程序可以对计算机的操作方面多进行一些控制，特别是一些主要总线的源和目的地，可以用毫微指令加以改变。在毫微程序计算机中，其内部的逻辑结构可以变化，而且在指令级上没有自己的机器语言，所以可以用来仿真其他计算机。

4. 微程序设计语言

在微程序控制计算机中，机器指令是由微指令解释执行的，而微指令是由二进制码表示的微命令组成的，这些微命令又与机器硬件直接相关。尤其在水平型微指令中，为了使尽量多的微操作能同时进行，微指令的字长多达上百位，要求设计者直接用二进制编码来进行微程序设计是非常困难的，而且容易出错，不易识别和修改。因此，出现了微程序设计语言。所谓微程序设计语言就是设计者专门用来编制微程序的语言，用微程序设计语言编制的程序称为源微程序。源微程序不能直接装入控制存储器中，必须转换成二进制代码后才能装入控制存储器中。将源微程序翻译成二进制代码的程序称为微编译程序。

微程序设计语言基本上与程序设计语言类似，可分成初级和高级两种类型。初级微程序设计语言有微指令语言、微汇编语言、框图语言等；微高级程序设计语言类似于高级程序设计语言，接近于数学描述语言或自然语言。

早期，微程序是依靠人工直接使用微指令语言编写的。通常是先设计微程序流程图，再根据流程图，手工编写微程序并分配微地址，最后将它翻译成仅有 0 和 1 两种代码组成的微程序并写入 PROM 中，组成控制存储器。由于人工编写微程序，既费时、费力，又容易出错，不能适应日益发展的微程序设计的需要，因而在 20 世纪 60 年代产生了微汇编语言。

微汇编语言与汇编语言相似，是用符号表示微指令的语言。微程序设计者先用微汇编语言编制源微程序，然后把它输入计算机中利用微汇编程序翻译成由 0 和 1 两种代码组成的微程序。微汇编程序中的一条语句和微程序中的一条微指令是一一对应的，这点也与汇编语言相似。

垂直微指令一般由一个微操作码字段、一个或少数几个操作数控制字段组成，通常只指定一种运算或控制操作，与机器指令相似，它的微汇编语言语句很像机器的汇编语言语句，即微汇编语言的翻译程序（微汇编程序）可以直接引用汇编语言的编译技术。

水平型微指令通常由多个字段或多位代码组成，其中各个字段或各位所定义的微命令可以并行执行，因此，描述水平型微指令的微语句就比垂直型微指令长且复杂。通常在一条微语句中要用一串符号来一一表示本条微指令中的各个微命令以及后继微地址。微汇编语言的语句格式不固定而且又与机器结构密切相关，因此，编写和阅读源微汇编程序相当困难，而且也不易直接引用汇编语言的编译技术，但它比直接用微指令语言编写微程序要方便和可靠得多。

微高级语言，类似于程序设计中的高级语言。源微程序在编译时，要根据硬件及微指令的并行操作能力进行优化，尽量减少微指令数。微程序设计人员希望能有一种既便于描述微程序又能接近数据描述，既能与机器无关，又能翻译成高效率微码的微高级语言。但到目前为止，这还是设计人员为之奋斗的目标。

5.3.2　微程序控制器

1. 微程序控制器组成原理

微程序控制器主要由控制存储器、微指令寄存器和地址转移逻辑三大部分组成，其中，微指令寄存器又分为微地址寄存器和微命令寄存器两部分。微程序控制器组成原理框图如图 5-27 所示。

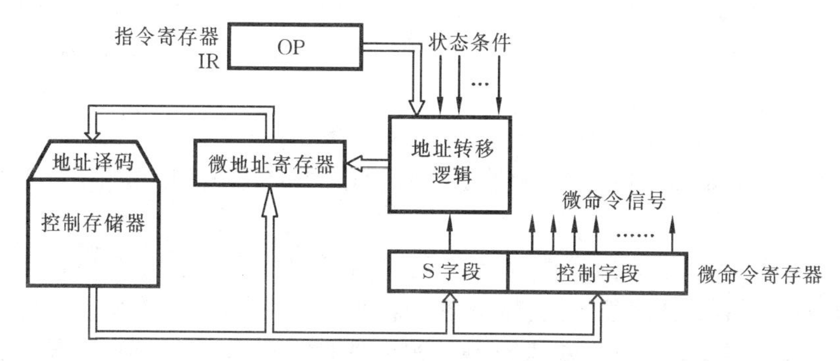

图 5-27　微程序控制器组成原理框图

(1) 控制存储器

控制存储器用来存放实现全部指令系统的所有微程序。控制存储器是只读型存储器,微程序固化在其中,机器运行时只能读不能写。工作时,每读出一条微指令,则执行这条微指令;接着又读出下一条微指令,又执行这一条微指令……读出一条微指令并执行该微指令的时间称为一个微指令周期。在串行方式的微程序控制器中,微指令周期通常就是只读存储器的工作周期。控制存储器的字长就是微指令字的长度,存储容量取决于微程序的数量。对控制存储器的要求是,读出周期要短,通常采用双极型半导体只读存储器来构成。

(2) 微指令寄存器

微指令寄存器用来存放从控制存储器读出的一条微指令信息。其中,微命令寄存器保存一条微指令的操作控制字段和判别测试字段的信息;而微地址寄存器存放将要访问的下一条微指令的地址,简称微地址。

(3) 地址转移逻辑

一条微指令由控制存储器读出后通常是直接给出下一条微指令的地址,这个微地址信息就存放在微地址寄存器中。若微程序不出现分支,则下一条微指令的地址就直接由微地址寄存器给出。当微程序出现分支时,则要通过判别测试字段和执行部件的状态条件来修改微地址寄存器的内容,并按修改过的微地址去读下一条微指令。地址转移逻辑电路就是自动完成修改微地址任务的部件。

例如,图 5-25(a)所示的就是这种类型微程序控制器的组成原理示意图。其中,μPC 是控制存储器 CM 的地址计数器,具有计数和并行接收数据功能,μIR 是微指令寄存器。当 μIR 中的转移控制字段指出一次转移时,微指令转移地址字段的内容就被并行送入 μPC。条件选择字段用来控制一个多路开关,根据外部的状态条件,多路开关使 μPC 的并行送数控制端(即输入端)起作用。

假设必须测试的两个状态条件变量为 v_1 和 v_2,则可使用一个具有 2 位的条件选择字段 S_0S_1 来控制。①当 $S_0S_1=00$ 时,微程序不转移;②当 $S_0S_1=01$ 时,如果 $v_1=1$,则转移,否则顺序执行;③当 $S_0S_1=10$ 时,如果 $v_2=1$,则转移,否则顺序执行;④当 $S_0S_1=11$ 时,无条件转移。与此对应,多路开关 MUX 有 4 个输入 x_0、x_1、x_2、x_3,其中 $x_0=0$,$x_1=v_1$,$x_2=v_2$,$x_3=1$。这样当 $S_0S_1=i$ 时,它选通多路开关输出 x_i,从而可控制转移地址字段内容是送入或不送入 μPC。

2. 微程序控制器 AM2910

微程序控制器的设计采用大规模集成电路的结构。位片式大规模集成电路芯片 AM2910,就是微程序控制器的核心部件,主要功能是控制产生下一条微指令地址,其结构框图如图 5-28 所示。其中,内部所有器件及数据通路宽度均为 12 位,提供的微地址可寻址 4K 字空间的控制存储器。

AM2910 有一个四输入的多路地址开关,用来选择:① 寄存器/计数器(R);② 直接输入地址(D);③ 微程序计数器(μPC);④ 微堆栈(F)。四路中的任一路可作为下一条微指令的地址。

寄存器/计数器由 12 个 D 触发器组成。作为寄存器时,用来保存一个微地址,以实现微程序分支;作为计数器时,用来控制微程序的循环次数。

μPC 由 12 位增量器和 12 位寄存器组成。当增量器输入 CI 为高电平时,地址多路开关输出的 Y 加 1 后装入 μPC,实现微程序顺序执行;当 CI 为低电平时,多路开关输出的 Y 直接装

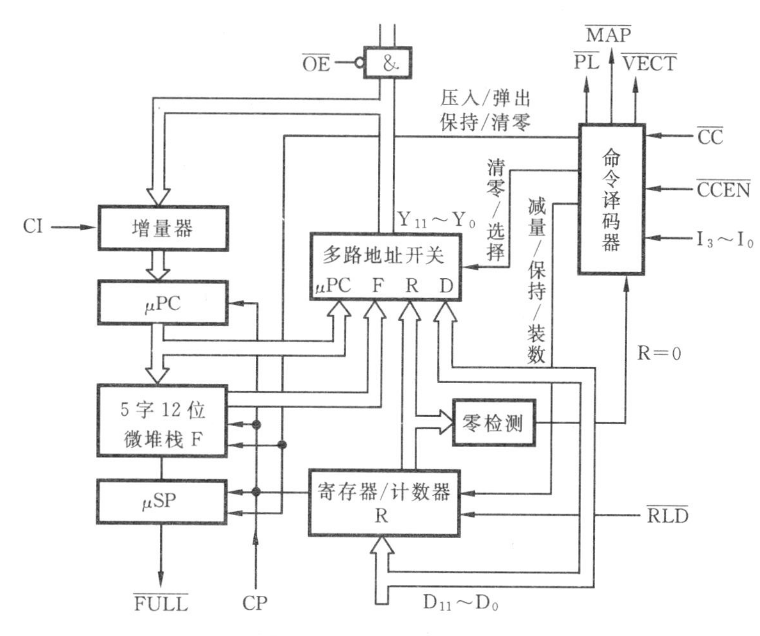

图 5-28 AM2910 结构框图

入 μPC,实现一条微指令的多次重复执行。

微堆栈由 5×12 位寄存器堆和微堆栈指示器 μSP 组成,用于保存微子程序调用的返回地址和微程序循环的首地址。μSP 总是指向最后一次压入的数据。执行微程序循环时,允许不执行弹出操作而直接访问微堆栈的栈顶。当堆栈中数据达到 5 个时,便发出堆栈已满的信号。

命令译码器的输出有 3 个使能控制信号($\overline{PL}$、$\overline{MAP}$、$\overline{VECT}$),用来确定直接输入信号 D 的来源,即

① 当$\overline{PL}$为有效的低电平时,D 来源于微指令的下地址字段,D 用来实现微程序的转移。

② 当$\overline{MAP}$为有效的低电平时,D 来源于控制存储器,D 用于实现从机器指令到相应微程序的转移。

③ 当$\overline{VECT}$为有效的低电平时,D 来源于中断向量,用于向量中断处理。

图中其他各输入/输出信号的含义如下。

$D_{11} \sim D_0$——外部直接输入的数据,可作为寄存器/计数器的初值,也可直接经地址多路开关从 $Y_{11} \sim Y_0$ 输出,作为下一条微指令的地址。

$Y_{11} \sim Y_0$——下一条微指令地址,直接作为控制存储器的地址。

$I_3 \sim I_0$——AM2910 命令码,来自微指令字有关字段,用于选择 AM2910 的 16 条命令。16 条命令则用来选择下一条将要执行的微指令地址。

CC——条件输入,若为低电平则表示测试成功,否则表示测试失效。

CCEN——CC 允许信号,若为低电平,则表示 CC 有效。

RLD——寄存器/计数器的装入信号,当为低电平时,不管 AM2910 所执行的命令和测试条件如何,都会强行把直接输入信号 $D_{11} \sim D_0$ 装入寄存器/计数器中。

OE——地址多路开关输出允许信号,当其为高电平时,Y 输出为高阻态。

CP——时钟脉冲信号,由低变高的上升沿触发所有内部寄存器发生变化。

3. 微程序控制计算机的工作过程

下面通过计算机启动、执行程序直到停机的过程,来说明微程序是如何控制计算机工作的。

机器加电后,首先由 Reset 信号将开机后执行的第一条指令的地址送入 PC 内,同时将一条“取指”微指令送入微指令寄存器内,并将其他一些有关的状态位或寄存器置于初始状态。当电压达到稳定值后,自动启动机器,产生节拍电位和工作脉冲。为保证计算机正常工作,电路必须保证开机工作后第一个机器周期信号的完整性,在该 CPU 周期末,产生开机后第一个工作脉冲。然后计算机开始执行程序,不断地取出指令、执行指令。程序可以存放在固定存储器中,也可以利用固化在 ROM 中的一小段引导程序,将要执行的程序和数据从外围设备调入主存。实现各条指令的微程序是存放在微程序控制器中的。当前正在执行的微指令从微程序控制器中取出后放在微指令寄存器中,由微指令的控制字段中的各位直接控制信息和数据的传送,并进行相应的处理。当遇到停机指令或外来停机命令时,应该等待当前这条指令执行完后再停机或至少在本机器周期结束时再停机。要保证停机后重新启动时计算机能继续工作而且不出现任何错误。

上面介绍了微程序控制计算机工作的过程。实现这一过程的方法很多,硬件结构也有很大的差异,这里只是简要说明一种实现的方法。

5.4 硬布线控制器与门阵列控制器

5.4.1 硬布线控制器

1. 硬布线控制基本方法

硬布线控制是早期推出的设计计算机的一种方法。硬布线控制器所产生的控制计算机各部分操作所需的控制信号是由直接连线的逻辑电路产生的,所以又称为组合逻辑控制器。这种方法将控制部件作为产生专门固定时序控制信号的逻辑电路,而此逻辑电路则以使用最少元件和取得最高操作速度为设计目标。因为该逻辑电路是由门电路和触发器构成的复杂树形网络,所以它又称为硬布线控制器。这种控制部件构成后不能改变,如果想增加新的控制功能就必须重新设计和重新布线。

当执行不同的机器指令时,硬布线控制器是通过激励一系列彼此很不相同的控制信号来实现对指令的解释的,其结果使控制器的结构很复杂,因而硬布线控制器的设计和调试也非常复杂。因此,硬布线控制器曾被微程序控制器取代。但是,在同样的半导体工艺条件下,硬布线控制器的速度要比微程序控制器的速度快。随着 VLSI 工艺迅猛发展以及计算机技术的不断进步,组合逻辑设计思想又受到了人们的高度重视,现代新型计算机体系结构如 RISC 中多采用硬布线控制逻辑。

2. 硬布线控制器结构原理

硬布线控制器主要由组合逻辑网络、指令寄存器和指令译码器、节拍电位/节拍脉冲发生器等部分组成。其中,组合逻辑网络产生计算机所需的全部操作命令(包括控制电位与打入脉冲),是控制器的核心。硬布线控制器的结构原理如图5-29所示。图中,组合逻辑网络的输入信号有 3 个来源。

① 来自指令操作码译码器的输出 I_1 ~ I_m,译码器每根输出线表示一条指令,译码器的输

出反映出当前正在执行的指令。

② 来自执行部件的反馈信息 $B_1 \sim B_j$。

③ 来自时序产生器的时序信号，包括节拍电位信号 $M_1 \sim M_i$ 和节拍脉冲信号 $T_1 \sim T_k$。其中，节拍电位信号是机器周期信号，节拍脉冲信号是时钟周期信号。

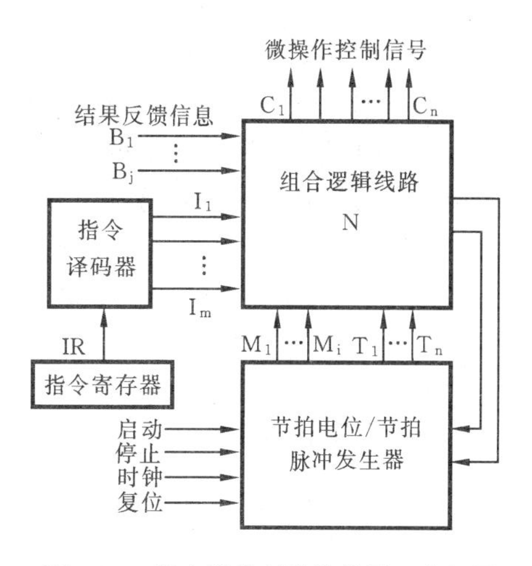

图 5-29 硬布线控制器结构原理方框图

组合逻辑网络 N 的输出信号 $C_1 \sim C_n$ 就是微操作控制信号，用来控制执行部件。还有一些信号则根据条件变量来改变时序发生器的计数顺序，以便跳过某些状态，从而可以缩短指令周期。

硬布线控制器的基本原理可归纳为：某一微操作控制信号 C 是指令操作码译码器输出 I_m、时序信号（节拍电位 M_i 及节拍脉冲 T_k）和状态条件信号 B_j 的函数。其数学描述为

$$C=f(I_m, M_i, T_k, B_j)$$

该控制信号 C 是用门电路、触发器等许多器件采用组合逻辑设计方法实现的。当机器加电工作时，某一操作控制信号 C 在某条特定指令和状态条件下，在某一序列的特定节拍电位和节拍脉冲时间间隔中起作用，从而激励这条控制信号线对执行部件进行控制。显然，从指令流程图出发，就可以一个不漏地确定在指令周期中各个时刻必须激励的所有操作控制信号。例如，产生一次主存读操作的控制信号 C_1，当节拍电位 $M_1=1$，取指令时被激励；而当节拍电位 $M_4=1$，3 条指令（LDA，ADD，SUB）取操作数时，也被激活，此时指令译码器的 LDA、ADD、SUB 输出均为 1，因此，C_1 的逻辑表达式为

$$C_1=M_1+M_4(\text{LDA}+\text{ADD}+\text{AND})$$

控制信号一般还要考虑节拍脉冲和状态条件的约束，所以每一个控制信号 C_n 可以由以下形式的逻辑方程来确定，即

$$C_n=\sum_i(M_i T_k B_j \sum_m I_m)$$

3. 硬布线控制逻辑设计的基本步骤及相关问题

按照先后次序，硬布线控制器的基本设计有如下过程。

(1) 采用适宜指令格式，合理分配指令操作码

设计计算机要先考虑指令系统应实现什么功能，需设立哪些指令。指令系统确定后，为了节省控制逻辑电路、减少延迟时间，应该合理地分配操作码。指令操作码的分配对组合逻辑电路的组成影响非常大。

有些机器采用不等长的指令字格式，常用的指令字短，复杂的指令字长，从而总的程序代码短，程序占用的存储器空间少，但是，指令的操作码不太规整。另外，对于系列机，当初设计第一台计算机时并没有预计到要增加扩充指令，而新设计的计算机必须扩充指令，因而操作码代码分配变得不甚合理。以上情况使指令中操作码字段的长度与位置不固定，在一台计算机中又存在多种指令格式，增加了控制逻辑电路的复杂性，条理性也差。

现在一些新型计算机中，采用等字长规整化的指令格式，指令中操作码字段的长度与位置都是固定的，使控制逻辑电路简单易实现。

(2) 确定机器周期、节拍与主频

机器周期、节拍与主频基本上是由指令的功能及器件的速度确定的。设计时,首先选择能反映出计算机各主要部件速度的典型指令,例如,加法指令、转移控制指令等。分析并定出这些典型指令的执行步骤以及每一步骤需要的时间,例如,指令中的取指或取操作数反映了存储器的速度以及CPU与存储器的工作配合情况;加法运算涉及运算器或ALU的运算速度;条件转移指令,尤其是比较转移指令更能反映出执行周期所需要的时间,因为这条指令在执行前要先进行比较运算,再根据运算结果置状态位,根据状态位决定是否要转移,所需的时间较长,用它作机器周期的基本时间可以保证绝大部分指令能在这一时间内完成操作。其次还要逐条对指令进行分析以确保绝大部分指令能够在基本时间内完成操作。为了不影响机器运行速度,对于不能在这一时间完成的个别指令,根据这条指令的执行几率,可采取增加周期数或延长时间的办法解决。

机器的周期基本上是根据存储器的速度及执行周期的基本时间确定的。随之机器的主频、每一机器周期的节拍电位与时钟数也就基本上确定了。

(3) 确定机器周期数及一周期内的操作

根据指令功能,确定每一条指令所需的机器周期数以及每一周期所要完成的操作。

大部分指令的执行过程与典型指令类似,但有些指令的操作比较复杂,例如,乘法指令执行时间较长,要作特殊处理。通常采取的办法是,延长这条指令的执行周期或重复出现执行周期。对于乘法运算的具体做法是在一个基本机器周期内完成一次“加法与移位”操作,在采用一位乘的乘法规则时,M位字长的乘法运算,循环执行M次“加法与移位”操作。也就是说将该条指令的执行周期延长到M个基本机器周期。属于这种特殊处理的指令一般还有除法、移位、浮点运算、程序调用等指令。

确定每条指令在每一机器周期所要完成的操作时,就得出了相应的操作控制命令。该命令的一般表达式为

$$操作控制命令名=指令名\times机器周期\times节拍\times条件$$

(4) 进行指令综合

综合所有指令的每一个操作命令,写出逻辑表达式,并进行化简。

由于指令系统有几十至几百条机器指令,机器中操作控制命令很多,而且每一个操作命令表达式中包含的项也很多,因此需要化简。有些操作命令要求被控制对象完成的动作比较简单,而有些则比较复杂,对后者要仔细考虑在一个机器周期内是否能完成。假如某条指令的一个操作在一个基本机器周期内无法完成,为了安排这个操作,就要使基本机器周期增加10%的时间,这时就应考虑是否要设置这条指令。若设置这条指令后至少能使程序运行时执行的指令数减少10%,不至于损失整机的速度,则可以考虑设置,否则,或者不要这条指令,其功能由子程序实现,或者用延长周期的方法来实现,这样就不会影响其他指令的执行速度。关于化简,除了对逻辑式进行化简以外,还可结合机器本身的特点进行,前面谈到的指令操作码的编码分配即为一例。在实现某些指令时,有一些操作命令的存在与否不影响指令的功能,此时可根据是否对化简有利而进行取舍。

(5) 明确组合逻辑电路

将化简后的逻辑表达式用组合逻辑电路实现。操作命令的控制信号先用逻辑表达式列出,并进行化简,考虑各种条件的约束,合理选用逻辑门电路、触发器等器件,采用组合逻辑电路的设计方法产生控制信号。

总之,控制信号的设计与实现,技巧性较强。目前已有一些开发系统或工具供逻辑设计者使用,但是,对全局的考虑主要依靠设计人员的智慧和经验实现。

4. 硬布线控制器与微程序控制器的比较

硬布线控制器与微程序控制器相比较,除了在操作控制信号的形成方法和原理有比较大的差异外,其余组成部分并无本质差别。但是,各个控制器之间具体实现的方法与手段差别很大,这并不是由采用硬布线控制或微程序控制引起的,而是因为实现一条指令功能的办法不是惟一的,因此,就出现了多种逻辑设计方案。

硬布线控制与微程序控制的主要差异归结为如下两点。

(1) 实现方式

微程序控制器的控制功能是在存放微程序的控制存储器和存放当前正在执行的微指令的寄存器直接控制下实现的,而硬布线控制的功能则由逻辑门组合实现。微程序控制器的电路比较规整,各条指令控制信号的差别集中在控制存储器的内容上,因此,无论是增加或修改指令都只要增加或修改控制存储器内容即可,若控制存储器是 ROM,则要更换芯片,在设计阶段可以先用 RAM 或 EPROM 来实现,验证正确后或成批生产时,再用 ROM 替代。硬布线控制器的控制信号先用逻辑式列出,经化简后用电路来实现,因而,显得零乱且复杂,当需修改指令或增加指令时就必须重新设计电路,非常麻烦而且有时甚至无法改变。因此,微程序控制取代了硬布线控制并得到了广泛应用,尤其是指令系统复杂的计算机,一般都采用微程序来实现控制功能。

(2) 性能方面

在同样的半导体工艺条件下,微程序控制的速度比硬布线控制的速度低,因为执行每条微指令都要从控制存储器中读取,影响了速度;而硬布线逻辑主要取决于电路延迟,因而在超高速机器中,对影响速度的关键部分如核心部件 CPU,往往采用硬布线逻辑实现。最近几年,在一些新型计算机结构中,例如,RISC(精简指令系统计算机)中,一般都选用硬布线逻辑电路。

5.4.2 门阵列控制器

由大量的与门、或门阵列等电路构成的器件,简称为门阵列器件。用门阵列器件设计的操作控制器,称为门阵列控制器。门阵列器件中有小规模/中规模集成电路制作的逻辑器件,也有大规模集成电路制作的通用可编程逻辑器件。标准的小规模/中规模逻辑器件 74 系列是早期使用最多的逻辑器件,这种逻辑芯片内部多数只有一种逻辑元件,因而,设计一个组合逻辑控制器需要使用多个不同芯片。用这种逻辑器件设计的控制电路速度快且结构优化,但是,所用器件数量多、功耗大、体积大、印刷电路板布线复杂、可靠性差、不便于修改和调试。随着大规模集成电路制造技术的发展,又相继推出了通用可编程逻辑器件——可编程逻辑阵列(PLA)、可编程阵列逻辑(PAL)、通用阵列逻辑(GAL)。

使用通用可编程逻辑器件既可实现组合逻辑,也可实现时序逻辑,因而可以满足计算机系统中对随机逻辑功能的需要。本小节主要介绍使用通用可编程逻辑器件设计的操作控制器。

1. 基本设计思想

采用门阵列器件设计控制器的基本设计思想与早期的硬布线控制器的一样:首先写出每

个操作控制信号的逻辑表达式，然后选用某种门阵列芯片，并通过编程来实现这些表达式。

例如，当用 PLA 器件设计微操作控制信号时，通常把指令的操作码、节拍电位、节拍脉冲和反馈状态条件作为 PLA 的输入，而按一定的“与-或”关系编排后的逻辑阵列输出，便是所需要的微操作控制信号。微操作控制信号 C 是操作码 I、节拍电位 M、节拍脉冲 T 和反馈条件 B 的函数，即 C=f(I,M,T,B)。设某一微操作控制信号 C_i 既发生在指令 1(设操作码 OP 为 $I_1I_2=11$)的节拍电位 M_2、节拍脉冲 T_4 时间，也发生在指令 2(设 OP 为 $I_1I_2=00$)的节拍电位 M_3、节拍脉冲 T_2 时间，且进位触发器状态 Cy 为“1”，则得到 C_i 的逻辑表达式为

$$C_i = I_1I_2M_2T_4 + \bar{I}_1\bar{I}_2M_3T_2Cy$$

如果将上式的输入变量送入 PLA，并进行编排，则输出就是微操作控制信号 C_i。

2. 通用可编程逻辑器件

(1) 可编程逻辑阵列 PLA

PLA 是由一系列二极管构成的“与”门和三极管构成的“或”门组成的，采用熔丝工艺的一次性编程器件。PLA 的逻辑结构图如图 5-30 所示。图中，有 4 个输入变量 x_1、x_2、x_3、x_4，每个变量有原码和反码两个输出；3 个和项 f_1、f_2、f_3(“或”逻辑)，每一个和项包含 8 个乘积项 y_1、y_2、y_3、y_4、y_5、y_6、y_7、y_8(“与”逻辑)。每一个和项 f(“或”)控制一个输出函数，它可用外界电脉冲来编排程序，直到包括全部的 8 个乘积项为止。输入变量的每一行可以被地址矩阵的每一列识别为逻辑“1”、“0”或者“任意值”(用 d 表示)。例如，对于乘积项 y_5，其输入 $x_1=1$、$x_2=d$、$x_3=0$、$x_4=1$，而输出 $f_1=0$、$f_2=1$、$f_3=0$。输出函数 f_1 由 3 个乘积项组成，f_2 由 4 个乘积项组成，f_3 由 3 个乘积项组成。输出函数 f_1 的逻辑表达式为

$$f_1 = y_2 + y_3 + y_6 = x_1\bar{x}_2x_3(x_4) + \bar{x}_1\bar{x}_2(x_3)x_4 + (x_1)x_2(x_3)x_4$$

其中，括号中值表示变量的真值，可以为任意值，即可以是“1”，也可以是“0”。

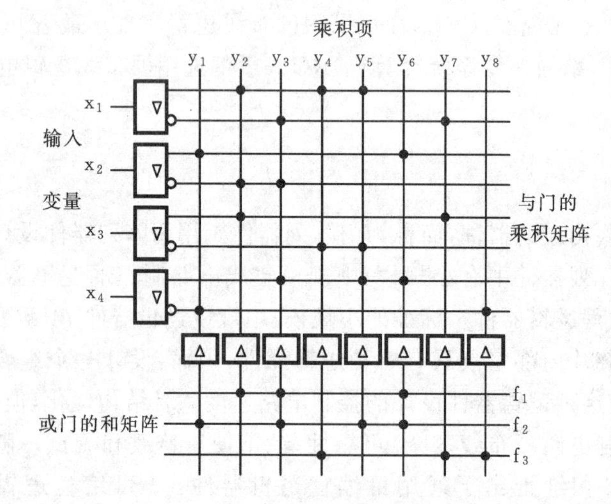

乘积项	输入变量				输出功能		
	x_1	x_2	x_3	x_4	f_1	f_2	f_3
y_1	d	1	d	0	0	1	0
y_2	1	0	1	d	1	0	0
y_3	0	0	d	1	1	1	0
y_4	1	d	0	d	0	0	1
y_5	1	d	0	1	0	1	0
y_6	d	1	d	1	1	1	0
y_7	0	d	1	d	0	0	1
y_8	d	d	d	0	0	0	1

图 5-30 PLA 的逻辑结构图

PLA 的主要用途有：进行逻辑压缩；设计操作控制器；实现存储器的重叠操作；组成故障检测网络；设计优先中断系统。

(2) 可编程阵列逻辑 PAL

PAL 的“与”门阵列是可编程的，“或”门阵列是固定的，这与 PLA 的“与”门阵列和“或”门阵列都是可编程的有所不同。如图 5-31 所示的是 PAL 原理示意图。

PAL内部逻辑关系虽然可以用编程方法来确定，但每一种PAL芯片的功能有一定的限制。设计电路时，按照所需的功能，必须选择一种合适的PAL芯片，这就要求使用者拥有多种型号的PAL芯片。集成化的PAL器件中往往设置了记忆元件，因此，也具有时序电路的特点。

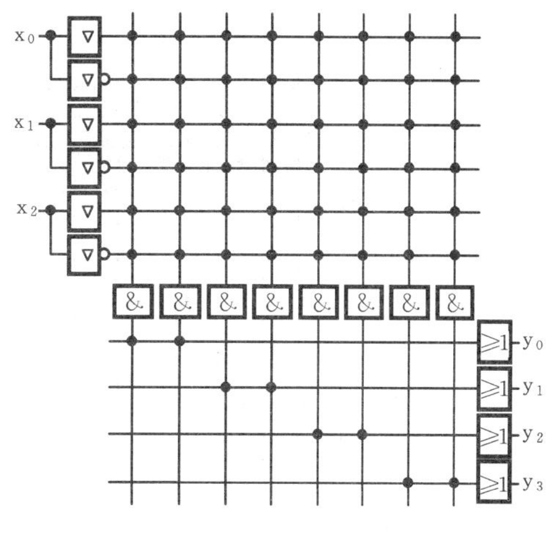

图5-31　PAL原理示意图

(3) 可编程通用阵列逻辑(GAL)

GAL是美国LATTICE公司20世纪80年代推出的可编程逻辑器件。GAL器件可分为两大类，一类与门阵列是可编程的，或门阵列是固定的；另一类与门阵列和或门阵列均可编程。GAL在计算机系统中得到了广泛的应用，其特点如下。

① 能够实现多种控制功能，完成组合逻辑电路和时序逻辑电路的多种功能，通过编程可以构成多种门电路、触发器、寄存器、计数器、比较器、译码器、多路开关以及控制器等。

② 采用电擦除工艺，门阵列可反复改写，器件的逻辑功能可重新配置，因此，它是产品研制开发中的理想器件。

③ 速度高、功耗低。具有高速电擦写能力，改写芯片只需数秒钟，而功耗只有双极型逻辑器件的1/2或1/4，降低了温升。

④ 硬件加密，能有效防止电路抄袭和非法复制。

GAL由于可多次改写，编程速度快，使用灵活方便，特别适用于产品开发研制和小批量生产的系统。使用GAL芯片设计的电路，印刷电路板上走线自由，若调试电路时发现原理设计错误，一般只需对GAL芯片重新编程即可，不必重新加工印刷电路板，从而缩短了设计周期，降低了开发费用。

下面以GAL16V8为例，简要说明其内部结构。如图5-32所示，GAL主要由5个部分组成：① 8个输入缓冲器；② 可编程与门阵列(32×64个码点)；③ 8个输出逻辑宏单元OLMC；④ 1个时钟端和1个输出三态门控制端；⑤ 电源输入端。

内部共有2048个与门，64个或门、8个异或门、16个输入/反馈缓冲器、8个D触发器、8个三态输出缓冲器。

信号输入有3种方法：① 从8个输入缓冲器输入；② 用CK和OE引脚输入；③ 将输出引脚定义为输入端。

每个OLMC都和8个与阵列(图中示意为一条线)的输出端相接，每条线都和32条输入信号纵向引线有32个交点，每个交点都可编程为一个与门，64条“与线”和32条输入信号纵向引线有2048个交点，构成了GAL芯片的“与”运算阵列。

与门的所有输出都接到OLMC单元，在OLMC内完成“或”运算。OLMC可编程为组合逻辑或时序逻辑，且每个OLMC可单独设置为输出是高有效或低有效的。OE信号可控制所有输出，也可用与阵列送出的信号单独控制某个输出。输出宏单元能最大限度地满足电路的要求，并使GAL能替代现有的所有PAL器件。

GAL芯片可以扩充，以适应大量输入/输出信号的需要。OLMC由编程位控制具有多种功能，这几个编程位是SYN、AC_0、AC_1(n)和XOR(n)，其中，n表示8个OLMC对应的位。其编程过程由“GAL编程器”完成。

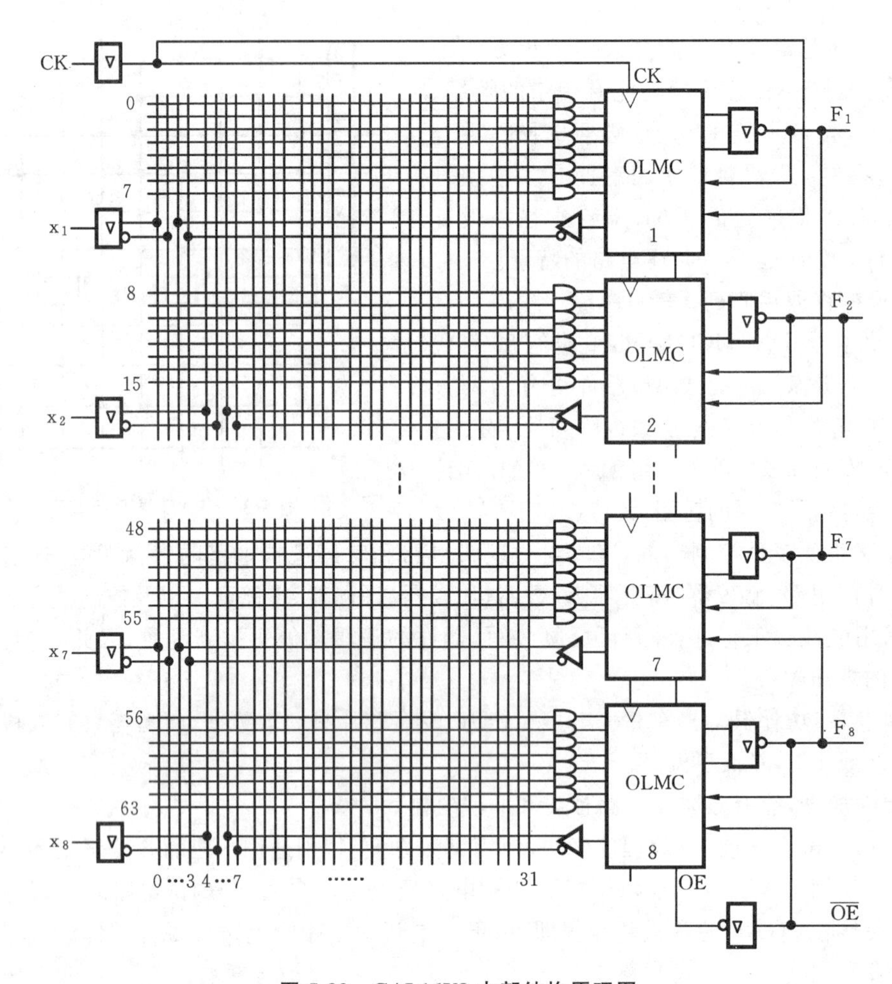

图 5-32 GAL16V8 内部结构原理图

3. 门阵列控制器控制指令执行流程

在门阵列控制器中，由于在一个指令周期中要顺序执行一系列微操作，需要设置多个节拍电位来定时，所以时序产生器除了产生节拍脉冲信号外，还应当产生节拍电位信号。5.2.1 小节介绍的 4 条典型指令的指令周期，若用门阵列控制器控制来实现，其指令流程如图 5-33 所示。

取指阶段放在 M_1 节拍内，所有指令的取指令操作均在此节拍内完成。M_1 节拍内，操作控制器发出微操作控制信号，并从内存取出一条机器指令。

执行阶段在 M_2、M_3、M_4 3 个节拍内完成。CLA 指令只需一个节拍(M_2)即可完成；ADD 和 STA 指令的执行在间接访问内存情况下需要 3 个节拍(M_2、M_3、M_4)，而在直接访问内存情况下需要两个节拍(M_2、M_4)；JMP 指令的执行在直接访问内存时需要一个节拍(M_2)，在间接访问内存时需要两个节拍(M_2、M_3)。为了简化节拍控制，指令的执行过程可采用同步工作方式，即各条指令的执行阶段均用最长节拍数 M_4 来考虑。这样，对 CLA 指令来讲，在 M_3 和 M_4 节拍中没有什么操作。同样，对于 ADD 和 STA 指令，当直接访问内存时在 M_3 节拍内也没有什么操作。对于 JMP 指令也有类似情况。

显然，由于采用同步工作方式，长指令和短指令对节拍时间的利用都是一样的。这对短指

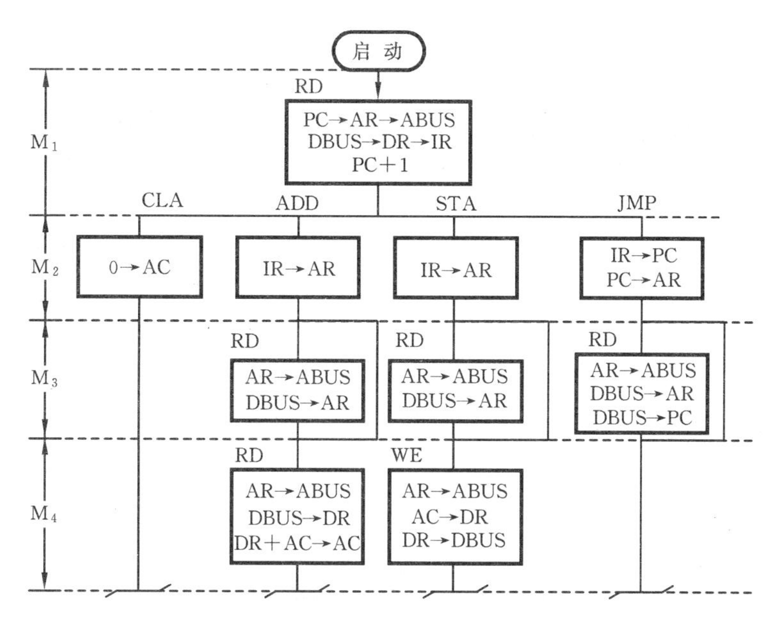

图 5-33 PLA 控制的指令周期流程图

令来讲，在时间上是有所浪费的，因而也降低了 CPU 指令的执行速度，影响到机器的速度指标。为了改变这种情况，在设计短指令流程时可以跳过某些节拍，例如，CIA 指令执行 M_2 节拍后跳过 M_3、M_4 节拍而返回到 M_1 节拍。当然，在这种情况下，节拍信号发生器的电路相应就要复杂一些。

节拍电位信号的产生电路与节拍脉冲产生电路十分类似，它可以在节拍脉冲信号时序产生器的基础上产生，运行中以循环方式工作，并与节拍脉冲保持同步。

4. 微操作控制信号的产生

在门阵列控制器中，某一微操作控制信号由门阵列器件的某一输出函数产生。设计微操作控制信号的方法和过程是：根据所有机器指令流程图，寻找出产生同一个微操作信号的所有条件，并与适当的节拍电位和节拍脉冲组合，写出其逻辑表达式并进行简化，然后在门阵列器件中进行编程。为了防止遗漏，设计时可按信号出现在指令流程图中的先后次序来书写，然后进行归纳和简化。要注意控制信号是电位有效还是脉冲有效，如果是脉冲有效，必须加入节拍脉冲信号进行相“与”。

5.5 CPU 的新技术

5.5.1 流水线处理机

1. 流水技术原理

传统计算机中各条机器指令之间是串行执行的，即按指令的顺序执行完一条指令再执行下一条指令。一条指令的执行过程包括取指令、分析指令和执行指令。如按四个周期完成一条指令来考虑，其执行过程如下。

取指 I_1	指令译码 I_1	取操作数 I_1	运算 I_1	取指 I_2	指令译码 I_2	…

其中,I_1 表示第 1 条指令,I_2 表示第 2 条指令,运算包括计算并保存结果。在某些计算机中,CPU 分成指令部件 IU 和执行部件 EU,IU 完成取指和指令译码等操作,EU 完成运算和保存结果等操作,如按 IU 和 EU 顺序操作来考虑,可将程序的执行过程表示为

IU(I_1)	EU(I_1)	IU(I_2)	EU(I_2)	…

采用指令串行执行方式进行控制时,控制比较简单,但机器各部分的利用率不高。例如,IU 工作时,EU 基本空闲;EU 工作时,IU 基本空闲。如果把两条指令或若干条指令在时间上重叠起来进行执行,则将大幅度提高程序的执行速度,如图 5-34 所示。由图 5-34(a)可看出,重叠执行过程是,当 IU 完成对第一条指令的操作后,交给 EU 继续处理,同时进行第二条指令的取指操作。假如每个部件完成操作所需的时间为 T,尽管每条指令的执行时间为 2T,但当第一条指令处理完后,每隔 T 时间就能得到一条指令的处理结果,即每条指令的平均执行时间就成为 T 了,相当于把处理速度提高了 1 倍。如图 5-34(b)所示,将一条指令分成 4 段,若每段所需时间为 t,则一条指令的执行时间为 4t,但当第一条指令处理完后每隔 t 时间就能得到一条指令的处理结果,即每条指令的平均执行时间为 t,平均速度提高到了 4 倍。其过程与现代工业生产中的流水装配线相似,因此,把这种处理器称为流水线处理器。计算机的流水线为了实现流水作业,必须把输入任务分成一系列子任务,各子任务在流水线的各个阶段并发地执行,并且将任务连续不断地输入流水线,从而实现了子任务级的并行处理。流水线处理大幅度地改善了计算机的系统性能,是在计算机上实现时间并行性的一种非常经济的方法。开始执行时,由于流水线未装满,有的功能部件没有工作,速度较低,只有在流水线装满且稳定状态下,才能保证最高处理速率。

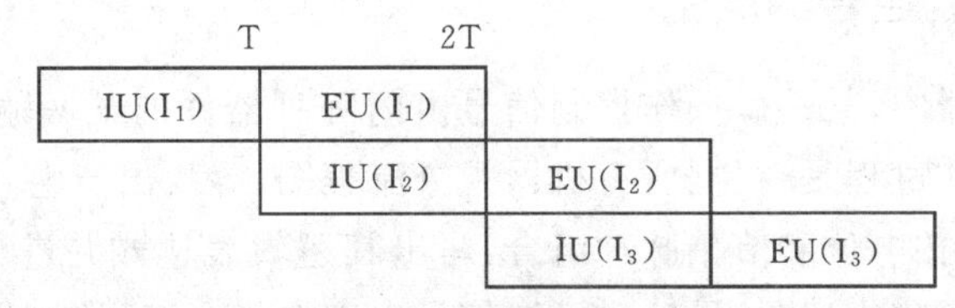

(a) 两条指令重叠执行(两级流水线)

I_1	取　　指	指令译码	取操作数	运　　算			
I_2		取　　指	指令译码	取操作数	运　　算		
I_3			取　　指	指令译码	指令译码	运　　算	
I_4				取　　指	指令译码	取操作数	运　　算

(b) 四条指令重叠执行(四级流水线)

图 5-34　指令重叠执行情况(指令流水线)

流水线原则上要求各个阶段的处理时间都相同,若某一阶段处理时间长,必将造成其他阶段的空转等待。因此,必须合理划分子任务。如将一条指令执行过程分成 4 段,每段由各自的功能部件去执行,而每个功能部件的执行时间是不可能完全相等的(例如,从存储器取指或取数的时间与运算时间很可能不相等),由于流水线装满时各个功能部件同时都在工作,为了保证完成指定的操作,t 值应取 4 段中最长的时间,此时有些功能段便会长时间处于等待状态,

而达不到全面忙碌的要求,影响流水线作用的发挥。为了解决这一问题,可采用将几个时间较短的功能段合并成一个功能段或将时间较长的功能段分成几段等方法,最终使各段所需的时间接近相等。图 5-34(a)所示的为两级流水线,图 5-34(b)所示的为四级流水线。

除了上述的指令执行流水线外,还有运算操作流水线,例如,执行浮点加法运算时,可以分成 3 段(三级流水线):对阶;尾数加;结果规格化。每一段由专门的逻辑电路完成指定操作,输出结果保存在锁存器中,作为下一段的输入,如图 5-35 所示。当浮点加法对阶运算完成后,将结果送入锁存器,就可进行下一条浮点指令的阶码运算,实现流水线操作。又如执行浮点乘法运算时,若与浮点加法运算相似,分成阶码运算、尾数乘和规格化三级流水线,就不合理了,因为尾数乘所需的时间比阶码运算与规格化操作所需的时间长得多,同时尾数乘可以与阶码运算同时进行。为了提高运算速度,尾数乘本身可用流水线方式组织起来。

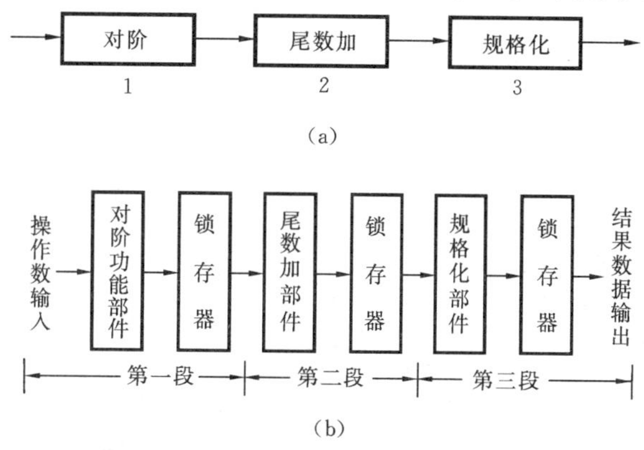

图 5-35 运算操作流水线

由于流水线相邻两段是在执行不同的指令或者运算操作,因此,在相邻两段之间必须设置锁存器或寄存器,以保证在一个周期内流水线的输入信号不变。当流水线各段工作饱满时,才能保证最高处理速率,发挥最大作用。

综上所述,流水线处理技术是在重叠控制基础上发展起来的,它是将一个复杂过程分解成多个子过程,每个过程段都具有专用的功能部件,所有子过程同时对不同的数据进行处理的技术。流水线技术特点如下:① 一个流水过程,可以包括多个子过程;② 每一个子过程都由专门的功能段来完成;③ 各功能段所需要的时间是相同的;④ 适合于大量的重复性的处理。

2. 流水结构分类

流水结构不仅在指令的解释过程中用来提高处理速度,而且可以应用于各种大量重复的时序过程,如浮点数加法器等。因此就有按不同结构和不同观点进行的不同分类。

(1) 按完成的功能分类

① 单功能流水线。这是只能完成一种功能的流水线,如只能实现浮点加法、减法或乘法的流水线。在计算机中要实现多个功能,一般采用多个单功能流水线进行组合。单功能流水线如图 5-36 所示。

② 多功能流水线。这是同一个流水线可有多种连接方式来实现多种功能的流水线。一个典型的例子是 ASC 运算器,它有 8 个功能段,经适当连接可以实现浮点加、减或乘等功能,如图 5-37 所示。

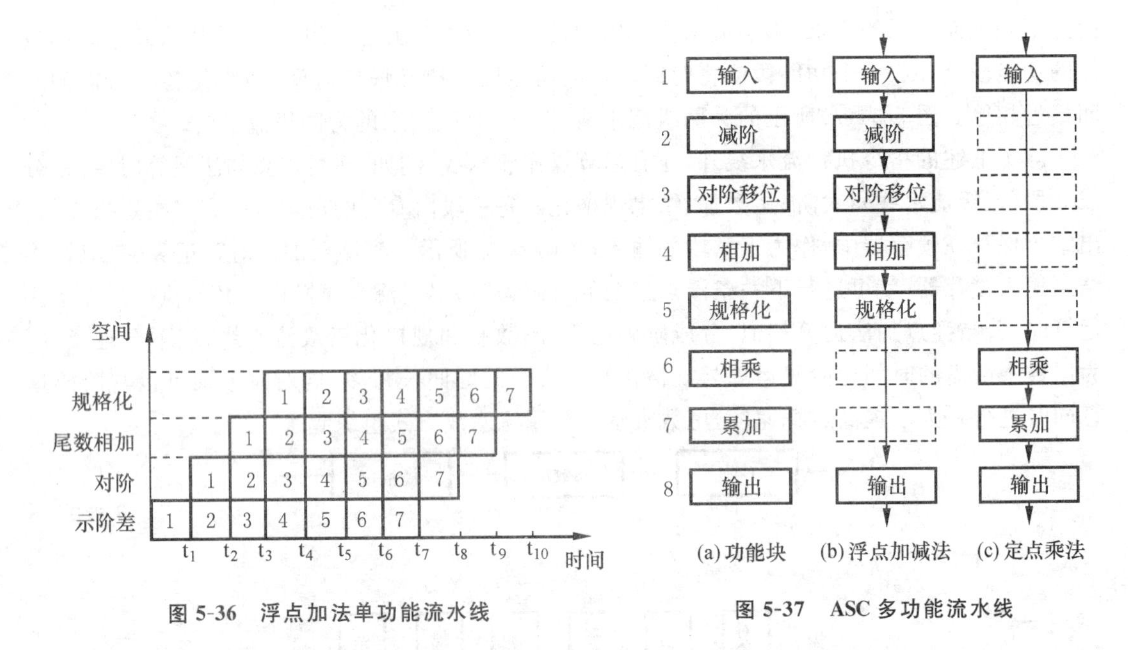

图 5-36　浮点加法单功能流水线

图 5-37　ASC 多功能流水线

(2) 按同一时间内各段之间的连接方式分类

① 静态流水线。这是同一时间内，流水线的各段只能按同一种功能的连接方式工作的流水线。图 5-38 所示的流水线只能按浮点加法工作或定点乘法工作。

② 动态流水线。这是在同一时间内，流水线的各段可按不同运算的连接方式工作的流水线。图 5-37 所示的有些段实现浮点加，有些段实现定点乘，显然提高了工作效率，但控制就复杂多了。因此，大多数流水线都是静态的。静态流水线和动态流水线的比较时-空图，如图 5-38所示。

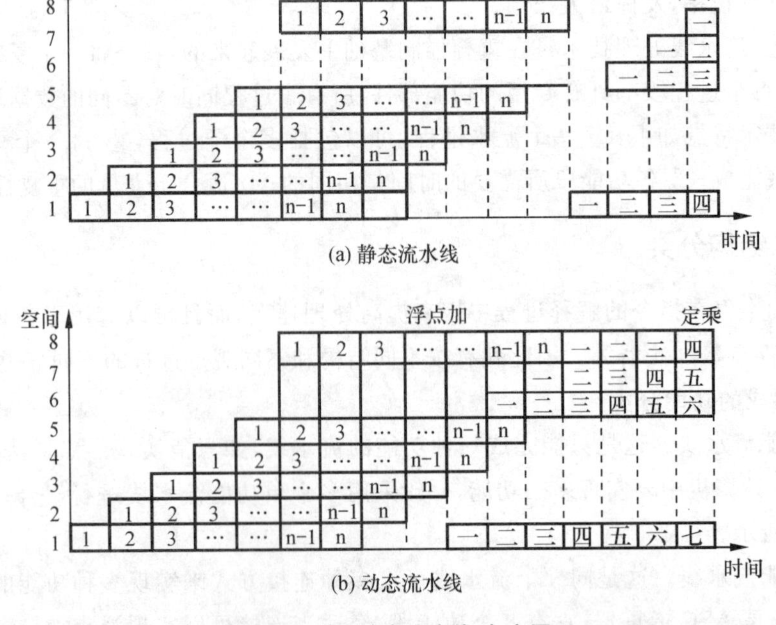

图 5-38　静、动态流水线时-空图

(3) 按流水的级别分类

① 部件级流水线，又称运算器流水线。它是指将处理机的算术逻辑部件分段，使各种数据类型能进行流水操作的流水线，如图 5-36 和图 5-37 所示。

② 处理机级流水线，又称指令流水线。它是指在指令解释过程中划分出若干个功能段，按流水方式组织起来的流水线，如图 5-34 所示。先行控制也是指令流水线，它把指令过程分为 5 个子过程，用 5 个专用功能段进行流水处理，如图 5-39 所示。

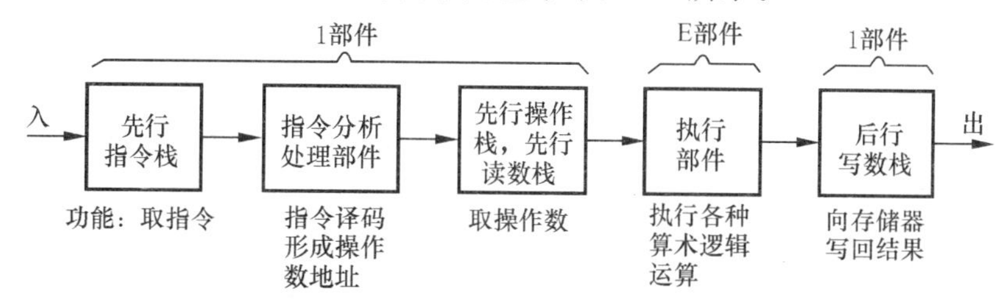

图 5-39　先行控制流水过程

如把解释过程分成两个子过程（“分析”和“执行”）的“一次重叠”，就是最简单的指令流水。

③ 处理机间流水线，又称宏流水线。它是指两台以上的处理机串行地对同一数据流进行处理，每台处理机完成一个任务的流水线。这种结构往往又称为异构型多处理机系统，如图 5-40 所示。

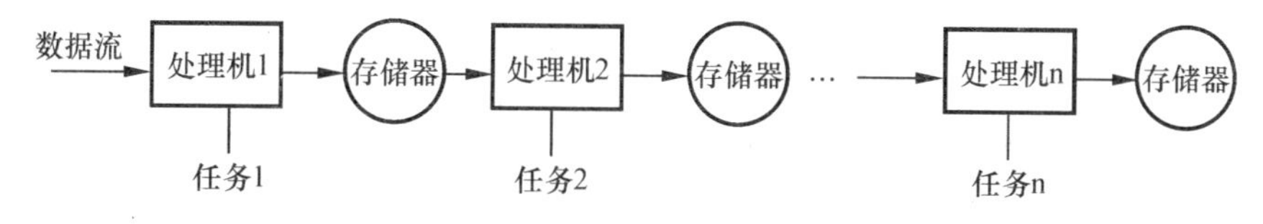

图 5-40　宏流水线

(4) 按数据表示分类

① 标量流水处理机。它只能对标量数据进行处理。

② 向量流水处理机。它具有向量指令，能对向量的各元素进行流水处理。

(5) 按流水线是否有反馈回路分类

① 线性流水线。流水线各段串行连接，没有反馈回路。

② 非线性流水线。流水线中除有串行连接通路外，还有反馈回路。在流水过程中有些段要反复多次使用。非线性流水线常用于递归或组成多功能流水线，如图 5-41 所示。

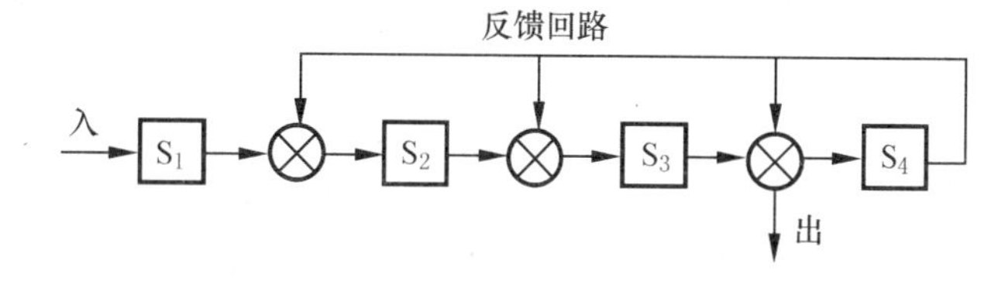

图 5-41　非线性流水线

3. 流水线相关处理

要使流水线发挥高效率，就要使流水线连续不断地流动。尽量不出现断流情况，但是断流现象还是不可避免的，其原因除了编译形成的目标程序不能发挥流水结构的作用和存储系统速度慢不能为连续流动提供所需的指令和操作数以外，就是流水过程中会出现相关、转移和中断等问题。

因为流水过程中出现的转移、中断等现象与它们之后的指令有关联，称其为全局性相关。而那些与主存操作数或寄存器“先写后读”的关联，又称其为局部性相关。

(1) 局部性相关的处理

在实际的流水线结构里要解决可能出现的相关问题，按流水流动顺序的安排与控制，可有下列几种。

① 顺序流动。它是指流水线输出端的任务(指令)流出顺序与输入端的流入顺序一样的流动。遇到相关指令，则使相关的指令解释过程停止，待过了相关这一环节后再继续下去。

假如有一串指令的执行顺序是先执行 h，然后依次是执行 i，j，k，…它们将在有 8 个功能段的流水线里流动，如图 5-42 所示。一般流水线里读段在前，写段在后。如果有 h 和 j 两条指令对同一存储单元有“先写后读”的要求，若第 j 条指令到达读段，第 h 条指令还没到达写段，则第 j 条指令读出的数是错的，这就是“先写后读”相关。解决的方法是，当第 j 条指令到达读段时，若发现与第 h 条指令相关，则第 j 条指令在读段停止，在第 h 条指令流过写段后，第 j 条指令才继续流下去。这种比较简单的控制方法解决了相关问题，但出现了指令空段，显然会降低流水线的效率和吞吐率。

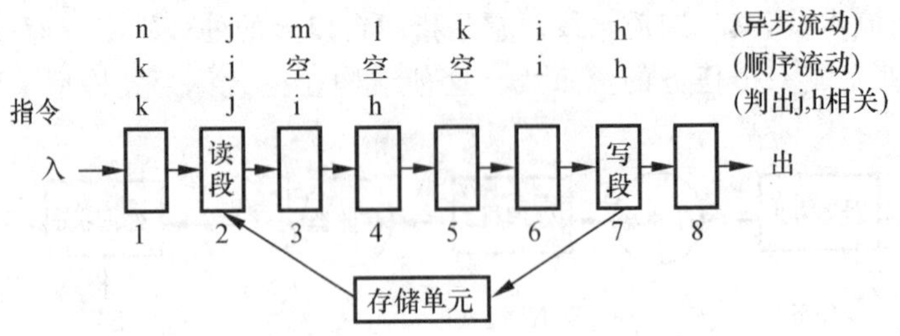

图 5-42 顺序流动和异步流动

② 异步流动。它可使流水线输出端的任务(指令)流出顺序与输入端的流入顺序不一样，这是由于顺序流动停止时，j 指令以后的指令串都停止，以期保持流入与流出顺序一样。但如果 j 指令以后的指令与进入流水线的全部指令都没有相关问题，那么完全可以越过 j 指令(j 指令仍在读段停止)进入流水线向前流动，这样处理就使流入与流出的顺序不一样了，称为异步流动。

由于实际流水线中各段执行不同指令的时间可能不一样，而且有些段在某些指令下可不必执行，因此在允许超越前面指令而流动的异步流动流水线还会出现“写—写”相关和“先读后写”相关。例如，第 k，j 条指令都有写操作，且写入同一存储单元，若出现第 k 条指令先于第 j 条指令到达写段，则该存储单元内容最后是第 j 条写入而非第 k 条写入的，这种情况就是“写—写”相关。又例如，第 j 条指令的读操作和第 k 条指令的写操作是同一存储单元，若出现第 k 条指令的写操作先于第 j 条指令的读操作，则第 j 条指令读出的是位于其后第 k 条指令写入的内容，产生错误。这种情况就是“先读后写”相关。这两种相关仅是出现在异步流动流水线中，显然采用异步流动能提高整个流水线的效率和吞吐率，但要解决超越和新出现的另两种相关，将会使控制变得复杂。

③ 相关专用通路。在上面的例子里，第 h 条指令与第 j 条指令发生“先写后读”的相关时，由于第 j 条指令读操作要从存储单元读出的应该由第 h 条指令写入存储单元的内容，但第 h 条指令还来不及写入，设想在读段与写段有一个专用通路，第 j 条指令不从存储单元读，而是从第 h 条指令的写段中将数据读出来，则可以避免第 j 条指令读操作的停止，这就是相关专用通路的概念。

停止的方法是以降低速度来达到解决相关的目的的方法，而专用通路是以增加设备来解决相关问题的方法。

(2) 相关转移

相关转移是全局性相关的方法。当出现条件转移指令时，为了保证流水线能够继续向前流动，主要采用猜测法，它的基础是条件转移指令是否实现转移，其前提是转移条件得到满足。因此为了保持流水的顺序，采用不满足转移的猜测，即流水线在遇到条件转移指令时，猜它不满足转移条件，而继续解释它以后的指令，一旦在其后的“判断条件段”发现满足转移条件，就再转移，仅仅报废几条指令的解释，如图 5-43 所示。

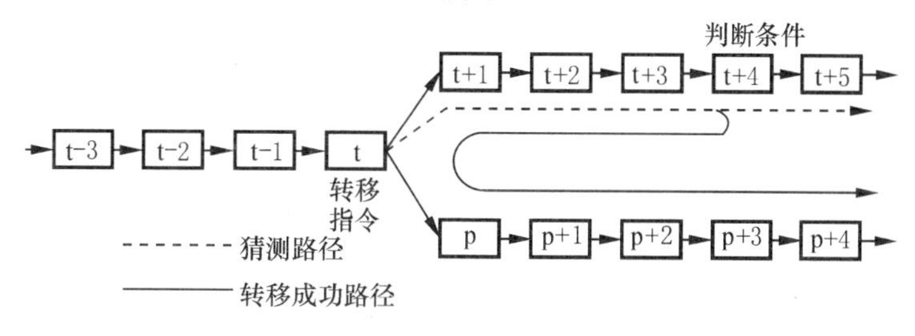

图 5-43　用猜测法处理条件转移相关

设计的关键是应保证在猜错而需返回到分支点时，能恢复分支点处的原有现场。

(3) 中断处理

中断往往不能预知。由于流水线里流动着好几条指令，当发生中断时如何将该中断指令的现场和其后已进入流水线的指令保护起来，以及中断后的恢复是设计的关键。

一种简便的方法，即“不精确断点”，是不论第 i 条指令在流水线的哪一段发出中断申请，还没进入流水线的后继指令就不再允许再进入，但已在流水线的所有指令仍然流动直到执行完毕，而后才转入中断处理程序。所谓不精确断点就是指处理机并非中断在第 i 条指令处，只有当第 i 条指令在第 1 段时发生中断，才是精确断点。

这种不精确断点法对程序设计者是不方便的，在程序调试时更是如此，后来多采用精确断点法。不论第 i 条指令在流水线中的哪一段发出中断请求，中断处理的现场都是对应第 i 条指令的，而且，在第 i 条指令后已进入流水线的指令的现场都能恢复。显然精确断点法需采用很多后援寄存器，以保证流水线内的各条指令的原有状态都能保存和恢复。

4. 流水线性能分析

(1) 吞吐率

在理想情况下，一条 k 段的流水线处理 n 个输入任务所需的时间为

$$T_k = k\Delta t + (n-1)\Delta t = (k+n-1)\Delta t$$

其中，$k\Delta t$ 是第一个输入任务通过流水线所需的时间；$(n-1)\Delta t$ 是 $n-1$ 个输入任务在每时钟周期产生一个输出所需时间。

流水线的吞吐率 TP(Throughput)，也称为流水线的带宽(Bandwidth)。它定义为流水线单位时间所完成的任务数，即

$$TP = \frac{n}{T_k} = \frac{n}{(k+n-1)\Delta t}$$

这种情况下的最大吞吐率为

$$TP_{max} = \lim_{n\to\infty}\frac{n}{(k+n-1)\Delta t} = \frac{1}{\Delta t}$$

由此可以得到实际吞吐率与最大吞吐率的关系为

$$TP=\frac{n}{k+n-1}TP_{max}$$

由上式可以得出，流水线的实际吞吐率小于最大吞吐率，它除了与时钟周期 Δt 有关以外，还与流水线的段数 k、输入到流水线的任务数 n 有关。只有 $n>>k$ 时，才能有 $TP\approx TP_{max}$。

(2) 加速比

流水线的加速比(Speedup)是指完成一批任务，不使用流水线的时间与使用流水线的时间之比。若不使用流水线，即顺序执行所用的时间为 T_0，使用流水线的执行时间为 T_k，则流水线的加速比为

$$S=\frac{T_0}{T_k}$$

这是加速比的基本公式。对于一个 k 段流水线，连续完成 n 个任务来讲，如果流水线各段时间相等均为 Δt，而在等效的非流水线上所需的时间为 $T_0=k\times n\times\Delta t$，则加速比 S 为

$$S=\frac{T_0}{T_k}=\frac{k\times n\times\Delta t}{(k+n-1)\Delta t}=\frac{k\times n}{k+n-1}=\frac{k}{1+\frac{k-1}{n}}$$

可以看出，当 $n>>k$ 时，$S\rightarrow k$。即线性流水线的各段时间相等时，其最大加速比等于流水线的段数。从这个意义上讲，流水线的段数越多越好，但实际上，当流水线的段数很多时，要使流水线能够充分发挥效率，就要求连续输入的任务数很多。这会给流水线的设计带来许多问题。通常，选择段数的范围是 $2\leqslant k\leqslant 15$。在实际应用中很少有超过 15 段的流水线。

(3) 流水线的效率

流水线的效率(Efficiency)即流水线设备的利用率，它是指流水线中的设备实际使用时间与整个运行时间的比值。由于流水线有通过时间和排空时间，所以在连续完成 n 个任务的时间内，各段并不是满负荷地工作。

如果各段的时间相等，则各段的效率 e_i 是相同的，即

$$e_1=e_2=\cdots=e_k=\frac{n\times\Delta t}{T_k}=\frac{n}{k+n-1}$$

整条流水线的效率为

$$E=\frac{e_1+e_2+\cdots+e_k}{k}=\frac{k\times e_1}{k}=\frac{k\times n\times\Delta t}{k\times T_k}$$

还可以写成

$$E=\frac{n}{k+n-1}$$

最高效率为

$$E_{max}=\lim_{n\rightarrow\infty}\frac{n}{k+n-1}=1$$

显然，当 $n\gg k$ 时，流水线的效率接近最大值 1。此时流水线的各段处于忙碌状态。

5. 流水线的多发技术

为了提高流水线的效率，除了采用好的指令调度算法、重新组织指令执行顺序、降低相关带来的干扰以及优化编译外，还可在流水线中采用了多发技术，即设法在一个时钟周期(机器主频的倒数)内，产生更多条指令。目前常见的多发技术有超标量技术、超流水线技术和超长

指令字技术。假设处理一条指令分四个阶段;取指(IF)、译码(ID)、执行(EX)和回写(WR)。图 5-44 将三种多发技术与普通四级流水线进行比较,其中,图(a)所示为普通四级流水线,一个时钟周期出一个结果。

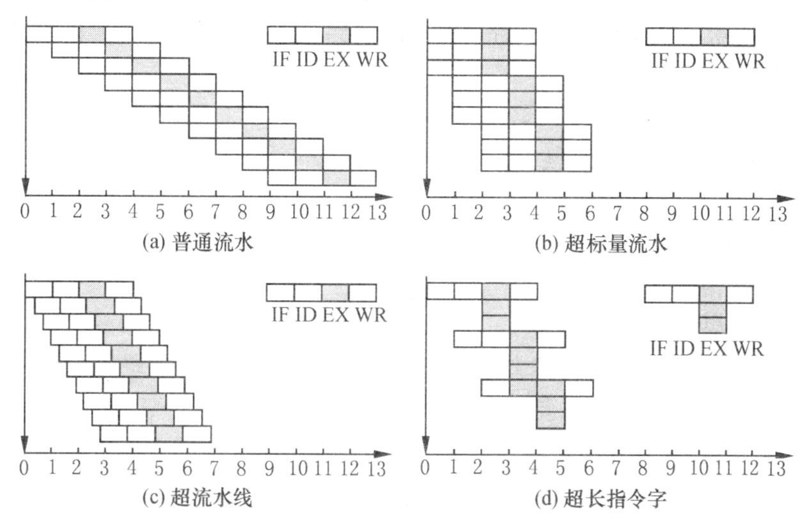

(a) 普通流水　(b) 超标量流水　(c) 超流水线　(d) 超长指令字

图 5-44　四种流水技术的比较

(1) 超标量技术

超标量(Super Scalar)技术如图 5-44(b)所示。它是指在每个时钟周期内可同时并发多条独立指令,即以并行操作方式将两条或两条以上(图中为三条)指令编译并执行。要实现超标量技术,就要求处理机配置多个功能部件和指令译码电路,以及多个寄存器端口和总线,以便能实现同时执行多个操作,此外编译程序还要决定哪几条相邻指令可并行执行。

例如,下面两个程序段:

程序段 1		程序段 2	
MOV	BL,8	INC	AX
ADD	AX,1756H	ADD	AX,BX
ADD	CL,4EH	MOV	DS,AX

左边程序段中的 3 条指令是互相独立的,不存在数据相关,可实现指令级并行。右边程序段中的三条指令存在数据相关,不能并行执行。超标量计算机不能重新安排指令的执行顺序,但可以通过编译优化技术,在高级语言翻译成机器语言时,精心安排,把能并行执行的指令搭配起来,挖掘更多的指令并行性。

(2) 超流水线技术

超流水线(Super Pipe Lining)技术是将一些流水线寄存器插入到流水线段中,好比将流水线再分道的技术,如图 5-44(c)所示。图中将原来的一个时钟周期又分成三段,使超级流水线的处理器周期比一般流水线的处理器周期(见图 5-44(a))短,这样,在原来的时钟周期内,功能部件被使用三次,使流水线以 3 倍于原来时钟频率的速度运行。与超标量计算机一样,硬件不能调整指令的执行顺序,需要靠编译程序解决优化问题。

(3) 超长指令字技术

超长指令字(VLIW)技术和超标量技术都是采用多条指令在多个处理部件中并行处理的技术,在一个时钟周期内都能流出多条指令,但超标量的指令来自同一标准的指令流,VLIW

则是由编译程序在编译时挖掘出指令间潜在的并行性后，把多条能并行操作的指令组合成一条具有多个操作码字段的超长指令(指令字长可达几百位)，由这条超长指令控制 VLIW 机中多个独立工作的功能部件，由每一个操作码字段控制一个功能部件，相当于同时执行多条指令，如图 5-44(d)所示。VLIW 较超标量具有更高的并行处理能力，但对优化编译器的要求更高，对 Cache 的容量要求更大。

5.5.2 RISC 的硬件结构

1. RISC 设计思想

(1) RISC 设计思想的起源

20 世纪 80 年代计算机工艺发展迅猛，而传统计算机设计思想已跟不上新工艺技术的要求，微程序设计技术遇到了如下主要问题。

① 半导体主存储器的读/写速度已经和微程序存储速度接近，一个机器周期不再等于若干个微周期，而且随着大容量半导体存储器价格日益下跌，存储效率不再是计算机设计的重要衡量标准。

② 现有计算机的指令系统过于复杂，微存储器的微码多达数百 Kb，使微程序设计很容易出错，庞大的微程序设计也愈来愈复杂，以至形成了编写微程序的“微程序设计语言”。

③ 在微程序计算机中，平均每条指令至少要 3～4 个微周期，而一些简单指令只与一条微指令的操作相当，完全不必靠微程序控制部件来实现，只需用很简单的硬布线逻辑实现，而且在一个主存周期内即可完成(而不是几个微周期)。这里，已经孕育着 RISC 的基本思想，即一个机器周期实现一条基本指令。

精简指令系统计算机设计思想主要源于三个方面：一是由于 VLSI 工艺的迅速发展改变了传统的计算机设计思想；二是通过对指令系统运行效率的分析与统计，得出 20%～80%定律；三是重新评价一个计算机系统中硬件与软件之间复杂性的优化程度，即在系统设计时，应在硬件与软件之间取得折中，平衡负担整个系统的复杂性。

1) VLSI 工艺发展的冲击

VLSI 工艺发展速度如此惊人，使得在芯片上集成大数量的寄存器十分便利，使用延迟少的寄存器—寄存器操作指令，能够使指令系统更加精简；硬布线逻辑的控制部件大为简化。

2) 20%～80%定律

20 世纪 70 年代后期，投入了大量的人力、物力用以研究指令执行的效率问题。通过静态和动态测试，经过分析大量程序实际的运行，得出了有名的“20%～80%”定律。这条定律表明：一个指令系统中大约有 20%的指令(基本指令)是在程序中经常反复使用的，其使用量大约占到整个程序中的 80%；而该指令系统中大约有 80%的指令是很少使用的，其使用量只占整个程序的 20%。

3) 硬件和软件均衡

大量实验结果证明，要提高一个系统的性能价格比，单靠增加硬件的复杂度是不行的，必须把硬件和软件结合起来，使硬件和软件互相配合、结构均衡，才能提高计算机的性能价格比。这也是 RISC 设计中的一个重要思想。

(2) RISC设计思想的特点和定义

RISC的设计思想是，注重提高基本指令的执行效率，减少基本指令执行所需的周期数。可以认为，RISC设计思想是受VLSI工艺发展推动的，随着VLSI工艺的继续快速发展，RISC设计思想也会不断地发展变化。RISC设计思想有如下主要特点。

① 指令系统大多选取简单指令，而且大多数指令能在单周期内完成。选取使用频率最高的一些简单指令和很有用但又不复杂的指令进入指令系统。指令系统的大多数指令只执行一些简单的和基本的功能，可以在一个周期内执行完毕，而且指令的译码和解释的开销较少。

② 采用LOAD/STORE结构，只有取数/存数指令访问存储器。因为存储访问指令占用时间较长，因此，在指令系统中尽量减少存储访问指令，而只保留LOAD与STORE两种不可缺少的存储访问指令，其余指令的操作都在寄存器之间进行。

③ 采用固定的指令格式和较少的指令数和寻址方式。固定的指令格式使指令的译码逻辑电路简化，加快了控制部件速度。较少的指令数和寻址方式也可以使控制部件简化，执行速度加快。

④ 采用硬布线控制逻辑。以硬布线控制为主，不用或少用微指令码控制。硬布线控制逻辑可以使大多数指令在单周期内执行完毕，并减少了微程序设计技术中的指令解释开销。

⑤ 采用面向寄存器的结构。CPU大量采用通用寄存器，将简化指令后节约出的用于指令译码控制等的芯片面积，改做寄存器，使指令操作数据在寄存器之间进行，这大大提高了CPU的速度。

⑥ 重视提高流水线的执行效率的设计。为使大部分指令在一个机器周期内完成，必须采用流水线组织，提高流水线的执行效率。注意所谓单周期内完成一条指令，并不是一条指令从取指到完成只要一个机器周期，而是指通过流水线技术使大多数指令平均在一个机器周期的时间内完成。

⑦ 特别注重采用编译优化技术，减少程序执行时间。在编译时间上多花工夫，可以把运行时机器的复杂操作移交给编译器承担，改变了过去认为提高计算机速度只靠硬件设计的传统观点。

20世纪90年代初，IEEE Michael Slater对于RISC定义做了如下描述。

RISC处理器所设计的指令集应使流水线处理高效地执行并使优化编译器能生成优化代码。为使流水线有效地执行，RISC应具有下述特征：

- 简单而且统一格式的指令译码；
- 大部分指令可以单周期执行；
- 只有LOAD/STORE指令访问存储器；
- 简单的寻址方式；
- 延迟转移；
- LOAD延迟。

为使优化编译器便于生成优化代码，RISC应具有下述特征：

- 三地址指令格式；
- 较多的寄存器；
- 对称的指令格式。

RISC是一种设计思想，其要点并不限于其字面意义(即精简指令系统集)。随着计算机技术的发展变化，RISC的含义也会不断地丰富与发展。

2. RISC 硬件结构

(1) RISC 技术特点

1) 在指令功能与指令执行周期数之间权衡

过去盲目追求指令功能的复杂,然而指令功能的复杂会引起硬件结构的复杂,从而引起执行指令的周期延长和执行指令的周期数增加,这样反而使计算机的性能下降。另外,指令功能的复杂必然引起硬件结构的复杂,进而使研制新处理器的周期加长。

在 RISC 设计中,对于指令功能的复杂性要进行认真的权衡。优先考虑经常使用的基本指令,对于功能复杂且硬件实现也复杂的指令,是否将其引入 RISC 指令系统应慎重考虑。

2) 引入指令 Cache

由于计算机主存容量相当大,因此,主存周期不能太短。为了与 CPU 速度相匹配,在 RISC 系统设计中必须引入指令 Cache,尤其应重视在各种级别引入指令 Cache,其中包括对预取指令队列和预取指令缓冲的重视。

3) 面向寄存器堆的结构

在按传统设计思想设计的计算机中,设置了许多存储器-存储器操作指令。由于 CPU 每次访问存储器时,都要在芯片与芯片之间甚至在 CPU 板与存储器板之间实现数据传送,然而片间频宽和板间频宽都要远远低于片上频宽,因此,存储器访问指令虽然有较强的功能,甚至接近于一条高级语言的语句,但实际的执行效率是非常低的。RISC 设计重视寄存器-寄存器操作指令,因为这种指令充分利用了当今 VLSI 工艺技术制成的高速片上的频宽进行数据传送。

过去微程序控制部件几乎占去了 VLSI 芯片的一半,现在控制部件主要不采用微程序技术,而采用硬布线逻辑,使控制部件所占芯片面积大为缩小,从而可以空出很多芯片面积来做较大的寄存器堆。由于芯片上寄存器堆采取规则化的布线和布局,所以用现代先进的 VLSI 工艺能很容易制作出来。

4) 充分提高流水线的效率

要提高性能,必须充分利用 CPU 与 Cache 之间传送数据的高速频宽,使基本指令能在一个机器周期内完成。为此,必须采用流水线技术,充分利用计算机内部操作的并行性。但是,流水线经常会"阻塞",RISC 较好地解决了数据相关与转移相关的问题,消除了阻塞现象,提高流水线的效率。

5) 指令格式简单化和规整化

RISC 的指令基本上都是等字长(如 32 位)的,而且指令中的操作码字段、操作数字段都尽可能具有统一的格式。指令格式的规整化可以使指令的操作规整化,这有利于流水线的执行,还可以提高译码操作效率,并使译码控制逻辑电路简化。

6) 优化代码

RISC 指令系统的简化,必然使编译后生成的代码增长。但是,简化的指令系统可以降低硬件的复杂度。RISC 技术强调编译优化技术,即对编译初步生成的代码要重新组织,调度指令的执行次序,充分利用 RISC 的内部资源,发挥其内部操作并行性的潜在能力,从而进一步提高流水线执行效率,提高 RISC 总体性能。用编译时间来换取运行时间的高效率,这是 RISC 技术的一个很重要的思想。

RISC 性能的提高,既靠硬件的改进来达到,又靠软件的编译优化技术来保证。在设计计算机时，必须在硬件复杂性与软件复杂性之间折中考虑，依靠硬件和软件技术的结合共同提高计算机的性能，这也是 RISC 思想的重要基础。

(2) RISC 处理器结构

下面以 Sun Microsystem 公司设计的精简指令系统计算机 SPARC(Scalarable Processor ARChitecture)的结构为例，说明 RISC 处理器的构成方法。如图5-45所示的是 SPARC 机的 CPU 逻辑框图。图中右半部基本上是运算器，左半部分是控制器。

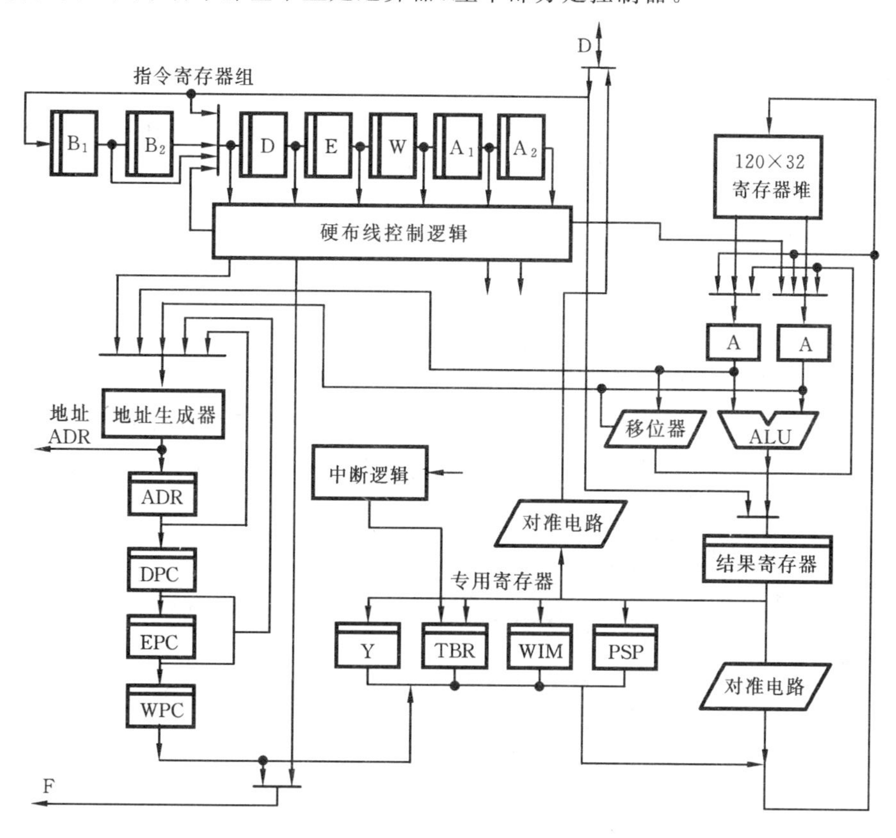

图 5-45　SPARC 机 CPU 逻辑框图

1) 运算器部分

ALU 是 32 位的算术逻辑运算部件。移位器在一个机器周期内可完成 0～31 位之间任意位的移位操作。寄存器堆的容量为 120×32 位，算术逻辑运算指令的源操作数来自寄存器堆，运算结果送往寄存器堆。ALU 和移位器的处理结果先暂存在结果寄存器中，然后再送往寄存器堆。来自存储器的数据 D 及送往存储器的数据 D 也是经过结果寄存器进行传送的。SPARC 支持存取字节、半字和字的操作，但是，字节和半字的数据存放格式在存储器与在寄存器中有不同规定，必须经过对准电路来调整位置。

2) 控制器部分

指令寄存器组采用流水线工作方式，几条指令同时执行。地址生成器具有加法功能，形成指令地址或数据地址送往存储器，并将此地址保持在 ADR 寄存器中，如果是指令地址，则将在下一节拍送往 DPC 中；如果是数据地址，则不送到 DPC 中。DPC、EPC 和 WPC 是一组程序计数器，存放的是分别与 D、E 和 W 指令寄存器内容相对应的指令地址。控制部件产生微操作控制信号，采用硬布线控制技术实现。

4 个专用寄存器:Y 寄存器用来配合进行乘法运算;TBR 提供中断程序入口地址高位部分;WIM 存放的是与寄存器堆有关的窗口寄存器编号;PSR 是 32 位信息的程序状态寄存器。

(3) RISC 的寄存器结构

在 CPU 中增加通用寄存器数目,就可以减少访问存储器的次数。在 RISC 中对通用寄存器的结构在处理上有两种解决方法:一是偏重于利用硬件来解决,采用数量较大的寄存器堆,组成若干个窗口,并利用重叠寄存器窗口技术加快程序的执行;二是偏重于利用软件来解决,利用一套分配寄存器的算法以及编译程序的优化处理来充分利用寄存器资源。

SPARC 机采用硬件解决方法时,最多支持 32 个窗口,每个窗口有 32 个寄存器,窗口组成环形重叠结构,通过当前窗口指针 CWP 指出当前程序所访问的窗口,相邻窗口的 Ins 和 Outs 是重叠的,实际上访问的是相同的寄存器。但是,用 VLSI 技术具体实现时可以少于 32 个窗口,窗口数取决于硬件设计所选定的物理寄存器实际数量。例如,Fujitsu 公司的 MB86901 有 7 个窗口,其寄存器堆共有 120 个物理寄存器。Cypress 公司的 CY7C601 有 8 个窗口,共有 136 个物理寄存器。

SPARC 机指令寄存器的地址码字段长 5 位,允许访问一个窗口中的 32 个逻辑寄存器。其中有 8 个全局寄存器,是整个程序段都能访问的寄存器;其余 24 个寄存器分成输入 Ins、局部 Locals、输出 Outs 三部分。在这 32 个寄存器中,R[0]~R[7] 为全局寄存器,R[24]~R[31]为输入寄存器 Ins、R[16]~R[23]为局部寄存器 Locals、R[8]~R[15]为输出寄存器 Outs,如图 5-46 所示。

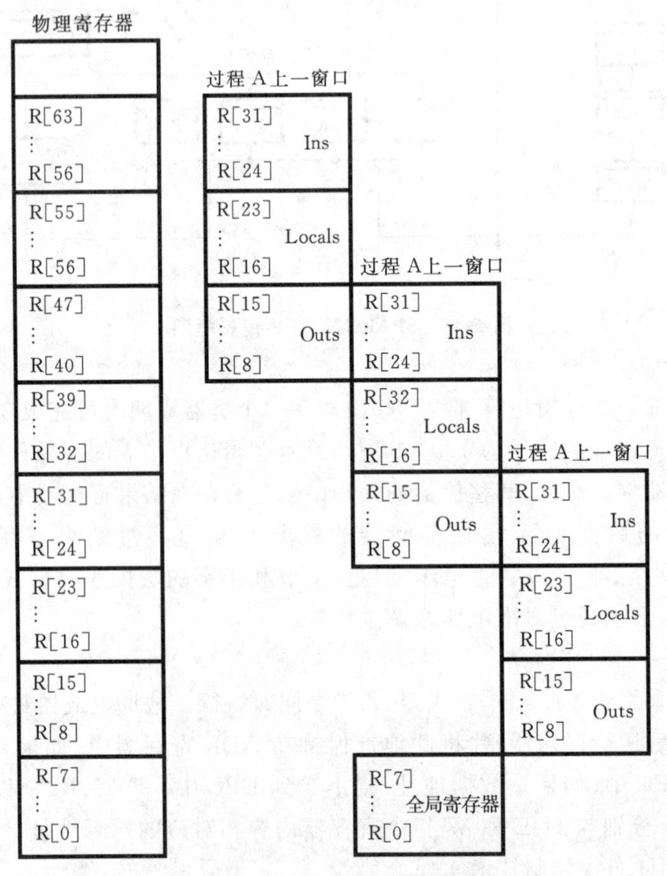

图 5-46　SPARC 寄存器窗口和过程调用

利用寄存器窗口重叠技术可实现过程的调用和返回,不再用存储器来完成传递参数和保留、恢复现场的工作,也省去了寄存器之间传送数据的操作,因此大大加快了速度。图5-46所示的是过程 A、B、C 所占用的寄存器,以及逻辑寄存器和物理寄存器之间的关系。过程 A 调用过程 B,而过程 B 又调用过程 C,为 3 层嵌套程序。全局寄存器(物理寄存器 R[0]~R[7])为 3 个过程公用。

当过程 A 调用过程 B 时,将要传递的参数先送入 Outs 部分(即逻辑寄存器 R[8]~R[15],对应于物理寄存器 R[40]~R[47]),而过程 A 的当前程序段所用的局部数据仍留在 Locals 部分,即留在物理寄存器 R[48]~R[55]中。然后,调用过程 B,由于过程 A 的 Outs 与过程 B 的 Ins 的物理寄存器重叠,因此过程 B 可直接从物理寄存器 R[40]~R[47]中取得参数,然后使用 B 自己的局部寄存器 Locals(逻辑寄存器 R[16]~R[23],对应于物理寄存器 R[32]~R[39])。由于它所用的物理寄存器与过程 A 不同,所以不必保存现场。当过程 B 调用过程 C 时,将输出参数送到过程 B 的 Outs 部分,也就是过程 C 的 Ins 部分。

当过程 C 返回到过程 B 时,将返回参数送入过程 C 的 Ins,由于寄存器窗口重叠,过程 B 可直接从它本身窗口的 Outs 部分得到返回参数。由此可见,使用寄存器窗口重叠技术实现过程调用程序嵌套时,Call/Return 指令操作非常简单,传递参数、保留和恢复现场只需改变窗口指针,而且均在寄存器中完成,不需要访问存储器,因而可用一个机器周期完成指令所规定的操作。

嵌套程序的层次受窗口数限制,当超过规定时将产生窗口溢出。此时,按先进先出原则将寄存器中保存时间最长的一个窗口内容调到存储器堆栈中保存起来,WIM 专用寄存器用来指示这一窗口的编号,当需要用到该内容时,再从存储器读出,并予以恢复。

(4) RISC 的流水线

计算机采用流水作业可以最大限度地提高处理效率,保证各功能部件同时并行工作。RISC 希望每个机器周期完成一条指令功能,但是,执行一条有取指、译码、完成等操作的指令时,在一个机器周期内完成是不可能的,因此,必须采用流水线。

SPARC 的绝大部分指令按 4 级指令流水线工作,这 4 个流水级是:取指级、译码级、执行级和写回级,如图 5-47 所示。从存储器取来的指令一般先送到 D 寄存器译码,然后在下一个机器周期送到 E 寄存器,再下一个机器周期送 W 寄存器,控制部件控制下分别产生"译码"、"执行"和"写"操作所需的控制信号,如图 5-45 所示。

如图 5-47(a)所示的 SPARC 流水线中,现行的 CPU 周期中有 4 条指令在同时工作:当 CPU 从存储器取第 n+3 条指令时,第 n+2 条指令在 D 寄存器,第 n+1 条指令在 E 寄存器,第 n 条指令在 W 寄存器。机器周期的选择应保证每一段流水线都能完成指定的工作,存储器的速度一般比 CPU 低,故由存储器的读/写周期决定机器周期。在 CPU 内部,"执行"级(ALU 运算)所需时间长些。

CPU 为了在每一个机器周期中都能得到一条指令,同时又能缩短机器周期,通常采用指令预取或 Cache 两种方法。为了实现指令预取,在 CPU 中设置了指令寄存器堆,将指令预先从存储器取到寄存器堆中,只要存储器有空闲和寄存器堆未装满,就不断取出指令。但是,出现转移类指令时会改变程序的执行顺序,就会使预取的指令失效,以致使流水线处于暂时阻塞状态。采用 Cache 可以避免上述问题,因此,大多数 RISC 机器均采用 Cache 方案。

如图 5-47(b)所示的 SPARC 流水线中,当执行取数 LOAD 指令时,需要多增加一个机器周期,因为除"取指"外还要增加从存储器"取数"的操作,这必然影响后面指令的读出。因此,

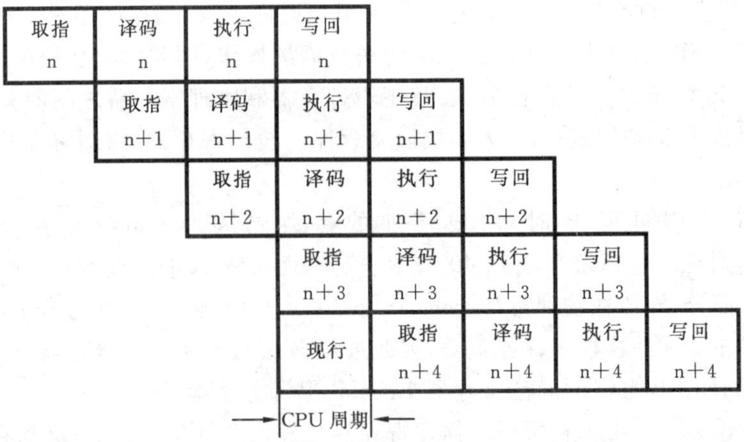

取指 n	译码 n	执行 n	写回 n				
	取指 n+1	译码 n+1	执行 n+1	写回 n+1			
		取指 n+2	译码 n+2	执行 n+2	写回 n+2		
			取指 n+3	译码 n+3	执行 n+3	写回 n+3	
			现行	取指 n+4	译码 n+4	执行 n+4	写回 n+4
			→CPU 周期←				

(a) 单周期指令

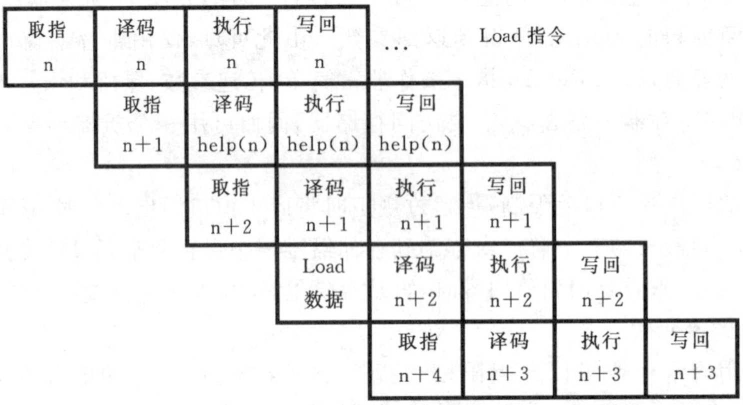

取指 n	译码 n	执行 n	写回 n	…	Load 指令		
	取指 n+1	译码 help(n)	执行 help(n)	写回 help(n)			
		取指 n+2	译码 n+1	执行 n+1	写回 n+1		
			Load 数据	译码 n+2	执行 n+2	写回 n+2	
				取指 n+4	译码 n+3	执行 n+3	写回 n+3

(b) 多周期指令(LOAD 指令)

图 5-47 SPARC 流水线

当流水线 D 段译出 LOAD 指令时,控制部分硬件自动生成一条"空操作(Help)"指令进入流水线;同时,将此时已从存储器取出的指令送到缓冲寄存器 B_1 暂存。当以后 LOAD 指令取出数据占用总线时,可将缓冲存储器中的指令送 D 寄存器,从时间上看,相当于多执行了一条指令,因此,称 LOAD 指令为双周期指令。某些 RISC 机器为了提高速度,采用了两个 Cache,即指令 Cache 和数据 Cache,这样取指和取数可同时进行,LOAD 指令也就成为单周期指令了。

影响流水线执行效率的两个主要因素是数据相关和转移指令。当出现数据相关或遇到转移指令时,流水线不能连续工作,出现阻塞现象。假设第 n 条指令与第 n+1 条指令均为加法指令,而且第 n+1 条指令的源操作数寄存器与第 n 条指令的目的操作数寄存器的地址相同,那么当 n+1 条指令取数时,第 n 条指令的结果却还没有送入目的寄存器,这就产生了数据相关。SPARC 解决此问题的办法是,在逻辑结构上设置专用通路,将第 n 条指令的运算结果直接从 ALU 输出端传送到 A 或 B 寄存器,作为第 n+1 条指令的源操作数。

当执行转移指令时,转移地址要经过判断与计算后才能得到,所以下一条目标指令的取指不能与本条指令的执行同时进行,从而取指操作要推迟一个周期实现,损失了一个机器周期,硬件上无法补救。然而,SPARC 机设计时将硬件与软件紧密结合,依靠编译优化指令调度的方法,在转移指令后面插入一条必执行的指令,就可以保持流水线畅通无阻。

(5) RISC 处理器的发展方向

提高运行速度,进一步减少每条指令执行的平均周期数,一个简单而又重要的公式是

$$P=ICT$$

其中,P 是执行一个程序所花费的时间;I 是这个程序所需执行的总指令数;C 是每条指令执行的平均周期数;T 是周期。提高运行速度,就是减小 I、C 和 T 的值。I 与软件和算法紧密相关,与计算机指令系统的选择也有关系。高效率的编译技术和改进算法都可以减小 I 值。T 与 VLSI 工艺技术直接相关,还和计算机系统结构工艺有关。C 即 CPI,在给定的工作频率下,为进一步减小 CPI 值,必须进一步提高 RISC 内部并行性。

实现哈佛结构,即设计出分开的指令存储器(指令 Cache)和数据存储器(数据 Cache),可以提高 RISC 内部执行的并行性。这样 RISC 在取指令的同时,还可以取出必要的数据。这会增加计算机组织的复杂性。Cache 设计对 RISC 至关重要。Cache 容量大可以提高命中率,从而可减少 RISC 访问存储器的几率。

采用多端口的寄存器堆也有助于 RISC 内部并行操作,如果一个寄存器堆有两个源操作数端口和一个目的操作数端口,则寄存器堆中两个源操作数可同时取出,还可写入或取出另一条指令的目的操作数。设置片上的静态 RAM,也可以减少 CPI。流水线的流水级分得细,也可以提高内部操作的并行性。然而,流水线级数增加,必然会增加指令间数据相关的可能性。

采用编译优化技术,充分利用硬件资源,优化分配寄存器,都能提高 RISC 内部操作并行性。

在一个单执行部件的 RISC 中,大多数指令是单周期执行的,但仍有少数指令需要一个周期以上的执行时间,因此,CPI 值可以尽量接近于 1,但不能小于 1。新型 RISC 结构主要采用两种方式来超越这个界限,一种方式是采用超标量结构;另一种方式是采用超流水线结构。所谓超标量结构,就要将 RISC 设计成具有多个执行部件的结构,同时在每一个周期内允许发出多条指令,并调度多条指令在不同的执行部件中同时执行操作,这样可使 CPI 小于 1。所谓超流水线结构,就是将流水线的每个节拍再分成三个或四个小节拍,每个小节拍执行一个操作,在取出第 i 条指令以后相隔一个小节拍,就取出第 i+1 条指令,这样也就可能在一个流水线的节拍内,取出三条或四条指令,并进入流水线去执行,这样也可使 CPI 小于 1。

5.5.3　Intel Pentium 4

Intel 公司于 2004 年推出的最新一代微处理器——Intel Pentium 4(Prescott 内核),简称 P4(后缀为 E 或 5xx),以下称 Pentium 4。它以高速度、高性能及合理的价格,迅速为市场所接受。Pentium 4 的主要性能如下。

① 集成度:晶体管规模有 12500 万个,采用 90 纳米 7 层铜互连制造工艺。

② 800MHz 前端总线,16K μOps 指令追踪缓存,16KB 一级数据缓存,1MB 二级缓存,提供了三级缓存接口。

③ 改良型 Net Burst 微结构:流水线的执行效率、分支预测、指令预取、内存寻址机制均作改良。

④ 增强型超线程技术,更佳的多线程性能。

⑤ SSE3 指令集。在 SSE2 基础上新增 13 条针对视频解码、多线程优化、复杂算术处理、浮点—整数转换等应用的新指令。

1. Pentium 4 流水线效率的改进

Pentium 4 的核心架构为 Net Burst 微体系结构,流水线长度为 20 级。不过,流水线的长度并不是越长越好,原因在于处理器的分支预测处理机制。程序指令通常都有各类型的条件分支语句,通过验证条件决定执行路线。但是,CPU 执行单元内是通过一项特殊的预测机制来选择一条路线直接执行的(避免验证语句而处于等待状态),然后在后面进行验证,如果预测正确则继续往下执行;如果发现之前的预测是错误的,那么就必须返回原处重新开始,之前执行的指令当然就得作废。因此,一个问题是如果流水线长度太长,出现预测错误的无效指令就越多,整体性能将急剧下降。长流水线的第二个问题在于流水线内的单元很难被悉数充满,硬件资源利用率比较低,这些原因都会导致 Pentium 4 的指令效能不尽如人意。Intel 采取了两个措施来缓解这个问题,其一就是增大分支目标缓存以提高预测命中率,其二则是增大指令追踪缓存来降低预测错误造成的损失。在处理器核心内部,分支目标缓存(Branch Target Buffers,简称 BTB)用于存放流水线的分支预测的目标信息,同时还承担着指令编译、二级缓存资源分配等处理任务。分支缓存存储的数据量越大、提供的信息越多,分支预测的精确度便越高。目前,Pentium 4 处理器均采用 2 组、4 路 BTB 单元的设计方案,每个 BTB 的存储字长为 48 位,除了常规的预测目标信息外,Pentium 4 的 BTB 还能够提供额外的修正内容,对提高分支预测命中率起到一定程度的辅助作用。

对于常规型处理器,如果出现分支预测错误,CPU 就必须将整条流水线清空后从错误处开始执行,这对于长流水线设计的 Pentium 4 而言显然是不能接受的。为此,Intel 采取指令追踪缓存(Instruction Trace Caches,简称 ITC),从另一个途径解决问题。指令追踪缓存也是 Net Burst 微结构特有的缓存方案。它存放的是处理器过去执行的指令信息(通常的指令缓存都是存放将要执行的指令信息),目的是在分支预测失误的时候尽快定位到断点。整个过程如下:指令追踪缓存将刚刚执行过的若干条指令及相关数据暂存起来,如果指令条数超出限制值,最早的指令就会被抛弃,以此类推;如果发现前面的分支预测出错,执行单元直接从追踪缓存回溯到错误处重新开始执行,而不必将整条流水线都清空。

另外,Pentium 4 采用可存储 16K μOps 微操作指令和 128KB 数据的指令追踪缓存,借助该缓存,执行单元可对 4 096 条虚拟地址进行追踪。

2. Pentium 4 的内存寻址机制

内存延迟对系统性能的影响至关重要。CPU 等待数据的时间越短,性能就越好;反之,等待数据的时间越长,CPU 的性能就越差。Pentium 4 没有整合内存控制器,但它在提高内存寻址命中率方面做了积极的努力。我们知道,CPU 在内存寻址时必须经历从"虚拟地址"到"物理地址"的映射,如果映射出现失误,导致 CPU 无法迅速找到所需的数据,那么 CPU 不得不花费大量的时钟周期对所有的物理内存逐一搜索,直到数据被找到为止。在最坏的情况下可能导致 CPU 的性能降到标准值的 1/3。而映射结果正确与否在很大程度上取决于 TLB(Translation Look aside Buffer,索引转换缓冲区)单元的设计。TLB 中存放着"虚拟地址"到"物理地址"的映射信息,若能提高 TLB 的准确率,CPU 的性能也可以获得一定程度的提升。为此,Pentium 4 的 TLB 单元做了改进:将 TLB 入口增加到 128 个。显然 Pentium 4 的 TLB 可以缓冲更多的映射信息,CPU 内存寻址的准确性可以得到更好的保障。

3. Pentium 4 的缓存设计

提高 CPU 性能最直接的方法就是提高工作频率，其次便是增大缓存的容量。Pentium 4 完全体现这种思想。除了前面介绍过的指令追踪缓存外，Pentium 4 的二级缓存容量比现有的 Pentium Ⅲ多了一倍，其延迟也少。

大家知道，Pentium Ⅲ拥有 32KB 一级缓存（16KB 指令缓存＋16KB 数据缓存），Pentium 4 一级数据缓存的容量则为 16KB，其延迟只有两个时钟周期，比 Pentium Ⅲ的一级缓存延迟要低。

1MB 二级缓存是 Pentium 4 最大的改进之一。众所周知，二级缓存容量越大，计算机的运行速度就越快，正因为如此，二级缓存才被当做高端与低端产品的主要分类标准。

Pentium 4 XE（至尊版）有 2MB 大容量三级缓存，但从中也可以看到三级缓存的优缺点：在同频率下，Pentium 4 XE 的速度比 Pentium 4 C 更快；但问题是 2MB 三级缓存同时也带来高昂的制造成本，Pentium 4 XE 的性能提升幅度不超过 10%，价格却翻了几倍，所以，其性价比不是很高。

4. Pentium 4 的增强型超线程技术

Hyper-Threading 超线程技术是 Intel 对 Pentium 4 所做的最大改进。它通过虚拟双 CPU（两个逻辑执行单元）的方式充分利用 Pentium 4 的硬件资源，尤其在多任务环境下可体现出高达 25%的性能提升。Intel 还对其做了进一步改进，新推出的增强型超线程技术可以更充分地利用硬件资源，在多任务下性能表现更为出色。早期的 Pentium 4 每个时钟周期只能预取 3 条指令，向处理管线传送的指令数也是 3 条，而在实际情况下，每个运行中的线程在一个时钟周期内都会占据 1.5～2 条指令，如果处理管线只能承受 3 条指令，意味着它“差一点”才能实现双线程任务，也就是说超线程技术的潜力未能充分发挥。而现在的 Pentium 4 将预取的指令条数升级到 4 条，处理管线一个时钟周期可收到 4 条指令，在任何时候都可保证双线程任务顺利执行而不会出现指令瓶颈。

5. Pentium 4 采用的 SSE3 指令集

指令集是一系列指令的集合，但这些并非是普通的指令，它们定义的是一套快速直接的运算规则。在 CPU 内部，指令集定义的规则是以硬件晶体管的形式存在的，若借助指令集来处理多媒体数据，处理任务会在指令集单元中快速完成，而不必经由传统的执行单元。举个例子，若不依靠指令集，仅仅凭借硬件常规执行单元直接处理多媒体数据，那么势必耗费大量的硬件资源，因为处理这些多媒体任务需要做大量而复杂的浮点运算。指令集针对这些应用专门提供了快速运算的规则，多媒体数据若经由指令集单元进行处理，速度可明显加快。

自 Pentium MMX 处理器的 MMX 指令集出现之后，指令集就成为 x86CPU 不可分割的一部分。MMX 包含 57 条指令，主要用于多媒体、图形和通信方面的运算，那个时代也刚好是倡导微机多媒体应用的开始；Pentium Ⅲ处理器中出现了 SSE（Streaming SIMD Extension）指令集，它在 MMX 基础上发展成 70 条指令，侧重点在于加速 CPU 的 3D 处理能力，这正是为了迎合当时 3D 游戏蓬勃兴起的趋势；早期的 Pentium 4 处理器使用 SSE2 指令集，它提供了 144 个新的 128 位多媒体指令，其中包含 128bit SIMD 整数运算以及 128bit SIMD 双精度浮点指令，侧重于支持 DVD 播放，音频、3D 图形数据和网络数据流处理；而新推出的 Pentium 4

的指令集升级到 SSE3,它在 SSE2 基础上又增加了 13 条新指令,其中 2 条为优化 Hyper-Threading 的同步指令,1 条为优化视频编码指令,4 条针对 SIMD FP(SIMD 单指令多数据流的浮点运算)做了优化,1 条针对 FP(浮点)转换 Int(整数)优化,还有 5 条为增强复数运算指令,从而使 Pentium 4 的功能更加完善。

习 题 五

5.1 名词解释:①中央处理器;②操作控制器;③微程序控制器;④硬布线控制器;⑤门阵列控制器;⑥指令周期;⑦机器周期;⑧时钟周期;⑨微指令;⑩微程序。

5.2 填空。

① 由 LSI/VLSI 制作的具有运算器和控制器功能,分析、控制并执行指令的部件称作__________。

② 保存当前栈顶地址的寄存器称为__________。

③ 保存当前正在执行的指令的寄存器称为__________。

④ 指示当前正在执行的指令地址的寄存器称为__________。

⑤ 微指令分成__________和__________型微指令。

⑥ 可同时执行若干个微操作的微指令是__________,其执行速度快于__________型微指令。

⑦ 微程序通常是存放在__________中,用户可改写的控制存储器由__________组成。

⑧ 在微程序控制器中,时序信号比较简单,一般采用__________。

⑨ 在同样的半导体工艺条件下,硬布线控制逻辑比微程序控制逻辑复杂,但硬布线控制速度比微程序控制速度快,因此,现代新型 RISC 机中多采用__________。

⑩ 若采用两级流水线,第一级为取指级,第二级为执行级。设第一级完成取指译码操作时间是 200ns;第二级执行周期,大部分指令 180ns 内完成,只有两条复杂指令需要 360ns 才能完成,问:机器周期应该选定__________时间,两条复杂指令应该采用__________方法解决。

5.3 下面各操作可以使用哪些寄存器?

① 加法和减法运算; ② 乘法和除法运算;

③ 表示运算结果是零; ④ 表示操作数超出了机器表示的范围;

⑤ 循环计数; ⑥ 当前正在运行的指令地址;

⑦ 向堆栈存放数据的地址; ⑧ 保存当前正在执行的指令字代码;

⑨ 识别指令操作码的规定; ⑩ 暂时存放参加 ALU 运算操作数和结果。

5.4 控制器有哪些主要组成部件? 有何作用? 运算器又是由哪几部分组成的? 主要作用是什么?

5.5 CPU 常用的控制方式有哪几种? 如何实现?

5.6 某计算机有如下部件:ALU;移位寄存器,主存储器 M,主存数据寄存器 MDR,主存地址寄存器 MAR,指令寄存器 IR,通用寄存器 $R_0 \sim R_3$,暂存器 C 和 D。试将各逻辑部件组成一个数据通路,并标明数据流动方向。

5.7 设 R_1、R_2、R_3、R_4 是 CPU 中的通用寄存器,试用方框图语言表示出:

① 取数指令"LDA (R_1), R_2";

② 存数指令“STA　R_3,(R_4)”的指令周期流程图。
其中,①是将(R_1)指示的主存单元内容取到寄存器 R_2 中来;②是将寄存器 R_3 的内容存放到(R_4)指示的主存单元中去。

5.8　如果在一个 CPU 周期中要产生 3 个节拍脉冲:T_1=20ns,T_2=40ns,T_3=20ns。试画出时序产生器逻辑图。

5.9　设主脉冲源频率为 60MHz,要求产生 4 个等间隔的节拍脉冲。请画出时序产生器逻辑图。

5.10　设微处理器主频是 66MHz,平均每条指令的执行时间是 2 个机器周期,每个机器周期由 2 个时钟脉冲构成,请问:

① 若存储器为零等待时间,即存储器可在一个周期内完成读/写操作,无需插入等待周期,平均每秒钟执行多少条指令?

② 若每 2 个机器周期中有一个是访问存储器周期,而且需要插入 2 个机器周期的等待时间,平均每秒钟执行多少条指令?

5.11　微程序控制器由哪些部分组成?微指令字一般有哪几个字段?每个字段的作用是什么?

5.12　已知某计算机有 80 条指令,平均每条指令由 12 条微指令组成,其中有一条取指微指令是所有指令公用的,设微指令长度为 32 位。请写出控制存储器容量。

5.13　假设某计算机采用微程序控制方式,控制存储器容量为 512×48 位。微程序可在整个控制存储器中实现转移,可控制微程序转移的条件一共有四个,采用如下水平型微指令格式,后继微指令地址采用断定方式。微指令中的三个字段应该分别为多少位?试画出对应于这种微指令格式的微程序控制器逻辑框图。

←操作控制部分→	←顺序控制部分	→
控制字段	判别测试字段	下一地址字段

5.14　某计算机有 8 条微指令 I_1~I_8,每条微指令所包含的微命令信号如下表所示。

微指令	微命令信号									
	a	b	c	d	e	f	g	h	I	j
I_1	√	√	√	√	√					
I_2	√			√		√	√			
I_3		√						√		
I_4			√							
I_5			√		√		√		√	
I_6	√							√		√
I_7			√	√				√		
I_8	√	√						√		

其中,a~j 对应于 10 种不同性质的微命令信号,假设一条微指令的控制字段仅限为 8 位,试安排微指令的控制字段格式。

5.15　计算机中乘法运算可以采用 3 种方法实现:①软件子程序调用;②硬布线控制逻

辑;③微程序控制。问:

① 3种实现方法的基本原理是什么?

② 比较3种方法,速度上有何差异?

③ 3种方法各需要什么硬件部件?

5.16 微程序控制器与硬布线控制器有何相同点? 主要差异是什么?

5.17 有四级流水线,分别完成取指、指令译码并取操作数、运算、送结果等四步操作。假设完成各步操作的时间依次为100ns、100ns、80ns、50ns。请问:

① 流水线的操作周期应设计为多少?

② 若相邻两条指令发生数据相关,而且在硬件上不采取措施,那么第2条指令要推迟多少时间进行?

③ 如果在硬件设计上加以改进,至少需推迟多少时间?

5.18 谈谈你对RISC设计思想的理解和认识,RISC技术特点是什么?

5.19 影响流水线执行效率的两个主要因素是什么? 为保证流水线的畅通,RISC如何解决数据相关和转移相关问题?

第6章 系统总线

计算机是通过系统总线将CPU、主存储器及外围设备连接起来的，可以说总线是构成计算机系统的骨架，它不但影响计算机系统的结构与连接方式，而且影响计算机系统的性能和效率。本章主要讨论总线的结构、接口以及通信方式和应用。

6.1 系统总线结构

计算机是由若干个系统部件构成的，这些系统部件有机地连接在一起就构成了一个完整的计算机系统。然而，怎样将它们连接成一个有机的整体呢？这是通过传输线来完成的。地址、数据和各种控制信息均通过传输线在各部件间进行传送。因此，传输线是沟通系统各部件的纽带与桥梁。传输线的设计是整个计算机系统的重要环节，它不但影响系统的结构与连接方式，而且影响系统的性能和效率。

现代小型或微型机系统的传输线多采用总线式结构。总线(Bus)又称为母线，是从一个或多个源部件传送信息到一个或多个目的部件的传输线束。总线是多个部件间的公共连线。如一根传输线仅用于连接一个源部件和一个目的部件，则不能称为总线。在计算机系统中，将不同来源和去向的信息在总线上分时传送，不仅可减少传输线的数量，简化控制和提高可靠性，而且便于扩充和更新部件。

6.1.1 总线的结构与连接方式

计算机系统通过总线将CPU、主存储器及I/O设备连接起来。总线是构成计算机系统的骨架，是多个系统部件之间进行数据传送的公共通路。借助总线，计算机在各部件之间就可传送地址、数据和控制信息。因此，总线就是指能为多个功能部件服务的一组公用信息线。

一个计算机系统中的总线，大致分为如下3类。

① 内部总线。指同一部件内部各器件之间连接的总线，如CPU内部各寄存器及运算器之间的连线。

② 系统总线。指同一台计算机系统各部件之间连接的总线，如CPU、内存、通道和各类I/O接口间的连线。

③ 多机系统总线。指多台处理机之间互相连接的总线，它涉及多机系统互连。

1. 总线的结构

从物理结构来看，系统总线是一组两端带有插头、用扁平线构成互连的传输线。这组传输线包括：地址线、数据线和控制线等3种，它们分别用于传送地址、数据和控制信号。

地址线用于选择信息传送的设备。例如，CPU与主存传送数据或指令时，必须将主存单元的地址送到总线地址线上，只有主存响应这个地址，其他设备则不响应。地址线通常是单向线，地址信息由源部件发送到目的部件。

数据线用于在总线上的设备之间传送数据信息。数据线通常是双向线。例如，CPU与主存可以通过数据线进行输入(取数)或输出(写数)。

控制线用于实现对设备的控制和监视功能。例如，CPU与主存传送信息时，CPU通过控制线发送读或写命令到主存，启动主存读或写操作。同时，通过控制线监视主存送来的MAC回答信号，判断主存的工作是否已完成。控制线通常都是单向线，有从CPU发送出去的，也有从设备发送出去的。

除以上3种总线外，还有时钟线、电源线和地线等，分别用作时钟控制及提供电源。为减少信号失真及噪声干扰，地线通常有多根，分布格式很讲究。

近年来，在计算机系统中，越来越重视采用标准总线。如微机系统采用S-100总线、PC总线、EISA总线、PCI总线、AGP总线等。标准总线不仅具体规定了线数及每根线的功能，而且还规定了统一的电气特性，因此，用于不同设备互连时，显得十分方便。

2. 总线的连接方式

任何数字计算机的用途在很大程度上取决于它所能连接的外围设备的范围。遗憾的是，由于外围设备种类繁多，速度各异，不可能简单地把外围设备连接在CPU上，因此，必须寻找一种方法以便将外围设备同计算机连接，这项任务通常用"接口"部件来完成。通过"接口"可以实现高速主机与低速外围设备之间的工作速度上的匹配和同步，并完成计算机和外围设备之间所有数据的传送和控制。因此，"接口"又有"适配器"、"设备控制器"等名称。

大多数总线都是以相同方式构成的，其不同之处仅在于总线中数据线和地址线的数目，以及控制线的多少及其功能。然而，总线的排列布置与其他各类部件的连接方式对计算机系统的性能来说，将起着十分重要的作用。根据连接方式的不同，单机系统中采用的总线结构有3种基本类型：①单总线结构；②双总线结构；③三总线结构。

(1) 单总线结构

在许多小型机、微型机中，连接CPU、内存和I/O设备的一条单一的系统总线，称为单总线结构，如图6-1所示。

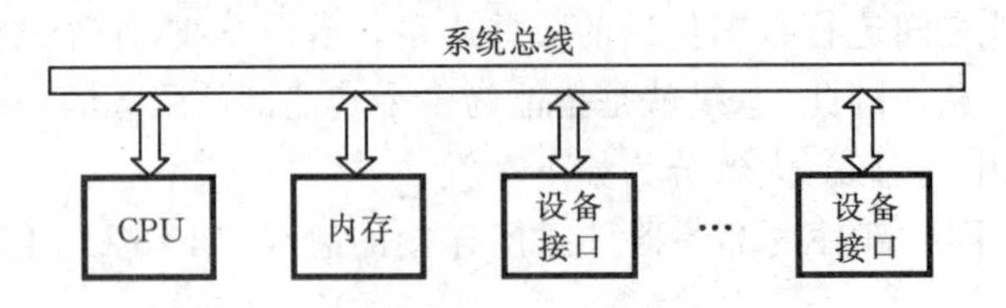

图6-1 单总线结构

在单总线结构中，要求连接到总线上的逻辑部件必须高速运行，以便在某些设备需要使用总线时，能迅速获得总线控制权；而当不再使用总线时，能迅速放弃总线控制权，否则，一条总线由多种部件共用，可能导致很大的时间延迟。

在单总线系统中，当CPU取一条指令时，将程序计数器PC中的地址同控制信息一起送至总线上。该地址不仅将加至内存，同时也将加至总线上的所有外围设备。只有与总线上的地址相对应的设备，才能执行数据传送操作。我们知道，在"取指令"情况下的地址是内存地址，所以，此时该地址所指定的内存单元的内容一定是一条指令，而且将被传送给CPU。使用单总线进行取指令的过程如图 6-2(a)所示。

取出指令之后,CPU 将检查操作码,以确定下一步要执行什么操作。对采用单总线的计算机来讲,操作码规定了对数据要执行什么操作,以及数据是流进 CPU 还是流出 CPU。但是操作码并不规定该指令是访问内存还是访问外围设备。

在单总线系统中,主存与 I/O 设备都在同一条总线上,设备的寻址采用统一编址的方法,即所有的主存单元及外围设备接口寄存器的地址一起构成一个连续的地址空间(单总线地址空间),因此,访内指令与 I/O 指令在形式上完全相同,区别仅在于地址的数值不同,这就是说,对 I/O 设备的操作,完全可以和对内存的操作一样处理。这样,当 CPU 把指令的地址字段送到总线上时,如果该地址字段对应的地址是内存地址,则内存予以响应。此时,在 CPU 和内存之间将发生数据传送,数据传送的方向由指令操作码决定,如图 6-2(b)所示。

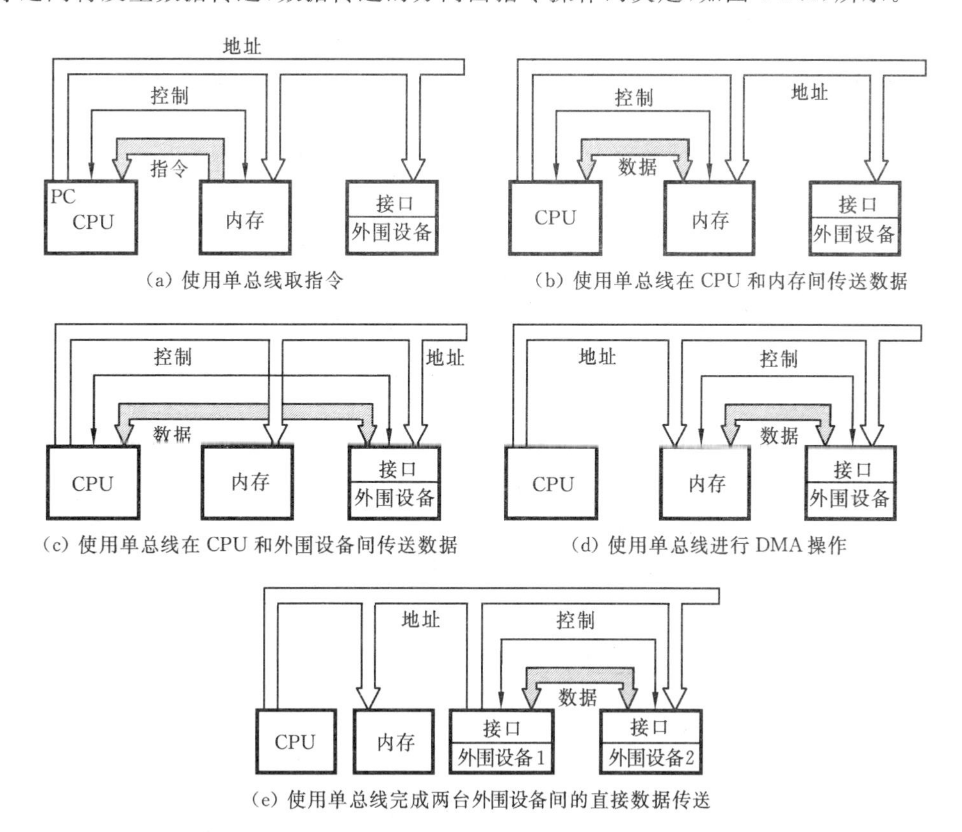

图 6-2 单总线的功能

如果该指令地址字段对应的是外围设备地址,则外围设备译码器予以响应,此时,在 CPU 与该地址相对应的外围设备之间发生数据传送,而数据传送的方向由指令操作码决定,如图 6-2(c)所示。

在单总线系统中,某些外围设备也可以指定地址。此时,外围设备通过与 CPU 中的总线控制部件交换控制部件的方式占有总线。一旦外围设备得到总线控制权,就可向总线发送地址信号,使总线上的地址线置为适当的代码状态,以便决定它将要与哪一台设备进行信息交换。

如果一台外围设备指定的地址对应于一个内存单元,则内存予以响应,于是在内存和外围设备之间将进行直接内存传送(DMA),如图 6-2(d)所示。

如果由外围设备指定的地址对应于另一台外围设备,则该外围设备予以响应,于是在这两台外围设备之间将进行直接的数据传送，如图 6-2(e)所示。

采用统一编址方法，省去了 I/O 指令，简化了指令系统。此外，单总线结构简单，使用灵活，易扩充。然而，由于主存的部分地址空间要用于外围设备接口寄存器寻址，故主存实际空间要小于地址空间。此外，所有的部件均通过一条总线进行通信，并分时使用总线，因此，通信速度比较慢。通常，单总线结构适用于小型或微型机的系统总线。

(2) 双总线结构

在单总线系统中，由于所有逻辑部件都挂在同一个总线上，因此总线只能分时工作，即某一时间只能允许一对部件之间传送数据，这就使信息传送的吞吐量受到限制。为此出现了双总线结构。这种结构保持了单总线系统简单、易于扩充的优点，但又在 CPU 和内存之间专门设置了一组高速的存储总线，使 CPU 可通过专用总线与存储器交换信息，并减轻了系统总线的负担，同时内存仍可通过系统总线直接与外围设备之间实现 DMA 操作，而不必经过 CPU。这种双总线系统以增加硬件为代价，当前高档微型机中广泛采用这种总线结构，如图 6-3 所示。

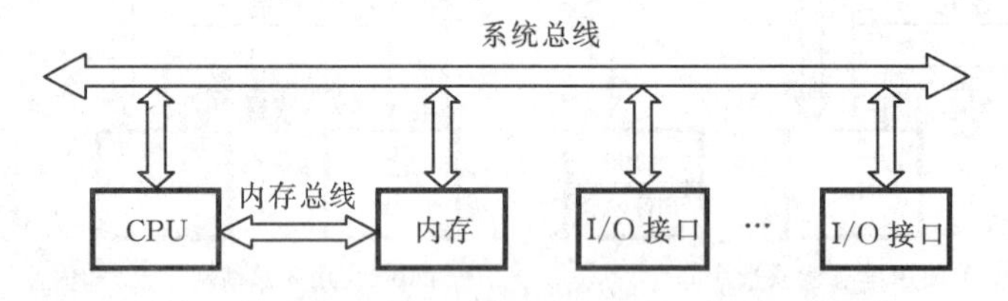

图 6-3　双总线结构

(3) 三总线结构

图 6-4 所示的为三总线结构图，它是在双总线系统的基础上增加 I/O 总线形成的。其中系统总线是 CPU、内存和通道(IOP)进行数据传送的公共通路，而 I/O 总线是多个外围设备与通道之间进行数据传送的公共通路。

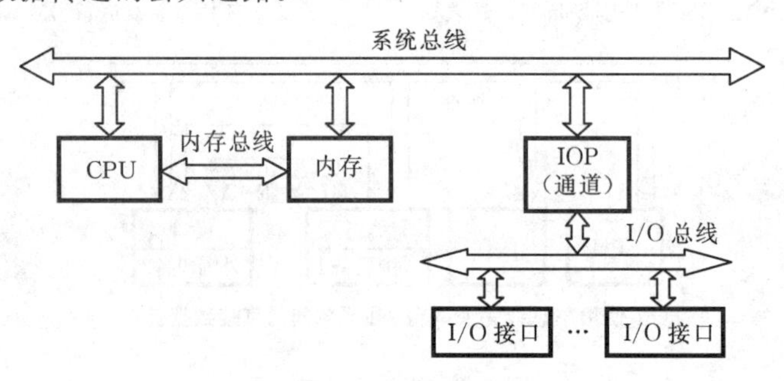

图 6-4　三总线结构

由上述可知，在 DMA 方式中，外围设备与存储器间直接交换数据而不经过 CPU，从而减轻 CPU 对数据 I/O 的控制，而“通道”方式进一步提高了 CPU 的效率。通道实际上是一台具有特殊功能的处理器，又称为 IOP(I/O 处理器)，它分担了一部分 CPU 的功能，以实现对外围设备的统一管理及外围设备与内存之间的数据传送。显然，由于增加了 IOP，整个系统的效率将大大提高，然而这是以增加更多的硬件为代价换来的。三总线系统通常用于中、大型机中。

3. 总线结构对计算机系统性能的影响

在一个计算机系统中，采用哪种总线结构，往往对计算机系统的性能有很大影响。下面从

3个方面来讨论这种影响。

(1) 最大存储容量

初看起来，一个计算机系统的最大存储容量似乎与总线无关，但实际上总线结构对最大存储容量会产生一定的影响。例如，在单总线系统中，对内存和外围设备进行存取时，出现在总线上的地址是不同的，为此必须为外围设备保留某些地址。所以在单总线系统中，最大内存容量必须小于由计算机字长所决定的容量。

在双总线系统中，对内存和外围设备进行存取的判断是利用各自的指令操作码来进行的。由于内存地址和外围设备地址出现于不同的总线上，所以存储容量不会受到外围设备多少的影响。

(2) 指令系统

在双总线系统中，CPU 对内存总线和系统总线必须有不同的指令系统。由于使用哪条总线要由操作码加以规定，所以在双总线系统中，访问内存操作和 I/O 操作各有不同的指令。

在单总线系统中，CPU 对访问内存和 I/O 操作是使用相同的操作码，即使用相同的指令，但地址不同。

(3) 吞吐量

计算机系统的吞吐量是指流入、处理和流出系统的信息的速率。它取决于 CPU 把指令、数据从内存取出或存入的速度以及把结果从内存送到一台外围设备的速度。这些都与内存和内存总线有关，因此，系统吞吐量主要取决于内存的存取周期。

由于上述原因，采用双端口存储器可以增加内存存取的有效速度。如果把每个端口连到不同的内存总线上，那么内存可以在同一时间内对每个端口完成读/写操作。比起一个端口来说，双端口存储器可以使更多的信息由内存输入或输出。

在三总线系统中，由于将 CPU 的一部分功能下放给通道，由通道对外围设备统一管理并实现外围设备与内存之间的数据传送，因而系统的吞吐能力比单总线系统强得多。

6.1.2 总线接口

1. 信息的传送方式

计算机使用二进制数，它们或用电位的高低来表示，或用脉冲的有无来表示。在前一种情况下，如果电位高时表示数字“1”，那么电位低时则表示数字“0”。在后一种情况下，如果有脉冲时表示数字“1”，那么无脉冲时就表示数字“0”。

计算机系统中，信息传输基本上有4种方式：串行传送、并行传送、并串行传送和分时传送。但是出于速度和效率上的考虑，系统总线上传送信息时，通常采用并行传送方式。在一些微型机或单片机中，由于受 CPU 引脚数的限制，系统总线传送信息时，采用的是并串行方式或分时方式。

(1) 串行传送

当信息以串行方式传送时，只有一条传输线，且采用脉冲传送。在串行传送时，按顺序来传送表示一个数码的所有二进制位(b)的脉冲信号，每次一位。通常以第一个脉冲信号表示数码的最低有效位，最后一个脉冲信号表示数码的最高有效位，图6-5(a)所示的是串行传送的示意图。

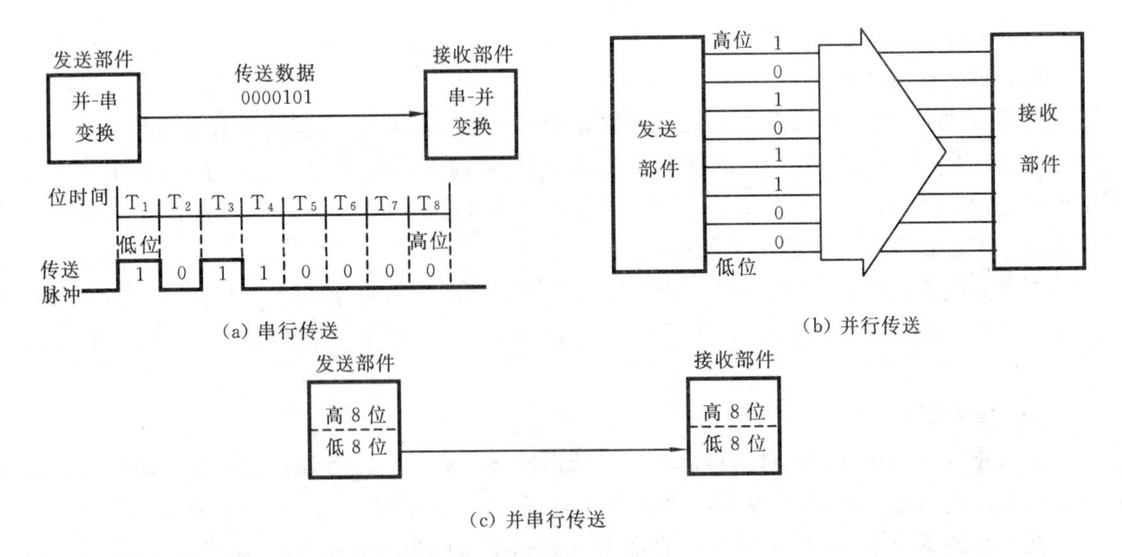

(a) 串行传送

(b) 并行传送

(c) 并串行传送

图 6-5 信息的传送方式

当串行传送时,有可能按顺序连续传送若干个“0”或若干个“1”。如果在编码传送中规定有脉冲表示二进制数“1”,无脉冲表示二进制“0”,那么当连续出现几个“0”时,则表示某段时间间隔内传输线上没有脉冲信号。为了要确定传送了多少个“0”,必须采用某种时序格式,以便接收设备能加以识别。通常采用的方法是指定“位时间”的方法,即指定一个二进制位在传输线上占用的时间长度。显然,“位时间”是由同步脉冲来体现的。

假定串行数据是由“位时间”组成的,那么传送 8bit 需要 8 个位时间。例如,如果接收设备在第一个位时间和第三个位时间接收到一个脉冲,而其余的 6 个位时间没有收到脉冲,那么就会知道所收到的二进制信息是 00000101。注意,串行传送时低位在前,高位在后。

在串行传送时,被传送的数据需要在发送部件进行并行—串行变换,这称为拆卸;而在接收部件又需要进行串行—并行变换,这称为装配。

串行数据传送的主要优点是只需要一条传输线,这一点对长距离传输很重要,不管传送的数据量有多少,只需要一条传输线,因而成本比较低。

(2) 并行传送

用并行方式传送二进制信息时,对每个数据位都需要一条单独的传输线。信息由多少二进制位组成,就需要多少条传输线,这样二进制数“0”或“1”可在不同的线上同时进行传送。

并行传送的过程如图 6-5(b)所示。如果要传送的数据由 8 位二进制位组成(1 个字节),那么就要使用由 8 条线组成的扁平电缆。每一条线代表了二进制数的不同位。例如,最上面的线代表最高有效位,最下面的线代表最低有效位,因而图 6-5(b)中正在传送的二进制数是 10101100。

并行传送一般采用电位传送。由于所有的位同时被传送,所以并行数据传送比串行数据传送快得多。例如,使用 16 条单独的地址线,可以从 CPU 的地址寄存器同时传送 16 位地址信息给内存。

(3) 并串行传送

如果一个数据字由 4 个字节组成,在总线上以并串行方式传送,那么传送一个字节时采用并行方式,而字节间的传送采用串行方式。显然,并串行传送方式是并行方式和串行方式的结合。图 6-5(c)所示的是并串行传送方式的示意图。

采用并串行传送信息的方法是一种折中办法。当总线宽度(即传输线个数)不是很宽时,并串行传送信息的方式可以使问题得到较好解决。例如,在有的微型机中,CPU 内部的数据用 16 位并行运算。但由于受 CPU 芯片引脚数的限制,出/入 CPU 的数据总线宽度不是 16 位而是 8 位。因此,当数据从 CPU 中出/入数据总线时,以字节为单位,采用并串行方式进行传送。

(4) 分时传送

分时传送有两种概念。一是在分时传送信息时,总线不明确区分哪些是数据线,哪些是地址线,而是统一传送数据或地址的信息。由于传输线上既要传送地址信息,又要传送数据信息,因此必须划分时间,以便在不同的时间间隔中完成传送地址和传送数据的任务。例如,在有些微型机中,利用总线接口部件,在 16 位的I/O总线上分时传送数据和地址。分时传送的另一种概念是共享总线的部件,分时使用总线。

2. 接口的基本概念

广义地讲,"接口"是指 CPU 和内存、外围设备、或两种外围设备、或两台机器之间通过总线进行连接的逻辑部件。接口部件在它所连接的两部件之间起着"转换器"的作用,以便实现彼此之间的信息传送。

一个典型的计算机系统具有各种类型的外围设备,因而有各种类型的接口。图 6-6 所示的是 CPU、接口和外围设备之间的连接关系。外围设备本身带有自己的设备控制器,它是控制外围设备进行操作的控制部件,它通过接口接收来自 CPU 传送的各种信息,再根据设备的不同要求把这些信息传送到设备,或者从设备中读出信息传送到接口。由于外围设备种类繁多且速度不同,因而每种设备都有适应自己工作特点的设备控制器,图 6-6 中将外围设备本体与它自己的控制电路画在一起,统称为外围设备。

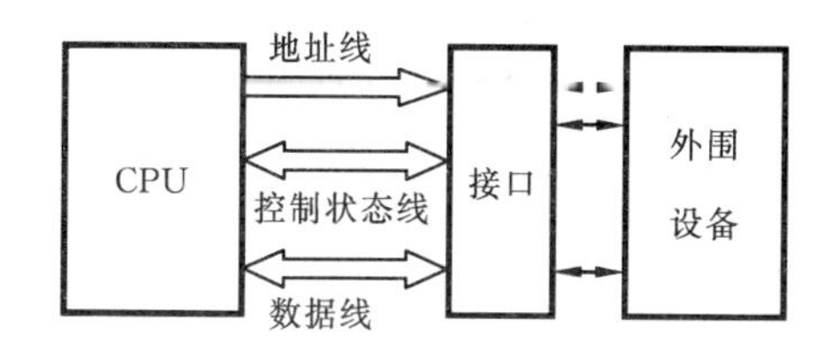

图 6-6 外围设备的连接

为了使所有的外围设备能够兼容,并能在一起正确地工作,CPU 规定了不同的信息传送控制方法。不管什么样的外围设备,只要选用某种数据传送控制方法,并按它的规定通过总线和主机连接,就可进行信息交换。通常在总线和每个外围设备的设备控制器之间使用一个"接口"电路来解决这个问题,以保证外围设备能用计算机系统所要求的形式发送和接收信息。接口逻辑通常做成标准化的,不同的 I/O 控制方式,有不同的标准接口。当然,不同的 CPU,其标准接口也不一样。

典型的接口通常具有如下功能。

① 控制。接口靠程序的指令信息来控制外围设备动作,如启动、关闭设备等。

② 缓冲。接口在外围设备和计算机系统的其他部件之间用作为一个缓冲器,以补偿各种设备在速度上的差异。

③ 状态监视。接口监视外围设备的工作状态并保存状态信息。状态信息包括数据"准备就绪"、"忙"、"错误"等等,供 CPU 访问外围设备时进行分析之用。

④ 转换数据格式。接口可以完成任何要求的数据转换,例如,并—串转换或串—并转换,因此数据能在外围设备和 CPU 之间正确地进行传送。

⑤ 整理。接口可以完成一些特别的功能,例如,在需要时可修改字计数器或当前内存地址寄存器。

⑥ 程序中断。每当外围设备向 CPU 请求某种动作时,接口即发出一个中断请求信号到 CPU。例如,如果设备完成了一个操作或设备中存在着一个错误状态,接口就发出中断。

按照外围设备对数据传送的要求,接口分为串行数据接口和并行数据接口两大类。下面就这两类接口做详细介绍。

3. 串行通信与数据接口

(1) 串行通信的优点

在并行通信中数据有多少位就要有同样数量的传送线,而串行通信只要一条传送线。故串行通信节省传送线,特别是当位数很多和长距离传送时,这个优点就更为突出。例如,微型机与大的计算中心、计算机网络进行通信时常用通信线路(电话线)等来进行传送。串行传送可以大大减少传送线,从而大大地降低成本。但是串行传送的速度慢,若并行传送所需的时间为 t,则串行传送的时间至少为 nt(其中 n 为位数)。

(2) 传送编码

在计算机中,数和字符等都是以一定的编码表示的。编码的种类很多,常用的主要有以下两种。

① 扩展的 BCD 交换码 EBCDIC,这是一种 8 位编码,通常用在同步通信中。

② 美国标准信息交换码 ASCII。

(3) 通信方式

在串行通信中,有以下两种最基本的通信方式。

1) 异步通信(ASYNC)

它用一个起始位表示字符的开始,用停止位表示字符的结束构成一帧,如图 6-7 所示。起始位占用一位,字符编码为 7 位(ASCII)码,第 8 位为奇、偶校验位,加上这一位使字符中为“1”的位为奇数(或偶数),停止位可以是一位、一位半或两位。于是一个字符就由 10 位或10.5 位或 11 位构成。

用这样的方式表示字符时,字符可以一个接着一个地传送。

在异步数据传送中, CPU 与外围设备之间必须遵循如下两项规定。

① 字符格式。这是对字符的编码方式,奇偶校验方式以及起始位和停止位的规定形式。例如,用 ASCII 编码,字符为 7 位,加上 1 个偶校验位,1 个起始位,以及 1 个停止位。形成一个 10 位的字符格式。

② 波特率(Baud rate)。波特率即数据传送的速率,它对于 CPU 与外界的通信是很重要的。假如数据传送的速率是 120 字符/s,而每一个字符格式为 10 位,则传送的波特率为

$$10\text{b/字符} \times 120\ \text{字符/s} = 1200\text{b/s}$$

每一位的传送时间为波特率的倒数,即

$$T_d = (1/1200)\text{ms} = 0.833\text{ms}$$

波特率也是衡量传输通道频宽的指标。

2) 同步通信(SYNC)

在异步通信中,每一个字符要用起始位和停止位作为字符开始和结束的标志,占用了时

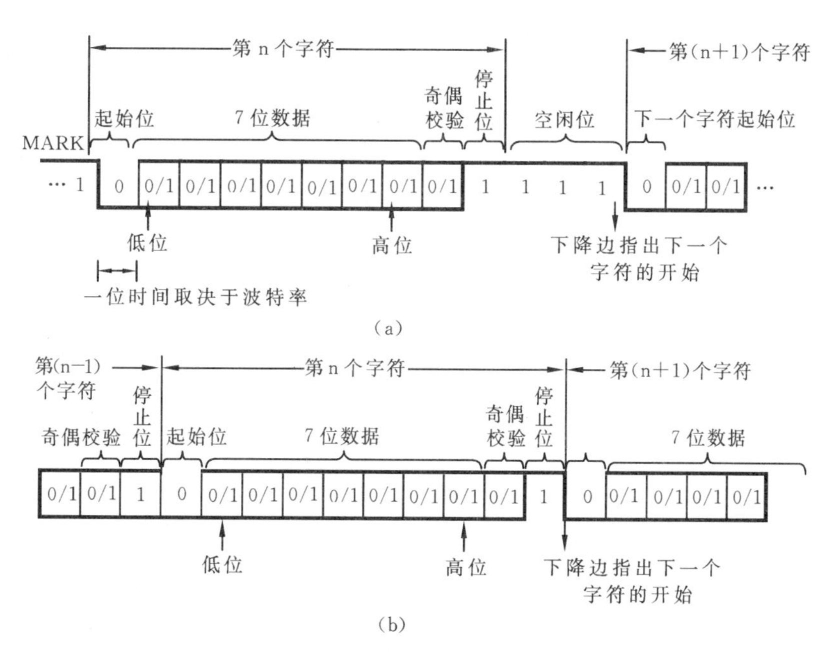

图 6-7　异步通信字符格式

间，所以，在数据块传送时，为了提高速度，就去掉这些标志，采用同步通信的方式。此方式在数据块开始处要用同步字符来指示，如图 6-8 所示。

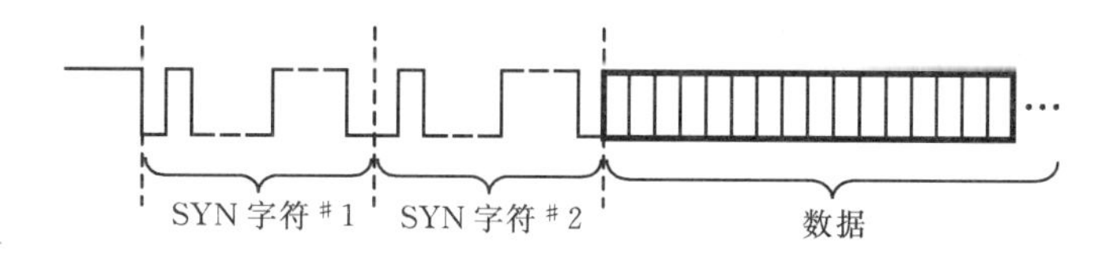

图 6-8　同步通信字符格式

发送设备在发送数据前要先发送同步字符，接收设备在收到同步字符后就以与发送设备相同的时钟来接收数据块，从而达到快速数据传送的目的。

同步通信的速度高于异步通信速度，波特率可达兆级。但它要求用时钟来实现发送端与接收端之间的同步，故而硬件结构复杂。

(4) 串行传送中的几个问题

1) 数据传送方向

串行通信时，数据在两个站之间是双向传送的，A 站可作为发送端，B 站作为接收端，也可以 A 站作为接收端而 B 站作为发送端。进而又可以分为下面两种工作方式。

① 半双工(Half Duplex)。如图 6-9 所示，每次只能有一个站发送，即只能是由 A 发送到 B，或是由 B 发送到 A，不能 A 和 B 同时发送。

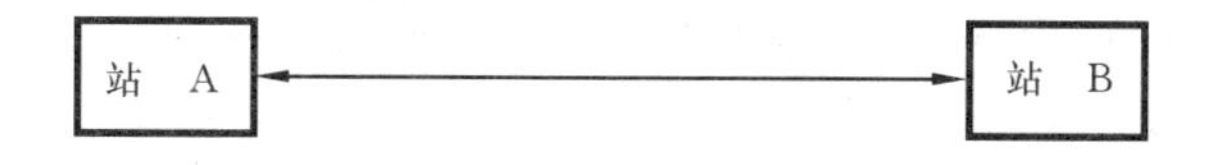

图 6-9　半双工示意图

② 完全双工(Full Duplex)。如图 6-10 所示,两个站可同时发送和接收。

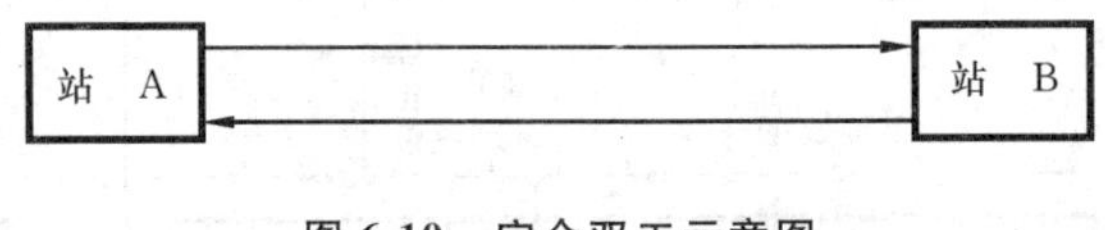

图 6-10 完全双工示意图

2) 信号的调制和解调

计算机的通信是一种数字信号的通信,如图 6-11 所示。

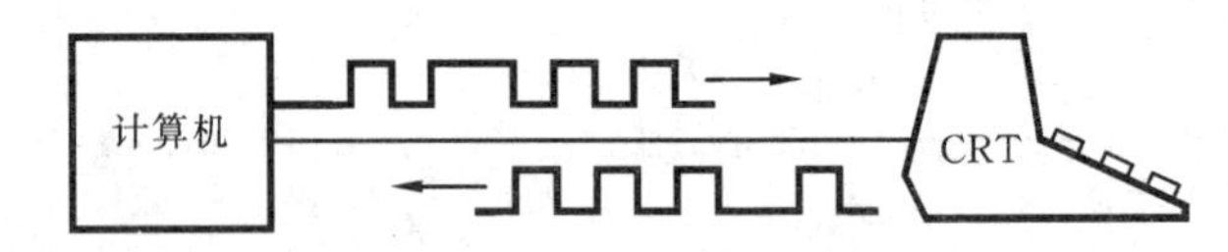

图 6-11 通信信号示意图

它要求传送线的频带很宽,而在长距离通信时,通常是利用电话线来传送的,它不可能有这样宽的频带,其宽带如图 6-12 所示。所以若数字信号用电话线直接传送,则经过传送线后,信号就会畸变,如图 6-13 所示。

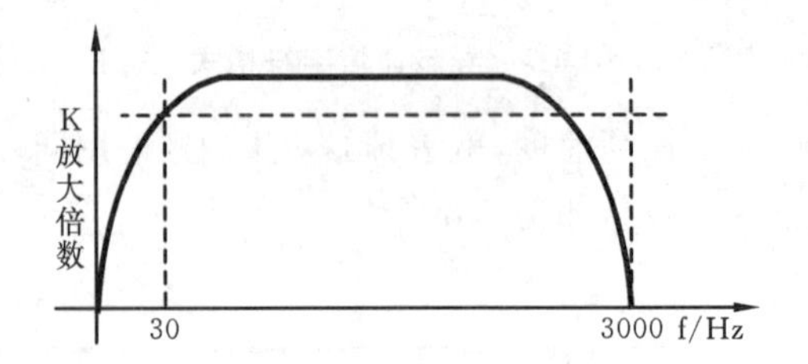

图 6-12 电话线的频带图

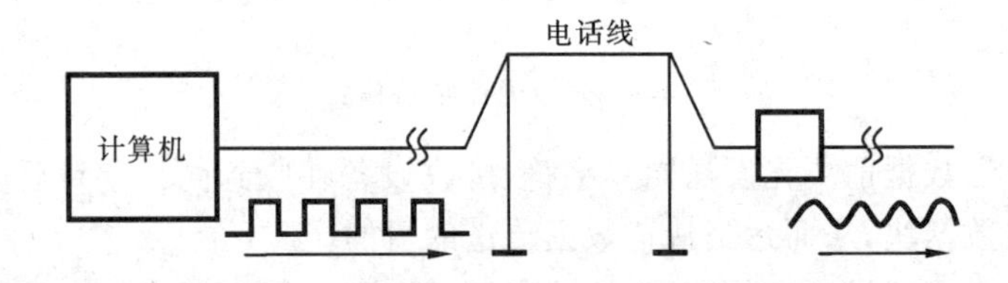

图 6-13 数字信号通过电话线传送产生的畸变

所以,要用调制器(Modulator)把数字信号转换为模拟信号进行传送;接收时用解调器(Demodulator)检测此模拟信号,再把它转换成数字信号,如图 6-14 所示。

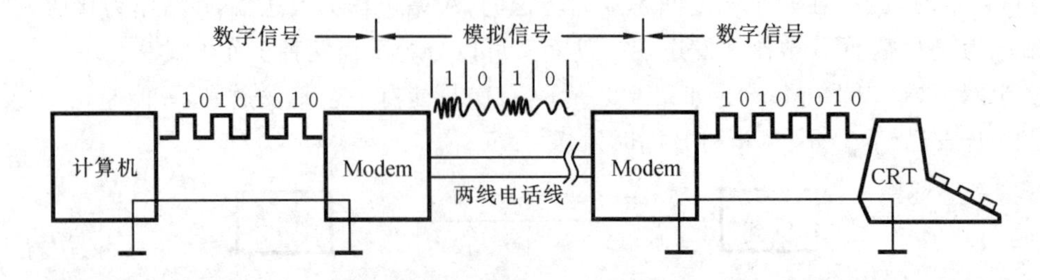

图 6-14 调制与解调示意图

频移键控法(FSK)是一种常用的调制方法,它将数字信号的“1”与“0”调制成不同频率(易于鉴别)的模拟信号,其原理如图 6-15 所示。

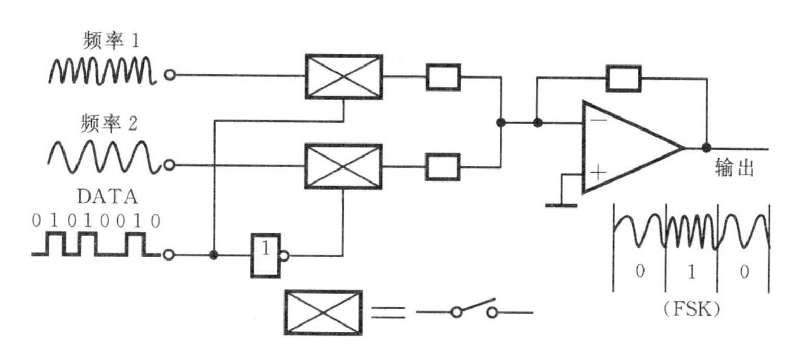

图 6-15　FSK 调制法原理图

两个不同频率的模拟信号,分别由电子开关控制,接在运算放大器的输入端,而电子开关由要传输的数字信号(即数据)控制。当信号为“1”时,控制上面的电子开关导通,送出一串频率较高的模拟信号;当信号为“0”时,控制下面的电子开关导通,送出一串频率较低的模拟信号,于是在运算放大器的输出端就得到了调制后的信号。

4. Intel 8251A 可编程通信接口

(1) 基本性能

① 可用于同步或异步传送。

② 同步传送,5～8 位字符,内部或外部字符同步化,自动插入同步字符。

③ 异步传送,5～8 位字符,时钟速率为通信波特率的 1、16 或 64 倍。

④ 可产生中止字符,可产生 1、1.5 或 2 位的停止位。可检查假启动位,自动检测和处理中止字符。

⑤ 波特率:DC—19.2Kb/s(异步);DC—64Kb/s(同步)。

⑥ 完全双工,双缓冲器、发送和接收器。

⑦ 误差检测,具有奇偶、溢出和帧错误等检测电路。

(2) 8251 的结构

8251 的结构方框图如图 6-16 所示。整个 8251 可以分成 5 个主要部分:接收器、发送器、调制控制、读/写控制以及 I/O 缓冲器。而 I/O 缓冲器由状态缓冲器、发送数据/命令缓冲器和接收数据缓冲器 3 部分组成。8251 的内部由内部数据总线实现相互之间的通信。

1) 接收器

接收器接收由 RxD 脚输入的串行数据,并按规定的格式把它转换为并行数据,存放在接收数据缓冲器中。

当 8251 用异步方式工作且允许接收并准备好接收数据时,它监视 RxD 线。在无字符传送时,RxD 线上为高电平,当 RxD 线上出现低电平时,即认为它是起始位,启动一个内部计数器,当计数到一个数据位宽度的一半(若时钟频率为波特率的 16 倍时,则为计数到第 8 个脉冲)时,重新采样 RxD 线,若其仍为低电平,则确认它为起始位,而不是噪声信号。此后,每隔 16 个脉冲,采样一次 RxD 线作为输入信号,送至移位寄存器,经过移位,又经过奇偶校验和去

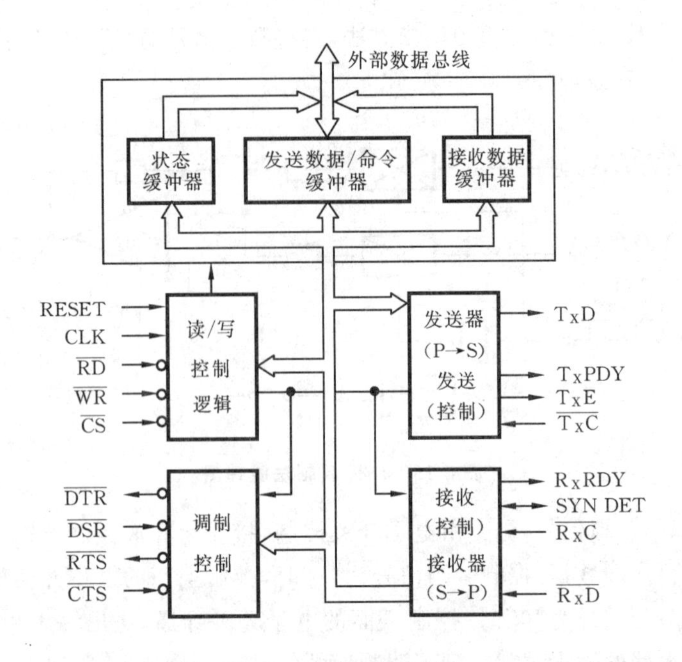

图 6-16　8251 的方框图

掉停止位后，就得到了并行数据，经过 8251 的内部数据总线传送至接收数据缓冲器中，同时发出 RxRDY 信号，告诉 CPU 字符已经可用。其定时方式如图 6-17 所示。

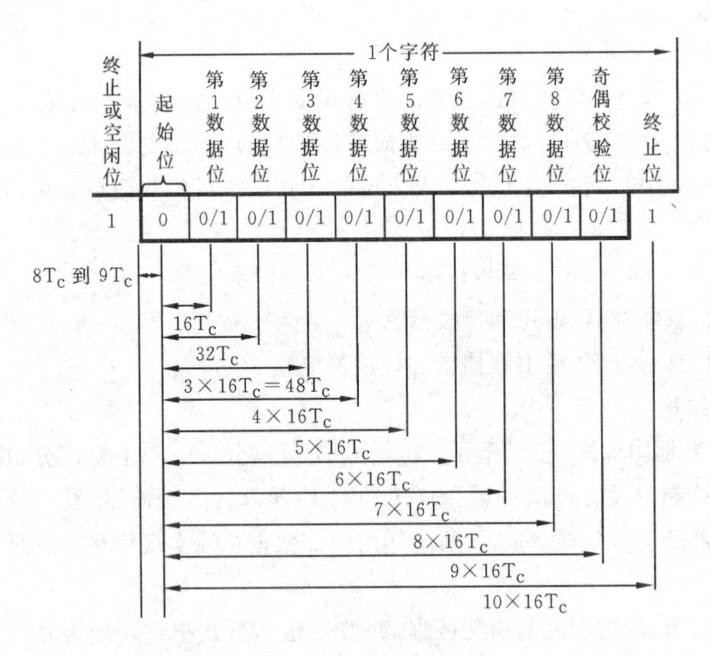

图 6-17　8251 接收数据定时方式

在同步方式工作时，8251 监视 RxD 线，每出现一个数据位就把它移位到接收寄存器中，然后把接收寄存器的内容与含有同步字符(由程序给定)的寄存器的内容相比较，看是否相等，若不等则 8251 重复上述过程。当找到同步字符后(若规定为两个同步字符，则出现在 RxD 线上的两个相邻字符必须与规定的同步字符相同)，则置 SYNDET 信号，表示已找到同步字符。

在找到同步字符后，利用时钟采样和移位 RxD 线上的数据位，且按规定的位数，把它送至接收数据缓冲器，同时发出 RxRDY 信号。

2) 发送器

发送器接收 CPU 送来的并行数据，将它加上起始位、奇偶校验位和停止位，然后由 TxD 脚发送。

在异步方式工作时，发送器将并行数据加上起始位，检查并根据程序规定的检验要求(奇校验还是偶校验)加上适当的校验位；最后根据程序的规定，加上 1 位或 1.5 位或 2 位停止位。

在同步方式工作时，发送器在数据发送前插入一个或两个同步字符(这些都在初始化时由程序给定)，而在数据中，除了奇偶校验位外，不再插入别的位。只有在 8251 工作于同步发送方式，而 CPU 来不及把新的字符送给它时，8251 才自动在 TxD 线上插入同步字符，因为在同步方式工作时在字符间是不允许存在间隙的。

不论用同步或异步方式工作，只有当程序设置的 TxEN(Transmitter Enable——允许发送)和 CTS(Clear to Send——对调制器发出的请求发送的响应信号)有效时，发送器才能发送。

另外，发送器的另一个功能是能发送中止符。中止符是由在通信线上的连续的 Space 符号组成的，它是用来在完全双工通信时中止发送终端的。只要 8251 的命令寄存器的 bit3 为"1"，8251 就发送中止符。

5. 并行数据接口

通常并行数据接口应具有以下功能。

① 有两个或两个以上的具有输入和输出数据的缓冲器或锁存器的数据端口，可以和 CPU 的数据总线相连接。

② 每个数据端口都有与 CPU 用应答方式交换数据所需的状态信号和控制信号。具有保存控制字的控制寄存器。CPU 可通过用户程序将控制字送到控制寄存器，命令外围设备执行不同的功能。

③ 具有控制外围设备的控制和定时信号。

图 6-18 所示的是微型机中广泛采用的典型 PIO 方框图。它主要包括如下几个部分。

(1) 数据缓冲器

数据缓冲器可以有两个或多个。它们既可以作为输入数据寄存器，也可以作为输出数据寄存器，这由方向寄存器来控制。每个数据缓冲器可以接到由多条传输线组成的双向数据总线数据，在微型机中，通常把一个数据缓冲器称为一个端口。

(2) 控制缓冲器

控制缓冲器用来作为存放控制字的控制寄存器，并且决定接口的工作方式。

(3) 多路转换器

多路转换器实际上是一个多路开关，通过多路转换器，两个或多个数据缓冲器的数据可转接到 CPU 的数据总线上去。

(4) 控制逻辑

控制逻辑用来发出和接收各种控制信号，其中包括外围设备的工作状态信号。

PIO 每个端口的功能可以由用户用程序来安排，所以它是可编程的。例如，用户可以指定哪个端口用作输入；哪个端口用作输出；哪条 I/O 线用作控制线，或者用作应答式交换方式的

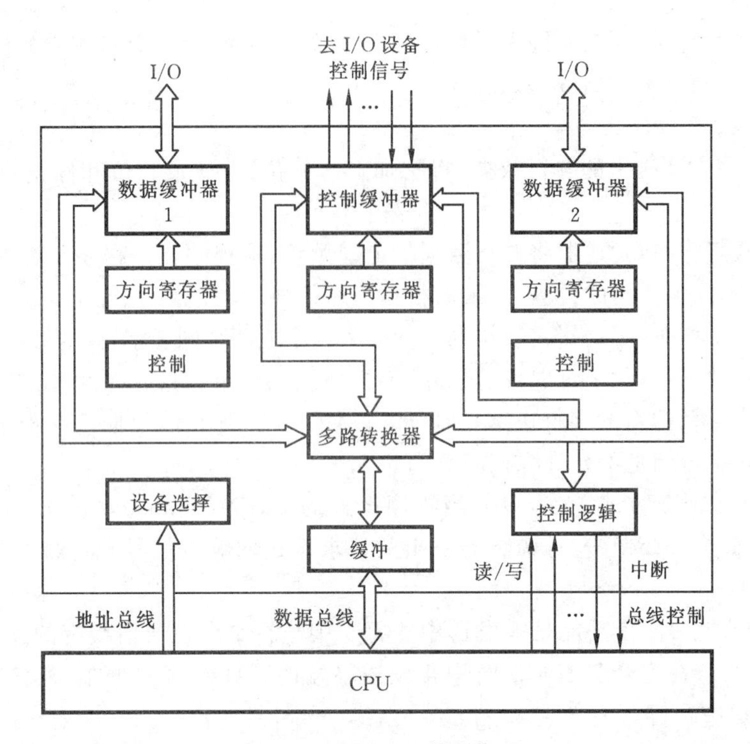

图 6-18 典型 PIO 简化框图

信号线;哪个信号可以请求中断等。这样,PIO 成了更加通用的并行接口电路。

使用 PIO 时,首先要由 CPU 送给控制寄存器一个控制字,这个控制字是由用户用程序输入的,它决定了 PIO 这些端口的功能和工作方式。然后,再用标准数据传送指令来执行 CPU 和 I/O 端口之间的数据传送。

6.2 总线的控制与通信

6.2.1 总线的控制

总线为多个部件所共享,要有一个控制机构来仲裁总线使用权。因为总线是公共的,所以当总线上的一个部件要与另一个部件进行通信时,就应该发出请求信号。在同一时刻,可能有多个部件要求使用总线,这时总线控制部件将根据一定的判决原则,即按一定的优先次序,来决定首先同意哪个部件使用总线。只有获得了总线使用权的部件,才能开始传送数据。

根据总线控制部件的位置,控制方式可以分成集中式和分散式两类。总线控制逻辑基本集中在一处的,称为集中式总线控制。总线控制逻辑分散在总线各部件中的,称为分散式总线控制。集中式控制是三总线、双总线和单总线结构机器中主要采用的方式,它主要有以下 3 种控制方式:①链式查询方式;②计数器定时查询方式;③独立请求方式。

1. 链式查询方式

链式查询方式如图 6-19(a)所示。图中所示的总线控制部件在单总线系统和双总线系统中常常是 CPU 的一部分。在三总线系统的 I/O 总线中,它是通道的一部分。

链式查询方式，除一般数据总线D和地址总线A外，主要有以下3根控制线。

① BS(忙)。该线有效，表示总线正被某外围设备使用。

② BR(总线请求)。该线有效，表示至少有一个外围设备要求使用总线。

③ BG(总线同意)。该线有效，表示总线控制部件响应总线请求(BR)。

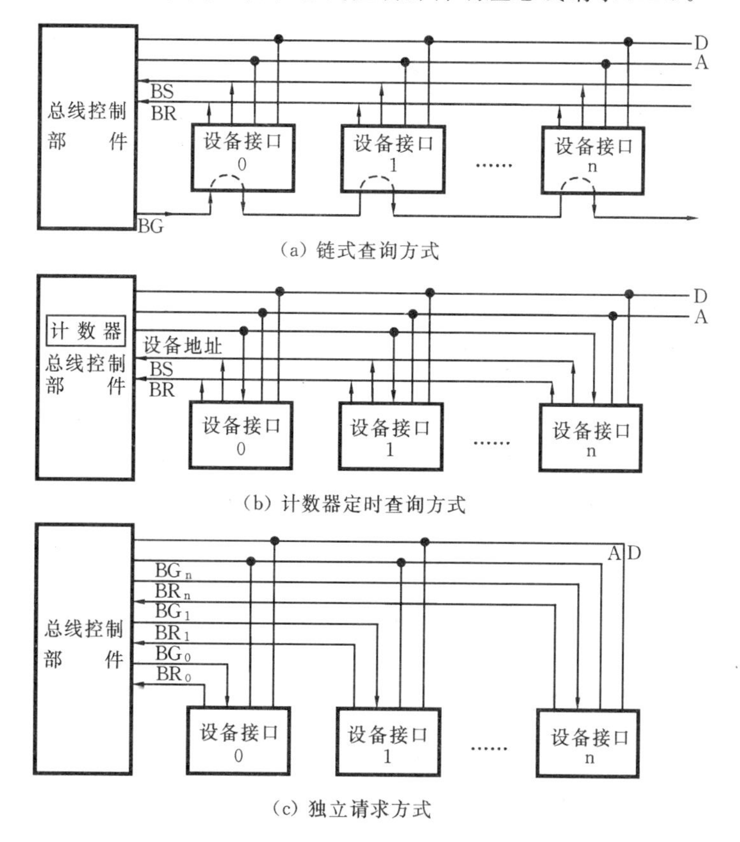

(a) 链式查询方式

(b) 计数器定时查询方式

(c) 独立请求方式

图 6-19　集中式总线控制方式

链式查询方式的主要特征是总线同意信号BG的传送方式，它串行地从一个I/O接口传送到下一个I/O接口。假如BG到达的接口无总线请求，则继续往下传；假如BG到达的总线接口有总线请求，则BG信号便不再往下传。这意味着，该I/O接口就获得了总线使用权，同时将BS信号置1。

显然，在查询链中离总线控制器最近的设备具有最高优先权，离总线越远，优先权越低，因此，链式查询是通过接口的优先权排队电路来实现的。

链式查询方式的优点是，只用很少几根线就能按一定优先次序实现总线控制，并且这种链式结构很容易扩充设备。

链式查询方式的缺点是对查询链的电路故障很敏感，如果第i个设备接口中有关链的电路有故障，那么第i个以后的设备都不能进行工作。另外查询链的优先级是固定的。如果优先级高的设备出现频繁的请求，那么优先级较低的设备可能长期不能使用总线。

2. 计数器定时查询方式

计数器定时查询方式(又称为计数查询)如图6-19(b)所示。总线上的任一设备要求使用总线时，都通过BR线发出总线请求。总线控制器接到请求信号以后，在BS线为“0”的情况下让计数器开始计数,计数值通过一组地址线发向各设备。每个设备接口都有一个设备地址判别电路,当地址线上的计数值与请求使用总线的设备的接口地址相一致时,该设备置 BS 线为"1",获得总线使用权,此时中止计数查询。

每次计数可以从"0"开始,也可以从中止点开始。如果从"0"开始,则各设备的优先次序与链式查询法相同,优先级的顺序是固定的。如果从中止点开始,则每个设备使用总线的优先级相等。这种方式对于用终端控制器来控制各个显示终端设备是非常合适的。这是因为,终端显示属于同一类设备,应该具有相同的总线使用权。计数器的初值也可用程序来设置,这样可以方便地改变优先次序,显然这种灵活性是以增加线数为代价的。

3. 独立请求方式

独立请求方式如图 6-19(c)所示。在独立请求方式中,每一个共享总线的设备均有一对总线请求线 BR_i 和总线同意线 BG_i。当设备要求使用总线时,便发出该设备的请求信号。总线控制部件中有一个排队电路,根据一定的优先次序决定首先响应哪个设备的请求,并对该设备发出同意信号 BG_i。

独立请求方式的优点是响应时间短,即确定优先响应的设备所花费的时间少,用不着一个设备接一个设备地查询,然而这是以增加控制线数为代价的。在链式查询中仅用两根线就可确定总线使用权属于哪个设备;在计数查询中大致要用 $\log_2 n$ 根线,其中 n 是允许接纳的最大设备数。而独立请求方式需采用 2n 根线。

独立请求方式对优先次序的控制也是相当灵活的。它可以预先固定,例如,BR_0 优先级最高,BR_1 次之……BR_n 最低;也可以通过程序来改变优先次序;还可以用屏蔽(禁止)某个请求的办法,不响应来自无效设备的请求。

6.2.2 总线的通信

上面介绍了共享总线的部件如何获得总线的使用权即控制权,现在来介绍共享总线的各个部件之间如何进行通信,即如何实现数据传输。

当共享总线的部件获得总线使用权后,就开始传送信息,即进行通信。通信方式是实现总线控制和数据传送的手段,通常分为同步通信和异步通信两种。

1. 同步通信

总线上的部件通过总线进行信息传送时,用一个公共的时钟信号来实现同步定时,这种方式称为同步通信(无应答通信)。这个公共的时钟信号可以由总线控制部件发送到每一个部件(设备),也可以让每个部件各自的时钟发生器产生,然而它们都必须由总线控制部件发出的时钟信号进行同步。

图 6-20 所示的是数据由输入设备向 CPU 传送的同步通信方式。总线周期从 t_0 开始,到 t_3 结束。总线时钟信号使整个数据同步传送。在 t_0 时刻,由 CPU 产生的设备地址放在地址总线上,同时经控制线指出操作的性质(读/写内存或读/写 I/O 设备)。

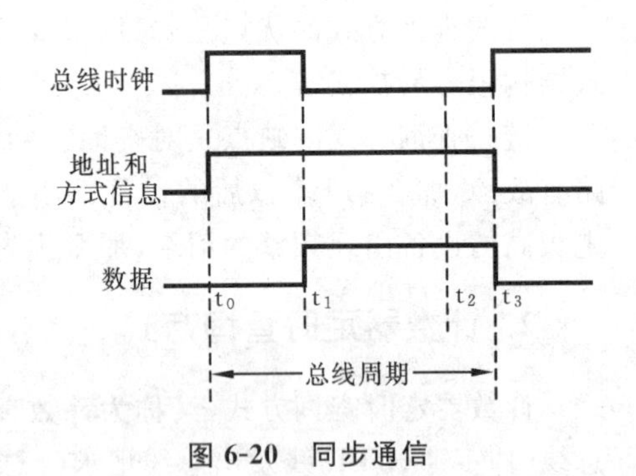

图 6-20 同步通信

有关设备接到地址码和控制信号后，在 t_1 时刻按 CPU 要求把数据放到数据总线上。然后，CPU 在时刻 t_2 进行数据选通，将数据接收到自己的寄存器中。此后，经过一段恢复时间，到 t_3 时刻，总线周期结束，再开始一个新的数据传送过程。

由于采用了公共时钟，每个部件什么时候发送和接收信息都由统一的时钟规定，因此，同步通信具有较高的传输频率。

同步通信适用于总线长度较短、各部件存取时间比较接近的情况。这是因为同步方式对任何两个设备之间的通信都给予同样的时间安排。就总线的长度来讲，必须按距离最长的两个设备的传输延迟来设计公共时钟，总线长了势必降低传输频率。

存取时间是指部件从接到读/写命令起，到完成读出或写入一个数据所需要的时间。同步总线必须按最慢的部件设计公共时钟，如果各部件存取时间相差很大，则会大大损失总线效率。

2. 异步通信

异步通信允许总线上的各部件有各自的时钟，在部件之间进行通信时没有公共的时间标准，而是靠发送信息时同时发出本设备的时间标志信号，用“应答方式”来进行通信。

异步通信又分单向方式和双向方式两种。单向方式不能判别数据是否正确传送到对方。由于在单总线系统和双总线系统中的 I/O 总线，大多采用双向方式，因此，这里介绍双向方式，即应答式异步通信。

图 6-21 所示的发送数据的例子，表示了双向通信方式，这是一种全互锁的方式。

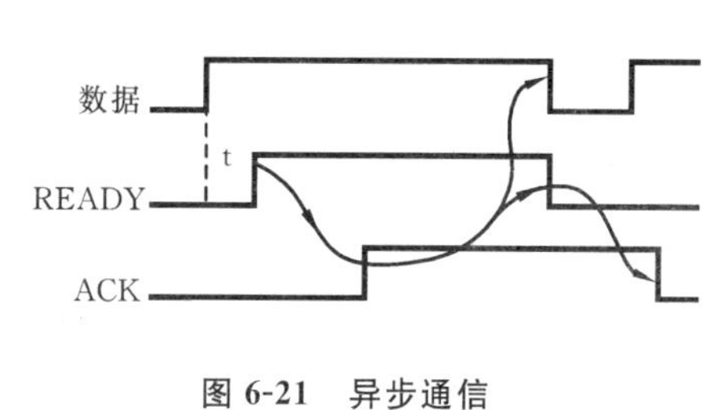

图 6-21　异步通信

发送部件将数据放在总线上，延迟 t 时间后发出 READY 信号，通知对方数据已在总线上。接受部件以 READY 信号作选通脉冲接收数据，并发出 ACK 作回答，表示数据已接收。发送部件收到 ACK 信号后可以撤除数据和 READY 信号，以便进行下一次传送。

另一方面，接受部件在收到 READY 信号下降沿时必须结束 ACK 信号，这样在 ACK 信号结束以前不会产生下一个 READY 信号，从而保证了数据传输的可靠性。在这种全互锁的双向通信中，READY 信号和 ACK 信号的宽度是依据传输情况的不同而浮动变化的。传输距离不同，或者部件的存取速度不同，信号的宽度也不同，即“水涨船高”式地变化，从而解决了数据传输中存在的时间同步问题。

由于异步通信采用了应答式全互锁方式，因此，它能够适用于存取周期不同的部件之间的通信，对总线长度也没有严格的要求。

6.3　常用总线举例

目前，计算机中常用的总线种类比较多。有大型、中型和小型机总线，也有微型机总线。本节主要讨论常用的微型机总线。

6.3.1 总线结构类型

常用的微型机系统总线可分为ISA、EISA、MCA、VESA、PCI、AGP等多种标准。

1. ISA/EISA/MCA/VESA总线

ISA(Industry Standard Architecture)是IBM公司为286/AT计算机制定的总线工业标准,也称为AT标准。ISA总线的影响非常大,直到现在还有大量ISA总线设备,大多数主板也保留了ISA总线的插槽。

EISA(Extended Industry Standard Architecture)是EISA集团(由Compaq、HP、AST等组成)专为32位CPU设计的总线扩展工业标准,它是ISA总线的扩展,既可连接ISA设备,也可连接EISA设备。主流微型机上均保留了EISA总线插槽。

MCA(Micro Channel Architecture)是IBM公司专为PS/2微型机系统开发的微通道总线结构。由于要求使用许可证,违背了微型机开放发展的潮流,因此未有效地推广。

VESA(Video Electronics Standards Association)是VESA组织(由IBM、Compaq等发起,有120多家公司参加)按局部总线标准设计的一种开放性总线,但成本较高,只是适用于486计算机的一种过渡标准,目前已经被淘汰。

2. PCI总线

20世纪90年代后,随着图形处理技术和多媒体技术的广泛应用,在以Windows为代表的图形用户接口(GUI)进入微型机之后,要求微型机具有高速的图形及I/O运算处理能力,这对总线的速度提出了挑战。原有的ISA、EISA总线已远远不能满足要求,成为整个系统的主要瓶颈。1991年下半年,Intel公司首先提出了PCI(Peripheral Component Interconnect)的概念,并联合IBM、Compaq、AST、HP等100多家公司成立了PCI集团。PCI是一种先进的局部总线,已成为局部总线的新标准,是目前应用最广泛的总线结构。PCI总线是一种不依附于某个具体处理器的局部总线。从结构上看,PCI是在CPU和原来的系统总线之间插入的一级总线,需要时,由一个连接电路来实现对这一级的设备取得总线控制权,以便进行数据传输管理。

3. AGP总线

虽然现在微型机的图形处理能力越来越强,但要完成复杂的大型3D图形处理,PCI总线的性能仍然有限。为了提高微型机的3D图形处理能力,Intel公司开发了AGP(Accelerated Graphics Port,图形加速端口)标准,主要目的就是要大幅提高微型机的图形尤其是3D图形的处理能力。严格说来,AGP不能称为总线,因为它是点对点的连接控制芯片和AGP显示接口卡。AGP在主存储器与显示接口卡之间提供了一条直接的通道,使得3D图形数据越过PCI总线,直接送入显示子系统。这样就能突破由于PCI总线形成的系统瓶颈,从而达到处理高性能3D图形的目的。

AGP是Intel于1996年提出的一个开放的新总线标准,任何厂家都可以设计或制造AGP标准的产品,目前仅针对显示接口,也就是说,AGP总线插槽里只能插入显示接口卡(AGP显示接口卡)。目前生产的主板上均有AGP总线插槽。

由于AGP总线将显示卡同主板芯片组直接相连进行点对点传输，大幅提高了微型机对3D图形的处理能力，也将原先占用的大量PCI带宽资源留给了其他PCI接口卡。连接在AGP总线插槽上的AGP显示接口卡，其视频信号的传输速率可以从PCI总线的133MB/s提高到533MB/s。AGP的工作频率为66.6MHz，是现行PCI总线的两倍，还可以提高到133MHz或更高，传输速率则会达到1GB/s以上。AGP的实现依赖两个方面，一方面是支持AGP的芯片组/主板，另一方面是AGP显示接口卡。

从外观上来看，AGP总线插槽是主板上与ISA及PCI并排的一个新插槽，它靠近PCI总线插槽，但要比PCI总线插槽短，颜色一般为褐色。AGP总线插槽只有一个，且只能用来插显示接口卡。

PCI总线的传输速率只能达到132MB/s，而AGP总线则能达到528MB/s，4倍于前者。有了如此快的传输速率，自然使图形显示(特别是3D图形)的性能有了极大的提高，从而使微型机在图形处理方面又向前迈进了一大步，也使得让微型机达到3D图形工作站性能的梦想成为了现实。

PCI是32位总线，工作频率是33MHz，所以传输速率为33MHz×4B=132MB/s。AGP仍是32位总线，不过工作频率与CPU外频同步，达到66MHz，按照上述公式，其传输速率应该是66MHz×4B=264MB/s，为此，AGP总线采用了1×和2×两种模式。AGP的2×模式重新定义了传送数据时的信号协定，即将原来规定的只有当系统时钟脉冲“由上往下”时才能传送数据，改为“由上往下”和“由下往上”都可以传送信息，因此，在一个时钟周期内，可传输两次数据，其传输速率要再乘以2，即66MHz×4B×2=528MB/s，而AGP 1×模式的传输速率仍然是264MB/s。

AGP总线在其他方面也有所改进，如改变了PCI接脚多工的工作方式(指同一接脚既传送地址又传送数据)；另外，AGP总线还允许直接利用系统的内存储器作为显示存储器，以及在更新前后两帧画面时只传送不一样的数据，而相同的则予以保留等，这样就加快了系统的显示速度。

AGP是一个总线标准，但它的应用还须得到硬件的支持。在主板芯片组方面，Intel推出了支持AGP的440、810和820芯片组，而SiS、Ali、VIA公司也推出了支持AGP总线的芯片组。目前，几乎所有新生产的微型机都有AGP总线插槽。

6.3.2 标准接口类型

在微机系统中采用标准接口技术，其目的是为了便于模块结构设计，得到更多厂商的广泛支持，便于“生产”与之兼容的外围设备和软件。不同类型的外围设备需要不同的接口，不同的接口是不通用的。下面介绍的是CPU与外围设备，尤其是磁盘、光盘等的接口标准。以前在8086/286机器上存在过的磁盘机接口标准如ST506和ESDI等接口标准都已经被淘汰，目前在微机中使用最广泛的接口有IDE、EIDE、SCSI、USB和IEEE 1394等5种。

1. IDE/EIDE接口

IDE的原文是Integrated Device Electronics，即集成设备电子部件。它是由Compaq公司开发并由Western Digital公司生产的磁盘控制器接口。IDE采用了40线的单组电缆连接。由于已把磁盘控制器集成到驱动器之中，因此磁盘接口卡就变得十分简单。现在的微机系统中已不再使用磁盘接口卡,而把磁盘接口电路集成到系统主板上,并留有专门的 IDE 连接器插口。IDE 由于具有多种优点,且成本低廉,在微机系统中得到了广泛的应用。

增强型 IDE (Enhanced IDE)是 Western Digital 为取代 IDE 而开发的磁盘机接口标准。在采用 EIDE 接口的微机系统中,EIDE 接口已直接集成在主板上,因此,不必再购买单独的接口卡。与 IDE 相比,EIDE 具有支持大容量硬盘、可连接4 台EIDE 设备、更高数据传输速率(13.3MB/s 以上)等几方面的特点。为了支持大容量硬盘,EIDE 支持 3 种硬盘工作模式,即 NORMAL、LBA 和 LARGE 模式。

2. Ultra DMA33 和 Ultra DMA66 接口

在 ATA-2 标准推出之后,SFFC 又推出了 ATA-3 标准。ATA-3 标准的主要特点是提高了 ATA-2 的安全性和可靠性。ATA-3 本身并没有定义更高的传输模式。此外,ATA 标准本身只支持硬盘,为此 SFFC 将推出 ATA-4 标准,该标准将集成 ATA-3 和 ATAPI,并且支持更高的传输模式。在 ATA-4 标准没有正式推出之前,作为一个过渡性的标准,Quantum 和 Intel 推出了 Ultra ATA(Ultra DMA)标准。

Ultra ATA 的第一个标准是 Ultra DMA33(简称 UDMA33),也有人把它称为 ATA-3。符合该标准的主板和硬盘早在 1997 年便已经投放市场,目前几乎所有的主板及硬盘都支持该标准。

Ultra ATA 的第二个标准是 Ultra DMA66(或者 Ultra ATA-66),是由 Quantum 和 Intel 在 1998 年 2 月份提出的最新标准。Ultra DMA66 进一步提高了数据传输速率,其突发数据传输速率在理论上可达 66.6MB/s。并且它采用了新型的 CRC 循环冗余校验,进一步提高了数据传输的可靠性,改用 80 针的排线(保留了与现有的微机兼容的 40 针排线,增加了 40 条地线)以保证在高速数据传输中降低相邻信号线间的干扰。

目前,有 Intel 810、VIA Apollo Pro 等芯片组提供了对 Ultra DMA66 硬盘的支持。部分主板也提供了支持 Ultra DMA66 硬盘的接口。而新出的大部分硬盘都支持 Ultra DMA-66 接口。

3. IEEE 1394 接口

IEEE 1394 是一种串行接口标准,这种接口标准允许把微机、微机外围设备、各种家电非常简单地连接在一起。从 IEEE 1394 可以连接多种不同外围设备的功能特点来看,也可以称为总线,即一种连接外围设备的机外总线。IEEE 1394 的原型是运行在 Apple Mac 微机上的 Fire Wire(火线),由 IEEE 采用并且重新进行了规范。它定义了数据的传输协议及连接系统,可用较低的成本获得较高的性能,以增强微机与外围设备如硬盘、打印机、扫描仪及消费性电子产品如数码相机、DVD 播放机、视频电话等的连接能力。由于只有具有 IEEE 1394 接口功能的外围设备才能连接到 IEEE 1394 总线上,所以,直到 1995 年第 3 季度 Sony 推出的数码摄像机加上了 IEEE 1394 接口后,IEEE 1394 才真正得到了应用。

4. Device Bay

Device Bay 是由 Microsoft、Intel 和 Compaq 公司共同开发的标准,这一技术可让所有设备协同运作,包括 CD-ROM、DVD-ROM、磁带、硬盘驱动器以及各种符合 IEEE 1394 的设备。

由于 Device Bay 技术能够处理类型广泛的设备,所以它可创建一种新 PC,主板将仅包括

CPU,所有驱动器和设备包括所有数字家电,例如,电视和电话都在外部与计算机相连。

尽管 Device Bay 的规范已于 1997 年制定完毕,但由于这一技术研发经费开销过高,因此,目前还没有实际应用。

5. SCSI 接口

SCSI 的原文是 Small Computer System Interface,即小型机系统接口。SCSI 也是系统级接口,可与各种采用 SCSI 接口标准的外围设备相连,如硬盘驱动器、扫描仪、光驱、打印机和磁带驱动器等。采用 SCSI 标准的这些外围设备本身必须配有相应的外围设备控制器。SCSI 接口早期只在小型机上使用,近年来也在微机中广泛应用。最新的 Ultra3 SCSI 的 Ultra160/m 接口标准进一步把数据传输速率提高到 160MB/s。Quantum 也在 1998 年 11 月推出了第一个支持 Ultra160/m 接口标准的硬盘 Atlas10K 和 Atlas 四代。SCSI 对微机来说是一种很好的配置,它不仅是接口,更是一条总线。下面以常用的 DC-390 系列的 PCI SCSI 接口卡为例来作一介绍。

基于 PCI 总线的 DC-390 SCSI 接口卡具有 PCI 2.1 标准的 PnP 功能,同时该卡支持 ASPI(Advanced SCSI Programming Interface),兼容 MS-DOS、Windows 3.X/95/NT、OS/22.0/WARP 3.0/4.0 及网络系统 NETWARE3/4。

DC-390 分为 DC-390、DC-390U、DC-390F 三个型号,其中 DC-390 和 DC-390U 最多可接 7 台 SCSI 设备,而 DC-390F 可连接 15 台 SCSI 设备。在连接 DC-390F 时要特别注意,该卡有一个 68 针的 16 位外部 SCSI 设备连接端子,一个 68 针的 16 位内部 SCSI 设备连接端子和一个 50 针的 8 位内部 SCSI 设备连接端子,可最多连接 15 台 16 位 SCSI 设备和 7 台 8 位 SCSI 设备,但在连接时,卡上的 3 个连接端子(无论内、外口)只能同时使用两个。

在同一个系统中可最多插接 4 块 DC-390。由于 SCSI 卡上的 BIOS 将映射至内存,因此每块卡将分别占用 16KB 的内存储器空间;当有 4 块卡同时使用时,每块卡具有不同的映射地址,总共将占用 64KB 的内存储器空间。因此,当在一个系统内使用了两块以上的该卡时,可设定一块卡为主控卡,即将该卡上的 JP2 跳线短接,其他卡上的 JP2 开路。这样,当系统引导时,主卡的 BIOS 将控制其他的SCSI卡进行系统设备初始化和数据的传输。

为使 SCSI 设备稳定工作,SCSI 总线的两端通常配有终端匹配器。在 DC-390 上配置有先进的"Active Terminators"终端匹配器,它可自动搜索 SCSI 总线上的设备来调整系统配置,因此,不需要手动调节 SCSI 的终端匹配器。

SCSI 总线的物理连线长度同时由所接设备数量和传输速率两个因素所决定。下表列出 DC-390 系列的 3 个卡的具体连接长度。

型号	SCSI 类别	传输速率	最多设备	最大连接
390	SCSI-2	10MB/s	8	3m
390U	ULTRA	20/40MB/s	4	3m
390F	ULTRA	20/40MB/s	8	1.5m

从表中可以看出,在同等条件下所连设备数越多,则 SCSI 线的物理长度就越小。注意,当有内部 SCSI 设备连接时,其内部 SCSI 线的长度也应计算在总长度之内。

当装有 SCSI 设备的系统冷启动时,一定要首先打开 SCSI 设备的电源,而后再开启系统电源。这是由于 SCSI 卡在加电初始化时要搜索 SCSI 设备来调整 SCSI 总线的设置,此时若外围设备未能开机,则系统将忽略该外围设备,从而使设备不能正常工作,这一点要特别注意。

在早期主板上安装 SCSI 硬盘作为引导盘(C 盘)时,一定要将 CMOS 中的硬盘类型设为"not-installed",因早期主板的 BIOS 的 IDE 类型硬盘具有绝对的系统优先权。当在装有一块或两块 IDE 硬盘的系统上再加接 SCSI 硬盘时,SCSI 硬盘就不能设定为 C 盘或 D 盘了。不过现在较新的主板都具有多重引导的功能,允许直接从 SCSI 设备上引导系统。为加快 SCSI 卡的工作速度,可将 CMOS 中的"ROM SHADOWING"选项选取为"ENABLE",这样可将 SCSI 卡的 BIOS 地址映射至主存储器,通常选定地址为"C8000H-DFFFFH"。

任何一个 SCSI 控制卡及每一个 SCSI 设备需配置一个 SCSI ID 号码(设备号)。一个 FAST SCSI－2 卡配置的 SCSI 号码为 0～7 中的一个,SCSI 控制卡本身也必须有一个 ID 号码,一般定为 7。所以,其他的 SCSI 设备号码就只能是 0～6 了。一般情况下,SCSI ID 0 或 SCSI ID 1 都会配给 SCSI 硬盘。不过在使用 DC-390F 时要特别注意,当将控制卡本身的设备号定为大于 7 的数值时,任何连接在该控制卡上的 8 位数据设备将不被系统承认。因此,一般不要更改 SCSI 卡本身的 ID 默认值 7。

6. USB 接口

USB(Universal Serial Bus)接口基于通用的连接技术,可实现外围设备的简单快速连接,以达到方便用户、降低成本、扩展微机连接外围设备的范围的目的。目前微机中几乎每个设备都有它自己的一套连接设备,但外围设备接口的规格不一,接口数量有限,已无法满足众多外围设备连接的迫切需要。解决这一问题的关键是,提供设备的共享接口来解决微机与周边设备的通用连接。

USB 技术的应用是计算机外围设备连接技术的重大变革。现在,USB 接口标准属于中、低速的界面传输。面向家庭与小型办公领域的中、低速设备,比如键盘、鼠标、游戏杆、显示器、数字音箱、数码相机以及调制解调器(Modem)等,目的是在统一的 USB 接口上实现中、低速外围设备的通用连接。微机主机上只需要一个 USB 端口,其他的连接可以通过 USB 接口和 USB 集线器来完成。USB 系统由 USB 主机(HOST)、集线器(HUB)、连接电缆及 USB 外围设备组成。正在研制的新一代 USB 接口,其数据传输速率将提高到 120～240Mb/s,并支持宽带宽数字摄像设备及新型扫描仪、打印机及存储设备。

USB 通用串行总线是由 Compaq、DEC、IBM、Intel、Microsoft、NEC 和 NT(北方电讯)7 大公司共同推出的新一代主机与外围设备的 I/O 接口标准。USB 提供机箱外的即插即用连接,连接外围设备时不必再打开机箱,也不必关闭主机电源。USB 采用"级联"方式,即每个 USB 设备用一个 USB 插头连接到一个外围设备的 USB 插座上,而其本身又提供一个 USB 插座供下一个 USB 外围设备连接用。使用 USB 时,新增加的外围设备可以直接与系统单元上的端口相连,或者与集线器相连。每个集线器提供 7 个 USB 设备的插口,可以将其他的集线器插入与系统相连的集线器中,这样微机就有了 13 个插口,它允许最多插入 21 个集线器,系统就有了可以连接 127 个不同设备的插口。通过这种类似菊花链式的连接,一个 USB 控制器可连接多达 127 台外围设备,而每个外围设备间的距离可达 5m。USB 统一的 4 针插头将取代机箱后的众多的串/并口(鼠标、调制解调器、键盘)等插头。USB 能智能识别 USB 链上外围设备的插入或拆卸。除了能够连接键盘、鼠标等外,USB 还可以连接 ISDN、电话系统、数字音响、打印机以及扫描仪等低速外围设备。

(1) USB 的特性

USB 是由 7 家世界领先的计算机及通信产业厂商共同制定的一种通用外围设备总线规

范，主要应用在中、低速外围设备上，它提供的传输速率有1.5Mb/s和12Mb/s两种，一个USB端口同时支持全速和低速的设备访问。

低速的USB带宽(1.5Mb/s)支持低速设备，例如，显示器、ISDN电话、调制解调器、键盘、鼠标、游戏杆、扫描仪、打印机、光驱、磁带机、软驱等；全速的USB带宽(12Mb/s)将支持大范围的多媒体和电话设备等。

USB的主要特征如下。

① 即插即用和热插拔功能。USB设备不仅具有即插即用的功能，并且可以在不重新启动计算机的情况下安装或卸载，系统可以自动检测外设的变化和外围设备对系统资源的需求，并自动为设备分配这些资源。对于用户而言，免去了设置跳线、DMA、IRQ以及I/O等烦琐手续。

② 多用途。在USB规范中，外设可通过集线器呈树状接至一个端口上，一台微机可连接127台不同种类的设备，对目前微机的需求来讲，如此多的外围设备已绰绰有余。由于它制定了统一的接口，提高了设备之间的兼容性，从而大大提高了微机的灵活性。

③ 降低设备成本。USB总线作为一种开放式标准，使厂商可以大规模生产，便于降低成本。设备接口的统一性，也使得计算机外围设备制造和生产厂商不需要再设计额外的安装界面，从而降低了设备成本，使用户从总体上降低了拥有和使用计算机的成本。

(2) USB的结构

USB标准中将USB分为5个部分：控制器、控制器驱动程序、USB芯片驱动程序、USB设备以及针对不同USB设备的客户驱动程序。

- 控制器(Host Controller)——主要负责执行由控制器驱动程序发出的命令。
- 控制器驱动程序(Host Controller Driver)——在控制器与USB设备之间建立通信信道。
- USB芯片驱动程序(USB Driver)——提供对USB的支持。
- USB设备(USB Device)——包括与微机相连的USB外围设备，分为两类，一类设备本身可再接其他USB外围设备，另一类设备本身不可再连接其他外围设备，前者称为集线器(Hub)，后者称为设备(Device)。或者说，集线器带有连接其他外围设备的USB端口，而设备则是连接在计算机上用来完成特定功能并符合USB标准的设备单元。
- 设备驱动程序(Client Driver Software)——用来驱动USB设备的程序，通常由操作系统或USB设备制造商提供。

(3) USB的传输方式

针对设备对系统资源需求的不同，在USB标准中规定了4种不同的数据传输方式。

- 等时传输方式(Isochronous)——该方式用来连接需要连续传输数据，且对数据的正确性要求不高而对时间极为敏感的外围设备，如话筒、喇叭以及电话等。等时传输方式以固定的传输速率、连续不断地在主机与USB设备之间传输数据，在传送数据发生错误时，USB并不处理这些错误，而是继续传送新的数据。
- 中断传输方式(Interrupt)——该方式传送的数据量很小，但这些数据需要及时处理，以达到实时效果，此方式主要用在键盘、鼠标以及操纵杆等设备上。
- 控制传输方式(Control)——该方式用来处理主机到USB设备的数据传输。包括设备控制指令、设备状态查询及确认命令。当USB设备收到这些数据和命令后，将依据先进先出的原则处理到达的数据。

● 批传输方式(Bulk)——该方式用来传输要求正确无误传输的数据。通常打印机、扫描仪和数码相机以这种方式与主机连接。

在这4种数据传输方式中,除等时方式外,其他3种方式在数据传输发生错误时,都会试图重新发送数据以保证其正确性。

(4) USB设备的使用

使用USB时,新增加的外设可以直接与系统单元上的端口相连,或者与集线器相连。每个集线器提供7个USB设备的插口,可以将其他的集线器插入与微机系统相连的集线器中,这样微机上就有了13个插口,由于最多允许插入21个集线器,因此系统就有了可连接127个不同设备的插口。

要使用USB设备,首先要求主板具有支持USB设备的功能,其次要求操作系统支持USB设备。Windows 2000、Windows XP和Windows 98等内置了对USB的支持,如果使用Windows 95,还需取得USB驱动程序Usbsupp. exe才能使用主板提供的功能。在操作系统拥有了对USB设备的支持后,安装USB设备以及相应的驱动程序,设备就可以正常工作了。

习 题 六

6.1 采用总线结构的计算机系统中,主存与外设的编址方法有几种? 各有什么特点?

6.2 判别总线使用权的优先级别有几种方法? 各有什么特点?

6.3 比较单总线、双总线、三总线结构的性能特点。

6.4 什么是同步通信和异步通信? 各有什么特点?

6.5 总线通信控制解决的问题是什么? 有几种类型? 各有何特点? 常用的是哪一种?

6.6 数据总线上挂两个设备,每个设备能收能发,还能从逻辑上和总线断开,画出逻辑图,并作简要说明。

6.7 计算机系统采用"面向总线"的形式有何优点?

6.8 举出几种常用的总线,并加以说明。

第7章 I/O系统

现代计算机系统的一个显著特点是外围设备的品种多、数量大，各类外围设备不但结构不同、性能迥异，而且与主机的连接和控制也复杂多变。但是若从外围设备与主机所进行的全部动作来分析，则仅仅是交换信息，即或是外围设备向主机输入信息，或是主机向外围设备输出信息。对输入和输出操作进行硬件和软件的控制就是所谓输入/输出控制，即I/O控制。I/O控制不但要使外围设备和主机联系起来，构成一个"系统"，而且要使该系统具有高的吞吐能力和工作效率。

现代计算机系统可以分为3个部分：运算处理子系统、I/O子系统和通信网络子系统。计算机的I/O系统包括I/O接口、I/O管理部件及有关软件。一个计算机系统的综合处理能力，系统的可扩展性、兼容性和性能价格比，都和I/O系统有密切关系。

7.1 信息交换的控制方式

在计算机发展史上，I/O系统信息交换的控制方式也经历了由简单到复杂、由低级到高级、由集中管理到各部件分散管理的发展过程。主机与外围设备之间的信息交换随外围设备的不同性质可采用不同的控制方式。按照I/O控制组织的演变顺序和外围设备与主机并行工作的程度，以及数据传送和控制的方式，信息交换的控制方式一般分为5种类型。

1. 程序查询方式(Programmed Direct Control)

程序查询方式又称为程序直接控制方式，是指信息交换的控制完全由主机执行程序来实现的方式。当主机执行到某条指令时，发出询问信号，读取外围设备的状态，并根据外围设备状态，决定下一步操作，这样要花费很多时间用于查询和等待，效率大大降低。这种控制方式用于早期的计算机。现在，除了在微处理器或微型机的特殊应用场合，为了求得简单而采用外，一般不采用了。

2. 程序中断控制方式(Program Interrupt Transfer)

在程序中断控制方式中，外围设备在完成了数据传送的准备工作后，主动向CPU提出传送请求，CPU暂停原执行的程序，转向信息交换服务。在这种方式下，CPU的效率得到提高，这是因为外围设备在数据传送准备阶段时CPU仍在执行原程序；此外，CPU不再像程序直接控制方式下那样被一台外围设备独占，它可以同时与多台外围设备进行数据传送。这种方式的缺点是在信息传送阶段，CPU仍要执行一段控制程序，还没有完全摆脱对I/O操作的具体管理。

3. 直接内存访问方式(Direct Memory Access，DMA)

程序中断方式虽然能减少CPU的等待时间，使外围设备和主机在一定程度上并行工作，但是在这种方式下,每传送一个字或字节都要发生一次中断,去执行一次中断服务程序。而在中断服务程序中,用于保护 CPU 现场、设置有关状态触发器、恢复现场及返回断点等的操作要花费 CPU 几十微秒的时间。对于那些配有高速外围设备,如磁盘、光盘的计算机系统,这将使 CPU 处于频繁的中断工作状态,影响了全机的效率,而且还有可能丢失高速设备传送的信息。

DMA 方式是一种完全由硬件进行成组信息传送的控制方式。它具有程序中断控制方式的优点,即在外围设备准备数据阶段,CPU 与外围设备能并行工作。它降低了 CPU 在数据传送时的开销,这是因为 DMA 代替 CPU 对 I/O 中间过程进行具体干预,信息传送不再经过 CPU,而在内存和外围设备之间直接进行,因此,称为直接内存访问方式。由于在数据传送过程中不使用 CPU,也就不存在保护 CPU 现场、恢复 CPU 现场等烦琐操作,因此数据传送速率很高。这种方式适用于磁盘机、磁带机等高速设备大批量数据的传送。它的硬件开销比较大。DMA 接口中,中断处理逻辑还要保留。不同的是,DMA 接口中的中断处理逻辑,仅用于故障中断和正常传送结束中断时的处理。

4. 通道方式(Channel Control)

通道方式利用了 DMA 技术,再加上软件,形成一种新的控制方式。通道是一种简单的处理机,它有指令系统,能执行程序。它的独立工作的能力比 DMA 强,能对多台不同类型的外围设备统一管理,对多个外围设备同时传送信息。

5. 外围处理机方式(Peripheral Processor Unit,PPU)

外围处理机的结构更接近于一般的处理机,甚至就是一般小型通用计算机。它可完成 I/O 通道所要完成的 I/O 控制,还可完成码制变换、格式处理、数据块的检错、纠错等操作。它可具有相应的运算处理部件、缓冲部件,还可形成 I/O 程序所必需的程序转移等操作。它可简化设备控制器,而且可用它作为维护、诊断、通信控制、系统工作情况显示和人机联系的工具。

外围处理机基本上独立于主机工作。在多数系统中,设置多台外围处理机,分别承担 I/O 控制、通信、维护、诊断等任务。有了外围处理机后,计算机系统结构有了质的飞跃,由功能集中式发展为功能分散的分布式系统。

上述 5 种控制方式如图 7-1 所示。

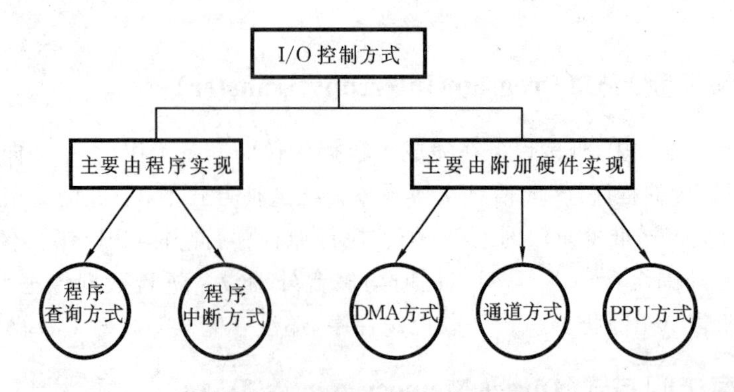

图 7-1 外围设备的 I/O 方式

7.2 程序查询方式

程序查询方式又叫程序控制 I/O 方式。在这种方式中，数据在 CPU 和外围设备之间的传送完全靠计算机程序控制，是在 CPU 主动控制下进行的。当执行 I/O 时，CPU 暂停执行主程序，转去执行 I/O 服务程序，根据服务程序中的 I/O 指令进行数据传送。

这是一种最简单、最经济的 I/O 方式。它只需要很少的硬件，因此，大多数机器都具有程序查询方式。特别是在微、小型机中，常用程序查询方式来实现低速外围设备的 I/O 管理。

1. 设备编址

用程序实现 I/O 传送的机器，根据其结构特点，外围设备有两种不同的编址方法：统一编址法和单独编址法。

所谓统一编址法，是将 I/O 设备中的控制寄存器、数据寄存器、状态寄存器等和内存单元一样看待，将它们和内存单元一起编排地址。这样就可用访问内存的指令(读/写指令)去访问 I/O 设备的某个寄存器，因而不需要专门的 I/O 指令组。比如，用访问存储器的读/写指令就能实现 I/O 设备与 CPU 之间的数据传送。又如，比较指令可以用来比较 I/O 设备中某个寄存器的值，以此判断 I/O 操作的执行情况。

图 7-2(a)所示的是统一编址的单总线结构，所有的 I/O 设备、内存和 CPU 共用一条总线。其中地址总线传送 CPU 要访问内存的地址或 I/O 设备的地址；数据总线传送数据、指令和状态信息；控制总线传送定时信号和各种控制信号。

在图 7-2(b)所示的机器结构中，内存地址和 I/O 设备的地址是分开的。当访问内存时，由存储读、存储写两条控制线控制；当访问 I/O 设备时，由 I/O 读、I/O 写两条控制线控制，这种方法称为单独编址法。

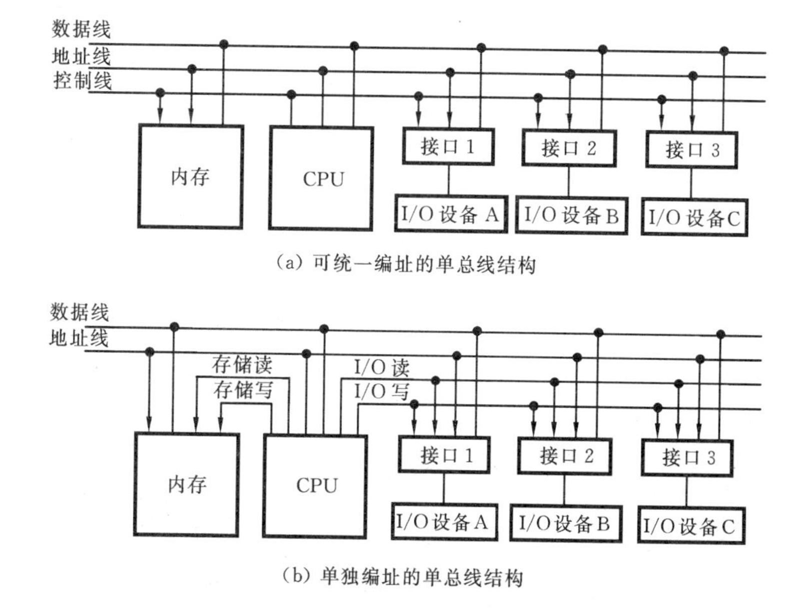

图 7-2 I/O 设备的统一编址和单独编址

2. I/O 指令

当用程序实现 I/O 传送时,I/O 指令一般具有如下功能。

① 置"1"或置"0"设备接口的某些控制触发器,用于控制设备进行某些动作,如启动、关闭设备,令磁盘转动等。

② 测试设备的某些状态,如"忙"、"准备就绪"等,以便决定下一步的操作。

③ 传送数据。当输入数据时,将 I/O 设备中数据寄存器的内容送到 CPU 某一寄存器;当输出数据时,将 CPU 中某一寄存器的内容送到 I/O 设备的数据寄存器。

不同的机器,所采用的 I/O 指令格式和操作也不相同。

7.2.1 程序查询 I/O 方式

程序查询方式是最原始、最简单的方式。其基本思想是,若 CPU 要执行一段 I/O 程序,则用其中一条指令查询 I/O 设备状态,如果 I/O 设备的数据传送没有准备好,就重复执行询问指令,一直等到 I/O 设备准备好为止。

程序查询方式是利用程序控制来实现 CPU 和 I/O 设备之间的数据传送的方法。程序执行的动作如下。

① 先向 I/O 设备发出命令字,请求进行数据传送。

② 从 I/O 接口读入状态字。

③ 检查状态字中的标志,看看数据交换是否可以进行。

④ 假如这个 I/O 设备没有准备就绪,则重复进行第②步、第③步,一直到这个 I/O 设备准备好交换数据,发出准备就绪信号"Ready"为止。

⑤ CPU 从 I/O 接口的数据缓冲寄存器输入数据,或者将数据从 CPU 输出至接口的数据缓冲寄存器中。与此同时,CPU 将接口中的状态标志复位。

图 7-3 所示的是上述步骤的流程图和相应的程序。主程序检查状态字寄存器,看 I/O 设备是否"准备就绪"。如果没有准备就绪,则进行循环等待;如果已准备就绪,则执行数据交换,然后再回到主程序。显然,这种方式的优点是 CPU 的操作可以和 I/O 设备操作同步,且接口硬件比较简单。其缺点是当程序进入循环时,CPU 只能踏步等待,不能处理其他任务。

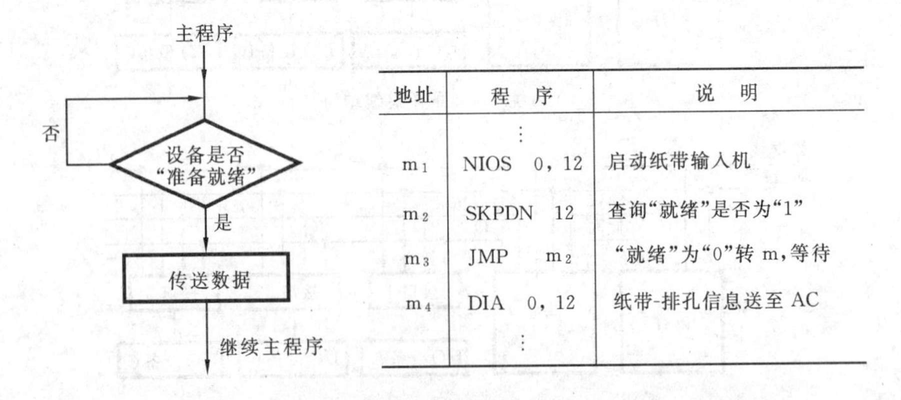

地址	程　序	说　明
	⋮	
m_1	NIOS　0, 12	启动纸带输入机
m_2	SKPDN　12	查询"就绪"是否为"1"
m_3	JMP　m_2	"就绪"为"0"转 m,等待
m_4	DIA　0, 12	纸带-排孔信息送至 AC
	⋮	

图 7-3　程序查询方式流程图及相应程序

为此在实际应用中做如下改进：CPU 在执行主程序的过程中可周期性地调用各 I/O 设备查询子程序，依次测试各 I/O 设备的状态触发器“Ready”。如果某 I/O 设备的 Ready 为“0”，则依次测试下一个 I/O 设备。图 7-4 所示的是典型的程序查询流程图。

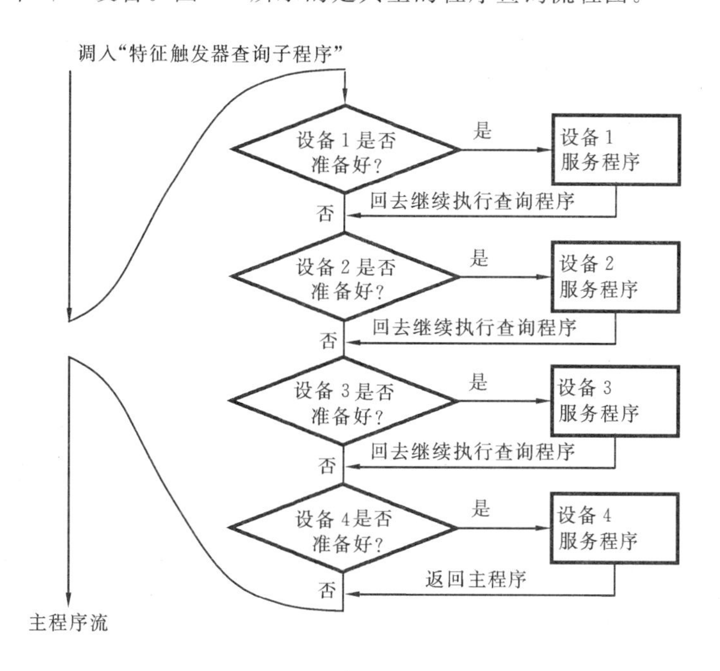

图 7-4　程序查询 I/O 设备流程图

设备服务了程序有以下的主要功能。

① 实现数据传送。输入时，由 I/O 指令将 I/O 设备的数据送到 CPU 的某寄存器中，再由访内指令把寄存器中的数据存入内存某单元；输出时，其过程正好相反。

② 修改内存地址，为下一次数据传送做准备。

③ 修改传送字节数，以便修改传送长度。

④ 进行状态分析或其他控制功能。

执行完某设备的服务子程序后，接着查询下一个设备，被查询的设备的先后次序由询问程序决定，图 7-4 所示流程中以 1，2，3，4 为序。也可以用改变程序的办法来改变询问次序。一般来说，总是先询问数据传输速率高的设备，后询问数据传输速率低的设备，所以，后询问的设备要等待更长的时间。

图 7-5 所示的是硬件如何实现询问的示意图，当 CPU 要查询某一设备时，在地址总线上发送设备地址，若此设备被选中，且选中的设备状态位 Ready 为“0”，则通过三态门 $y_1 \sim y_3$ 在 SKP 线上提供高电平。CPU 根据这个电平，使指令计数器 PC 加 1，即跳过设备服务程序，查询下一台设备。若选中的设备状态位 Ready 为“1”，则执行设备服务程序。

程序查询方式的优点是简单、经济，CPU 和 I/O 设备接口只需配备少量的硬设备。它的缺点是系统效率低，为了询问 I/O 设备是否有数据传送，CPU 要周期性地停止主程序运行而转向查询子程序。如果有很多设备，查询程序所花费的时间是相当长的。另一方面，对 I/O 设备来说，也有响应时间问题，后询问的设备必须等前面设备的数据传送完毕后才能进行传送，因此，程序查询方式主要适用于 I/O 设备少、数据传输速率低的系统。

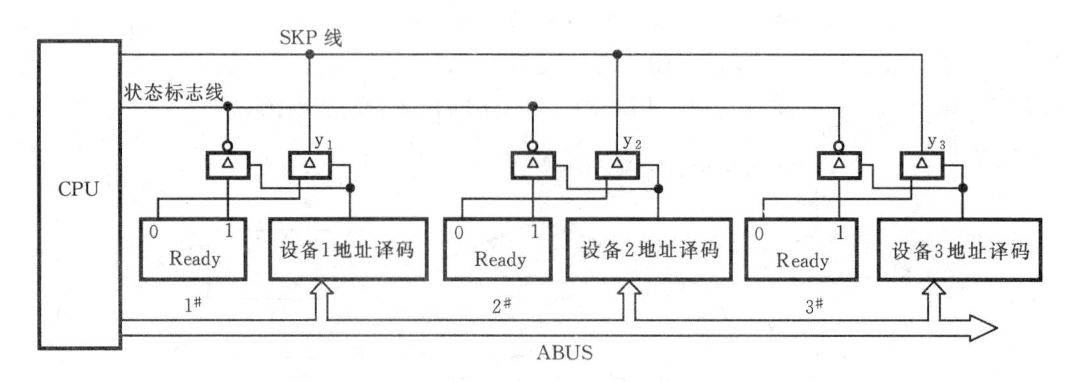

图 7-5　用 SKP 询问 I/O 设备的示意图

7.2.2　程序查询方式的接口

在本书第 6.1.2 节中讲到,“接口”是总线与 I/O 设备之间的一个逻辑部件,它作为一个转换器,用以保证 I/O 设备用计算机系统特性所要求的形式发送或接收信息。

由于主机和 I/O 设备之间进行数据传送的方式不同,因而接口的逻辑结构也相应有所不同。程序查询方式的接口是最简单的,如图 7-6 所示。

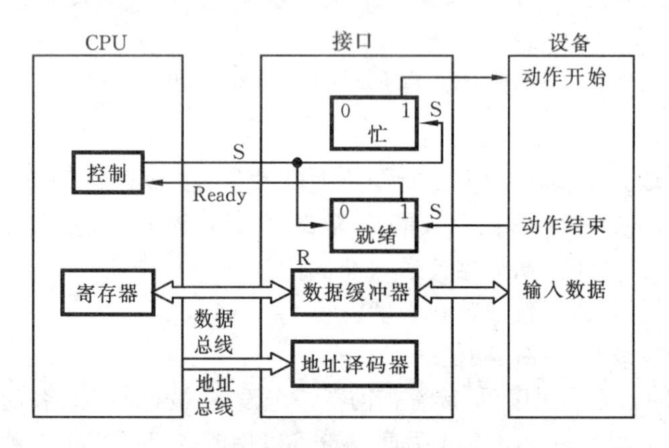

图 7-6　程序查询方式接口示意图

程序查询方式的接口电路包括设备选择电路、数据缓冲寄存器、设备状态位和有关逻辑部件等。有的计算机采用统一编址,访问接口中的数据缓冲寄存器和设备状态字寄存器就像访问主存的存储单元一样。有的计算机不采用统一编址,也没有设备状态字寄存器,设备状态用分散的触发器表示。

1. 设备选择电路

对于接到总线上的每个设备,已预先给定了设备地址码。CPU 执行 I/O 指令时,需要把指令中的设备地址送到地址总线上,用以指出 CPU 要选择的设备。每个设备接口电路都有一个设备选择电路,由它判别地址总线上呼叫的设备是不是本设备。如果是,则本设备就进入工作状态,否则不予理睬。设备选择电路实际上是设备地址译码器。

2. 数据缓冲寄存器

当进行输入操作时，用数据缓冲寄存器来存放从I/O设备读出的数据，然后送往CPU；当进行输出操作时，用数据缓冲寄存器来存放CPU送来的数据，以便需要时经过I/O设备输出。

3. 设备状态位

设备状态位是接口中的标志触发器，如"忙"、"准备就绪"、"错误"等，用来标志设备的工作状态，以便接口对外围设备进行监视。一旦CPU用程序询问I/O设备时，就可将状态位信息取至CPU进行分析。

7.3　程序中断方式

在计算机系统中，中断不但是软件实现统一管理和调度的重要手段，也是各部件之间实现通信的重要手段。它的作用之一是使异步于主机的外围设备与主机并行工作，提高整个系统的工作效率。

7.3.1　中断的基本概念

中断(Interrupt)的概念是在20世纪50年代中期提出的，目前，它不仅在I/O过程中，而且在多道程序、分时操作、实时处理、人机联系、事故处理、程序的监视和跟踪、目态程序和操作系统的联系以及多处理机系统中各机的联系等方面都起着重要作用。

从更广泛的含义上来理解，所谓中断是指计算机由任何非寻常的或非预期的急需处理的事件引起CPU暂时中断现行程序的执行，而转去执行另一服务程序来处理这些事件，等处理完后又返回原程序，这一整个执行过程。

1. CPU与I/O设备并行工作

在中断系统引入之前，计算机系统是在程序直接控制下完成I/O操作的。I/O设备的工作过程要在CPU控制之下完成，CPU与I/O设备的工作是串行进行的，CPU大部分工作时间被白白浪费了。

引入中断系统后，可实现CPU与I/O设备的并行运行，大大提高了计算机的效率。图7-7所示的是CPU与I/O设备(打印机)并行工作的情况。可以看出，大部分时间CPU与打印机是并行工作的。当打印机完成一行打印后，向CPU发中断信号，若CPU响应中断，则停止正在执行的主程序，转入打印中断服务子程序，将要打印的下一行字传送到打印机控制器并启动打印机工作。然后CPU又继续执行原来的程序，此时打印机开始了打印新一行字的过程。打印机打印一行字需要几毫秒到几十毫秒的时间，而中断处理时间是很短的，一般是毫微秒级。从宏观上看，CPU与I/O设备是并行工作的。

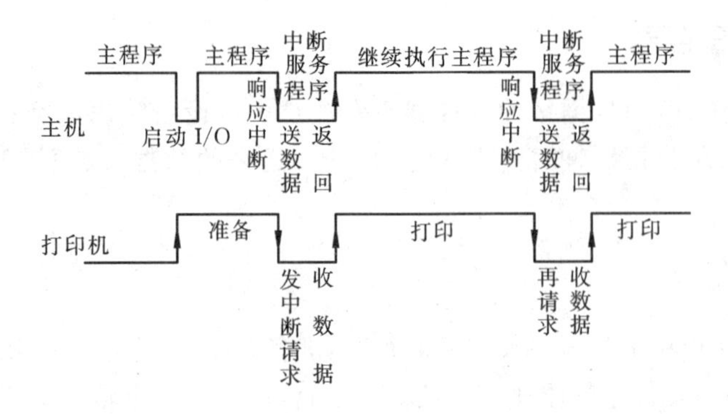

图 7-7 CPU与打印机并行工作

2. 提高了机器的可靠性

在计算机工作时,当运行的程序发生错误,或者硬设备出现某些故障时,机器中断系统可以自动进行处理,避免某些偶然故障引起的计算错误或停机,提高了机器的可靠性。

3. 便于实现人机联系

在计算机工作过程中,操作人员可能要随机地干预机器,如检查计算的中间结果、了解机器的工作状态、给机器下达临时性的命令等。在没有中断系统的机器里,这些功能几乎是无法实现的。利用中断系统实现人机通信是很方便、很有效的。

4. 实现多道程序

计算机实现多道程序运行是提高机器效率的有效手段。多道程序的切换运行需借助于中断系统。在一道程序的运行中,可以由I/O中断系统切换到另外一道程序运行,也可以通过分配给每道程序一个固定时间片,利用时钟定时发送中断进行程序切换。

5. 实现实时处理

所谓实时处理,是指当某个事件或现象出现时能及时地进行处理,而不是集中起来再进行批处理。例如,在某个计算机过程控制系统中,当随机出现压力过大、温度过高等情况时,要求计算机必须及时进行处理。这些事件出现是随机的,而不是程序本身所能预见的,因此,要求计算机中断正在执行的程序,转而去执行中断服务程序。在实际工程中,利用中断技术进行实时控制已广泛应用于各个生产领域中。

6. 实现目态程序和操作系统的联系

在现代计算机中,用户程序往往可以安排一条"访问管理程序"指令来调用操作系统的管理程序,这种调用是通过中断来实现的。通常称机器在执行用户程序时为目态,称机器执行管理程序时为管态。通过中断可以实现目态和管态之间的变换。

7. 多处理机系统各处理机间的联系

在多处理机系统中,处理机和处理机间的信息交流和任务切换都是通过中断来实现的。

7.3.2 CPU响应中断的条件

CPU要响应中断必须满足如下3个条件。

① 中断源有中断请求。

② CPU允许接受中断请求。

③ 一般情况下,都要等到一条指令执行完毕后才能响应中断,除非遇到特殊的长指令才允许中途打断它们。

这里,引起中断的事件,或者发出中断请求的来源统称为中断源。CPU停止执行现行程序,转去处理中断请求称为中断响应。若CPU进入可中断方式,即允许接受中断请求,则称为"开中断",否则,CPU处于不可中断状态,称为"关中断",或称为"禁止中断"。中断请求、中断允许、禁止和中断的响应都是由硬件实现的。

1. 中断源的种类

中断的复杂性表现在中断源的多样性上,下面列举一些中断源的实例。

① 由外围设备引起的中断,要求CPU介入I/O操作。例如,慢速设备的缓冲寄存器准备好接收或发送数据;信息块传送的前、后处理;设备的启动或非数据控制动作(如磁带、磁盘定位)的完成;I/O的任一环节出错等。

② 由运算器产生的中断。例如,算术操作的溢出;除数为零;数据格式非法;校验错等。

③ 由存储器产生的中断。例如,动态存储器刷新;地址非法(地址不存在、越界);页面失效;校验错;存取访问超时等。

④ 控制器产生的中断。例如,非法指令;用户程序执行特权指令;分时系统中时间片到期;操作系统用户目态和管态的切换等。

⑤ 过程控制产生的中断。例如,实时检测控制设备计时采样中断等。

⑥ 时钟定时中断。

⑦ 电源故障中断。

根据中断源的不同类别,可以把中断分为内中断和外中断两种。

发生在主机内部的中断称为内中断。内中断有强迫中断和自愿中断两种。强迫中断产生的原因有硬件故障和软件出错等。硬件故障包括由部件中的集成电路芯片、元件、器件、印刷线路板、导线及焊点引起的故障,电源电压的下降也属于硬件故障。软件出错包括指令出错、程序出错、地址出错、数据出错等。强迫中断是在CPU没有事先预料的情况下发生的,此时CPU不得不停下现行的工作。

自愿中断是出于计算机系统管理的需要,自愿地进入中断。计算机系统为了方便用户调试软件、检查程序、调用外围设备,设置了自中断指令、进管指令。CPU执行程序时遇到这类指令就进入中断。在中断中调出相应的管理程序。自愿中断是可以预料的,即如果程序重复执行,断点的位置不改变。

大量的中断是由系统配置的外围设备引起的。信息传送时要中断,传送结束处理要中断,接口和外围设备出现故障时也要中断。中断的原因不一样,调用的中断服务程序也就不一样。凡是由主机外部事件引起的中断称为外中断,操作员对机器干预引起的中断也是外中断,外中断均是强迫中断。

上述中断类型如下所示：

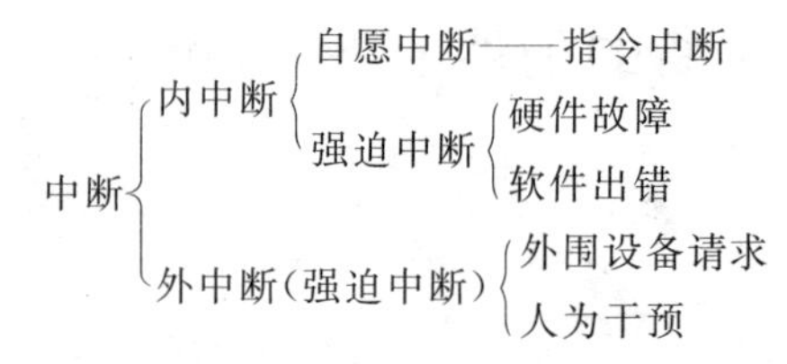

2. 中断源的建立

为了记录中断事件是否发生，利用了具有存储功能的触发器，一般称为中断触发器。当一个中断源有中断请求时，其相应的中断触发器置成“1”状态。此时，该中断源向 CPU 发出中断请求信号。

多位中断触发器构成一个中断寄存器，其中每一位对应一种中断请求源；每一位称为一个中断位，中断寄存器的内容称为中断字或中断码。CPU 在进行中断处理时，根据中断字和中断位确定中断源，以便用相应的服务程序来处理。

3. 中断的分级与中断优先权

在设计中断系统时，要把全部中断源按中断性质和处理的轻重缓急进行排队并给予优先权。所谓优先权是指有多个中断同时发生时，对中断响应的优先次序。

当中断源数量很多时，中断字就会很长，同时也为了软件处理的方便，一般把所有中断按不同的类别分为若干级，称为中断级。首先按中断级确定优先次序，然后在同一级内再确定各个中断源的优先权。

当对设备分配优先权时，必须考虑数据的传输速率和服务程序的要求。来自某些设备的数据只是在一个短的时间内有效，为了保证数据的有效性，通常把最高的优先权分配给它们。较低的优先权分配给数据有效期较长的设备，以及具有数据自动恢复能力的设备。

4. 禁止中断和中断屏蔽

在许多情况下，虽然有中断请求，但需要禁止某些中断以保证在提供任何中断服务之前执行完某一个特定的指令序列。解决这个问题的办法是禁止中断和中断屏蔽。

(1) 禁止中断

产生中断源后，由于某种条件的存在，CPU 不能中止现行程序的执行，称为禁止中断。一般在 CPU 内部设有一个“中断允许”触发器。只有该触发器置“1”状态，才允许中断源等待 CPU 响应；如果该触发器被清除，则不允许所有中断源申请中断。前者称为允许中断，后者称为禁止中断。

“中断允许”触发器通过“开中断”、“关中断”指令来置位或复位。

(2) 中断屏蔽

当产生中断请求后，用程序方式有选择地封锁部分中断，而允许其余的中断仍得到响应，称为中断屏蔽。

实现方法是为每一个中断源设置一个中断屏蔽触发器来屏蔽该设备的中断请求。具体来说，用程序方法将该触发器置“1”，则对应的设备中断被封锁，若将其置“0”，则允许该设备的中断请求得到响应。

某些中断请求是不可屏蔽的，也就是说，不管中断系统是否开中断，中断源的中断请求一旦提出，CPU必须立即响应，即该中断源具有最高优先权，例如，电源掉电产生的中断就是不可屏蔽中断，所以，中断又分为可屏蔽中断和不可屏蔽中断。

7.3.3 中断处理

一旦CPU响应中断的条件得到满足，CPU便开始响应中断，转入中断服务程序，进行中断处理。

按照中断处理方式可以把中断分为程序中断和简单中断两种。

① 程序中断。如果主机在响应中断请求后，是通过执行一段服务程序来处理有关事项的，则称为程序中断，简称为中断。这种方式要求CPU响应中断后，暂停原程序的执行，并将断点(主程序返回地址)和现场情况(如程序状态字以及有关寄存器内容)保存起来，然后转入中断服务程序执行。程序中断主要用于中、慢速I/O设备的数据传送以及要求进行复杂处理的场合。

② 简单中断。在DMA方式的I/O过程中，主机响应中断后不要执行服务程序，而是让出一个或几个存取周期供I/O设备与主存直接交换数据。此时，CPU可以暂停运行，也可以执行非访问内存储器操作。这种中断只是暂停一个或几个存取周期，不破坏被中断的程序现场，因此，不需要进行现场保护工作。这种中断称为简单中断，一般称为DMA。在本节中所讨论的中断是程序中断。

1. 中断处理步骤

不同计算机对中断的处理各具特色，就其多数而论，中断处理过程如图7-8所示。

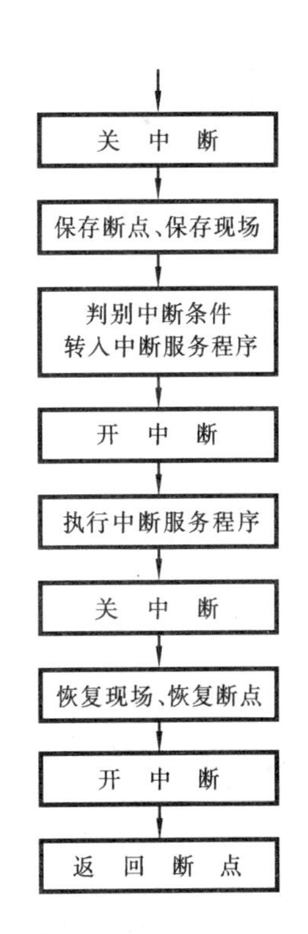

图7-8 中断处理过程

① 关中断。进入不可再次响应中断的状态。因为接下去要保存断点，保存现场。在保存现场过程中，即使有更高级的中断源申请中断，CPU也不应该响应，否则，如果现场保存不完整，在中断服务程序结束之后，也就不能正确地恢复现场并继续执行现行程序了。

② 保存断点和现场。为了在中断处理结束后能正确地返回到中断点，在响应中断时，必须把当前的程序计数器PC中的内容(即断点)保存起来。对现场信息的处理有两种方式：一种是由硬件对现场信息进行保存和恢复；另一种是由软件即中断服务程序对现场信息保存和恢复。

对于由硬件保存现场信息的方式，各种不同的机器有不同的方案。有的机器把断点保存在主存固定的单元，中断屏蔽码也保存在固定单元中；有的机器则不然，它在每次响应中断后把CPU中程序状态字和指令计数器内容相继压入堆栈，再从指定的两个主存单元分别取出新的指令计数器内容和CPU中程序状态字来代替，称为交换新、旧状态字方式。

③ 判别中断条件，转向中断服务程序。在多个中断条件同时请求中断的情况下，本次实际响应的只能是优先权最高的那个中断源，所以，需进一步判别中断条件，并转入相应的中断服务程序入口。

④ 开中断。因为接下去就要执行中断服务程序，因此开中断允许更高级中断请求得到响

应,实现中断嵌套。

⑤ 执行中断服务程序。

⑥ 退出中断。

在退出时,又应进入不可中断状态,即关中断,恢复现场,恢复断点,然后开中断,返回原程序执行。

上面叙述的关中断、保存断点等过程一般是由硬件实现的,它类似于一条指令,但又与一般的指令不同,不能被编写在程序中,因此,常常称为“中断隐指令”。

2. 判别中断条件

如何判别中断条件,确定中断源,并转入被响应的中断服务程序入口,是中断处理首先要解决的问题。大致有三种不同的方法。

(1) 查询法

这是最简单的实现方法。如图 7-9 所示,每一个中断源都附带一个标志,该标志置位代表相应中断源请求中断,因此,判别中断条件只需用测试指令按一定优先次序检查这些标志,先遇到的第一个“1”标志即优先得到服务,在此之前,遇到“0”标志均跳过而继续检查下一个。中断查询法如图 7-10 所示。

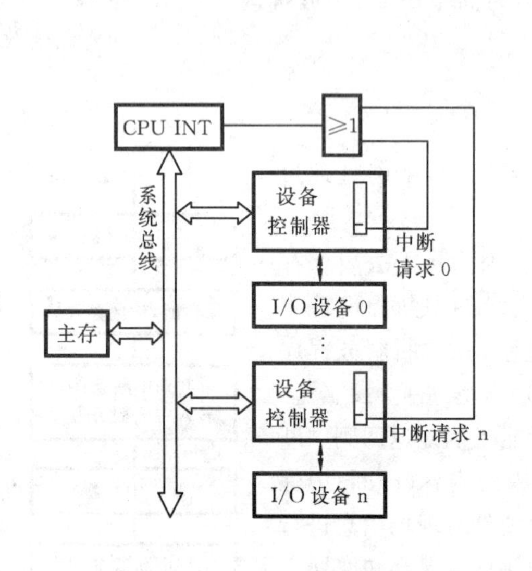

图 7-9　中断请求逻辑图

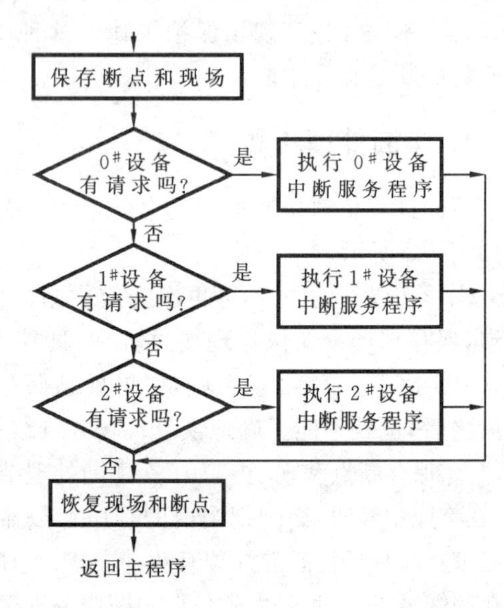

图 7-10　查询中断执行过程流程图

在这种查询方式下,CPU 首先转向固定的中断查询程序入口,执行该程序,可以确定应响应的中断请求。查询的顺序决定了设备中断优先权。当确定了请求中断的最高优先设备后,立即转去执行该设备的中断服务程序。在图 7-9 中,0 # 设备优先权最高,依次是 1 #,2 #,…逐次降低。

这种软件查询方法适用于低速和中速设备。它的优点是中断条件标志的优先级可用程序任意改变,灵活性好。缺点是当设备数量多时速度太慢。

(2) 串行排队链法与向量中断

串行排队链法是由硬件实现的具有公共请求线的判优选择方式,其逻辑线路如图 7-11 所示。

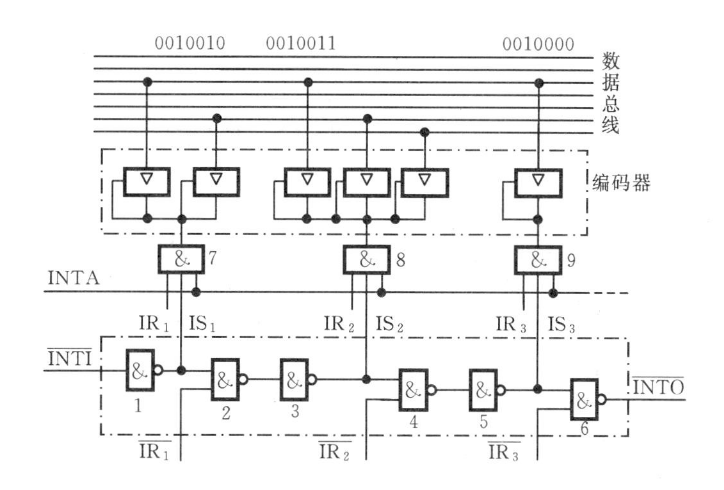

图 7-11 串行排队链判优识别及中断向量产生逻辑线路

图 7-11 中下半部分所示的是由门 1～门 6 组成的一个串行的优先链，称为排队链。IR_i是从各设备来的中断请求信号，优先顺序从高到低，依次是：IR_1、IR_2、IR_3。若要扩充中断源，则可根据其优先权的高低串接于优先链的左端和右端。图 7-11 的上半部分是一个编码电路，它将产生请求中断的设备中优先权最高的设备码（中断向量）经总线送往 CPU。

IS_1、IS_2、IS_3为IR_1、IR_2、IR_3对应的中断排队选中信号。INTA 是由 CPU 送来的取中断设备码信号。$\overline{INTI}$为中断排队输入信号，$\overline{INTO}$为中断排队输出信号。总线标号由下而上为第 0 位至第 5 位。当没有更高优先权的请求时，$\overline{INTI}=0$，门 1 的输出为高电平，即$IS_1=1$，若此时中断请求信号IR_1为高（即有中断请求），且 INTA 为高电平，则IR_1被选中。此时，$\overline{IR_1}$为低，使得IS_2、IS_3全为低电平，则IR_2、IR_3中断请求被封锁。这时向 CPU 发出中断请求，并由译码电路将设备码$(0010010)_2$送总线。CPU 从总线取走该设备码，并执行其中断服务程序。

若此时IR_1无中断请求，则$\overline{IR_1}$为高电平，IR_1为低电平，经过门 2 和门 3，使IS_2为高电平。如果IS_2为高电平，则被选中。否则，将顺序选择请求中断的中断源优先权最高者。

使用上述中断判优方式时，可以采用不同的转向中断服务程序入口地址的方法。一种是在中断总控程序中设一条代码专门接收中断指令 INTA，得到设备号后，再由主存的跳跃表产生中断服务程序入口地址。另一种是目前应用更广泛的方法，叫做向量中断。

向量中断方式是为每一个中断源设置一个中断向量的方式。中断向量包括了该中断源的中断服务程序入口地址。它完全由硬件直接产生中断响应信号，经过中断排队和编码逻辑，由被选中的设备直接送回中断向量。

(3) 独立请求法

独立请求方式优先排队线路如图 7-12 所示。其中每个中断请求信号保存在“中断请求”触发器中，经“中断屏蔽”触发器控制后，产生来自中断请求触发器的请求信号IR_1'、IR_2'、IR_3'、IR_4'。而IR_1、IR_2、IR_3、IR_4是经过优先排队后送给 CPU 的中断请求信号。IR_1'的优先权最高，IR_2'、IR_3'、IR_4'的优先权依次降低。具有较高优先权的中断请求自动封锁比它优先权低的所有中断请求。编码电路根据排队的中断源输出信号IR_i产生一个预定的地址码，转向中断服务程序入口地址。

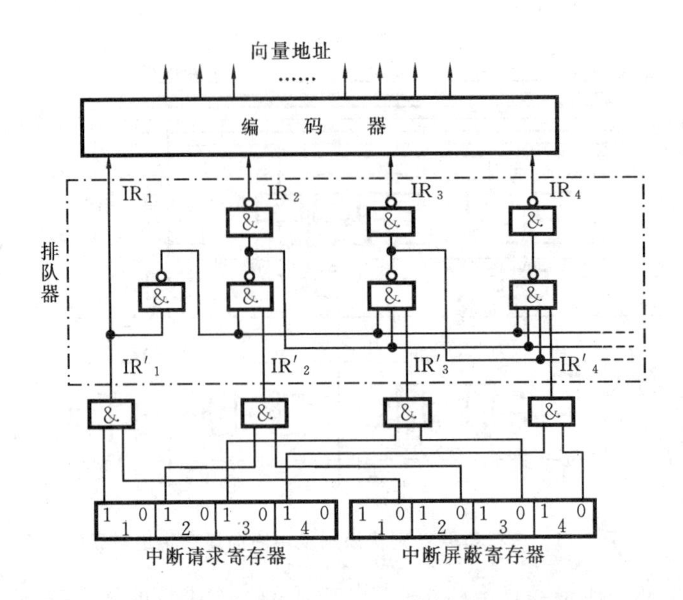

图 7-12 独立请求方式的优先排队线路逻辑

这种方法的优点是速度快,但是连线多,逻辑线路复杂。

7.3.4 单级中断与多级中断

当几个设备同时要求中断时,CPU 响应并处理的原则已很清楚,即优先级高的优先处理。但是,当 CPU 正在处理低优先级设备,出现高优先级设备的中断请求时,是不是一定要打断运行中的程序呢?根据计算机系统对中断处理的策略不同,有两种解决方法,即单级中断处理和多级中断处理。

1. 单级中断

单级中断系统是中断结构中最基本的形式。在单级中断系统中,所有的中断源都属于同一级,所有中断源触发器排成一行,其优先次序是离 CPU 近的优先权高。当 CPU 响应某一中断请求时,执行该中断源的中断服务程序而不允许其他中断源打断中断服务程序,即使优先权比它高的中断源也不允许去打断它。只有该中断服务程序执行完毕后,才能响应其他中断。图 7-13(a)所示的是单级中断示意图,图 7-13(b)所示的是单级中断系统结构图。图中所有的 I/O 设备通过一条线向 CPU 发出中断请求信号。CPU 响应中断请求后,发出中断响应信号 INTA,以链式查询方式识别中断源。这种中断结构与第 6 章讲的链式总线控制相对应,中断请求信号 IR 相当于总线请求信号 BR。其逻辑结构参见图 7-11。

2. 多级中断

多级中断系统是指计算机系统中有相当多的中断源,根据各中断事件的轻重缓急程度不同而分成若干级别,每一中断级分配给一个优先权。一般说来,优先权高的中断级可以打断优先权低的中断服务程序,以程序嵌套方式进行工作。如图 7-14 所示,三级中断的优先权高于二级的,而二级中断的优先权又高于一级的。

根据系统的配置不同,多级中断又可分为一维多级中断和二维多级中断,如图 7-14 所示。

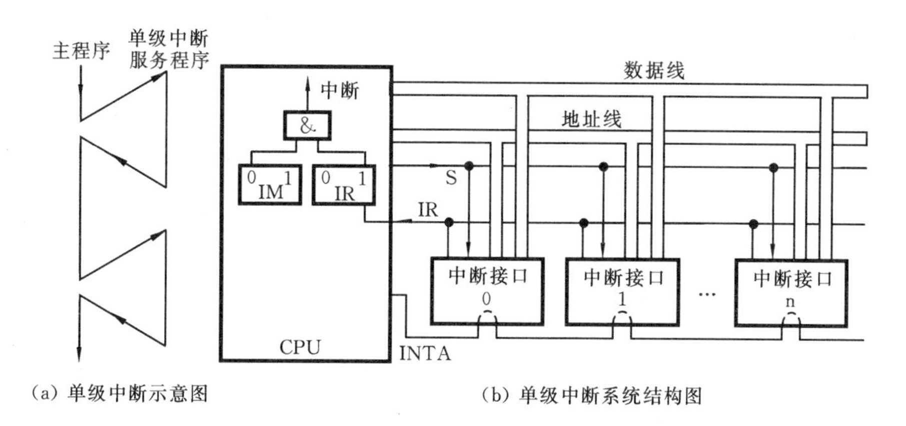

(a) 单级中断示意图　　(b) 单级中断系统结构图

图 7-13　单级中断

一维多级中断是指每一级中断里只有一个中断源，而二维多级中断是指每一级中断里又有多个中断源。图中虚线左边为一维多级中断结构，如果去掉虚线则成为二维多级中断结构。

例 7.1　图 7-14 所示的是一个二维的中断系统，请问：

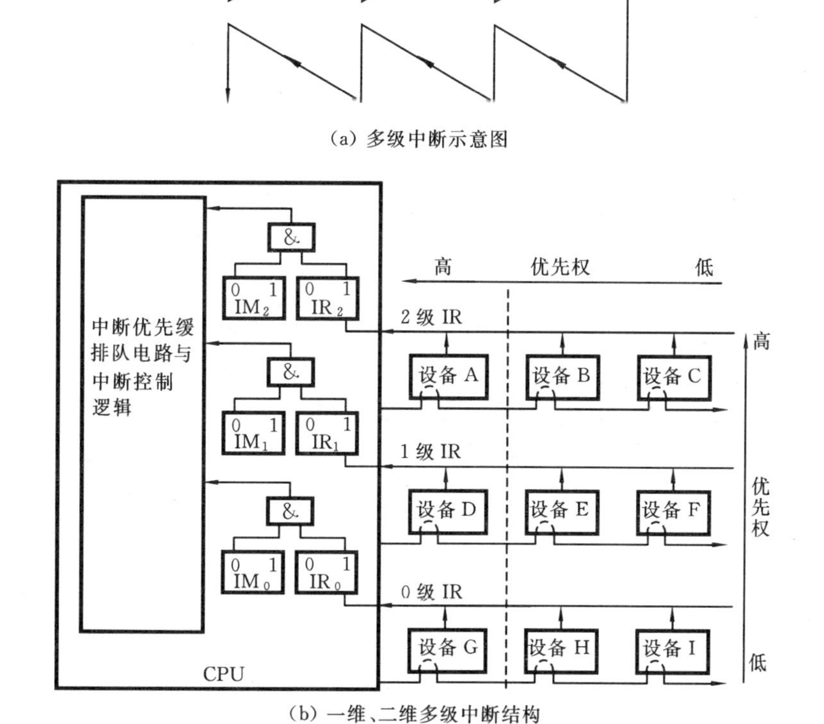

(a) 多级中断示意图

(b) 一维、二维多级中断结构

图 7-14　多级中断

① 在中断情况下，CPU 和设备的优先级如何考虑？请按降序排列各设备的中断优先级。

② 若 CPU 现正执行设备 B 的中断服务程序，则 IM_2、IM_1、IM_0的状态是什么？如果

CPU 正执行设备 D 的中断服务程序,则 IM_2、IM_1、IM_0的状态又是什么?

③ 每一级的 IM 能否对某个优先级的个别设备单独进行屏蔽?如果不能,则采取什么办法才能达到目的?

④ 假如要求设备 C 提出中断请求,CPU 就立即进行响应,如何调整才能满足此要求?

解 ① 在中断情况下,CPU 的优先级最低,各设备的优先次序是:A—B—C—D—E—F—G—H—I—CPU。

② 执行设备 B 的中断服务程序时,IM_2、IM_1、IM_0=111;执行设备 D 的中断服务程序时,IM_2、IM_1、IM_0=011。

③ 每一级的 IM 标志不能对某个优先级的个别设备进行单独屏蔽,可将接口中的 EI(中断允许)标志清“0”,它禁止设备发出中断请求。

④ 要使设备 C 的中断请求及时得到响应,可将设备 C 从第 2 级取出来,单独放在第 3 级上,使第 3 级的优先级最高,即令 IM_3=0。

7.3.5 程序中断方式的基本接口

程序中断方式的基本接口如图 7-15 所示。与程序查询方式接口相比,中断方式的接口电路中主要增加了一个控制触发器,称为允许中断触发器(EI)。

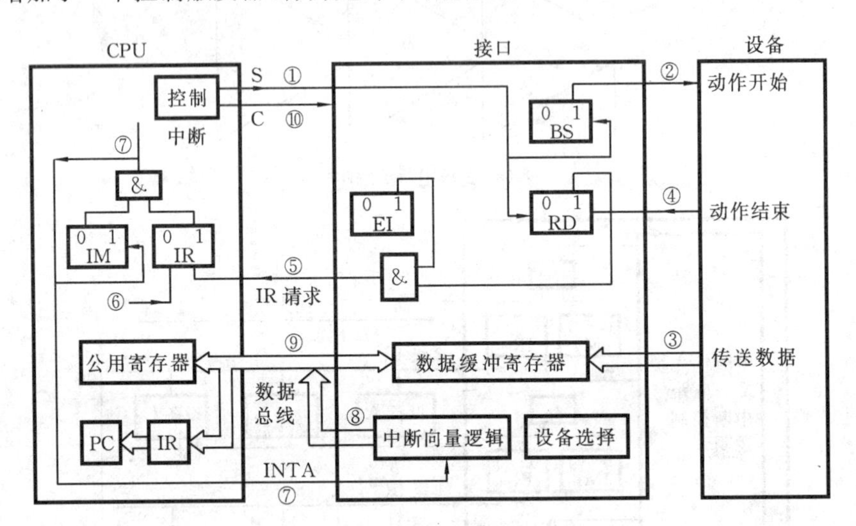

图 7-15 程序中断方式基本接口示意图

程序中断由外围设备接口的状态和 CPU 两方面来控制。在接口方面,有决定是否向 CPU 发出中断请求的机构,主要是接口中的“准备就绪”标志(RD)和“允许中断”标志(EI)两个触发器。在 CPU 方面,有决定是否受理中断请求的机构,主要是“中断请求”标志(IR)和“中断屏蔽”标志(IM)两个触发器。上述 4 个标志触发器的具体功能如下。

● 准备就绪的标志(RD)。一旦设备做好一次数据的接收或发送工作,便发出一个设备动作完毕信号,使 RD 标志为“1”,它就是程序查询方式中的 Ready (就绪)标志。在中断方式中,该标志用作中断源触发器,简称中断触发器。

● 允许中断标志(EI),可以用程序指令来置位。EI 为“1”时,某设备可以向 CPU 发出中断请求;EI 为“0”时,不能向 CPU 发出中断请求,这意味着某中断的中断请求被禁止。设置 EI 标志的目的就是通过程序来控制是否允许某设备发出中断请求。

● 中断请求标志(IR)。它暂存中断请求线上由设备发出的中断请求信号。当IR标志为“1”时,表示设备发出了中断请求。

● 中断屏蔽标志(IM),作为CPU是否受理中断的标志。IM标志为“0”时,CPU可以受理外界的中断请求,反之,IM标志为“1”时,CPU不受理外界的中断请求。

在图7-15中,标号①～⑩表示由某一外围设备输入数据的控制过程。

① 表示由程序启动外围设备,将该外围设备接口的“忙”标志BS置“1”,“准备就绪”标志RD清“0”。

② 表示接口向外围设备发出启动信号。

③ 表示数据由外围设备传送到接口的缓冲寄存器。

④ 表示当设备动作结束或缓冲寄存器数据填满时,设备向接口送出一控制信号,将数据“准备就绪”标志RD置“1”。

⑤ 表示允许中断标志EI为“1”时,接口向CPU发出中断请求信号。

⑥ 表示在一条指令执行末尾CPU检查中断请求线,将中断请求线的请求信号送到中断请求触发器IR。

⑦ 表示如果中断屏蔽触发器IM为“0”,则CPU在一条指令结束后受理外围设备的中断请求,向外围设备发出响应中断信号并关闭中断。

⑧ 表示转向该设备的中断服务程序入口。

⑨ 表示中断服务程序用输入指令把接口中数据缓冲寄存器的数据读至CPU中的累加器或寄存器中。

⑩ 表示CPU发出控制信号C将接口中的BS和RD标志复位,一次中断处理结束。

7.4 DMA方式

DMA(Direct Memory Access)作为一种基本的I/O方式在许多高速外围设备中普遍使用,如在许多计算机系统中软盘、硬盘、光盘、网卡、声卡都是通过DMA方式与计算机主存进行通信的。

7.4.1 DMA方式的基本概念与传送方式

1. DMA方式的基本概念

在程序查询与程序中断传送方式中,其主要的工作是由CPU执行程序完成的,CPU开销大,因而速度慢。而DMA(直接存储访问)方式是一种完全由硬件执行I/O传送的工作方式。在这种方式中,DMA控制器从CPU中接管了对总线的控制,数据传送不经过CPU,而直接在内存和I/O设备之间进行。

DMA方式一般用于高速传送成组数据的场合。DMA控制器种类很多,但各种DMA控制器至少能执行以下一些基本操作。

① 从外围设备接收DMA请求并传送到CPU。

② CPU响应DMA请求,DMA控制器从CPU接管总线的控制权。

③ DMA 控制器对内存寻址、数据传送个数计数,并执行数据传送操作。

④ DMA 向 CPU 报告 DMA 操作的结束,CPU 以中断方式响应 DMA 结束请求,由 CPU 在中断程序中进行结束后的处理工作,如数据缓冲区的处理、数据的校验等简单操作。

DMA 传送与中断传送相比有如下不同之处。

① 中断传送需要保存 CPU 现场并执行中断服务程序,时间开销较大。而 DMA 由硬件实现,不需要保存 CPU 的现场,时间开销较小。

② 中断传送只能在一个指令周期结束后进行,而 DMA 传送则可以在两个机器周期之间进行。

2. DMA 传送方式

根据 DMA 控制器与 CPU 分时访问主存的方式不同,DMA 传送方式有以下 3 种。

(1) 停止 CPU 访问内存

当外围设备要求传送一批数据时,由 DMA 控制器发一 DMA 请求信号给 CPU,要求 CPU 放弃对地址总线、数据总线和有关控制总线的使用权。CPU 收到 DMA 请求后,无条件地放弃总线控制权。DMA 控制器获得总线控制权以后,开始进行数据传送。在一批数据传送完毕后,DMA 控制器通知 CPU 可以使用内存,并把总线控制权交还给 CPU。图 7-16(a)所示的是这种传送方式的时序图,这种控制方式比较简单,用于高速 I/O 的成批数据传送是比较合适的。缺点是 CPU 的工作会受到明显的延误,当 I/O 数据传送时间大于主存周期时,主存的利用不够充分。

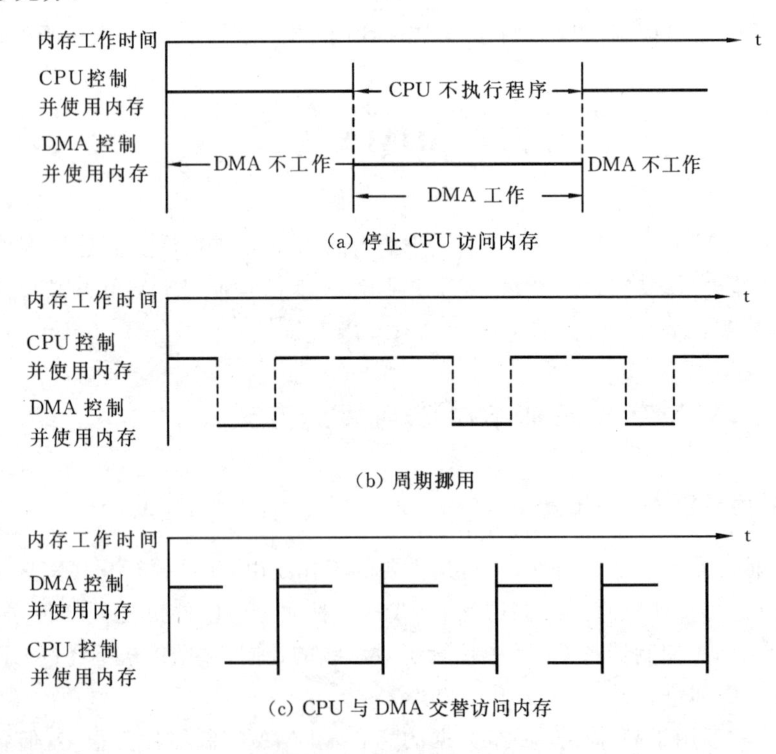

(a) 停止 CPU 访问内存

(b) 周期挪用

(c) CPU 与 DMA 交替访问内存

图 7-16 DMA 的基本方法

(2) 周期挪用方式

图 7-16(b)所示的是 DMA 的周期挪用方式时序图。

在这种方式中，当I/O设备无DMA传送请求时，CPU正常访问主存。当I/O设备产生DMA请求时，则CPU给出1个或几个存储周期，由I/O设备与主存占用总线传送数据。此时CPU可能有两种状况：一种是此时CPU正巧不需要访问主存，那么就不存在访问主存的冲突，I/O设备占用总线对CPU处理程序不产生影响；另一种是I/O设备与CPU同时都要访问主存而出现访问主存的冲突，此时I/O访问的优先权高于CPU访问的优先权，所以暂时封锁CPU的访问，等待I/O的周期挪用结束。周期挪用方式能够充分发挥CPU与I/O设备的利用率，是当前普遍采用的方式。其缺点是，每传送一个数据，DMA都要产生访问请求，待到CPU响应后才能传送，操作频繁，花费时间较多，该方法适合于I/O设备读/写周期大于主存存储周期的情况。

(3) CPU与DMA交替访问内存

这种方式是当CPU周期大于两个以上的主存周期时，才能合理传送，如主存周期为Δt，而CPU周期为2Δt，那么在2Δt内，一个Δt供CPU访问，另一个Δt供DMA访问，其过程如图7-16(c)所示。这种方式比较好地解决了设备冲突及设备利用不充分的问题，而且不需要请求总线使用权的过程，总线的使用是通过分时控制的，此时DMA的传送对CPU没有影响。

7.4.2 DMA控制器的基本组成

DMA控制器是采用DMA方式的外围设备与系统总线之间的接口电路，它是在中断接口的基础上再加上DMA机构组成的。图7-17所示的是一个简单的DMA控制器组成原理图。

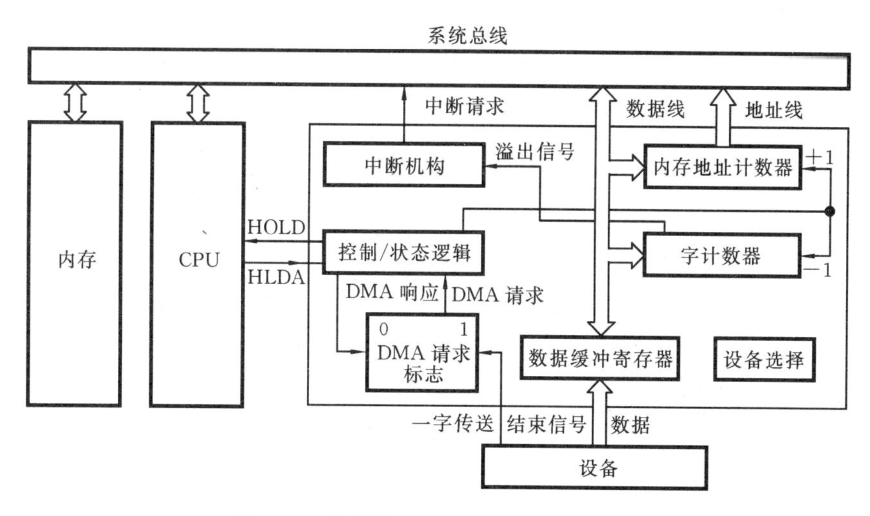

图7-17 简单的DMA控制器组成原理图

(1) DMA控制器的组成

DMA控制器由以下几个逻辑部分组成。

① 内存地址计数器。由CPU在初始化时预置其内容，保存内存数据缓冲区的首地址，每传送一个字节或字后，该地址计数器就进行加1操作，使其总是指向要访问的内存地址。

② 字计数器。由CPU在初始化时将数据长度预置在其中，每完成一个字或一个字节的传送后，该计数器减“1”。当计数器为全“0”时，表示传送结束，发一个信号到中断机构。

③ 中断机构。当字计数器溢出(全0)时，意味着一组数据传送完毕，由溢出信号触发中断

机构,再由中断机构向 CPU 提出中断请求,以作为数据传送后的结束处理信号。

④ 控制/状态逻辑。由控制和时序电路以及状态标志等组成。用于修改内存地址计数器和字计数器,指定传送方向,并对 DMA 请求信号和 CPU 响应信号进行同步和协调处理。

⑤ 数据缓冲寄存器。用于暂存每次输入或输出传送的数据。

⑥ DMA 请求标志。每当设备准备好一个数据字后便给出一个传送信号,使 DMA 请求置"1"。DMA 请求标志再向控制/状态逻辑发出 DMA 请求,该逻辑再向 CPU 发出总线使用权请求(HOLD),CPU 响应此请求后发回响应信号(HLDA),经控制/状态逻辑后形成 DMA 响应,置 DMA 请求标志为"0",为传送下一个字做好准备。

(2) DMA 数据的传送

DMA 数据传送过程可分为 3 个阶段:初始化 DMA 控制器、正式传送、传送后的处理。

① 在初始化阶段,CPU 执行几条 I/O 指令,向 DMA 控制器中的地址寄存器送入设备号,向内存地址计数器中送入起始地址,向字计数器中送入传送的数据字个数并启动外围设备,CPU 继续执行原来的主程序。

② 经 CPU 启动的外围设备准备好数据(输入)或接收数据(输出)时,它向 DMA 控制器发出 DMA 请求,使 DMA 控制器进入数据传送阶段。该阶段的 DMA 控制器传送数据的工作流程如图 7-18 所示(设 DMA 控制器已停止 CPU 访问内存方式工作),当外围设备发出 DMA 请求时,CPU 在本机器周期结束后响应该请求,并使 CPU 放弃系统总线的控制权,而 DMA 控制器接管系统总线并向内存提供地址,使内存与外围设备进行数据传送,每传送一个字,地址计数器和字计数器就加"1"。当计数到"0"时,DMA 控制器向 CPU 发出中断请求,DMA 操作结束。

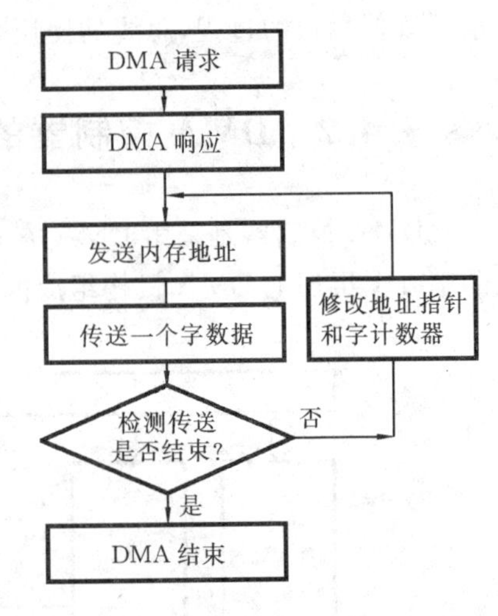

图 7-18 DMA 控制器传送数据流程图

③ DMA 数据传送后的处理工作有:CPU 接到 DMA 中断请求后,转去执行中断服务程序,而执行中断服务程序的工作包括数据校验及数据缓冲区的处理等工作。

7.4.3 选择型和多路型 DMA 控制器

为了便于说明 DMA 控制器的基本原理,上节介绍了只控制一台外围设备的 DMA 控制器,而实际使用的则是能接多台外围设备的选择型 DMA 控制器和多路型 DMA 控制器,它们已经做成了专用的 DMA 控制器芯片,如 Intel 8257 芯片等。

1. 选择型 DMA 控制器

选择型 DMA 控制器在物理上可以连接多台外围设备,但在逻辑上只允许接一台外围设备,即在某一时间内只能选择某一台设备工作的 DMA 控制器。图 7-19 所示的是选择型 DMA 控制器逻辑框图。

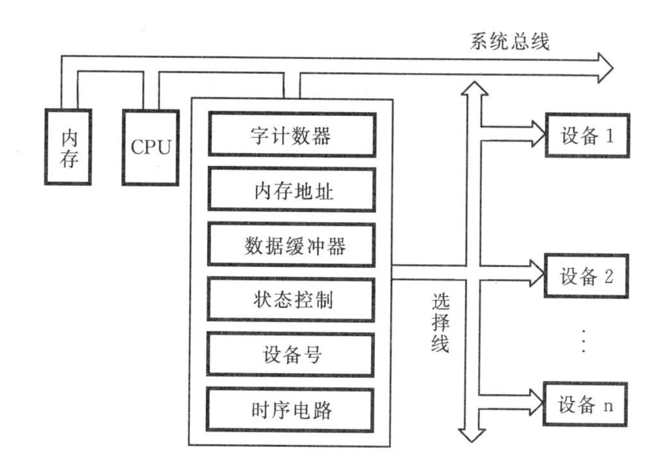

图 7-19 选择型 DMA 控制器逻辑框图

选择型 DMA 控制器的工作原理与上节介绍的简单 DMA 控制器的工作原理基本相同，只是在基本逻辑部件外增加了一个设备号寄存器，用以存放当前工作的设备号。设备号可用 I/O 指令来控制，设备号寄存器相当于一个开关。当设备号确定后，DMA 控制器在初始化、数据传送、结束处理的整个过程中都只能为该台外围设备服务。在选择型 DMA 控制器中只需增加少量的硬件便可达到为多台外围设备服务的目的，它适合于在快速的外围设备与内存之间传送大批数据。

2. 多路型 DMA 控制器

多路型 DMA 控制器适合于同时为多台慢速的外围设备服务的情况，它不仅在物理上可连接多台外围设备，而且在逻辑上也允许这些外围设备同时工作。各设备以字节交叉方式通过 DMA 控制器进行数据传送。图 7-20 所示的是多路型 DMA 控制器示意图。

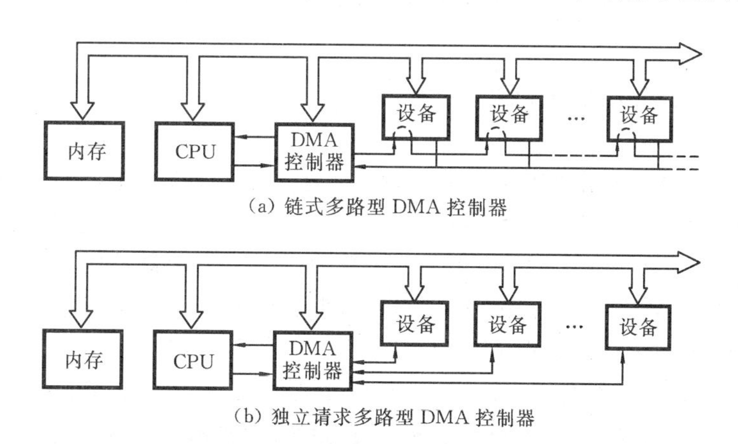

图 7-20 多路型 DMA 控制器示意图

图 7-20(a)所示的是链式多路型 DMA 控制器。外围设备与 DMA 是链式连接的，设备的连接次序决定了 DMA 控制器响应设备的 DMA 请求的优先级。而图 7-20(b)所示的是独立请求多路型 DMA 控制器，所有设备的 DMA 请求送入 DMA 控制器中，由 DMA 控制器决定响应时的优先级。

由于外围设备的 DMA 请求周期一般大于 DMA 工作周期，故有足够的时间响应外围设备的 DMA 请求,如图 7-21 所示。图中设有 3 台外围设备:磁盘、磁带、打印机。磁盘以 30μs 间隔向控制器发 DMA 请求,磁带以 45μs 间隔发 DMA 请求,打印机以 150μs 间隔发 DMA 请求。为了不丢失数据,一般按传输速率排定 DMA 响应的优先次序:磁盘最高,磁带次之,打印机最低。由图可知,DMA 控制器每完成一次 DMA 传送所需的时间是 5μs,T_1 间隔时间内 DMA 控制器首先为打印机服务,因为此时只有打印机有请求;T_2 前沿时刻,磁盘、磁带同时有请求,首先为优先级高的磁盘服务,然后为磁带服务,每次服务传送一个字节,在 90μs 时间内,为打印机服务一次(T_1),为磁盘服务 4 次(T_2、T_4、T_6、T_7),为磁带服务 3 次(T_3、T_5、T_8)。DMA 尚有空闲时间,说明在此情况下,DMA 控制器还可容纳更多的设备。

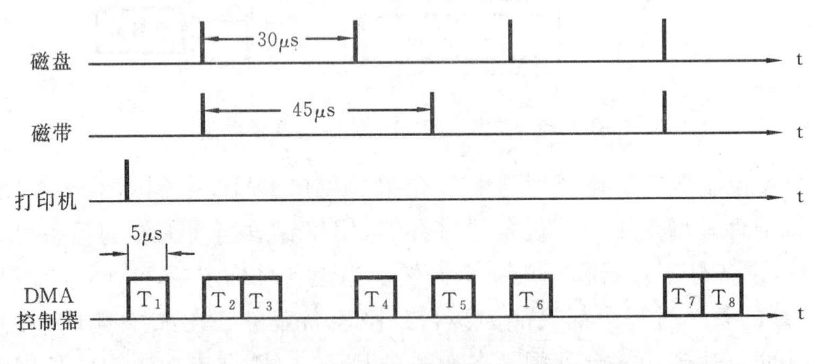

图 7-21 多路型 DMA 控制器工作原理图

由于多路型 DMA 同时要为多台外围设备服务,因此,在多路型 DMA 控制器中,就要为每台外围设备准备一组寄存器来存放它的参数。一般是 DMA 控制器有多少个 DMA 通路(可带设备)就有多少组寄存器。

7.5 通道控制方式

7.5.1 通道的基本概念

通道控制方式是大、中型机中常用的一种 I/O 形式,这种方式中,通道执行由操作系统“编制”的通道程序来实现外围设备与内存的数据传送,因此,通道是一种特殊的处理机,它有自己的指令和程序,但通道程序不是由用户编写的,而是由操作系统按照用户的请求及计算机系统的状态“编制”而成,并放入内存中的。当通道需要工作时,将通道程序从内存取回到通道并执行,从而完成用户的 I/O 操作。

图 7-22 所示的是通道与主机的连接,其中通道与 CPU 在内存管理部件的控制下分时使用内存,系统中的总线分为两级:一级是存储总线(系统总线)承担通道与内存、CPU 与内存之间的数据传送任务;另一级是通道总线,即 I/O 总线,它承担外围设备与通道之间的数据传送任务。这两级总线可以分别使用各自的时序同时工作。

一条通道总线可接若干个设备控制器,一个设备控制器可以接一个或多个设备,因此,从逻辑上看,I/O 系统一般具有 4 级连接:CPU 与内存—通道—设备控制器—外围设备。对同一系列的机器,通道与设备控制器之间都有统一的标准接口,设备控制器与设备之间则根据设备的不同要求而采用不同的专用接口。

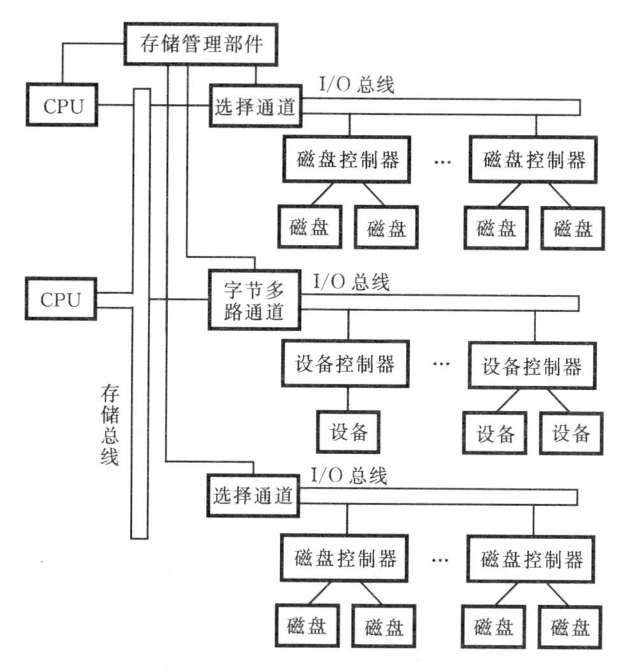

图 7-22 具有通道控制方式的 I/O 结构

具备通道的机器一般是大、中型机，数据流量很大，如果所有 I/O 设备都在一个通道上，那么通道将成为该系统的瓶颈，因此，一般大、中型机 I/O 系统都有多个通道，不同类型 I/O 设备将接在不同通道上，通道按其工作方式可分为 3 种：选择通道，字节多路通道，数组多路通道。选择通道一般接高速外围设备，如磁盘。字节多路通道一般接多台低速设备，如键盘、打印机等。数组多路通道一般分时为多台快速设备服务。

当通道与 CPU 同时访问内存时，通道优先级高于 CPU；在多个通道有访问存储器请求时，选择通道和数组多路通道优先权高于字节多路通道的。

7.5.2 通道的类型

根据通道传送数据的方式及所连接外围设备的工作速度，通常将通道分为 3 种类型：选择通道、数组多路通道和字节多路通道。一个系统中可兼有 3 种类型的通道，也可只有一种或两种。

1. 选择通道

在选择通道中，每一通道在物理上可以连接多个设备，但这些设备不能同时工作，在某一段时间内只能选择一个设备进行工作，即执行这台设备的通道程序，只有当这个设备的通道程序全部执行完后，才能执行其他设备的通道程序（选择其他通道）。

选择通道主要用于高速外围设备，如磁盘、磁带等，选择通道传输速率的最大值应由设备中传输速率最高的那一台设备决定，一般为 1.5MB/s。

2. 数组多路通道

数组多路通道是对选择通道的一种改进，它的基本思想是当某设备进行数据传送时，通道只为该设备服务；当设备执行寻址等控制性动作时，通道暂时断开与这个设备的连接，挂起该设备的通道程序,去为其他设备服务,即执行其他设备的通道程序,所以数组多路通道很像一个多道程序的处理器。

数组多路通道可分时地为多台高速外围设备服务,如为磁盘等设备服务,它的传输速率与选择通道一样,取决于最快的那台设备。一般为12MB/s。

3. 字节多路通道

字节多路通道用于连接多台慢速外围设备,如键盘、打印机等字符设备。这些设备的数据传输速率很低,而通道从设备接收或发送一个字节相对较快,因此,通道在传送某台设备的两个字节之间有许多空闲时间,字节多路通道正是利用这空闲时间为其他设备服务的。字节多路通道传输速率与各设备的传输速率及所带设备数目有关。如果每一台设备的传输速率为 f_i,而通道传输速率为 f_c,则有

$$f_c = \sum_{i=1}^{p} f_i$$

其中,p 为所带设备台数。字节多路通道流量一般为1.5MB/s。

字节多路通道和数组多路通道的共同之处是它们都是多路通道,在一段时间内能交替执行多个设备的通道程序,使这些设备同时工作。不同之处是两种通道的数据传送的基本单位不同,字节多路通道是每次为一台设备传送一个字节,而数组多路通道每次为一台设备传送一个数据块。

有些系统中使用"子通道"的概念,子通道是指每个通道程序所管理的硬设备或该通道逻辑上连接的设备(或者说同时执行的通道程序)。字节多路通道、数组多路通道在物理上可以连接多个设备,但在一段时间内只能执行一个设备的通道程序,即逻辑上只能连接一台设备,所以只包含一个子通道。

7.5.3 通道的工作过程和内部逻辑结构

1. 通道的工作过程

图7-23所示的是通道进行I/O操作的工作过程。CPU在执行用户程序时,若执行到第K条指令,发现它是一条访管指令,则根据指令中的设备号转入到操作系统对应的设备管理程序入口,开始执行该管理程序。管理程序的功能是根据给出的参数编制好通道程序,将其存放在主存某一区域中,并将该区域的首址填入通道地址单元中,在IBM-370计算机中该首址是内存72号单元。最后执行一条启动I/O指令。若启动成功,则经通道地址字取出内存中通道程序的第1条指令,送到通道控制器中开始执行,同时修改通道指令地址,为下一条指令做好准备。通道地址字此时已空闲,可记录其他通道程序地址。通道程序执行结束后,发出正常结束中断请求。CPU响应中断,进入中断服务程序进行传送结束后的处理。

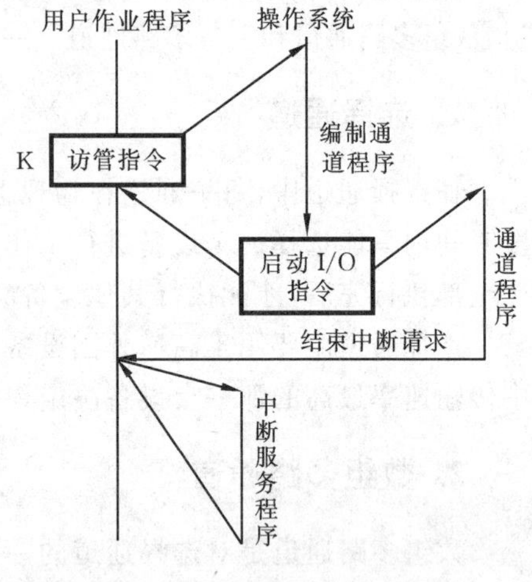

图7-23 通道的工作过程示意图

整个过程中 CPU 两次“进管”(执行管理程序),第一次是由用户的广义访管指令引起的。所谓广义访管指令是指在大、中型机系统中用户不能直接启动外围设备,需要用一条指令将要求以参数形式告知操作系统,由操作系统按设备的状态等信息“编制”成通道程序,由通道执行通道程序进行 I/O 直接控制。用户在目态(用户程序)中使用的这条 I/O 请求指令称为广义访管指令。CPU 的第一次“进管”完成了通道程序的编制并将其存入内存中,CPU 的第二次“进管”是通道执行通道程序,即传送完数据后,由通道发出的请求信号引起的,这次“进管”是执行中断服务程序,完成数据传送结束的管理工作。

2. 通道内部逻辑结构

图 7-24 所示的是通道内部逻辑的结构框图。它是由下列几部分组成的。

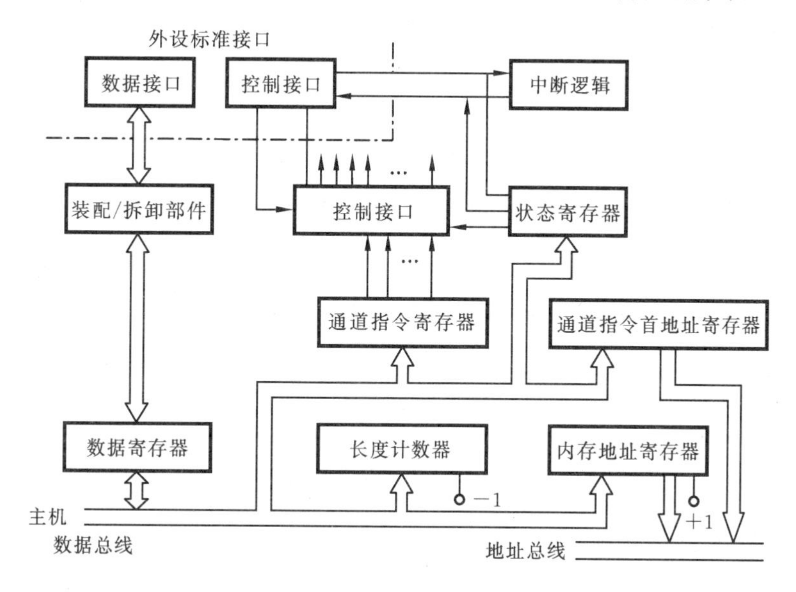

图 7-24 通道逻辑结构框图

(1) 通道指令首地址寄存器

存放通道指令的首地址。其输出送到主存地址寄存器中,取出通道指令后立即进行修改。形成下条通道指令的首地址。在 IBM-370 中,通道指令格式如下:

0 7	8 31	32 39	40 47	48 63
命令码	数据在内存的首址	标志码	保留位	传送数据长度

每条通道指令长 64 位或 8 个字节,所以下条通道指令地址比当前指令地址要增加 8 个字节。

(2) 通道指令寄存器

存放当前执行通道指令中的命令码与标志码字段。

(3) 内存地址寄存器

存放通道指令各字节在内存中的地址。接收通道指令的首地址时,每传送完一个字节,就进行加“1”操作,形成通道指令的下一字节地址。

(4) 长度计数器

接收通道指令中的传送数据长度字段。在执行过程中,每传送一个字节则减“1”,当计数为“0”时,说明该条通道指令结束。

(5) 数据寄存器

存放一个机器字长的数据,与主机进行数据传送。

(6) 装配/拆卸部件

通道与主存的数据交换是按一个机器字长进行的,而通道与外围设备之间是按一个字节进行的。该部件用来进行机器字长与字节之间的转换。

(7) 状态寄存器

存放通道与设备的工作状态。

(8) 中断逻辑

根据工作状态产生数据传送结束中断请求,并接受CPU的响应信号。

(9) 标准接口

I/O接口部件包括缓冲器、驱动器及检验电路。

(10) 通道控制部件

通道控制部件是通道控制器的核心部件,根据通道指令产生通道工作中所需的控制信号。

习 题 七

7.1 什么是I/O控制?其主要目标是什么?

7.2 何谓程序中断控制传送?与程序直接控制方式相比有何异同?

7.3 什么是I/O通道?与DMA和外围处理机方式相比有何不同?

7.4 外围设备有几种编址方法?各有何特点?

7.5 外围设备采用程序中断方式传送数据时分哪些步骤?采用程序中断方式传送的接口应由哪些部分构成?请画出其框图。

7.6 何谓中断判优?有几种方法?各有何特点?

7.7 在程序中断过程中,哪些工作由硬件完成?哪些工作由软件完成?哪些工作既可由硬件也可由软件完成?

7.8 在标准的DMA方式中,每交换一个单位数据,外围设备实际上也中断主机一次。这种中断与程序中断有何不同?

7.9 采用DMA方式传送一批数据是否要程序中断?为什么?据此分析DMA接口应由哪些部分构成?

7.10 在图7-14所示中,当CPU对设备B的中断请求进行服务时,如设备A提出请求,那么CPU能够响应吗?为什么?如果要求设备B提出请求就能立即得到服务,问怎样调整才能满足要求?

7.11 在图7-14所示中,假定CPU取指并执行一条指令的时间为t_1,保护现场需t_2,中断周期需t_4,每个设备的设备服务时间为t_A,t_B,…,t_G。试计算只有设备A、D、G时的系统中断饱和时间。

7.12 画出二维中断结构判优逻辑电路,包括:①主优先级判定电路(独立请求);②次优先级判定电路(链式查询)。在主优先级判定电路中应考虑CPU程序优先级。设CPU执行程序的优先级分为4级(CPU_7~CPU_4),这些级别保存在PSW寄存器中(7、6、5三位)。例如CPU_5时,其状态为101。

第8章　外围设备

外围设备是完成数据变换的装置，也是人机联系的手段，在计算机中占有很重要的地位。人们将程序等信息通过输入设备送入计算机进行处理，计算机处理后的结果又以人们能识别的形式通过输出设备输出。本章将介绍目前常用的外围设备并简要叙述他们的工作原理。

8.1　外围设备概述

8.1.1　外围设备的一般功能及分类

在计算机硬件系统中，除了 CPU 和内存外，系统的每一部分都可看做是一台外围设备。

外围设备的功能是为计算机和其他机器之间，以及计算机与用户之间提供联系。计算机与用户之间交换信息的装置称为 I/O 设备，计算机和其他机器是靠数据通信设备，过程控制 I/O 设备和外存设备作为外围设备直接同计算机通信。I/O 设备、外存设备一般用来处理数字信息，它们是数字计算机的重要组成部分，习惯上都称为外围设备。

从广义上理解，凡是与计算机相连、受主机控制完成某种数据处理或控制操作的装置都可称为外围设备。如图 8-1 所示，外围设备包括输入设备、输出设备、I/O 兼用设备、外存设备、数据通信及网络设备、过程控制设备等 6 大类；从狭义上理解，外围设备又称外部设备，仅指 I/O 设备及 I/O 兼用设备和外存设备。

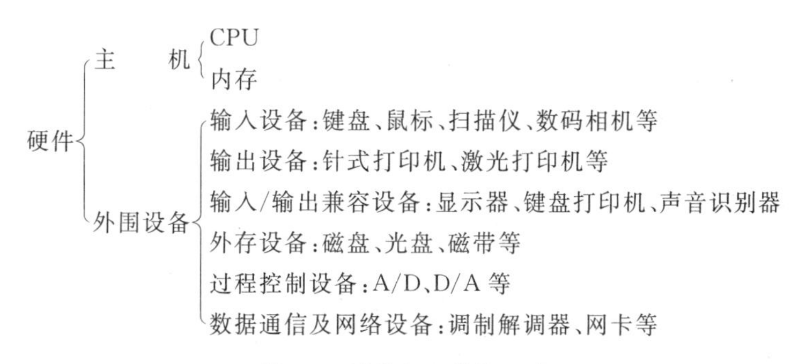

图 8-1　计算机硬件的组成

每一种外围设备，都是在它自己的设备控制器控制下进行工作的，而设备控制器则通过接口和主机相连，并受主机控制。

8.1.2　外围设备的特点

随着计算机性能的不断提高，应用范围的日益扩大，外围设备的品种也日益繁多，性能各异。但归纳起来可从以下几方面来归纳其特点。

(1) 外围设备的组成

外围设备一般由 3 部分组成:信息载体、驱动装置及控制电路。

信息载体是指记录信息的物理材料,如磁盘、打印纸、荧光屏等。驱动装置是用于移动信息的载体。控制电路用来向信息载体发送数据或接收数据。

(2) 外围设备的工作速度

外围设备的工作速度都比主机的慢得多。

因为它们一般涉及机械、机电等装置,惯性比较大,与 CPU 和内存组成的主机相比,速度要慢得多。另外,外围设备要与用户通信,用户速度慢,外围设备也不可能快,如键盘的工作速度以秒为单位,而主机的工作速度则以微微秒为单位。

(3) 外围设备的信息类型和结构格式

各种外围设备的信息类型和结构格式均不相同。

信息类型有字符、数字、图形、图像、文字、声音等。结构格式有每次输入一个字符(如键盘),每次输入一串字符等。此外,有的设备信息采用串行传送,有的设备则采用并行传送。

(4) 外围设备的电气特性

各种外围设备的电气特性一般都不相同。如信号的类型不同、电平的极性和高低不一等等。

以上这些特点给主机与外围设备的连接带来了复杂性,因此,必须设置一个 I/O 接口来解决信息的缓冲、同步与通信、格式的转换及电气特性的适配等一系列问题。

8.2 输入设备

输入设备是指向主机输入程序、原始数据和操作命令等信息的设备。这些记录在载体上的信息,可以是数字、符号,甚至是图形、图像及声音,输入设备将其变换成主机能识别的二进制代码,并负责送到主机。

目前,使用最普遍的输入设备是键盘、鼠标,常用的输入设备还有扫描仪、数码相机以及声音识别器、条形码读入器和光笔、触摸屏、数字化仪等。

8.2.1 键盘

键盘是计算机系统不可缺少的输入设备,它是通过键盘上的键直接向计算机输入信息的。目前常用的键盘有 101 键盘、Windows 键盘等。

1. 键开关和键盘布局

(1) 键开关

键盘上通常安排有几十个或上百个按键,每个按键起着一个开关的作用,故称为键开关。键开关分为接触式和非接触式两大类。

① 接触式键开关。接触式键开关中有一对触点,按触点的导通与断开方式又可以分为直接作用式和间接作用式两类。直接作用式的键开关是机械键,当键帽被按下时,两个触点被接通;当释放时,弹簧恢复原来触点断开的状态。这种键开关结构简单、成本低,但寿命较短。干

簧管式、薄膜式等不属于直接作用的接触式键开关。

② 非接触式键开关。非接触式键开关有很多种，它们的共同点是开关内部没有机械接触，只是利用按键动作改变某些参数或利用某些效应来实现电路的通、断转换。非接触式键开关包括电容式、磁电变换式、压电式、压敏式、光电式等，其中常用的是电容式无触点开关。电容式键开关的结构与工作原理如图 8-2 所示。它由弹簧活动极、驱动极和检测极组成两个串联的电容器。当键被按下时，极间距离缩短，电容变大，将加在驱动极的信号耦合到检测极上，经过放大，输出相应信号。这种键的工作过程中只有电容极板间的距离发生变化，并没有实际接触，因此，不存在磨损和接触不良等问题。为了避免电极间进入灰尘，一般采用密封组装。电容式键开关的结构简单，性能稳定，寿命长。

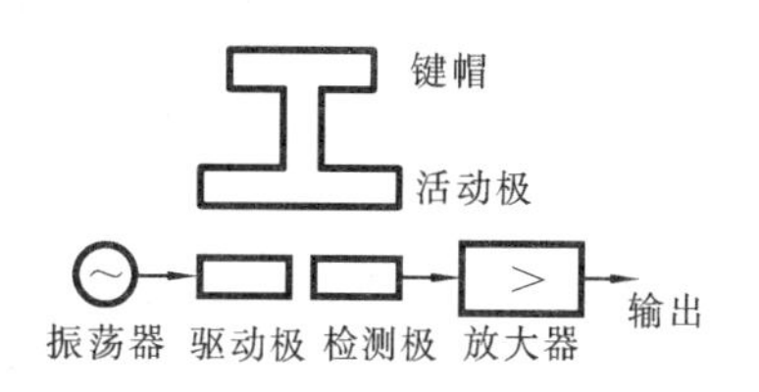

图 8-2　电容式键的结构与工作原理示意图

(2) 键盘布局

现在所使用的键盘是在打字机键盘的基础上发展起来的，所以不论哪种型号的键盘，其中心部分都是按一个标准的打字机键盘布局的，共 48 个键。这 48 个键包括数字、字母和一些特殊符号键，我们将它们统称为字符键。除此之外，为了增加功能，还设立了若干个功能键(控制键)，使总键数扩展到 63 个以上，目前高档微机键盘的键数多为 101 或 104 个，还有一些微机键盘的键数多达 126 个。它们的布局基本相同，图 8-3 所示的为 101 标准键盘的布局。

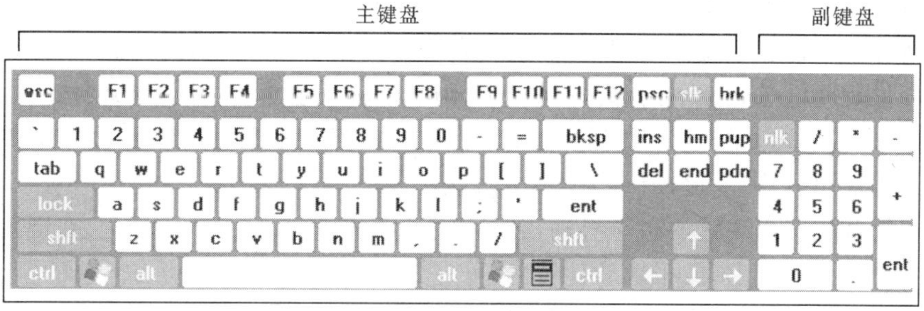

图 8-3　键盘的布局

键盘上的所有按键均编有键号(键位置码)，如图 8-3 所示。通过键盘内部由单片机构成的电路编码电路就能根据键号输出每个按键所对应的七位 ASCII 码。

2. 键盘工作原理

键盘输入信息分为 3 个步骤。

① 按下一个键。

② 查出按下的是哪个键。

③ 将此键翻译成 ASCII 码，由计算机接收。

按键是由人工操作的，确认按下的是哪一个键，可由硬件或软件的办法来实现。采用硬件确认哪个键被按下的方法叫做编码键盘法，它由硬件电路形成对应被按键的惟一的编码信息。如图 8-4 所示为带 ROM 的编码键盘原理。

图中的 8×8 键盘，由一个 6 位计数器经两个八选一的译码器对键盘扫描。若键未按下，则扫描将随着计数器的循环计数而反复进行；一旦扫描发现某键被按下，键盘通过一个单稳电

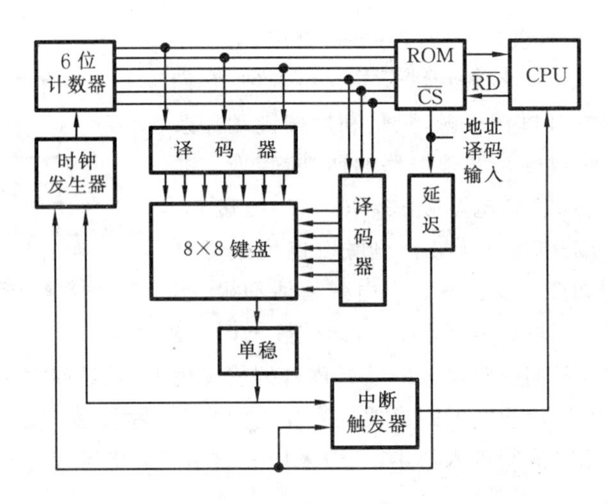

图 8-4 带只读存储器的编码键盘原理图

路产生一个脉冲信号。该信号一方面使计数器停止计数,用以终止扫描,此刻计数器的值便与所按键的位置相对应,该值可作为 ROM 的输入地址,而该地址中的内容即为所按键的 ASCII 码。可见 ROM 存储的信息便是对应各个键的 ASCII 码。另一方面此脉冲经中断请求触发器向 CPU 发中断请求,CPU 响应中断请求后便转入中断服务程序,在中断服务程序的执行过程中,CPU 通过执行读入指令,将计数器所对应的 ROM 地址中的内容,即所按键对应的 ASCII 码送入 CPU 中。CPU 的读入指令既可用做读出 ROM 内容的片选信号,而且经一段延迟后,又可用做清除中断请求触发器的信号,并重新启动 6 位计数器,开始新的扫描。

采用软件判断键是否按下的方法叫做非编码键盘法。它是利用简单的硬件和一套专用键盘编码程序来判断按键的位置,然后由 CPU 将位置码经查表程序转换成相应的编码信息。这种方法结构简单,但速度比较慢。

在按键时往往会出现键的机械抖动,容易造成多次输入。为了防止误判,在键盘控制电路中专门设有硬件消抖电路,或采取软件技术,可有效地消除因键的抖动而出现的错误。此外,为了提高传输的可靠性,可采用奇偶校验码。

随着大规模集成电路技术的发展,计算机芯片厂商已提供了许多种可编程键盘接口芯片,如 Intel 8279 可编程键盘/显示接口芯片,用户可以随意选择。近年来又出现了智能键盘,如某些高档微机的键盘内装有 Intel 8048 单片机,用它可完成键盘扫描、键盘监测、消除重键、自动重发、扫描码的缓冲以及与主机之间的通信等任务。

8.2.2 鼠标

鼠标是一种“指点”输入设备。利用它可方便地指定光标在显示器屏幕上的位置,并可在各种应用软件的支持下,通过鼠标的按钮来完成某种特定的功能(如选择菜单项)。

鼠标分为机械鼠标和光学鼠标两类。

机械鼠标在其底部有一个包套着橡皮的钢球(滚动球),如图 8-5 所示。在一个水平表面移动鼠标时,鼠标内的钢球移动,由一组小滚轴把球的移动转换为电脉冲送给主机的 CPU,并计算屏幕上指针的位置和控制

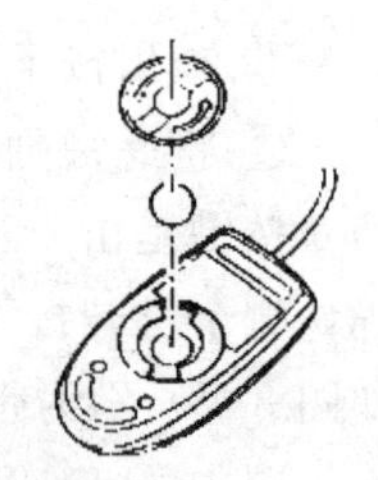

图 8-5 机械鼠标

屏幕上光标的位置。

光学鼠标使用发光二极管和光敏三极管扫描一个特殊垫上的一个栅格，来将光标移动到屏幕上指定的位置。光学鼠标因为没有活动部件，所以没有接触不良等故障，也不需像机械鼠标那样需要经常清理和维修，可靠性较高。目前一些光学鼠标无需特殊的垫子，不像机械鼠标那样，使用非常方便。

鼠标与主机之间的接口有 3 种：总线接口、串行接口和 IBM 的 PS/2 接口。最初的鼠标采用总线接口，需要一块专用的接口板插在总线扩展槽上，接口板上的 9 针插头与鼠标连接。采用总线接口的鼠标的优点是速度快，但它要占用一个扩展槽。PS/2 鼠标接口与键盘共用一个控制器。其缺点是容易与键盘数据发生冲突。目前，常用的是串行口鼠标，它直接插入 USB 接口上，不需要任何总线接口板或其他外部电路，可支持热拔插。当一个鼠标事件（指按下/释放或移动鼠标的动作）发生时，就向串行口发送有关数据。而对鼠标事件的判断以及串行数据的产生、组织和发送都由鼠标中的一个专用微处理器来完成。

使用鼠标需要有驱动程序（如 MOUSE. COM）。DOS 或 Windows 通过调用鼠标驱动程序，就可以得到鼠标的移动和按钮信息。由于鼠标驱动程序要通过显示适配器来控制光标在屏幕上的移动，因此，鼠标驱动程序必须支持标准的显示适配器，包括 MDA、CGA、EGA、VGA、TVGA 等。如果所用的是某种特殊的显示适配器，则鼠标驱动程序就不一定支持它。

鼠标有三键按钮和两键按钮之分，目前常用的为两键按钮鼠标。对两键按钮的操作有单击、双击和左击、右击之分。各按钮及操作的功能由所用软件来决定。不同的应用软件，各按键的作用及操作不同。

8.2.3　扫描仪

扫描仪是一种图形、图像输入设备，它可以迅速地将图形或图像输入到计算机中，因而，成为图文通信、图像处理、模式识别、出版系统等方面的重要输入设备。

扫描仪主要由光学成像、机械传动和转换电路等部分组成。其原理是：用一线状光源投射原稿，然后用光学透镜将被照射区域的反射光传送到感光区（如 CCD 电荷耦合器件）成像并产生相应的电信号，再通过信号拾取与处理电路将信号输入到计算机。通过线状光源与原稿的相对移动（扫描）便可将整幅图形或图像输入到计算机。扫描仪的核心是完成光电转换的光电转换部件。目前大多数扫描仪采用的光电转换部件是电荷耦合器件（CCD）。它可以将反射在其上的光信号转换为对应的电信号。

扫描仪种类很多，按不同的标准可分为不同的类型。按扫描原理可将扫描仪分为以 CCD 为核心的平板式扫描仪、手持式扫描仪和以光电倍增管为核心的滚筒式扫描仪。按扫描图像幅面的大小可将扫描仪分为小幅面的手持式扫描仪、中等幅面的台式扫描仪和大幅面的工程图扫描仪。按扫描图稿的介质可分为反射式（纸材料）扫描仪和透射式（胶片）扫描仪以及既可扫描反射稿又可扫描透射稿的多用途扫描仪。按用途可将扫描仪分为用于各种图稿输入的通用型扫描仪和专门用于特殊图像输入的专用型扫描仪，如条形码读入器、卡片阅读机等。

扫描仪有如下主要性能指标。

(1) 扫描精度和光学分辨率

所谓光学分辨率是指 CCD 的精度。初期的扫描仪分辨率仅为 150DPI（每英寸扫描点数）、300DPI，现在已达到 600DPI、800DPI，甚至 2000DPI 等。

(2) 扫描速度

扫描速度依赖于每行的感光时间，一般在 3～30ms 范围内，它与被扫描对象、所采用的光源和距离，以及感光的次数等有关。彩色扫描仪扫描彩色图像所花的时间是扫描单色图像的 3 倍。

(3) 色彩技术

为了提高扫描图片的质量，通常采用提高扫描仪的色彩位数即色彩范围的方法，一般有 24 位和 36 位。

(4) 自动拼接功能

手持式扫描仪一般应具有自动拼接功能，当操作过快时，能进行提示或自动补线修正扫描精度。例如，手持式扫描仪宽度仅有 105mm，较大的图形需要多次扫描拼接而成，扫描过程中人手很难做到数次扫描结果一致。如果没有自动拼接功能，要实现准确的拼接就非常困难。

图 8-6 所示为台式扫描仪工作原理图。扫描仪及驱动电路通过扫描仪适配器连接在计算机上。

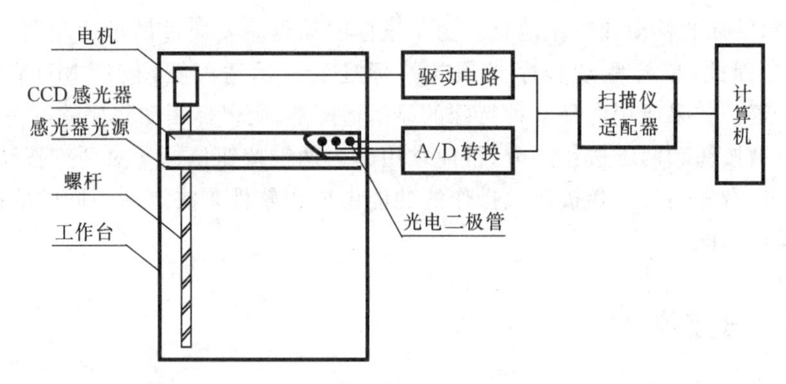

图 8-6　台式扫描仪工作原理图

当要用扫描仪输入图像时，首先打开扫描仪压盖，将纸平放在工作台的玻璃板上，压紧压盖；计算机主机执行扫描仪驱动程序，控制信号从适配器输出，经驱动放大电路驱动螺杆上的电机旋转，使线状 CCD 感光器及感光器光源从上至下运动；光源射到被扫描的图像文件上，被照射区域的图像反射到 CCD 感光器上；CCD 上线性地布满了光电二极管（每英寸 1000 多个），每个光电二极管因感受到的光强不同，耦合出不同数量的电荷，对应着不同强度的电流，该电流经 A/D 转换成为二进制数字，每一数字对应一个像素点，一行像素点对应图像上的一条横线；随着电机旋转，CCD 朝下移动（扫描），整幅图像就转变成了一串二进制数据；数据经适配器进入计算机，在计算机中再进行图像处理、彩色处理等，形成图像文件。

8.2.4　数码相机

数码相机又称数字相机，是近几年得到迅速发展的一种新型图像输入设备。它与扫描仪一样，其核心部件是电荷耦合器件（CCD）。扫描仪中使用的是线状 CCD 感光器件，而数码相机中使用的是阵列式 CCD 感光器件。数码相机的像素分辨率有 640×480、1024×768、1280×1024 点阵等，最高可达 3060×2036 点阵，即在一块 CCD 感光器上含有 600 万像素点。

数码相机与传统的胶片相机在操作和外观上无太大区别，但传统相机实质上是将景象透过光学镜头记录在胶片上，而数码相机则是将景象由 CCD 感光器转化为数字信号后存储到存储器中，因此，它们的转化原理和基本元件都有本质区别。数码相机、胶片相机的光学镜头系统，电子快门系统，电子测光及操作基本是相同的，但感光器件(CCD)、(A/D)转换器、图像处理器(DSP)、图像存储器、液晶显示屏(LCD)以及输出控制单元(连接端口)这些器件是数码相机特有的，图 8-7 是数码相机的结构原理方框图。

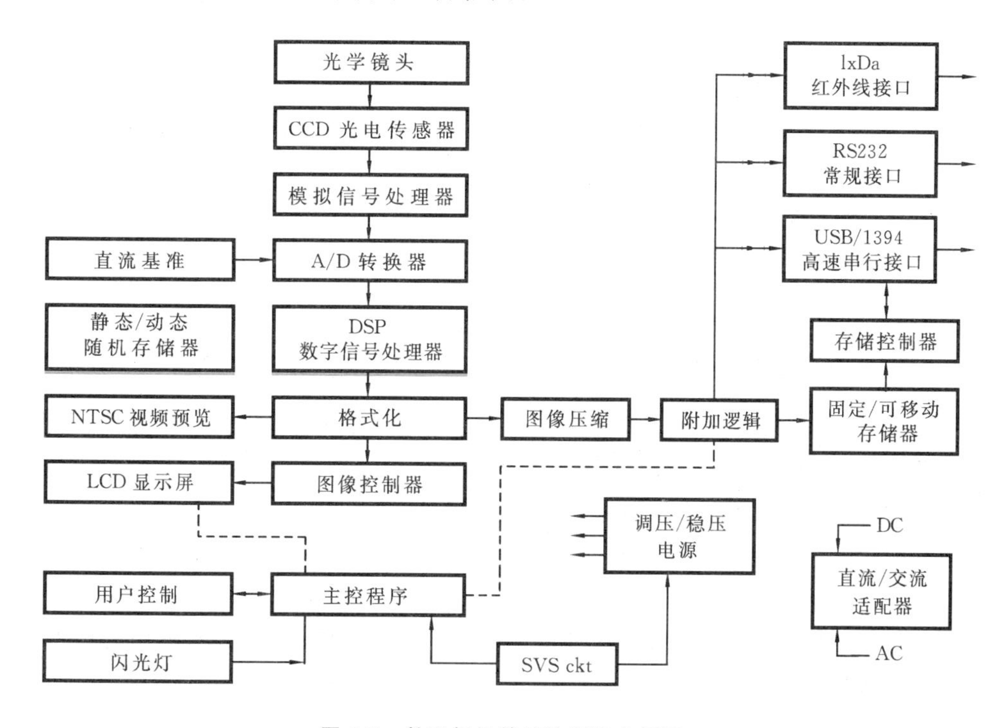

图 8-7 数码相机的结构原理方框图

1. 光学镜头

客观存在的场景实际上是一种光学信息，它反射出不同亮度和光谱(即颜色)的光线。照相机的功能就是把某一瞬间的光线永久保存下来。光线是通过光学镜头进入照相机内的。图 8-8 所示的是数码相机镜头系统的结构。

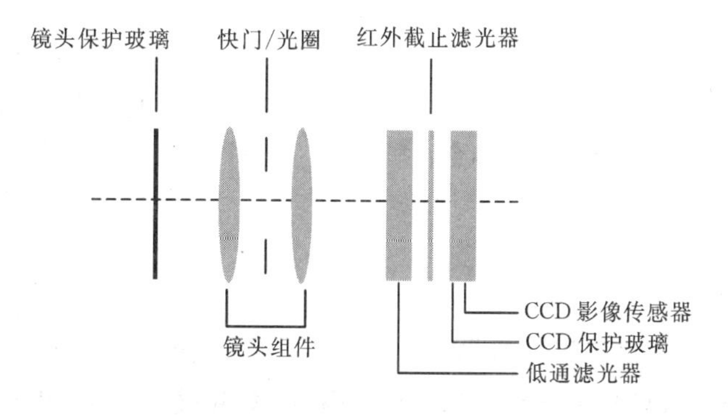

图 8-8 数码相机镜头系统的结构

光线透过镜头保护玻璃，在快门打开的一瞬间透过多片透镜组成的镜头组件，经过低通滤光器、红外截止滤光器、CCD 保护玻璃射到 CCD 影像传感器上。镜头组件的主要功能是把光线汇聚到CCD影像传感器上,光学低通滤光器的作用是除去由CCD像素间隔而产生的伪色和波纹。红外截止滤光器的作用是吸收光线中的红外线提高成像质量。

2. CCD图像传感器和模数转换器(A/D)

图像传感器的作用是将光(图像)信号转变为模拟电信号。目前,常用的是CCD电荷耦合器件,CCD是由纵横排列有序的、最多可达数百万个的光电二极管及译码寻址电路组成的,当光线经镜头在CCD上汇聚成像时,每个光电二极管会因感受到的光强的不同而耦合出不同数量的电荷,通过译码电路可取出每一个光电二极管上耦合出的电荷而形成电流,该电流经A/D转换即形成一个二进制数字,该数字即对应一个像素点。实际上,二极管数量通常大于照片像素点数量,上百万像素点的集合构成了数字照片,下一步是如何进一步处理保存这些数字。

3. 数字信号处理器(DSP)

数字信号处理器的主要功能是对数字图像信号进行优化处理,优化处理包括:白平衡、彩色平衡、伽马校正与边缘校正。这些处理中包含了一系列复杂的数学算法,优化处理的效果直接影响数字照片的品质,因此,DSP芯片一般采用高性能的专用单片机。

4. 图像数据压缩器

数码相机的图像处理还包括数据压缩,其目的是为了节省存储空间,常用的压缩算法有JPEG方式和MPEG方式。

5. 图像存储器

数码相机中的存储器用于保存图像,存储器可以是一个随机存储器也可以是光盘、软盘或PC卡标准的闪烁存储卡。目前,数码相机上使用的小型光盘容量可达140MB,存放静态画面1000多幅,软盘采用3.5英寸软磁盘,容量为1.4MB。闪烁存储卡容量为4MB、8MB、16MB三种,闪烁存储卡可插在PCMCIA插槽上使用。

6. 液晶显示器(LCD)

大多数数码相机上都安装了液晶显示器,在液晶显示器上可直接查看拍摄到的图像,也可用液晶显示器来取景,完成拍摄。有的液晶显示器还可同时显示多幅照片,便于比较和鉴定影像质量。

7. 输出控制单元

数码相机的输出控制单元提供图像输出的界面,即连接端口。其中有在电视机上显示的TV VIDEO接口、连接PC机的RS－232接口、高速SCSI接口及USB通用串行总线接口和红外线接口等。连接端口可以把数码相机连到PC机、电视机或其他设备上。

8. 电源、闪光灯

数码相机的电源有电池和稳压电源等,闪光灯与普通相机的功能完全一样。

9. 主控程序芯片(MCU)

一般的数码相机内都有一个主控程序芯片，它对相机的所有部件及任务进行管理，它对相机的管理是按事先存入芯片中的程序和用户对照相机的操作程序来进行的。

数码相机系统工作过程可分为以下几个步骤。

① 开机准备。打开数码相机电源开关，主控程序芯片就开始检查相机的各部件是否处于可工作状态。如果某处出现故障，则 LCD 屏上就会显示错误信息并使相机停止工作；如果一切正常，则相机就处于准备好状态。

② 聚焦及测光。数码相机一般都有自动聚焦和测光功能，当镜头对准物体并按快门(按下一半)时，主控程序芯片开始工作，通过计算确定对焦距离、快门的速度及光圈的大小。

③ 拍照。按下快门，摄像器件 CCD 及转换器就把被摄景物的反射光抓住，并以红、绿、蓝 3 像素的二进制数值存储。

④ 图像处理、合成、压缩。

⑤ 图像保存。将被压缩后的照片存入光盘、软盘、闪烁存储卡后，就得到了数字照片。下一步就可在计算机、数码相机或其他设备上观看，或者通过打印机等设备打印出来。

8.2.5 其他输入设备

1. 触摸屏

触摸屏是一种对物体的接触或靠近能产生反应的定位设备。按触摸原理的不同，大致可分为电阻式、电容式、表面超声波式、扫描红外线式和压感式 5 类。

电阻式触摸屏是在显示屏上加一个两层高透明度的、并涂有导电物质的薄膜。在两层薄膜之间隔开一段很小的距离，其间隙为 0.0001 英寸，如图 8-9 所示。

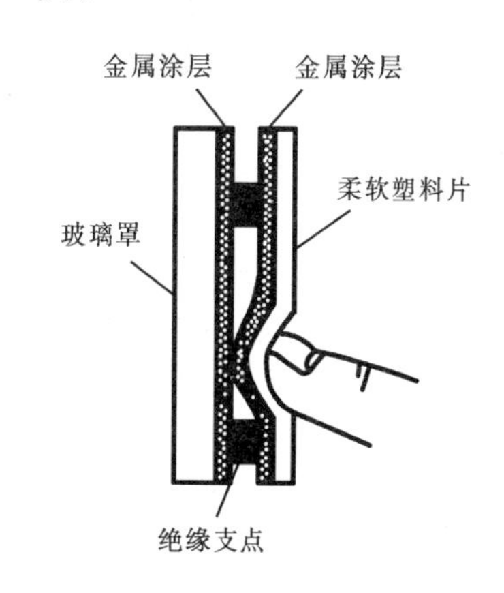

图 8-9　电阻式触摸屏原理

当触摸塑料薄膜片时，涂有金属导电物质的第一层塑料片与第二层塑料片(也涂有金属导电物)接触，这样可根据其接触电阻的大小求得触摸点所在的 x 坐标和 y 坐标位置。

电容式触摸屏是在显示屏上加一个内部涂有金属层的玻璃罩。当触摸此罩表面时，即便与电场建立了电容耦合，在触摸点产生电流到屏幕的 4 个角，由这 4 个电流的大小计算出触摸点的位置。

表面超声波式触摸屏是由一个透明的玻璃罩组成的。在罩的 x 轴和 y 轴方向各有一个发射、接收压电转换器和一组反射器条，触摸屏还有一个控制器，用来发送 5MHz 的触发信号给发射、接收转换器，让它转换成表面超声波，此超声波在屏幕表面传播。当用手指触摸屏幕时，在确定的位置上超声波被吸收，使接收信号发生变化，经控制分析和数字转换为 x 轴和 y 轴的坐标值。

可见，任何一种触摸屏都是通过某种物理现象来测得触及屏幕上各点的位置，再通过 CPU 对此做出反应，由显示屏再现所触及的位置。由于物理原理不同，各类触摸屏的特点及其应用的环境也不同。如电阻式能防尘、防潮,并可戴手套触摸,适用于饭店、医院等;电容式触摸屏亮度高、清晰度好,也能防尘、防潮,但不可戴手套触摸,并且易受温度、湿度变化的影响,因此,它适合于游戏机及供公共信息查询系统使用;表面超声波触摸屏透明、坚固、稳定、不受温度、湿度变化的影响,是一种抗恶劣环境的设备。

2. 条码扫描器

条码扫描器的种类较多,可供各种不同场合选用。按其扫描原理的不同,可将条码扫描器分为笔式扫描器、CCD(电荷耦合器件)和激光扫描器等。

(1) 笔式扫描器

笔式扫描器具有结构简单、体积小、使用轻便、价格低廉等优点,最适宜构成桌面扫描系统。由于需要人工操作扫描,扫描条形码的速度不均匀,易造成条码识别错误,所以一次扫描成功率偏低。

(2) CCD 扫描器

CCD 扫描器由于采用 CCD 线阵列作为图像传感器,只要把扫描器放在条码上,不需要移动,就能将条码读出,避免了因人工操作造成扫描速度不匀,而识别成功率低的缺陷。但由于它的读出宽度一定,对超长条码就不能读出,使应用受到一定的限制。

(3) 激光扫描器

激光扫描器是非接触式扫描器,它可以离开条形码一定的距离阅读条码,对条码的宽度适应性强,甚至可以阅读曲线上的条形码,但价格比较高。

条码扫描器是利用光学和光电转换原理识别条码数据的装置。不论笔式扫描器、CCD 扫描器还是激光扫描器,都由光源、聚焦、光电转换器、译码器等部分构成。尽管结构不同,但其工作原理大同小异。光源发出的光照射到条形码上,由于黑条吸收光,反射光就极弱,而白条反射光较强,这时强弱不同的反射光经透镜聚焦到图像传感器上,使明、暗不同的反射光变成强、弱不等的模拟电信号。经过放大、整形后,就变成数字信号。该信号经过由单片机构成的译码器处理后,就能求得条码所代表的数字串,经检验正确后,传送给计算机,否则输出出错信息。

8.3 打印输出设备

打印输出是计算机最基本的一种输出形式。打印输出设备将计算机内部的二进制代码,即 ASCII 码,转换成人们能识别的形式,如字符、图形,转移在纸质载体上作为硬拷贝,供人们分析和保存。

打印设备种类繁多,有多种分类方法。

按印字原理,打印设备分为击打式和非击打式两大类。击打式是利用机械作用使印字机构与色带和纸撞击而打印出字符的。非击打式是采用电、磁、光、喷墨等物理、化学方法印刷字符的,如激光打印机、喷墨打印机等。由于击打式打印机噪声大、速度慢,而非击打式打印机速度快、噪声低、印字质量好,因此,目前的发展趋势是机械化的击打式打印设备逐步转向电子化的非击打式打印设备。

击打式打印机又分为活字式打印和点阵针式打印两种。活字式打印机将字符“刻”在印字机构表面上，印字机构的形状有圆柱形、球形等多种。点阵针式打印机利用打印钢针组成的点阵来表示字符。点阵式打印机控制机构简单，字形变化多样，且能打印汉字，因此是应用最广泛的一类打印机。

按工作方式，打印机可分为串行打印机与行式打印机。串行打印机是逐字打印的，行式打印机一次可以输出一行，因而行式打印机的打印速度比串行打印机的快。

8.3.1 点阵针式打印机

点阵针式打印机是目前应用最普及的一种打印设备，它结构简单，字符种类不受限制，易于实现汉字打印，还可以打印图形/图像。点阵针式打印机的印字方法是，由打印针选择适当的点撞击色带与纸，印出点阵字符或图形。点越多，印字质量越高。西文字符点阵通常有 5×7、7×7、7×9 点阵等几种。中文汉字至少要用 16×16 或 24×24 点阵表示，更高的还有 48×48、64×64 点阵等。

点阵式打印机有串行点阵打印机和行式点阵打印机等。

1. 点阵式串行打印机

点阵式串行打印机的印字机构称为打印头。为了减少打印头制造的难度，点阵式串行打印机的打印头中只装有一列(或两列)m 根打印针，每根针可以单独驱动也可并行驱动。印完一列后，打印头沿水平方向移动一步微小距离，n 步以后，可形成一个 n×m 点阵的字符，以后照此逐个字符进行打印。

点阵式串行打印机有单向打印和双向打印两种，当打印完一行字符后，打印纸在输纸机械控制下前进一步，同时打印头回到另一行起始位置，重新自左向右打印，这种过程称为单向打印。双向打印自左向右打印完一行后，打印头不需回车，在输纸的同时，打印头走到反向起始位置，自右向左打印下一行，反向打印结束后，打印头又回到正向打印起始位置，由于省去了空回车时间，故打印速度大大提高。

图 8-10 是针式打印机构原理示意图，它由打印头与字库、输纸结构、色带机构与控制器等 4 部分组成。

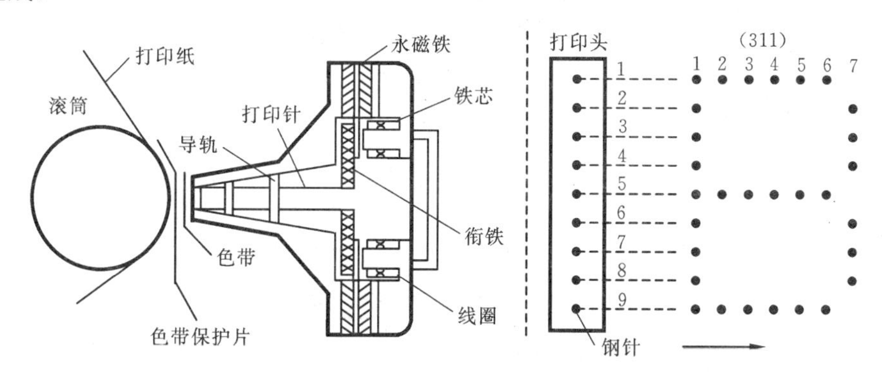

图 8-10　针式打印机构原理示意图

打印头由打印针、磁铁、衔铁等组成。打印针由钢或合金材料制成，有 7 根或 9 根(中文打印需要 16 根或 24 根)垂直排列，有的打印头有两列 7 根或 9 根交错排列，同时打印两列点阵。

输纸机构由步进电机驱动，每打印完一行字符，按给定要求走纸，走纸的步距由字符行间距离决定。色带的作用是供给色源。在打印过程中，色带不断移动，改变其受击打的位置，以免破损，驱动色带不断移动的装置称为色带机构。针式打印机中多用环形色带，装在一个塑料盒内，色带可以随打印头的动作自动循环。

打印控制器主要包括字符缓冲器、字符发生器、时序控制电路和接口等 4 部分。主机将要打印的字符通过接口送到缓存，在打印时序控制下，从缓存顺序取出字符代码，对字符代码进行译码，得到字符发生器的 ROM 地址，逐列取出字符点阵并驱动打印头，形成字符点阵。打印速度约为 100 个字符/s。

2. 点阵行式打印机

点阵行式打印机将多根打印针沿横向（而不是纵向）排成一行，安装在一块梳形板上，每根针均有一个电磁铁驱动，例如，44 针行式打印机沿水平方向均匀排列 44 根打印针，每个针负责打印 3 个字符，打印行宽为 44×3=132 列字符，在打印针往复运动中，当到达指定的打印位置时，激励电磁铁驱动打印针执行击打动作。梳形板向右或向左移动一次则打印出一行印点，当梳形板改变运行方向时，走纸机构移动一个印点间距，再打印下一行印点。如此重复多次，才打印出完整的一行字符。

8.3.2 激光打印机

激光打印机是一种非击打式高速打印机。它是激光技术和电子照相技术结合的产物。

图 8-11 是激光打印机的结构原理图。它由激光扫描系统、电子照相部分、字符发生器和控制电路等组成。

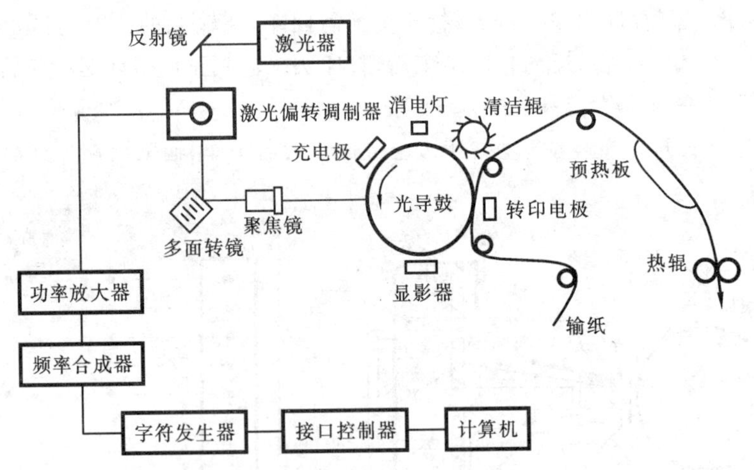

图 8-11　激光打印机的结构原理图

激光扫描系统由激光器、偏转调制器、扫描器、光路系统等几部分组成。激光器是打印机的光源，偏转调制器对激光束传播的方向和强度实施控制，扫描器的作用是使调制后的激光束沿光导鼓轴线横向运动，而光束的纵向运动由光导鼓旋转完成，这样调制后的激光束就可以在光导鼓上形成字符和图形。扫描器大多采用多面转镜扫描器制成。当光束射入光滑的转镜反射面时就会有相应的光束反射出来，由于转镜以一定的角度旋转，反射出来的光束便可沿光导鼓轴线运动,光路系统将扫描器输出的光束聚焦成要求的光点尺寸作用在光导鼓上。

光导鼓是电子成像的核心部件,用它记录激光扫描信息,光导鼓的表面光洁度很高,鼓基为铝合金,鼓基表面镀有一层感光性能良好的材料,通常是硒,因此,称为硒鼓。为了使光导鼓能记录信息,需事先在黑暗下对光导鼓充电,使鼓面均匀地沉积一层电荷。

在激光束的作用下,光导鼓的表面将有选择地进行曝光,被曝光的部分产生放电现象,而未曝光的部分仍为充电时的电荷,这样在光导鼓的表面就形成了静电潜像。在显影器的作用下,潜像将变成可见的墨粉像。转印电极的作用是将墨粉转印到普通纸上,而预热板和热辊的作用是将墨粉像熔凝在纸上,达到定影的效果。其工作过程为:曝光—显影—转印—定影。

计算机输出的二进制字符编码信息由接口控制器送到字符发生器,字符发生器给出字符的相应点阵信息形成点阵脉冲信息,由高频振荡器、频率合成器及功率放大器处理后加到激光调制器件上。它使射入的激光束衍射出形成字符的调制光束。载有字符信息的调制光束射入多面转镜扫描器,然后由广角聚集镜将光束聚焦成要求的光点尺寸,使焦点落在光导鼓表面上。要打印的信息不断给出,光导鼓旋转,多面转镜实现光导鼓轴线扫描,使光导鼓记录了一页要印刷信息的潜像。

输出信息时,由磁刷显影器显影,有字符信息区域吸附上墨粉,潜像就变成了可见墨粉像。在转印区由于转印电极带有与墨粉极性相反的静电电荷,因此,墨粉像将转印到普通纸上。最后经过定影部分,在预热板和热辊的高温处理下,墨粉熔化并永久地粘附在纸上,形成印刷的字符和图形。在新周期开始前,由清洁辊清扫光导鼓上的残余墨粉,消电灯消除鼓上残余电荷。这样就又可继续重复上述充电、曝光、显影等一系列过程。

激光打印机是逐页输出的硬拷贝输出设备。高速激光打印机每分钟可打印一百多页。

8.3.3 喷墨打印机

目前常用的喷墨打印机是一种非击打式打印机,喷墨打印机的特点是色彩功能强、体积小、重量轻、成本低。其基本原理是:采用某种特殊的材料,当控制信号作用其上时,这种材料产生变形,迫使墨水喷射在纸上,当控制信号间断或改变时喷射间断,在纸上产生打印字符式图形的效果。这种材料一般对电压、电流或热特别敏感,如压电陶瓷材料或热敏电阻等。

1. 喷墨打印机的分类

喷墨打印机通常分为液态喷墨式打印机和固态喷墨式打印机,下面按其工作原理分别作一介绍。

(1) 液态喷墨式打印机

液态喷墨打印机就是平时所说的喷墨打印机。液态喷墨方式又可分为气泡式(Bubble Jet)、液体压电式(Mach)和热感式(Therml)。

气泡技术通过加热喷嘴,使墨水产生气泡,喷到打印介质上,形成图像。但是这种方式有一定的缺点,一是墨水在高温下容易发生化学变化,造成性质不稳定而使得打印出的色彩的真实性在一定程度上受到影响;二是墨水微粒的方向性与体积大小不易控制,这是因为墨水是通过气泡喷出来的,所以可能会使打印图像或线条的边缘参差不齐,从而影响打印质量。

微压电打印头技术利用晶体加压时放电的特性,在常温下稳定地将墨水喷出。液体压电式液态喷墨打印机的原理是让墨水通过细喷嘴,在强电场作用下以高速墨水束的形式喷出,在纸上形成文字和图像。这种方式有对墨滴控制能力强的特点,因此容易实现高分辨率打印质量,并且在这种方式下喷墨时无需加热,所以墨水不会因高温发生化学变化而影响打印质量,同时也大大降低了对墨水的要求。

热感式(Therml)技术则将墨水与打印头设计为一体,受热后将墨水喷出,使墨粒微小而均匀。

(2) 固态喷墨式打印机

固态喷墨打印机所使用的墨在室温下是固态,打印时墨被加热液化之后喷射到纸上,并渗透其中,因此附着性相当好,色彩也极为鲜亮,打印效果有时甚至超过热蜡式打印机。它除了使用透明胶片外可以使用包括普通纸在内的所有纸张,只不过它价格昂贵。

2. 喷墨打印机的机械结构

喷墨打印机的机械部分主要由墨盒、喷头、清洗系统、字车机械、输纸机构和传感器几部分构成。

(1) 墨盒及喷头

这两部分是喷墨打印机的重要组成部分,它们有两种类型。一种是将墨盒与喷头两者一体化,也就是将它们两个做在一起,因为这样可以使整个体积变小、结构简单,因此可以降低打印机本身的成本。但是,在使用的时候费用就高了,如果墨盒中的墨水用完了,那么只好连喷头一起换掉。另一种是将墨盒与喷头分离,这样在墨盒中的墨水用完后,可只换墨水,不必再换喷头,从而降低了使用成本。

(2) 清洗系统

它的作用是维护喷墨打印机的喷头,也就是清洗喷头。

(3) 字车机构

它的作用主要是装载打印头并沿字车导轨做横向间歇往返移动。

(4) 输纸机构

起到为打印机输送纸张的作用。

3. 喷墨打印机的工作原理

图 8-12 所示的是一种采用微压电打印头技术的喷墨打印机的工作原理。在图 8-12(a)中,喷嘴内装有墨水,在喷嘴的上、下两侧各有一块压电晶体,压电晶体受打印信号的控制,产生变形,挤压喷嘴中的墨水,从而控制墨水的喷射。所有喷嘴的墨水管道连到一个墨盒,为了避免墨水干涸及灰尘堵塞喷嘴,在喷嘴头部装有一块挡板,在不打印时盖住喷嘴。在喷嘴的头部还有一喷嘴导孔板,用以保持喷嘴头部的温度不变,从而使打印出来的点阵大小不受环境温度的影响。墨滴的运动轨迹如图 8-12(b)所示,可见,H 字符由 5×7 点阵组成。字符中的每个点都要一个个地进行控制,故字符发生器的输出必须是一个点一个点的信息。这与点阵针式打印机的字符发生器一次输出一列上的所有点信息,分 5 次打印一个字符是完全不同的。

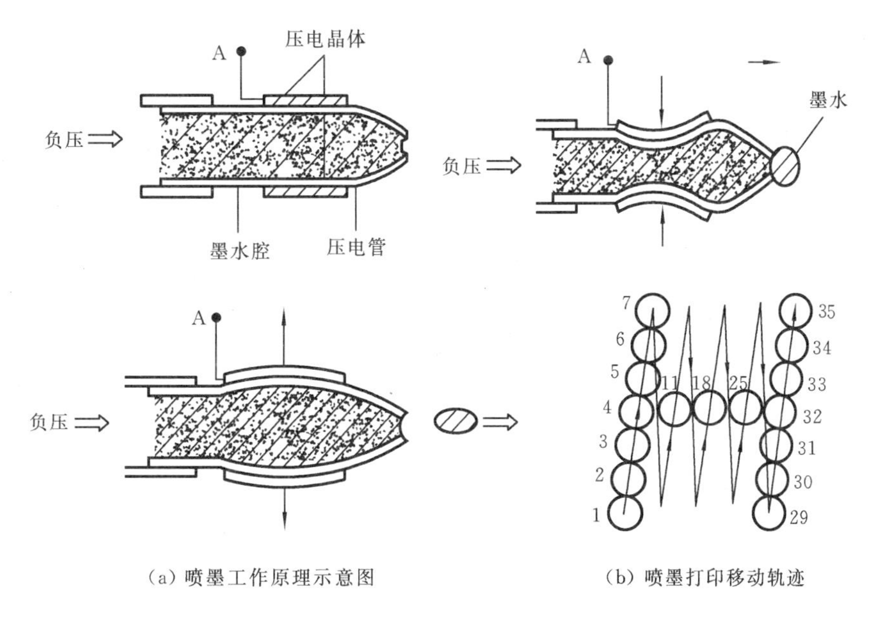

(a) 喷墨工作原理示意图　　(b) 喷墨打印移动轨迹

图 8-12 微压电打印头技术的喷墨打印机的工作原理

4. 喷墨打印机的性能指标

喷墨打印机的性能可以从以下几个方面来评定。

(1) 分辨率

分辨率是最重要的，不管是单色打印还是彩色打印，分辨率当然是越高越好。但并非每英寸增加的点数越多，就能得到更好的打印效果。

(2) 打印速度

喷墨打印机的打印速度也是以每分钟或每秒可以打印多少页纸或多少字符来计数的，即用 ppm/cps(每分钟多少页/每秒多少字符)来表示。有些打印机带有字库，打印速度会快一些。若是打印的内容有汉字和图像，特别是彩色的，这时所要处理的数据就比较多，打印速度就会慢一些。

(3) 色彩调和能力

喷墨打印机的色彩调和能力也称为色彩表达能力。打印机色彩调和能力可从三个方面进行改进。一是提高打印的分辨率，使图像中过渡色中的麻点消失；二是增加色彩数量改进色彩调和能力，即采用六色打印或更多的颜色；三是改变喷出的墨滴的大小，在色彩浓度较高的地方使用正常大小的墨滴，在色彩浓度较低的地方使用较小的墨滴，这样的结果是打印出来的图像有更多的色阶。

(4) 内部缓存

安装在打印机内部的存储器，它相当于计算机的内存。内部缓存的大小影响着打印速度的快慢，对于网络打印机有着更重要的意义。一般打印机的内存都在 10KB～64KB 左右，有的能达到几百 KB。

(5) 打印介质和打印幅面

打印介质种类要多，输出幅面要尽量的大。

8.3.4 彩色热感应式打印机

彩色热感应式打印机按工作原理可以分为热转印式打印机、热升华式打印机和染料扩散式打印机等。

1. 彩色热转印式打印机

彩色热转印式打印机的工作原理是利用打印头上的半导体发热元件,加热涂于色带上的固态油墨,将影像转印到打印介质上,并可任意叠加各种颜色,可实现全真彩色的高清晰度打印。彩色热转印打印机通常分为热蜡式和染料升华式两种类型。

(1) 热蜡式彩色打印机

热蜡式彩色打印机使用浸透不同颜色的蜡的缎带,依次加热,将彩色物熔化在打印介质上形成记录。

(2) 染料升华式彩色打印机

这种打印机的打印头中有一排发热元件线阵,发热元件选用热响应快、响应线性度好的发热材料制成。在打印头与打印介质之间有一层染料膜(色胺)。当发热元件通电加热时,色膜上的固态染料升华为气体,扩散到打印介质上。染料扩散的浓度依赖于发热元件温度的高低。发热元件的温度在像素颜色值的控制下连续变化,以此来表现灰度等级。色膜由品红、黄、青和黑(可选)3 色或 4 色组成。一页介质需要打印 3 遍或 4 遍。介质为专用纸和透明胶片。染料升华式彩色打印机是采用专用纸、输出品质最高的彩色打印机,用于要求彩色输出效果极高的场合。

2. 彩色热升华式打印机

彩色热升华式打印机利用加热元件将染料熔化后转印到纸上。热升华是指固态直接变为气态,而不经过液化过程的物理现象。所以,热升华式打印机的打印效果极其细腻,色调连续,近似彩色照片的输出质量,但价格十分昂贵。另外,由于控制气体走向很困难,所以它的打印速度慢,为 3Page/min 左右。

3. 彩色染料扩散式打印机

彩色染料扩散式打印机将固态油墨加热成液体后,生成均匀的色素,再精确地扩散到纸中,达到永不褪色的效果。这种打印机采用 2 基色或 4 基色色带调色,温度越高,颜色越浓。目前,这种高质量的打印机可提供 1670 万种颜色,完全能满足美工、包装等图像的要求。这种打印机也存在价格高、打印速度慢、打印线和文字的效果欠佳等缺点。

8.4 显示设备

显示输出设备是计算机中最基本的输出设备。显示输出设备采用显示技术将电信号转换成能直接观察到的光信号,它涉及显示器件、显示内容的处理(如格式、亮度、精度、色彩等)及控制电路等技术。

目前，显示器件主要有电子束管器件和非电子束管器件两大类。电子束管器件采用磁偏转式显像管，如阴极射线管，简称 CRT(Cathode Ray Tube)；非电子束管器件又称平板显示器件，采用液晶显示(Liquid Crystal Display，简写 LCD)、等离子体显示及激光显示等原理制成。

8.4.1 CRT 显示器

1. CRT 显示器分类

CRT 显示器种类繁多。按色彩分类，有单色显示器和彩色显示器两种；按 CRT 大小分类，有 14 英寸、15 英寸、17 英寸、19 英寸等多种；按扫描方式分类，有隔行扫描和逐行扫描两种；按点距分类，有 0.39mm、0.31mm、0.28mm、0.26mm 等多种；按分辨率分类，有 640×480 点、800×600 点、1024×768 点、1280×1024 点等几种；按显示方式分类，有字符显示器、图形显示器和图像显示器等三种；按与连接的显示卡分类，有 MDA 单色显示器、CGA 彩色显示器、EGA 彩色显示器、VGA 显示器以及 SVGA 和 TVGA 显示器等几种。

2. CRT 显示器的性能指标

(1) 分辨率和灰度级

分辨率指显示器所能表示的像素个数，像素越密，分辨率越高，图像越清晰。显示器的分辨率取决于显像管荧光粉的粒度、屏幕尺寸和阴极射线管电子束的聚集能力。常用 CRT 显示器的分辨率有，640×480 点、800×600 点、1024×768 点、1280×1024 点等。

灰度级是指在黑白显示器中像素点的亮度值，在彩色显示器中表示颜色的差别，即颜色数。单色显示器的灰度只有 0、1 两级，而图形显示器中灰度级则较多，有 4 级、16 级、256 级等。彩色显示器的颜色有 4 色、16 色、256 色、64K 色以及 16M 色和真彩色等。

(2) 点距

点距是指屏幕上两相邻像素之间的距离，点距越小图像越清晰，常用 CRT 显示器的点距有 0.39mm、0.31mm、0.28mm、0.26mm、0.24mm 等。

(3) 行频和场频

行频即水平扫描频率，决定了每秒钟的扫描线数。场频指垂直扫描频率，决定了每秒钟显示多少幅完整画面。两者越高图像越稳定。

(4) 扫描方式

CRT 显示器的扫描方式分为光栅扫描和随机扫描两种。

随机扫描是指控制电子束在 CRT 屏幕上随机地运动，从而产生图形和字符的扫描方式。电子束只在需要作图的地方扫描，而不必扫描全屏幕，因此，若用这种扫描方式显示图形，则速度快，图像清晰。高质量的图形显示器(如分辨率为4096×4096)采用随机扫描方式。但这种显示器的驱动系统较复杂，因此，价格很贵。

光栅扫描是控制电子束在 CRT 屏幕上从左到右，从上到下顺序扫描，从而产生图形和字符的扫描方式。光栅扫描又分逐行扫描和隔行扫描两种，逐行扫描从屏幕顶部开始一行接一行，一直到底完成一帧画面的显示。而隔行扫描把一帧画面分为奇数场(行 1,3,5…)和偶数场(行 2,4,6…)两场画面，扫描顺序是先偶后奇，交替传送，如果每秒显示 50 场画面，则实际上只有 25 帧画面。

一般来说,隔行扫描不需要提高水平扫描速度就可使一帧画面的扫描线数得到增加,即可使用较低的技术水平完成图像的显示,但采用该扫描方式时屏幕有闪烁感。而逐行扫描画面稳定无闪烁感,但频率要求高。目前普遍使用的是逐行扫描方式。

(5) 显示存储器容量

CRT 发光是电子束打在荧光粉上引起的,电子束扫过之后其发光亮度只能维持几十毫秒便消失。为了能使人眼看到稳定的图像显示,电子束必须不断地重复扫描整个屏幕,这个过程叫刷新,按人的视觉生理,刷新频率大于 30 次/s 时才不会感到闪烁。显示设备中通常选用电视中的标准,即每秒刷新 50 帧图像。

为了不断提供刷新图像的信号,必须把一帧图像信息存储在刷新存储器,也叫视频存储器(Video Read Access Memory,简写 VRAM)或显示存储器中。其存储容量由图像分辨率和灰度级决定。分辨率越高,灰度级越多,显示存储器容量应该越大。如存储分辨率为 1024×1024,灰度级或颜色数为 256 的图像时,存储器容量需要 1024×1024×8b=1MB。目前,一般微机的显示适配器(亦称显示卡)上都配有 2MB 以上显示存储器。

3. CRT 显示系统显示原理

CRT 显示系统结构如图 8-13 所示。

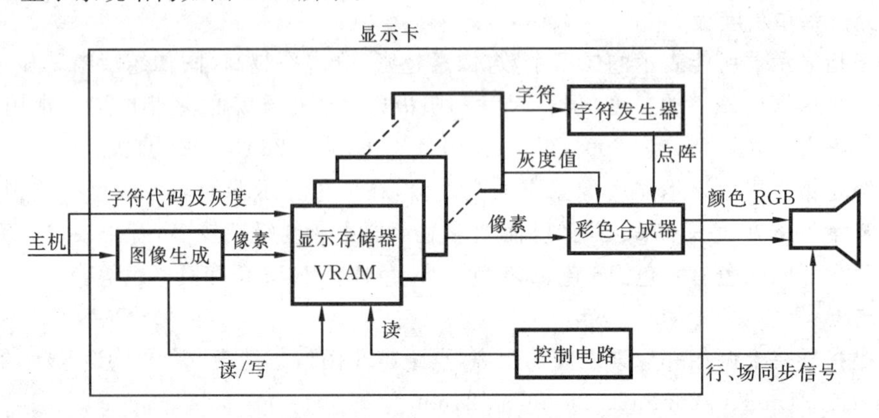

图 8-13　CRT 显示系统结构图

CRT 显示系统包括显示适配器(亦称显示卡)和显示屏 CRT,它有两种工作方式,即字符方式和图像方式。

当显示系统处于字符方式时,计算机主机向显示卡的 VRAM 中输送字符代码及灰度值。这时,VRAM 中的字符及灰度值与显示屏上的显示位置存在一一对应的关系。字符代码通过字符发生器产生字符点阵和字符对应的灰度值送入彩色合成器。字符点阵、灰度值经彩色合成器形成了红、绿、蓝(RGB)3 色及亮度信号,RGB 及亮度信号在控制电路的行、场同步信号的作用下射向与显示存储器对应的显示屏上。

当显示系统处在图像工作方式时,主机经图像生成器产生图像像素(即颜色度)送入显示存储器,这时 VRAM 中的像素与 CRT 上的点也有一一对应的关系。像素经彩色合成器产生 RGB 及亮度信号,在行、场同步信号的作用下射向荧光屏上的相应位置,使之产生发光的图像。

4. 显示适配器及显示标准

显示适配器(亦称显示卡)是显示器与主机之间的接口电路,负责将主机发出的待显示的信号送给显示器。显示卡安装在主机板的总线扩展槽上，通过专用电缆线与显示器连接在一起。

主机送给显示卡的是字符代码和图像信号，而显示屏的显示格式、分辨率、颜色数可以各种各样。工业上为了便于生产，对显示卡及显示卡所支持的显示器都作了一些规定，即制定了一些显示卡标准。下面介绍几种常用的显示卡标准。

(1) MDA 单色显示卡

这是美国 IBM 公司早期推出的一种字符显示卡，它只具有字符显示功能，分辨率为 720×350 个像素点，一行可显示 80 个字符，每屏可显示 25 行，字符点阵为 9×14 点，MDA 不能兼容图形方式。显示存储器容量为 5KB，只能存放一页内容。

(2) CGA 彩色图形卡

CGA 兼容显示图形和字符两种方式。字符显示有两种格式，分别为 40 列×25 行和 80 列×25 行，字符点阵为 8×8 点，图形显示有 320×200 点和 640×200 点两种。卡上的显示存储器容量为 16KB。在字符方式下可选择 16 种颜色，在图形方式下可选 4 种颜色。

(3) EGA 增强型图形卡

EGA 在字符方式下可显示 80 列×25 行，字符点阵为 8×14 点；在图形方式下的分辨率为 640×350 点，显示 16 种颜色。显示存储器容量达 256KB，可同时存 4 页内容。

(4) VGA 视频图形卡

VGA 的主要特点是采用模拟量输入，使显示的颜色更加丰富逼真。在字符方式下可以用 9×16 点显示字符。在图形方式下，其分辨率为 640×480 点，颜色为 16 色，或 320×200 点、256 色。

(5) TVGA(超级 VGA)

TVGA 改进了 VGA 标准，增强了 VGA 功能。分辨率为 1024×768 或更高，显示 256 色以上，与 TVGA 功能类似的还有 SVGA、PVGA 等。

8.4.2 液晶显示器

液晶显示器(LCD)是在 1971 年出现的，在 20 世纪 80 年代初开始应用到计算机产品上。液晶具有通电时导通，排列变得有秩序，光线容易通过，不通电时排列混乱，阻止光线通过的物理特性，这种新的显示方式非常适合于便携显示产品。LCD 的使用范围可分为笔记本计算机(Notebook)液晶显示器以及桌面计算机(Desktop)液晶显示器。LCD 的特点是体积小、形状薄、重量轻、耗能少($1\sim10\mu W/cm^2$)、发热低、工作电压低(1.5～6V)、无污染、无辐射、无静电感应，尤其是视域宽、显示信息量大、无闪烁，并能直接与 CMOS 集成电路相匹配，同时还是真正的“平板”式显示设备。这些特点正在使显示领域从传统 CRT 转向 LCD。

目前比较流行的 LCD 基本上是无源矩阵显示器中的双扫描无源阵列彩显 DSTN—LCD(俗称伪彩显)和有源矩阵显示器中的薄膜晶体管有源阵列彩显 TFT—LCD(俗称真彩显)。

DSTN(Dual－Layer Super Twist Nematic)指双扫描扭曲阵列，意即通过双扫描方式来扫描扭曲阵列型液晶显示屏，达到完成显示的目的。DSTN 显示屏上每个像素点的亮度和对比度因为不能独立控制，因此显示效果欠佳，但它结构简单，耗能较少，价格便宜。

DSTN—LCD 并非真正的彩色显示器，它只能显示一定的颜色深度，它与 CRT 的颜色显示特性相距较远，因而叫“伪彩显”。其对比度和亮度也低，图像亮度比 CRT 显示器暗得多，屏幕观察范围较小,色彩不丰富,特别是反应速度慢,不适于高速运动图像、视频播放等应用,因此一般只用于文字、表格和静态图像处理,现在已不多见。但因其价格相对低廉,耗能较TFT—LCD少,而视角小可以防止窥视屏幕内容以达到保密作用,结构简单可以减小整机体积,所以在少数场合中仍有应用。

TFT(Thin Film Transistor)指薄膜晶体管,意即每个液晶像素点都是由集成在像素点后面的薄膜晶体管来驱动的,它的每个显示点由3个晶体管控制,每个晶体管代表红、绿、蓝3原色中的一种。从而可以做到高速度、高亮度、高对比度显示屏幕信息。TFT—LCD是目前最好的LCD彩色显示设备之一,其效果接近CRT显示器,是现在笔记本电脑和台式机上的主流显示设备。

下面介绍液晶显示器的参数。

(1) 可视角度、对比度

可视角度表示站在与屏幕垂直线成一定角度的位置时,仍可清晰地看见屏幕图像。一般而言,可视角当然是越大越好。

LCD的可视角度都是左右对称的,但上下方向的可视角度就不一定了,而且常常是上下角度小于左右角度。但由于每个人的视力不同,因此通常以"对比度"为准,在最大可视角时所测量到的对比度越大越好。对比度的缩写是CR(Contrast Ratio)。通常不同的显示器其可视角度是不一样的。如Acer F51的可视角度为上、下、左、右各80°,而MITSUBISHI LXA520W的可视角度为上70°,下50°,左、右各70°。

(2) 亮度

TFT液晶显示器的可接受亮度为150 cd/m^2(cd/m^2,衡量亮度的一种单位)以上,目前TFT液晶显示器的亮度都在200 cd/m^{2}左右。亮度太低则会感觉太暗。

(3) 响应时间

响应时间愈短愈好,它反映了液晶显示器各像素点对输入信号的反应速度,即像素由暗转亮或由亮转暗的速度。响应时间短则使用者在看运动画面时不会出现尾影拖曳的感觉。

(4) 显示色素

几乎所有15英寸LCD显示器都只能显示高彩(256 K色),因此许多厂商使用了所谓的FRC(Frame Rate Control)技术,以仿真的方式来表现出全彩的画面。

液晶显示器虽然它的分辨率在理论上可以达到很高,但实际显示效果却差得多,传统的CRT显示器在这方面则要优于LCD。在显示的品质上,传统的CRT显示器的可视角度要比TFT好得多,在响应时间上,传统的CRT显示器要稍短一点。

对于显示器领域来说,LCD的发展并不仅仅是一场新的变革,它同时还引起了计算机的制造和使用的新变化。随着微电子技术和液晶工艺制造技术的不断发展,研制成本的不断下降,人们对显示系统的要求越来越高(包括屏幕越来越大、分辨率越来越高、功耗越来越低、体积越来越小),可以肯定,LCD最终将会取代CRT显示器,它会在计算机领域中独领风骚,发挥极其重要的作用。

8.4.3 其他显示技术

1. 场致显示技术

场致发射显示FED(Field Emission Display)是一种优于CRT和LCD的显示技术。有人预测,它将在未来的显示技术舞台上成为主角,这种技术将成为液晶显示技术的替代品,并有望在一两年之内出现基于这种技术的显示设备。

FED吸收了CRT和LCD显示器的优点,这使得FED显示技术能将CRT阴极射线管的明亮清晰与液晶显示的轻、薄结合起来,其结果是:既具有液晶显示器的厚度,又有CRT显示器的快速响应速度和比液晶显示器高得多的亮度。因此,FED显示器将在很多方面具有非常显著的优点:更高的亮度可以在阳光下轻松地阅读屏幕上的内容;高速的响应速度使得它适应诸如游戏、电影等快速更新画面的场合。

目前,由于FED技术还不是很成熟,所以它还处在发展研究和试验生产阶段。

2. 等离子显示技术

等离子显示器PDP是继CRT、LCD后的最新一代显示器。它的特点是有极小的厚度和较佳的分辨率,可以将其挂在墙壁上,占用的空间非常小。PDP代表了未来显示器的发展趋势。

等离子显示器的技术原理是利用惰性气体(Ne、He、Xe等)放电时所产生的紫外线来激发彩色荧光粉发光,然后将这种光转换成人眼可见的光。

用此项技术生产的等离子显示器具有以下特点:体积小、重量轻、无X射线辐射、无图像几何畸变。等离子显示器不受磁场的影响,具有更好的环境适应能力;屏幕不存在聚焦的问题;不会产生色彩漂移现象,边角处的失真和色纯度变化得到了彻底改善。高亮度、大视角、全彩色和高对比度,意味着PDP图像更加清晰,色彩更加鲜艳,感受更加舒适,效果更加理想。等离子显示器目前正处于起步阶段,但将来会成为一种重要的显示设备。

8.5 磁表面存储器

磁表面存储器是一类最常用的存储设备。磁表面存储器是在金属或塑料的表面涂上一层薄薄的磁性材料,这层磁性材料可以存储信息。计算机系统中使用的磁表面存储器有:磁盘存储器、磁带存储器和磁鼓存储器等。目前只有磁盘存储器还在大量普遍使用,磁带存储器在一些特殊场合还在使用,磁鼓存储器已经淘汰。磁盘存储器又分为硬盘存储器和软盘存储器两种。

磁表面存储器的主要特点是:存储容量大,位价格低,非破坏性读出,记录的信息可长期保存而不丢失。但由于有精密机械装置,存取速度较慢,对工作环境要求较高,故主要用做辅助存储器使用,一般用来存放系统软件、大型文件、数据库等信息和数据。

8.5.1 磁记录原理与记录方式

1. 磁记录原理

(1) 记录介质

在磁表面存储器中,信息记录在一种薄层磁性材料的表面上,这层材料与所附着的载体称为记录介质或记录媒体。

载体是由非磁性材料制成的,根据载体的性质,又可分为软性载体和硬性载体。在磁带和软磁盘中,使用软性载体,一般为聚酯薄膜材料;在硬磁盘中,使用硬性载体,一般为硬质铝合金片或玻璃。

磁性材料有两类,一类是颗粒型材料,另一类是连续性材料。它们都是具有矩形磁滞回线的磁性材料,可利用不同的剩磁状态来存储信息。在软磁盘片的制造中,将 $\gamma\text{-}Fe_2O_3$ 等颗粒型磁性材料经特殊工艺处理成极细的颗粒,再与聚合粘合胶混合成磁胶,均匀地涂覆在盘面上。在硬盘的制造中,用 Fe、Co、Ni 和 P 等金属按一定比例组合,然后采用真空溅射、沉积等方法,在盘面上形成细密、均匀、光滑的磁膜。

一种好的记录介质应该具有记录密度高,输出信号幅度大,噪声低,表面组织致密、光滑、无麻点、厚薄均匀,环境的温度、湿度的变化对它影响不灵敏,能长期保持磁化状态等特点。因此,载体与磁性材料的质量都直接影响着记录介质的性能。

(2) 磁头

磁头是磁记录设备的关键部件之一,它是一种电磁转换元件,能将电脉冲表示的二进制代码转换成磁记录介质上的磁化状态,即电-磁转换;它也能将磁记录介质上的磁化状态转换成电脉冲,即磁-电转换。磁头用软磁材料(铁氧体或坡莫合金)制成。传统的磁头呈马蹄形或环形,头部开有间隙,称为头隙,头隙的尺寸和形状对磁记录设备的读、写性能至关重要。磁头上绕有线圈,写磁头在写入时注入写电流,读磁头在读出时输出感应电动势。

传统的磁头几何尺寸大,也较重,不利于磁头寻道速度的提高。因此,在硬盘中就采用一种"薄膜"磁头。这种磁头采用类似于半导体工艺的淀积和成形技术,在基板上形成导磁薄膜和导电薄膜,再采用蚀刻技术在导电薄膜上刻出一个平面螺旋式线圈,从而形成一个薄膜磁头。这种磁头体积小、重量轻、尺寸精确、高频性能好,其重量仅为常规磁头的几十分之一,曾得到了广泛的应用。随着磁盘存储容量的不断增大,磁盘的存储密度也越来越高,薄膜磁头已无法适应读、写的需要。目前在磁记录设备中采用的是磁阻(简称 MR)磁头和巨磁阻(简称 GMR)磁头。

MR(Magneto Resistive)磁头采用了一种电磁感应式的薄膜电阻来检测磁盘表面的信息位。当 MR 磁头通过磁盘表面磁性单元(磁粉)的时候,会因为磁场的不同,产生强弱不同的电流脉冲。MR 磁头的特色是能灵敏地辨别磁盘表面上极小的信息位,从而提高了磁盘的存储密度,而且 MR 磁头所产生的信号或磁场强度完全不受磁盘旋转速度的影响。MR 磁头的缺点是不能写入信息,所以在 MR 磁头上还装有传统的薄膜写入单元。因此,在 MR 磁头上实际上有两个磁头,分别负责读、写操作。采用了 MR 磁头技术后,磁盘的存储密度可达到每平方英寸 564MB,磁道宽度最窄可达 $1\mu m$。

GMR(Giant MR)磁头与 MR 磁头一样,是采用特殊材料的电阻值,根据磁场变化的原理来读取盘片上的数据的。但是 GMR 磁头使用了磁阻效应更好的材料和多层薄膜结构,因此它比 MR 磁头更为灵敏,所以磁盘上的磁道可以做得更加紧密。采用 GMR 磁头的磁记录设备的盘片密度能达到每平方英寸 1.25GB～5GB 以上。目前 GMR 磁头技术处于成熟期,它已经取代了 MR 磁头,成为了最流行的磁头技术。

在信息读、写时,按磁头与磁记录介质之间的接触与否,可分为接触式磁头与浮动式磁头两种。在磁带和软盘中,由于载体是软质材料,只能采用接触式磁头,它的结构简单,但会因磨损而降低磁头与记录介质的使用寿命。在硬盘中,由于载体是硬质材料,为减少磨损(特别是记录区),故采用了浮动式磁头。当磁记录设备工作时,硬盘片高速旋转,带动盘面表层气流形成气垫,使重量很轻的磁头浮起,它与盘面之间保持一极小的气隙(几分之一微米),磁头不与盘面直接接触。

2. 磁表面存储器的读、写原理

在读、写过程中,记录介质与磁头之间形成相对运动,一般是记录介质运动而磁头不动。

(1) 写入过程

磁头对记录介质的写入过程如图 8-14 所示。在写磁头线圈中通以一定方向的写电流,所产生的磁通将从磁头的头隙进入记录介质,然后流回磁头,形成一个回路。在这个过程中,磁头下方的一个局部区域被磁化,形成一个磁化单元或称记录单元;在记录单元上,磁通进入的一侧为 S 极,流出的一侧为 N 极。如果写电流足够大,可使磁化区的中心部分达到饱和磁化,当这部分介质移出磁头作用区后,仍将留下足够强的剩磁。在写磁头中通以正、负两个不同方向的写电流,就会产生两种不同的剩磁状态,正好对应二进制信息的"1"和"0"。

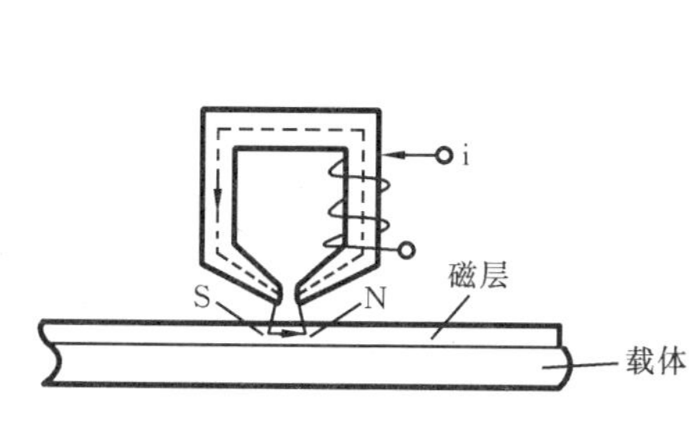

图 8 14 磁层的写入

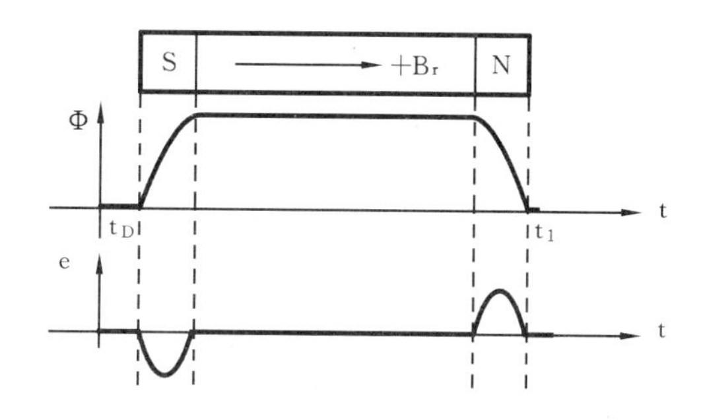

图 8-15 磁头中磁通的变化及其感应电动势

(2) 读出过程

读出过程中,读出线圈不外加电流。当某一磁化单元运动到读磁头下方时,磁头中流过的磁通会产生很大的变化,于是在读出线圈两端产生感应电动势 e,其极性与磁通变化的极性相反。当磁通 Φ 由小到大变化时,在读出线圈中感应产生一个负电动势;当磁通 Φ 由大到小变化时,感应产生一个正电动势,形成如图8-15所示的一正一负两个脉冲。上述脉冲信号经放大、检波、限幅、整形和选通后,可获得符合要求的信号。

3. 磁表面存储器的技术指标

(1) 磁表面存储器的特点

磁表面存储器一般应具有以下特点。

① 非破坏性读出,不需再生过程。

② 记录信息为永久性存储,不会因断电而丢失,可以长期保持,重复使用。

③ 重新磁化可以改变记录介质的磁化状态,即允许多次重写。

④ 数据的存取方式可为顺序存储方式(磁带),也可为直接存储方式(磁盘)。

⑤ 在机械运动过程中读/写,因而读/写速度较慢。

⑥ 记录密度高,容量大,价格低。

(2) 衡量磁表面存储器的主要技术指标

1) 记录密度

记录密度又称存储密度,是指磁表面存储器单位长度或单位面积的磁层表面所能存储的二进制信息量。通常以道密度和位密度表示,也可用两者的乘积——面密度来表示。

① 道密度。道密度又叫横向密度,是指垂直于磁道方向上单位长度中的磁道数目。磁道指的是磁头写入磁场在记录介质表面上形成的磁化轨迹。磁道具有一定的宽度,它取决于磁头结构、磁头定位精度等因素。为了避免干扰,磁道和磁道间需要保持一定的距离,相邻两条磁道中心线之间的距离叫做道距。道密度的单位是道/英寸(Track Per Inch,简记为 TPI)或道/毫米(Track Per Millimeter,简记为 TPM)。

② 位密度。位密度又叫纵向密度,是指沿磁道方向上单位长度中所能记录的二进制信息的位数,位密度的单位为位/英寸(bit per inch,简记为 bpi)或位/毫米(bits per millimeter,简记为 bpm)。

2) 存储容量

存储容量是指整个磁表面存储器所能存储的二进制信息的总量,一般用位或字节为单位表示,它与存储介质尺寸和记录密度直接相关。

磁表面存储器的存储容量有非格式化容量和格式化容量两种指标。非格式化容量是指磁记录表面上可全部利用的磁化单元数;格式化容量是指用户实际可以使用的存储容量。格式化容量一般约为非格式化容量的 60%~70%。

3) 平均存取时间

在磁表面存储器中,当磁头接到读/写命令,从原来的位置移动到指定位置,并完成读/写操作的时间叫存取时间。对于采用顺序存取方式的多道并行读、写的磁带存储器来说,没有寻找磁道的问题,故只需考虑磁头等待记录块的等待时间。对于采用直接存取方式的磁盘存储器来说,存取时间主要包括两部分:一部分是指磁头从原先位置移动到目的磁道所需要的时间,称为定位时间或寻道时间;另一部分是指在到达目的磁道以后,等待被访问的记录区旋转到磁头下方所等待的时间。由于寻找不同磁道和不同区域所花的等待时间不同,所以通常取它们的平均值。应该指出的是,平均存取时间还应当包括信息的读/写操作时间,但这一时间相对平均寻道时间和平均等待时间来说可以忽略不计。所以磁盘的平均存取时间 T_a,由平均寻道时间 T_b 和平均等待时间 T_w 组成。而平均寻道时间 T_b 等于 1/2 最大寻道时间(最小寻道时间通常为零),而平均等待时间 T_w 等于 1/2 转的时间(最小等待时间通常为零)。所以

$$T_a = T_b + T_w = \text{最大寻道时间} /2 + \text{转 1 圈的时间} /2$$

4) 数据传输速率

磁表面存储器在单位时间内向主机传输数据的位数或字节数,称为数据传输速率 D_r,单位为 b/s 或 B/s。数据传输速率 D_r 正比于记录密度 D 和磁记录介质通过磁头缝隙处的速度 V,即

$$D_r = D \times V$$

式中,D 为记录密度,对于单道存取的装置(如磁盘)为位密度,对于多道存储装置(如磁带)则为位密度与磁道数之乘积;V 为速度,对磁带为走带速度,对磁盘为记录介质通过磁头缝隙处的线速度。

5) 误码率

误码率是衡量磁表面存储器出错概率的参数,它等于读出的出错信息位数和读出总的信息位数之比。

读出错误有硬错误和软错误之分。硬错误又称不可恢复的错误,它是由于记录介质上存

在缺陷等原因引起的；软错误又称可恢复的错误，它是由偶尔落入记录介质和读写磁头之间的尘埃或电磁干扰引起的，可用重复的读操作来改正。

6）价格

价格包括设备价格和位价格，构成一台存储器所需要的价格叫设备价格，设备价格除以容量即为位价格。磁表面存储器的设备价格要比主存贵，但由于它的容量很大，因此，在所有的存储设备中，磁表面存储器的位价格是最低的。

4. 数字磁记录方式

为了提高磁表面存储器的性能，扩大存储容量，加快存取速度，除了要不断改善磁头和记录介质的电磁性能和机械性能之外，选用高性能的数字磁记录方式对提高记录密度和可靠性也是很重要的。

磁记录方式是一种编码方式，即按照某种规律将一连串的二进制数字信息变换成记录介质上相应的磁化翻转形式。磁记录方式有很多种，常见的几种记录方式的写电流波形如图8-16所示，图中T_0表示位周期，下面分别对它们进行讨论。

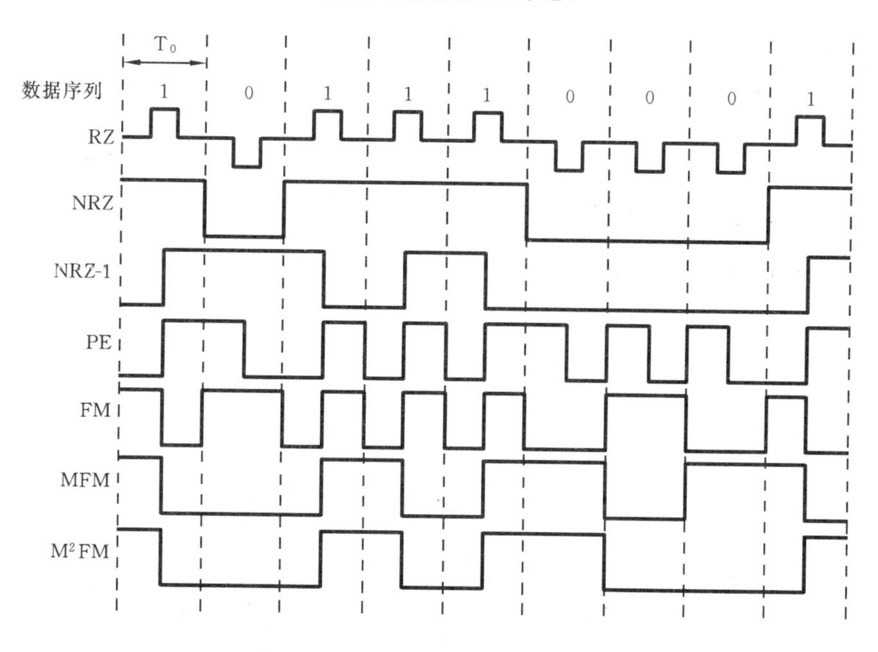

图8-16 几种记录方式的写电流波形

(1) 直接记录方式

当记录密度较低时，可以不编码，直接按记录信息的“0”、“1”排序记录。这类记录有下面3种方式。

① 归零制(RZ)。数字磁记录方式最早是从归零制开始的，在这种方式中，当记录“1”时，磁头线圈中通以正向脉冲电流；当记录“0”时，通以反向脉冲电流。由于脉冲电流均要回到零，故称为归零制。归零制的两个脉冲之间有一段间隔没有电流，相应的这段磁层未被磁化。因此，如果采用这种方式，写入之前必须先去磁，否则前后两次所写的信息就会互相干扰。

② 不归零制(NRZ)。采用这种方式记录“1”时，磁头线圈中通以正向电流；在记录“0”时，通以反向电流。由于磁头中的电流不回到零，故称为不归零制。如果记录的相邻两位信息相同(即连续记录“1”或“0”)时，写电流方向不变；只有当记录的相邻两位信息不相同(即“0”和

“1”交替)时,写电流才改变方向,所以又称为异码变化或“见变就翻”的不归零制。

③ 不归零—1 制(NRZ—1)。这是一种改进的不归零制。在记录“1”时,磁头线圈中写电流改变方向,使磁层磁化翻转;而在记录“0”时,写电流方向维持不变,保持原来的磁化状态。所以称之为见“1”就翻的不归零制。

以上各种记录方式,目前已很少应用了,但不归零制是编码方式的基础,无论哪一种编码方式,只要数据序列变换成记录序列之后,均按照 NRZ—1 制的规则记录到磁层上。

(2) 按位编码记录方式

下面几种记录方式都属于按位编码记录方式。

① 调相制(PE)。这种记录方式又称相位编码方式,它采用 0°和 180°相位的不同,分别表示“1”或“0”。它的编码规则是:在记录“1”时,写电流在位周期中间由负变正;在记录“0”时,写电流在位周期中间由正变负。当连续出现两个或两个以上“1”或“0”时,为了维持上述原则,在位周期的边界上也要翻转一次。这种记录方式常用于磁带机中。

② 调频制(FM)。调频制是根据写电流的频率来区分记录“1”或“0”的。记录“1”时,写电流在位周期中间和边界各改变一次方向,对应的磁层有两次磁化翻转;记录“0”时,写电流仅在位周期边界改变一次方向,对应的磁层只有一次磁化翻转。因此,记录“1”的磁化翻转频率为记录“0”时的两倍,故又称倍频制。若以 T_0 表示位周期,则调频制的磁化翻转间距为 $0.5\ T_0$ 和 T_0。这种记录方式主要应用于早期硬磁盘机和单密度软磁盘机中。

③ 改进的调频制(MFM)。MFM 制是在 FM 制基础上改进的一种记录方式,又称为延迟调制码或密勒码。其编码规则为:在记录“1”时,写电流在位周期中间改变方向,产生磁化翻转;记录独立的一个“0”,写电流不改变方向,不产生磁化翻转;记录连续的两个“0”,写电流在位周期边界改变方向,产生磁化翻转。

改进的调频制的磁化翻转间距有 3 种:T_0、$1.5\ T_0$、$2\ T_0$,对应于 3 种不同的频率,所以又称为三频制。MFM 制的磁化翻转密度低于 FM 制,MFM 制的最小磁化翻转间距 $T_{min}=T_0$,而 FM 制的 $T_{min}=0.5T_0$。因此,一台相同的磁盘设备,采用 MFM 制的记录密度是 FM 制的一倍,这种记录方式广泛应用于硬磁盘机和倍密度软磁盘机上。

④ 改进的 MFM(M^2FM)。M^2FM 制是改进的 MFM 制方式,其编码规则为:在记录“1”时,写电流在位周期中间改变方向,产生磁化翻转;记录独立的一个“0”,写电流不改变方向,不产生磁化翻转;记录连续的两个“0”,写电流在位周期边界处改变方向,产生磁化翻转;记录连续两个以上的“0”,写电流在前两个“0”的位周期边界处改变方向,产生磁化翻转,以后每隔两个“0”的位周期边界处,写电流再改变一次方向,产生磁化翻转。

M^2FM 的磁化翻转间距有 4 种:T_0、$1.5\ T_0$、$2\ T_0$、$2.5\ T_0$,对应于 4 种不同的频率,所以又称为四频制。M^2FM 曾在软盘机和一些特殊用途的数字磁带机中使用。

(3) 成组编码记录方式

除了上述的 7 种记录方式外,还有成组编码方式,如群码制(GCR)和 3 位调制码(3PM)等。它们是将数据序列中的数据位几位分成一组,然后按一定的变换规则变换成对应的记录码,再采用 NRZ—1 方式写入记录介质,从而使记录密度得以提高。

① 群码制(GCR)。群码制是在 NRZ—1 制和 PE 制记录方式上发展起来的成组编码方式,常用的 GCR(4/5)是一种广泛应用于高密度数字磁带机上的记录方式。它把数据序列中的数据每 4 位编成一组,然后按表 8-1 给出的变换规则,把 4 位变换成 5 位记录码。

表 8-1　GCR(4,5)变换规则

数据码	记录码	数据码	记录码
0000	11001	1000	11010
0001	11011	1001	01001
0010	10010	1010	01010
0011	10011	1011	01011
0100	11101	1100	11110
0101	10101	1101	01101
0110	10110	1110	01110
0111	10111	1111	01111

表 8-2　3PM 基本变换规则

序号	数据码 $D_1D_2D_3$	记录码 $P_1P_2P_3P_4P_5P_6$
0	0 0 0	0 0 0 0 1 0
1	0 0 1	0 0 0 1 0 0
2	0 1 0	0 1 0 0 0 0
3	0 1 1	0 1 0 0 1 0
4	1 0 0	0 0 1 0 0 0
5	1 0 1	1 0 0 0 0 0
6	1 1 0	1 0 0 0 1 0
7	1 1 1	1 0 0 1 0 0

② 3 位调制码(3PM)。这是一种高效率的编码方式,它是由 FM 制和 MFM 制演变而来的。这种记录方式是将数据序列的每 3 位一组变换成为与其一一对应的 6 位一组的记录序列码,然后将各组连接成整个记录序列。其编码规则见表8-2。连接时要满足一个约束条件,即任何两个相邻的"1"之间至少要包含两个"0"。

当相邻的两组编码连接时,可能会出现一些不满足约束条件的情况。例如,表 8-2 中序号 0、3、6 三组编码的后面连接 5、6、7 任一组的时候,就会出现相邻两个"1"之间不足两个"0"的情况。这时需要按下列合并规则变动编码,即把本组中的P_5的"1"及下一组P_1的"1"变为"0",把本组中的P_6变成"1"。例如,有限数据序列为 010110101,根据表的变换规则得到的数据序列为 010000、100010、100000,把它们合并连接可发现,第二组和第三组间不符合约束条件,因此记录序列要发生变化,变化之后的记录序列为 010000、100001、000000。

③ RLL 码。近年来发展起来的高密度磁盘主要采用 RLL 码。RLL 码称为游程长度受限码,用游程长度受限码理论能统一描述前面介绍过的各种编码方式。RLL 编码的实质是将原始数据序列变换成连续的"1"或"0"的个数受限制的记录序列。在磁记录编码发展过程中,从 MFM 码演变到 3PM 码,再经过改进后,出现了(2,7)RLL 码。它的编码规则严格按照 2→4、3→6、4→8 的规则进行变换,其编码规则见表 8-3。

表 8-3　(2,7)RLL 码编码规则

数据码	记录码
11	1000
10	0100
011	001000
010	100100
000	000100
0011	00001000
0010	00100100

假设数据序列为 10110100011,按表 8-3 所示的规则,可得记录序列为 0100100010010000001000。

另外,还有(1,7)RLL 码,它也是 3PM 码的一种改进记录方式,已应用于先进的微、小型硬磁盘机中。

5. 磁记录方式的性能特点

(1) 自同步能力

自同步能力是指能否从单个磁道读出的脉冲序列中提取同步时钟脉冲的能力。能直接提取同步信息称为有自同步能力,否则称为无自同步能力。

很显然,只有读出的序列是呈周期性的,才可能从规定的时间间隔——时钟窗口中提取出时钟脉冲。前面介绍的几种记录方式中,NRZ 制和 NRZ—1 制无自同步能力,其余的记录方式均有自同步能力。对于无自同步能力的记录方式,必须设立专门的时钟磁道,称为外同步。

具有自同步能力的记录方式的自同步能力也有强有弱,强者提取同步信号的电路比较简单,比较容易实现。自同步能力的强弱可以用最小磁化翻转间隔和最大磁化翻转间隔的比值 R 来衡量。R 值越大,自同步能力越强。由此可见,FM、MFM 和 M^2FM 的自同步能力依次下降。

(2) 编码效率

编码效率又称记录效率,是指每次磁层翻转所能记录的数据位数的多少,即

$$\eta = \frac{\text{位密度}}{\text{最大磁化翻转密度}} = \frac{\text{一位记录}}{\text{最大磁化翻转次数}}$$

NRZ、NRZ—1、MFM、M^2FM 制记录方式记录一位二进制信息最多磁化翻转一次,故编码效率为 100%,而 RZ、PE、FM 制记录方式记录一位二进制信息最大磁化翻转次数为 2,故编码效率为 50%。

显然,编码效率越高,记录密度越高。从这个意义上来看 NRZ 制和 NRZ—l 制可获得高的记录密度,但因为它们不具备自同步能力,需要设置专用的同步磁道来产生外同步信号,所以并不能实现高密度的记录。编码效率的提高,不仅可提高记录密度,而且可减少噪音抖动,增加磁记录设备的抗干扰能力。

(3) 读出分辨率

读出分辨率是指磁记录设备对读出信号的分辨能力。也就是指每次磁化翻转可判别信息的能力。

通常在读出过程中采用峰值鉴别法,这种方法要设置一个检读窗口。检读时如果在窗口范围内检测到峰值,则这一位是"1"。当某一位峰值偏离到窗口以外时,这个窗口无法检测到,而被邻位窗口所检测,将可能产生读出误差。若检读窗口大,则允许读出脉冲有较大的抖动。由此可见,检读窗口宽度大,读出信号峰值超前或滞后都能检读出来,说明窗口大具有较高的读出分辨率。

对于 NRZ 和 NRZ—1 制记录方式,每一位数据仅需检读一次,即检读窗口宽度等于 T_0。而 PE、FM、MFM、M^2FM 制每一位数据需检读两次,因为磁化翻转可能发生在位周期中间也可能发生在边界上,检读窗口宽度为 0.5 T_0。

(4) 信息的独立性

读出时,如果某一位信息出现误码,不会影响到后续其他信息位的正确性,这称作信息的独立性,反之,称为误码传播。

NRZ 制容易造成误码传播,若漏读一位,则以后各位将会出错,"1"误为"0","0"误为"1",NR_2误码传播的情况如图 8-17 所示。

PE 制也会造成误码传播,若漏读一个"1",则会波及以后各位的检读,使一连串"1"被误作为"0",直至真正的"0"出现为止,其误码传播的情况如图 8-18 所示。图中 d 代表数据位的读出波形,c 代表位周期起始处的读出波形。假定图中所示的第二位数据漏读,则第三位的 c 将被作为 d 读出,下一次收到的 c 将作为 d 读出,被误作为"0"读出,由此波及以后位,直至出现真正的"0"为止。

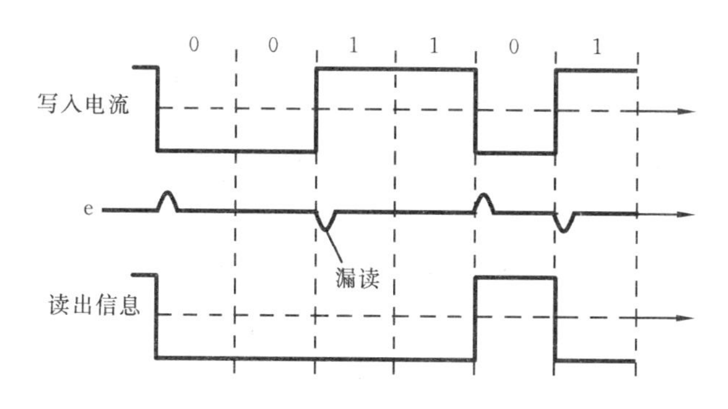

图 8-17 NRZ 制的误码传播

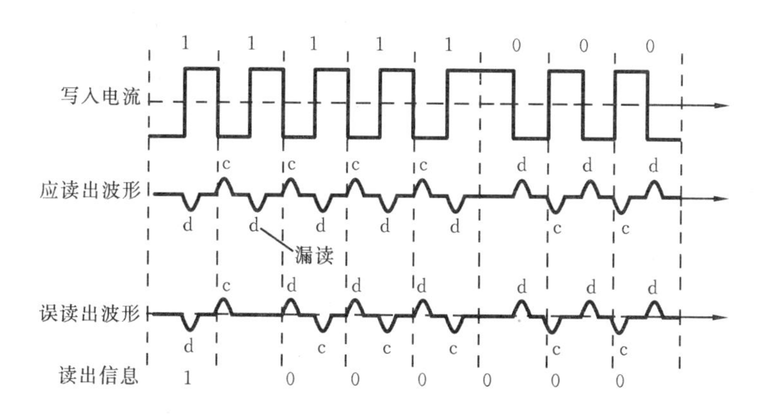

图 8-18 PE 制的误码传播

除了上面提到的性能参数以外，还有信道带宽、抗干扰能力、编码译码电路的复杂性等因素，都对记录方式的取舍评价产生影响，在这里就不一一讨论了。总之，选择记录方式时应尽量做到以下几点。

① 具有较强的自同步能力。

② 有较高的编码效率，以提高记录密度。

③ 有较宽的检读窗口，以提高读出分辨能力。

④ 有较强的抗干扰能力，以避免误码传播。

⑤ 编码、译码电路成本低，容易实现。

6. 编码和译码电路

一般将未编码前的数据称为数据序列，编码后变成数据和时钟混合的信号，称为记录序列。前面讨论的多种数字磁记录方式，实际上是将数据序列变换成记录序列的方法，编码器就是实现这种变换的逻辑电路。变换后的记录序列送到写入驱动器电路，以便向写磁头线圈提供一定形式的电流，使记录介质饱和磁化，从而将信息记录在磁介质上。

如果需要从记录介质上读出信息，应将从读磁头线圈中得到的感应电动势信号送入读出放大器，然后将经过放大、检测的读脉冲序列送入译码器，通过译码器恢复成数字信息，同时分离出同步信号。图 8-19 所示的就是完成以上功能的读、写系统。

对于简单的记录方式，只要分析其记录波形的变化规律，就可设计出编码和译码电路，而对于较复杂的记录方式，在分析其记录波形的变化规律时，还需研究其波形构成的时序逻辑关

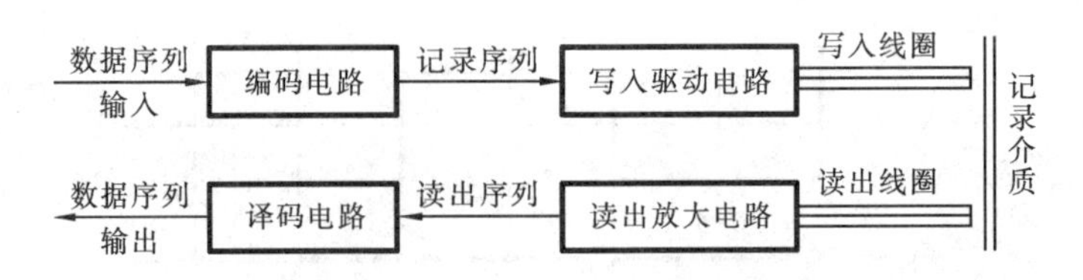

图 8-19 数字磁记录读、写系统

系,才能设计出相应的编码和译码电路。如图 8-20 所示的是调相制的编码电路及其波形。图中,时钟脉冲 CL_2 送到触发器计数输入端。对应每一个 CL_2 脉冲,触发器状态改变一次。CL_1 脉冲在触发器 R 端起作用还是在 S 端起作用,取决于数据位(DATA)是"0"还是"1"。

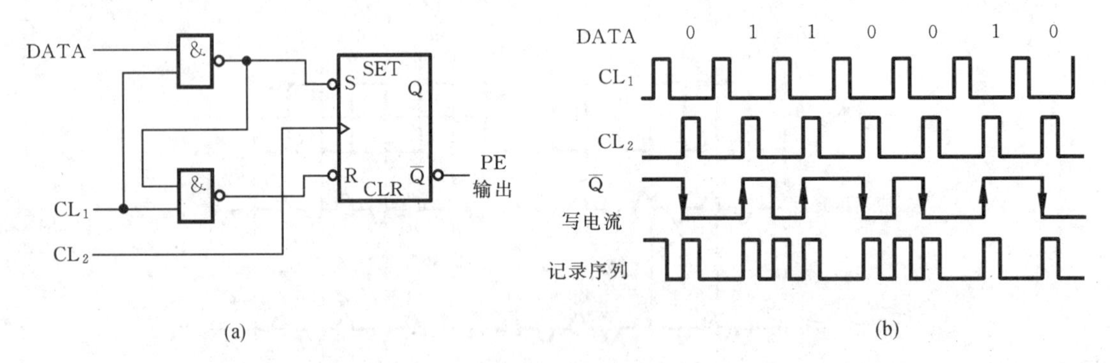

图 8-20 调相制的编码电路及其波形

8.5.2 硬磁盘存储器

1. 硬盘发展简史

磁盘存储器分为硬盘存储器和软盘存储器两类,其中硬盘的存储容量大,使用寿命长,工作速度快,是辅存的主体。在硬盘出现之前,计算机是用穿孔纸带、磁带等来存储程序和数据的。这种存储方式不仅容量小、速度慢,而且还有许多不足的地方。

1956 年 9 月,IBM 公司向世人展示了名为 RAMAC(Random Access Method of Accounting Control)350 的世界上第一块商用硬盘。这种硬盘的磁头可以直接移动到盘片上的任意一块存储区域,从而成功地实现了随机存储。当时,这块硬盘的容量只有 5MB,是一个由 50 片直径为 24 英寸的磁盘组成的庞然大物。

1968 年,IBM 公司首次提出"温彻斯特"(Wincheter)技术,对硬盘技术做出重大改进。1973 年,IBM 公司制造出了第一块采用"温彻斯特"技术的硬盘。它的特点是工作时磁头悬浮在高速转动的盘片上方,而不与硬盘直接接触。从此,硬盘技术的发展有了正确的结构基础:密封、高速旋转的镀磁盘片,磁头沿盘片径向移动,这是"温彻斯特"硬盘技术的精髓。今天,硬盘容量虽然已高达几十 GB,但仍然没有脱离"温彻斯特"技术。个人电脑中所使用的各种硬盘,实际上都是当年"温彻斯特"技术的结晶。

1979 年,IBM 公司再次发明了薄膜磁头,为进一步减小硬盘体积、增大容量,提高读、写速度打下了良好的基础。

从硬盘诞生之日到现在这四十多年中,硬盘驱动器在控制技术、接口标准、机械结构等方面进行了一系列重大改进，尤其是在近几年，新的硬盘技术不断涌现，并得到了广泛的应用，从而促使硬盘朝着容量更大、体积更小、速度更快、性能更可靠、价格更便宜的方向发展。

2. 硬盘的基本结构与分类

在常用的微机系统中，一般采取将设备控制器与设备相分离的模式。磁盘子系统的硬件包括磁盘适配器、磁盘驱动器。磁盘控制逻辑的大部分及磁盘与主机间的接口，合成为磁盘适配器，磁盘适配卡一般集成在主机板上，与系统总线相连接，并通过电缆与磁盘驱动器相连。磁盘驱动器中装有盘片、磁头、主轴电机(盘片旋转驱动机构)、磁头定位机构、读/写电路和控制逻辑等。

为了提高单台驱动器的存储容量，在硬盘驱动器内使用了多个盘片，它们被叠装在主轴上，构成一个盘组，每个盘片的两面都可用作记录面。所以一台驱动器的存储容量又称为盘组容量。盘组由主轴电机驱动高速旋转，一般有4200 r/min、5400 r/min、7200 r/min等。

根据头—盘是否是一个密封的整体，硬盘存储器可分为温彻斯特盘和非温彻斯特盘两类。

温彻斯特盘是根据温彻斯特技术设计制造的，它的主要特点是磁头、盘片、磁头定位机构、主轴，甚至连读/写驱动电路等都被密封在一个盘盒内，构成一个头—盘组合体。这个组合体不可随意拆卸，它的防尘性能好，可靠性高，对使用环境要求不高。而非温式磁盘的磁头和盘片等不是密封的，因此要求有超静使用环境，目前已被淘汰。

根据磁头是否可移动，硬盘存储器可分为固定头硬盘和活动头硬盘两类。在固定头硬盘机(磁鼓)中，每个磁道对应一个磁头。工作时，磁头无径向移动，其特点是存取速度快，省去了磁头找磁道的时间，磁头处于加载工作状态即可开始读、写，但由于磁头太多，使磁盘的道密度不可能很高，而整个磁盘机的造价却很高。在移动头硬盘机中，每个盘面上只有一个读、写头，它安装在读、写臂上，当需要在不同磁道上读、写时，便驱动读、写臂沿盘面作径向移动。由于增加了找道时间，所以活动头硬盘的存取时间比固定头硬盘机要长。

根据盘组是否可拆卸，硬盘存储器可分为可换盘片式与固定盘片式两类。可换盘片式硬盘的盘组与主轴电机的转轴分离，盘组成圆盒形，可整机拆卸以脱机保存，也可更换装入新的盘组。固定盘片式硬盘的盘组与主轴电机转轴不可分离，且常采用密封结构，使用寿命长，因而应用更为广泛。

硬盘盘片尺寸有14、8、5.25、3.5、2.5英寸等几种，总的发展趋势是让盘片直径减小，使转动惯性减小，并有利于达到更高的制造精度。

现在广泛采用的是活动头的温彻期特硬盘，它的特点如下。

① 采用密封的头、盘组合体。

② 采用巨阻磁头与溅射薄膜磁层。

③ 将集成化的读/写电路安置在靠近磁头的位置，可改善高频传输特性、减少干扰。

④ 采用接触启停式浮动磁头。

所谓接触启停式浮动磁头是指读/写操作时磁头浮空，不与盘面记录区相接触，以免划伤记录区，但由于磁头的浮起要依靠盘片高速旋转产生的气垫浮力，因此在硬盘启动前和停止后，磁头将仍与盘面接触。具体的做法是：将盘面记录区与轴心之间的一段空白区，当作启停区或着陆区；硬盘未启动前及停止后，磁头停在启停区，并与盘面接触；当盘片旋转并达到额定转速时，气垫浮力使磁头浮起并达到所需的浮动高度，然后将磁头向外移至0号磁道，准备寻道；当读/写工作完毕后，必须先将磁头移至启停区，盘片减速至静止，相应地磁头着陆，然后才能关机。

这种措施可简化磁头机构，但存在一个问题，即如果磁盘驱动器突然断电，磁头尚未移回启停区就落下，这时有可能会划伤记录区。所以在大多数新型硬盘中，设有自动启停机构，能在掉电时确保磁头返回启停区。

温彻斯特硬盘是目前硬盘的主流，仅在某些特殊场合下才使用可换式活动磁盘，如采用伯努利流体技术制造的活动硬盘，它不需要特别高的净化环境，而且防震性能好，但价格高、容量较小，速度也不如温彻斯特硬盘。

3. 硬盘的信息分布

在硬盘中，信息分布呈如下层次：记录面、圆柱面、磁道、信息块/扇区，如图8-21所示。

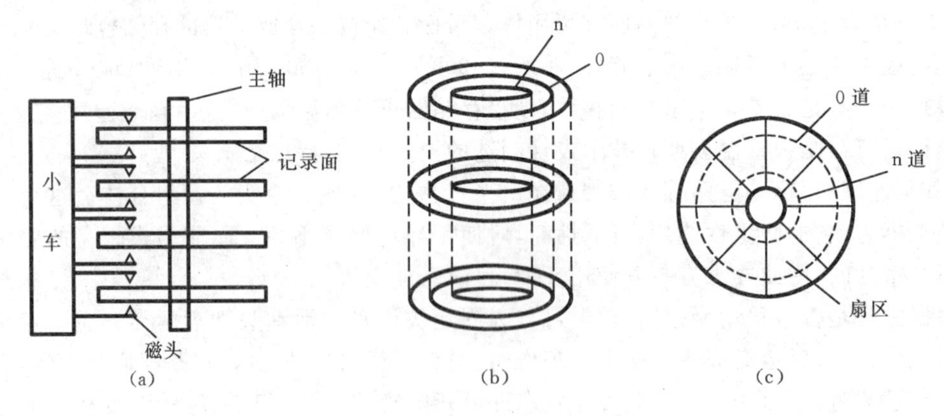

图 8-21　磁盘信息分布示意图

① 记录面。一台硬盘驱动器中有多个盘片，每个盘片有两个记录面，每个记录面对应一个磁头，如图 8-21(a)所示。

② 磁道。在进行读/写时，磁头固定不动，盘片高速旋转，磁化区构成一个闭合圆环，称为磁道。在盘面上，一条条磁道形成一组同心圆，最外圈的磁道为 0 号，往内则磁道号逐步增加。各磁道的存储容量相同，但由于外圈磁道的周长大于内圈磁道的周长，因而外围磁道的位密度低于内圈磁道的位密度。通常，在磁盘技术说明中给出的位密度是最大位密度，即最内圈磁道的位密度。

③ 圆柱面。在一个盘组中，各记录面上相同编号(位置)的诸磁道构成一个圆柱面，如图 8-21(b)所示。例如，某驱动器有 4 片 8 面，则 8 个 0 号磁道构成 0 号圆柱面，8 个 1 号磁道构成 1 号圆柱面，……硬盘的圆柱面数等于一个记录面上的磁道数，圆柱面号即对应的磁道号。

引入圆柱面的概念是为了提高硬盘的存储速度。当主机要存入一个较长的文件时，若一条磁道存不完，就需要存放在几条磁道上。如果选择同一记录面上的磁道，则每次换道时都要进行磁头定位操作，速度较慢。如果选择同一圆柱面上的磁道，则各记录面的磁头可同时定位，换道的时间是磁头选择电路的译码时间，相对于定位操作可以忽略不计。所以在存入文件时，应首先将一个文件尽可能地存放在同一圆柱面中，如果仍存放不完，再存入相邻的圆柱面内。

④ 信息块/扇区。一条磁道上可存储大约几万字节的信息，使用硬盘时，往往将一条磁道划分为若干个信息块。按磁道记录格式，硬盘有定长信息块与不定长信息块格式两类。在微型计算机中大多采用定长信息块格式，相应地将一条磁道划分为若干扇区，每个扇区存放一个

定长信息块，如图 8-21(c)所示。

早期的磁盘，采用的是硬划分扇区方法，即在盘片制作时设置硬标志(如设置缺口)，以区分不同扇区。现在则多采用软划分方法，即写入特定的格式信息，以区分不同扇区。一条磁道划分多少扇区，每个扇区可存放多少字节，一般由操作系统来决定。

4. 磁头定位系统

磁头定位系统驱动磁头沿盘面径向移动寻道并精确定位。磁头定位系统应包括以下操作。

① 硬盘驱动器启动后，或是中途寻道出错后，要使磁头准确地回到 0 号磁道，以等待寻道命令。

② 要能快速、准确地将磁头移到指定磁道的中心位置。

③ 当硬盘驱动器发生故障或掉电后，要使磁头迅速退出盘面数据区，以保护盘面免受擦伤。

为了获得高的道密度，定位系统必须非常精密；为了提高磁盘的寻道速度，定位系统的速度应尽量快。目前，在硬盘中采用的磁头定位系统有两种类型。

(1) 步进电机定位机构

在小容量硬盘中，道密度不是很高，一般采用步进电机驱动，整个定位机构是开环控制。根据现行磁道号与目的磁道号之差，求得步进脉冲数，每发一个步进脉冲，脉冲移动一个道距。步进电机定位机构的结构紧凑、控制简单，但定位精度比较低。

(2) 音圈电机定位机构

在容量较大的硬盘中，道密度较高，要求寻道速度也比较高，这时多采用音圈电机驱动。音圈电机是线性电机，可以直接驱动磁头作直线运动，整个定位系统是一个带有速度和位置反馈的闭环调节自动控制系统，其特点是寻道速度快，定位精度高。音圈电机定位控制又分为粗控、精控两个阶段，一般由专门的微处理器管理。

① 粗控阶段(速度控制)。主要是控制磁头移动速度，使它尽快到达目的磁道。

② 精控阶段(位置控制)。当磁头接近目的磁道时，根据位置检测信号使磁头能精确地定位于磁道中央。关键在于如何得到精确的位置信号，早期曾采用光栅检查等方法，现在则广泛采用伺服方式进行位置检测。

寻道速度主要取决于速度控制，定位精度主要取决于位置控制。采用伺服方式后，可使道密度进一步提高。

5. 寻址过程

(1) 磁盘地址

主机向磁盘控制器送出有关寻址信息，磁盘地址一般表示为：驱动器号、圆柱面(磁道)号、记录面(磁头)号、扇区号。

一台主机可以连接几台磁盘驱动器，所以需送出驱动器号或台号。访问磁盘常以文件为单位，如果连续存放，则寻址信息一般给出起始扇区所在的圆柱面号与记录面号(这就确定了具体磁道)、起始扇区号，并给出扇区数(交换量)。如果各扇区不连续，则需参照扇区映射表，以扇区为单位分别送出寻址信息。

(2) 定位(寻道)

首先将磁头移至 0 号磁道,称为重定标,然后由磁头定位机构将磁头移至目的磁道。所需的寻道时间,既取决于定位机构的运动速度,还取决于磁头当前所在磁道与目的磁道之间的距离。因此,对于用户的每一次访问,寻道时间是一个不定值。而对于一台驱动器的定位速度指标,可以有 3 种方法表示:最大寻道时间(从最外圈的 0 号磁道移到最内圈磁道所需时间),道间寻道时间(移到相邻磁道)及平均寻道时间。最常使用的是平均寻道时间。

(3) 寻找起始扇区

当磁头定位到指定磁道上之后,所需寻找的起始扇区并不一定正好经过磁头下方,因此可能需要一段等待时间,这个时间称为旋转等待时间。对于用户的每一次访问,这个时间也是一个不定值。对磁盘驱动器来说,常用平均等待时间来衡量,这个指标与盘片转速相关,它是盘片旋转半周的时间,即最长等待时间的一半。

6. 硬盘控制逻辑

图 8-22 给出了完整的硬盘控制逻辑。如前所述,磁盘子系统的硬件组成常分为适配卡及驱动器,那么哪些部分安置在适配卡上,哪些部分又放在驱动器中呢?这里有几种不同的制造标准,图 8-22 粗略地表示出它们的划分方法。

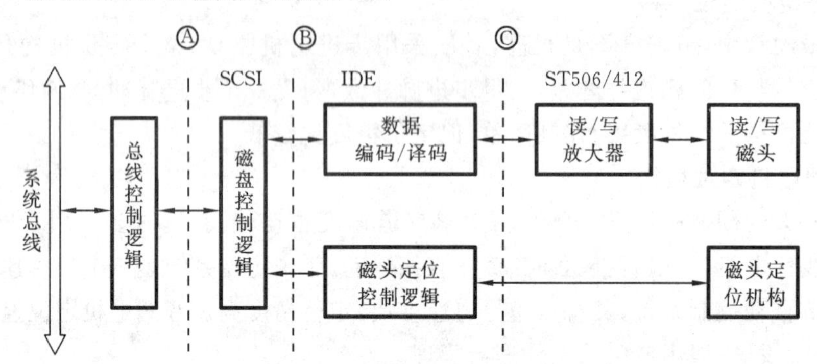

图 8-22 硬盘控制功能划分

(1) 按 ST506/412 标准划分

在早期的微机系统中,广泛采用 ST506/412 标准来约定适配卡与驱动器之间的界面。将读/写放大器、定位机构驱动电路、主轴电机驱动电路、0 道检测、索引脉冲电路等安放在驱动器中,而其他的复杂控制逻辑,如磁盘操作控制、编码/译码器、磁头定位控制逻辑等,连同总线接口逻辑一起放在适配卡中。这种结构模式的优点是驱动器结构比较简单,适配卡可由专门的磁盘控制芯片来完成大部分功能,还可由一块适配卡带多台驱动器,使系统造价较低。但 ST506/412 标准限定驱动器只能采用步进电机驱动的定位方式与 MFM 制记录方式,不利于新技术的应用。

(2) 按 IDE 标准划分

目前,高档 PC 机大多采用 IDE 标准。将数据的编码/译码电路放到驱动器中,允许驱动器采用不同的磁记录方式,以提高位密度,并易于实现更高的数据传送率,减少数据传输时的出错概率。此外,将磁头定位控制逻辑也放在驱动器中,允许驱动器采用音圈电机伺服定位方式,从而可以大幅度提高磁道密度。

(3) 按SCSI标准划分

在SCSI智能设备接口标准中，进一步将所有的硬盘控制逻辑，包括数据缓存、DMA控制逻辑等，全放在驱动器中，适配卡就只剩下通用接口逻辑。于是设备本身就比较完整，内部可采用微处理器或专用控制芯片，带有控制程序，功能完善并灵活，因而也称为智能硬盘。按SCSI标准设计的接口是一种通用接口，不仅可用来连接磁盘，还可连接磁带机、打印机等多种带有智能控制器的智能外围设备。

7. 磁盘存储器参数的计算

例8.1 设有一个盘面直径为18英寸的磁盘组，有20个记录面，每面有5英寸的区域用于记录信息，记录密度为100TPI和1000bpi，转速为2400 r/min，道间移动时间为0.2 ms，试计算该盘组的容量、数据传送率和平均存取时间。

解 每一记录面的磁道数为

$$T = 5 \times 100 = 500 \text{道}$$

最内圈磁道的周长为

$$L = \pi \times (18 - 2 \times 5)\text{in} = 25.12 \text{ in}$$

该盘组的存储容量(非格式化容量)为

$$C = 1000 \times 25.12 \times 500 \times 20 \text{ b} = 251.2 \times 10^6 \text{ b}$$

磁盘旋转一圈的时间为

$$t = (1/2400 \times 60 \times 10^3)\text{ms} = 25 \text{ ms}$$

数据传输速率为

$$\begin{aligned} Dr &= \text{每一道的容量} / \text{旋转一圈的时间} = 25.12 \times 10^3 \text{b}/25 \text{ ms} \\ &= 1.0048 \times 10^6 \text{b/s} = 0.1256 \times 10^6 \text{b/s} = 0.1256 \text{ MB/s} \end{aligned}$$

平均存取时间为

$$Tz = [(0 + 0.2 \times 499)/2 + (0 + 25)/2]\text{ms} \approx 60 \text{ ms}$$

从上面的计算中我们看到

$$\text{非格式化容量} = \text{最大位密度} \times \text{最内圈磁道周长} \times \text{总磁道数}$$

新的磁盘在使用之前需先进行格式化，格式化实际上就是在磁盘上划分记录区，写入各种标志信息和地址信息，这些信息占用了磁盘的存储空间，故格式化之后的磁盘有效存储容量要小于非格式化容量。它的计算公式为

$$\text{格式化容量} = \text{每道扇区数} \times \text{扇区容量} \times \text{总磁道数}$$

8. 磁盘阵列RAID

在过去的十年间，计算机CPU的速度增长了大约1000倍，而传统的介质存储密度仅增长了约10倍，高速的处理器与低速I/O之间的矛盾十分突出。能否找到速度更快、容量更大、工作更可靠的存储设备呢？廉价冗余磁盘阵列RAID(Redundant Array of Inexpensive Disk)便是十分有效的技术之一。

RAID是一种将几台、几十台硬磁盘机有机地排列在一起，由一台阵列控制器统一管理，组成一个完整的逻辑部件以实现数据的异步并行存取，从而成倍地提高数据传输率的技术。RAID改变了构成大容量存取系统的方法，提供了一种快速存取数据的途径，是提高系统带宽的有效措施之一。RAID吸收了并行计算机系统的许多成功经验，通过硬件的并行结构和并

发操作来提高系统的响应速度。

(1) RAID 的特点

作为磁盘应用技术的一次创新,RAID 具有如下几个特点。

① 存储容量大。RAID 使单个小容量的磁盘驱动器体现了新的价值。通过 N 台磁盘驱动器,可获得 N 倍大的系统存储容量,从而使较小容量的磁盘可满足高速、大容量信息系统的要求。

② 数据传输速率快。由于系统可对多台硬盘并行存取,可有数倍于单台磁盘驱动器的速度。另外,RAID 系统多设有 Cache,容量从 256KB 到 64MB 以至 256MB 不等,因而能最大限度地优化系统性能,提高传输速率。而且 RAID 系统中的每一种设备都可有独立的接口协议逻辑和设备控制逻辑,可与多台主机连接,这样能充分发挥系统的高数据传输速率。例如,若单台磁盘传输速率为 200KB/s,当有 5 台磁盘时,系统传输速率可达 200KB/s×5×0.95=7.6MB/s。现在,有的系统已达到 144MB/s 以至更高的传输速率。

③ 可靠性高。检错和修复磁盘错误的能力直接影响磁盘容量的利用率和传输速率等性能指标。因此,RAID 系统的设计重点是容错。RAID 不但采用了各种检测和校正错误的纠错编码技术,有的还含有热备份替用盘,能在热备份盘上重构丢失的数据。正因为如此,RAID 系统的可靠性更高。例如 RAID1 系统的平均寿命是单台磁盘的 1.5 倍。若单台磁盘的平均无故障工作时间(MTBF)为 15 万小时,约合 17 年,换算成一年的故障率约为 6%,即在使用 100 台硬盘驱动器的环境中,一年中平均 6 台出故障。若构成 RAID 系统,则 MTBF 可高达 5000 年,可见可靠性大大提高。

④ 维修方便。由于 RAID 系统一般均有热备份磁盘,系统中有一台磁盘机失效,可自动在热备份盘上重构失效磁盘上存储的数据。维护人员可在系统不停止工作的情况下更换失效磁盘。因此,系统的平均修复时间(MTTR)能大大缩短。

(2) RAID 的分类

目前,RAID 主要应用于两种类型的快速存取:一是超级计算机和其他计算密集系统,要求快速传输大数据块;二是大容量的事务处理系统,要求快速的数据传输速率,以支持极大数量的短数据块传输。为满足和适应不同场合的要求,RAID 可分为 10 级,目前已应用到 RAID7。不同 RAID 级反映出不同的设计结构,每种 RAID 结构都有其自身独特的优势,也有其不足。

① RAID0。由于它没有冗余校验的容错特性,故一般不能算作是 RAID 家族的真正成员,其应用也较少。对于 RAID0,用户和系统的数据被分割成数据块,并行存储在阵列中的各个磁盘上。如果两个不同的 I/O 请求交换的是不同物理盘上的数据块,则此两个交换可以并行操作,从而提高了系统的存取速度。但若阵列中有一块磁盘损坏,则将造成不可弥补的信息损失。阵列管理软件完成逻辑盘和物理盘之间的映射变换,它既可由磁盘子系统也可由主计算机执行。

② RAID1。它采用两路独立且平行的信息存储结构,每个数据块均复制于镜像磁盘上。镜像盘是改善磁盘可靠性的传统方法。所谓磁盘镜像就是将同一个通道上两个磁盘驱动器配对在一起,将数据同时写到主磁盘和镜像磁盘上,为一个相同的数据块提供两个地址。当有一个磁盘发生故障时,与之配对的另一个盘可继续读、写,数据不会丢失,这样既提高了数据的有效性,又能在磁盘出错时提供冗余容错功能。因此,该方法很适合于关键数据的存储。镜像操作可与 I/O 操作重叠进行。当然,这种方式的缺点显而易见:有效容量只有总容量的一半,增

加了单位容量的成本。

RAID0+1将RAID0的速度与RAID1的冗余特性结合起来，既可提供数据分段，又能提供镜像功能。

③ RAID2。该级又称为并行处理阵列，它采用类似于主存储器的并行交叉存取和冗余纠错技术，将数据按位交叉写到几个磁盘的相同位置，并采用足够多的校验盘以存储海明校验位，从而达到检测与纠正错误的目的。它虽不像RAID1那样需要那么多的镜像盘，但校验盘所占比重仍不算小。因此它也是较为昂贵的结构，通常多用于巨型机。另外，由于数据的读、写必须同时对所有磁盘操作，即便是较小的文件传输也要等最慢的磁盘完成动作，整个传输才算完成，这当然要影响到数据传输速率。

④ RAID3。它与RAID2很相似，不过仅仅使用一台校验磁盘，而数据则按位交叉写到阵列中的其他磁盘上。校验盘设置的是奇偶校验，故只能在检测错误以后，再通过控制器来确定包含出错的驱动器。由于数据是按位交叉存储的，要实现并行传送，要求各磁盘驱动器主轴同步。与RAID2类似，RAID3由于各驱动器主轴同步运行，每次数据读、写都要对同一组内的磁盘同时存取，因此一个时刻只能处理一件I/O事务，并要等到最慢的磁盘完成动作后，整个事务才告完成。主轴同步磁盘也较为昂贵，限制了可供选择的磁盘驱动器种类。它与RAID2相比，校验盘仅一个，冗余开销较少，从而使RAID3可靠性冗余度的成本大大降低。这种结构具有较高的传输速率，多用于巨型机和要求高带宽的应用程序存储中。

⑤ RAID4。该结构的每个驱动器都有各自的数据通路独立进行读、写，因此是一种独立传送的磁盘阵列。它也是采用一台校验盘，但它是以扇区(Sector)为单位进行数据交叉读、写。这种结构明显地改善了小块的读、写特性，但每次I/O操作都需访问校验盘，故校验盘便成了I/O操作的瓶颈。为了生成奇偶校验信息，写操作必须访问阵列中的所有磁盘，而读—修改—写序列操作的性能也无法改善。尽管如此，因RAID4的校验运算比RAID3简单，读操作不必访问阵列中的所有磁盘，故传输速率比RAID3快。这种结构主要用于事务处理和小量的数据传输。

⑥ RAID5。它不设立专门的校验磁盘，校验信息以螺旋(Spiral)方式写在所有的数据盘上，因而较好地解决了校验盘成为I/O瓶颈的问题。这种将校验信息分散存储的结构既提高了读、写效率，也增大了阵列中用于存储的磁盘空间。但它追踪校验信息的位置较难，且校验信息占用总的存储容量较大。对于不同的读操作，阵列中每个驱动器磁头都能独立响应操作；但在写操作时，必须将两个驱动器磁头锁住后同步并行动作，因而影响了写的速度，但写性能比RAID4要好；而且对于多个小块的读/写请求，并行度较高。这种结构主要用于事务处理和小数据量的传输。在前述几种结构中，RAID5是解决事务处理和密集型计算应用的最佳方案。

⑦ RAID6。这是一个强化的RAID产品结构。阵列中设置一个专用校验盘，它具有独立的数据存取和控制路径，可经由独立的异步校验总线、高速缓存总线(Cache Bus)或扩展总线来完成快速存取的传输操作。RAID6在校验盘上使用异步技术读、写，这种异步仅限于校验盘，而对阵列中的数据盘和面向主机的I/O传输仍与以前的RAID结构雷同，即采用的是同步操作技术。仅此校验异步存取，加上Cache存取传输，RAID6的性能就比RAID5要好。

⑧ RAID7。由美国Storage Computer公司推出的RAID7是基于RAID技术而又有所突破的一种容错磁盘阵列。它的主要特点是硬件异步设计和内嵌操作系统。与其他RAID相比，RAID7有以下的显著不同，一是拥有自己独立的CPU，摒弃了传统RAID基于控制器的

模式,采用独特的基于计算机的存储系统结构。这样,它与主机的连接就不再是存储系统与主机的连接,而是计算机与计算机之间的分布式结构。二是I/O通道是异步操作,即从RAID7的角度看,阵列中的所有数据盘、校验盘及主机接口都拥有独立的控制和数据存取通道,都有自己的Cache。因此,阵列中各驱动器不必同步操作。三是在设备层次及数据总线的使用上是异步的。RAID7的各驱动器及主机接口都接在一条高速缓存(Central Cache)上。这种双Cache结构和全异步操作,使其存取性能大大提高。四是内嵌操作系统是异步运行。面向进程的实时操作系统可独立于主机来独立管理阵列中数据盘和校验盘,从而完成所有的异步I/O传送。

8.5.3 软盘存储器

软盘存储器(FDD)是应用广泛的存储设备,与其他存储器比较,它具有以下特点,一是软盘吸取磁带加工技术,介质采用平涂工艺,便于大规模生产,与硬盘相比,它成本低、价格廉。二是FDD中磁头与介质是接触式读、写,与浮动式磁头的HDD相比,FDD结构简单,价格便宜。三是软盘及其驱动器体积小,重量轻。一台3.5英寸的FDD重600g,可安装于各类微机甚至便携式计算机中,盘片携带很方便。四是可脱机存储且互换性好。五是重写性好,寿命长,记录的数据可长期保存。

1. 软盘

在75～80 μm厚的圆形聚酯薄膜片基上涂覆2.5～3 μm厚不定向γ-Fe_2O_3磁层,便形成软盘。为防灰尘,避免机械损伤并保护记录的数据,软盘片均封装在聚氯乙烯制成的封套内。

软盘按其直径分有8、5.25、3.5和2.5英寸多种。常规封装的8英寸和5.25英寸软盘已经被淘汰,3.5英寸软盘是当前主流。

按记录密度分类,有单密度SD(Single Density)、倍密度DD(Double Density)和高密度HD(High Density)之分。单密度和倍密度已经被淘汰,目前常用的是高密度记录方式。

传统的3.5英寸软盘容量为1.44MB和2.88MB。Iomega公司最新式的3.5英寸Zip软驱容量高达100MB,而另一种LS—120软驱容量达120MB,它们将是现有软驱的替代产品。为保护软盘上的数据,一般均设有写保护装置。常规封装3.5英寸软盘是在封套的左下角有一个方形孔作为写保护,当方孔被滑键挡住后,写保护不起作用,可向软盘写入。若方孔未被滑键挡住,可使写保护起作用,即不能写入。

2. 记录格式

软盘数据寻址方式与硬盘相同,亦按盘面、磁道和扇区组织划分。

软盘正面是0面,反面是1面。最外圈是0道,向内依次为1,2,…道。为简化存取,各道容量均相同,当然内道的密度大于外道。其他条件相同时,外道的可靠性高于内道,故往往将重要数据如启动机器的系统软件记录于0道。

软盘一般采用软分区法格式化,未经格式化的软盘不能写入文件。软盘在不同应用场合,记录格式多有区别,不同形式当然也不相容。为满足不同用户需要,盘片出厂时一般未格式化,而由用户自己划分。软盘进行格式化后各项指标如表8-4所示。

表 8-4 软盘格式化后各项指标

软盘类型	盘面数	磁道数	扇区数	字节数/扇区	盘片容量
5″DD	2	40	9	512	360KB
5″HD	2	80	15	512	1.22MB
3″DD	2	40	18	512	720KB
3″HD	2	80	18	512	1.4MB
3″2HD	2	160	18	512	2.88MB
	2				20MB

软盘的格式化容量可按下式计算，即

$$C = (字节数 / 扇区) \times 扇区数 \times 磁道数 \times 面数 \div 1024\ KB$$

3. 软盘驱动器(FDD)

如图 8-23 所示，FDD 主要由盘片定位驱动机构、磁头定位驱动机构和磁头加载机构组成。

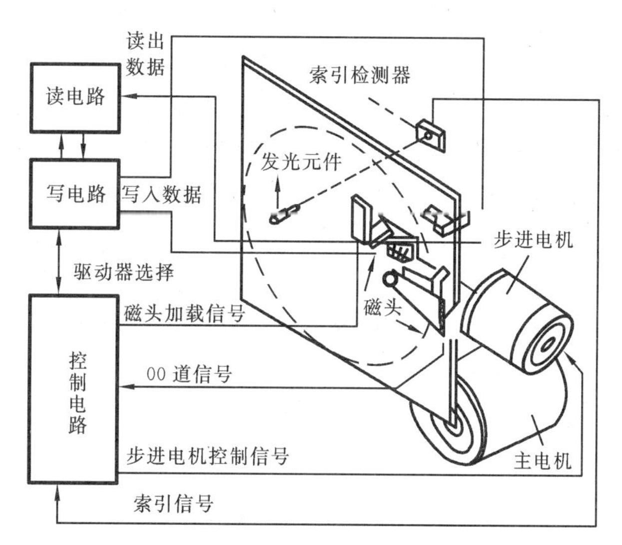

图 8-23 FDD 结构示意

(1) 盘片定位驱动机构

软盘插入时，能将之准确定位于主轴中心位置，主轴带动盘片旋转，并使头面相对运动的轨迹在每条磁道上重合，这就是盘片定位驱动机构的功能。它由盘片引导、加载装卡、主轴驱动和弹射取出等部件构成。

主轴转速为 360r/min，一般均采用无刷直流电机直接驱动。有的 FDD 采用皮带传动方式驱动，将 1800r/min 直流电机减速，这种方式不但尺寸大，而且皮带的松动与抖动均影响正确读、写，故较少采用。

(2) 磁头定位驱动机构

与 HDD 类似，FDD 的磁头定位可用步进电机或音圈电机驱动。因道密度较低，多采用步进电机开环控制。传动方式可采用丝杆或钢带，尤以钢带传动为多。

(3) 加载机构

FDD不工作时,头、面应相互脱离,仅当接到软盘控制器的命令才使二者接触,此过程称为磁头加载。当加载信号控制继电器动作时(可听到触点的吸合声),加载臂上的软垫把盘片压向磁头,使二者接触,以便进行读/写操作。也有的FDD无加载机构,通过板下手柄使头、面接触,手柄打开,两者脱离。

4. 软盘控制器(FDC)

FDD和FDC一起构成可以存取信息的软盘存储器。它们和主机组成一个整体——软盘子系统。如图8-24所示,FDC主要由控制芯片及接口电路组成。

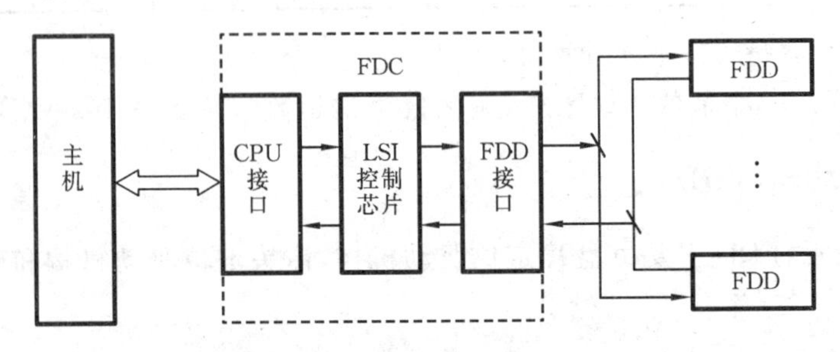

图 8-24 软盘控制器框图

CPU接口是FDC与主机联系的电路,它包括数据总线的驱动与控制电路、地址译码器及设备寄存器。LSI控制芯片是FDC的核心,含有中断控制和DMA控制逻辑,以及用来存放数据、命令和状态的有关寄存器等。FDD接口含有驱动电路、延时和数据分离电路等。FDC的主要功能是初始化、寻道、地址检测及读/写数据。

(1) 软盘初始化

软盘初始化,就是按照记录格式对软盘划分扇区,留出各种间隙并写入各种地址标志。当CPU不能正确找到扇区地址,或需重新划分每个磁道的扇区数时,可将软盘重新初始化。初始化采用软分区法划分扇区,虽有单密度、倍密度、高密度、单面和双面以及盘径大小之别,但其电路均大同小异。

(2) 寻道

寻道指将磁头移动到目标磁道或返回到00道。CPU首先将目标磁道号送往相应的寄存器中,与上次寻道结束时存放在现行磁道号寄存器中内容比较,以决定磁头往内道方向步进还是向00道方向运动。当磁头运动结束后需校验时,可转入地址检测。

(3) 地址检测

检测是否有扇区地址标志,读取扇区地址并进行CRC校验;将读出的扇区地址与CPU送来的目标地址比较,以检验寻址的正确性。当发现有错误时,将FDC中相应状态寄存器置位供CPU读出并进行错误分析处理。

(4) 读/写数据

若为读出,则先检测数据标志,将数据字段的内容读出进行CRC校验并送往主机的内存;若为写入,则将内存数据写入到软盘中的一个或多个扇区中。若写入数据字节数小于记录长度,其余字节可写“0”,最后需产生CRC校验码并将其写入。

8.6 光盘存储器

光盘(Optical Disk)是采用光学方式进行读/写信息的圆盘。光盘存储器是在激光视频唱片和数字音频唱片的基础上发展起来的。应用激光在某种介质上写入信息,然后再利用激光读出信息,这种技术叫光存储技术。如果光存储使用的介质是磁性材料,即利用激光在磁记录介质上存储信息,就称做磁光存储。

通常将采用非磁性介质进行光存储的技术称为第一代光存储技术,它不能将内容抹掉重写新内容。磁光存储技术是在光存储技术基础上发展的,叫做第二代光存储技术,其主要特点是可擦、可重写。

光盘存储器的主要特点是:存储容量大,价格低廉,而且存放信息的光盘可从光盘存储器中取出,可单独长期保存。因此目前计算机系统中大都配置了光盘驱动器(常称为光驱)这种设备。

8.6.1 光盘存储器的类型

光盘是一种平面圆盘状存储介质,数据一般以螺旋线的光道形式记录存储。光盘存储器按读、写特性可分为只读型、一次写入型、可擦写型三类。

1. 只读型光盘

只读型光盘(CD-ROM,Compact Disk Read Only Memory)是最早实用化,也是目前使用最广泛的一种光盘。这种光盘盘片上的信息是由生产厂家预先写入的,用户只能读取盘上的信息。由于CD-ROM存储容量极大,一张盘片大约可存放650MB信息,因此常用它来存放音乐、视频节目、系统软件、应用软件或大型数据库信息。

2. 一次写入型光盘

一次写入型光盘(WORM, Write Once and Read Many)与半导体PROM类似,可由用户一次性写入信息,写入的信息将永久保存在光盘上,以后只能读出。若要再次写入,则只能写到盘片上的空白记录区,故又称为追加型光盘。它主要用于保存永久性资料信息。

3. 可擦写型光盘

可擦写型光盘是近几年才出现的。它利用磁光效应来存取信息,即采用特殊的磁性薄膜作记录介质,用激光来记录、再现和擦除信息。因此,又称为磁光盘。

磁光盘的出现解决了光盘存储信息不可擦除的局限,扩大了光盘的功能。

另外,还有一种利用激光的热和光效应导致介质产生在晶态与玻璃态之间的可逆相变来实现读、写、擦的光盘,用这种结构相变介质制成的光盘称为相变光盘。

8.6.2 光盘存储器的技术指标

1. 数据传输速率

该指标直接决定了光驱的数据传输速率,通常以 KB/s 来计算。最早出现的 CD-ROM 其数据传输速率只有 150KB/s,当时有关国际组织将该速率定为单速,随后出现的光驱速度与单速标准是一个倍率关系,例如,2 倍速的光驱,其数据传输速率为 300KB/s,4 倍速为 600KB/s,8 倍速为 1200KB/s,12 倍速时传输速率已达到 1800KB/s……以此类推。

2. 平均读取时间

平均读取时间也称为平均查找时间(Average Seek Time)。它是衡量光驱性能的一个标准,它的定义是:从检测光头定位到开始读盘这个过程所需要的时间,单位是 ms。该参数与数据传输速率有关。数据传输速率相同的光驱,平均读取时间可能有很大差别。但无论是什么样的光驱,该指标当然是越小越好。

3. 高速缓存

它通常用 Cache 表示,也用 Buffer Memory 表示。它的容量大小直接影响光驱的运行速度。Cache 的作用就是提供一个数据缓冲区,它先将读出的数据暂存起来,然后一次性进行传送,目的是解决光驱速度与传输速率之间不匹配问题。

4. 接口类型

光驱常见的接口类型有两种,一类是 EIDE(增强型 IDE)接口,另一类是 SCSI 接口。早期还有一种声卡接口型,如今已被淘汰。接口类型对光驱工作速度也会产生一定影响,这与硬盘情况非常相似。

5. CLV 技术

CLV(Constant Linear Velocity,恒定线速度)是 12 倍速以下光驱普遍采用的一种技术。CLV 技术特点是读取光盘内圈时加快转速,可以保证在读取盘片内、外圈时有大致相同的传输速率。不过现在的光驱转动速度通常和硬盘相差不多,一般在 7200r/min 以上。而在如此快的旋转下,读取内、外圈时经常改变电机转速,那光驱没几天就要报废了。因此,线速度 CLV 技术已经无法适应现代高倍速 CD-ROM 驱动器。

6. CAV 技术

CAV(Constant Angular Velocity,恒定角速度)是 20 倍速以上光驱常用的一种技术。CAV 技术的特点是即无论激光头读取光盘外圈还是内圈,电机都以相同的速度旋转。光盘内圈的周长无论任何时候都会小于外圈,而为保持旋转速度恒定,其数据传输速率是可变的,即检测激光头读取盘片内道与外道数据时,数据传输速率会随之变化。例如,一个 20 倍速光驱,在内道时可能只有 10 倍速,随着向外道移动,数据传输速率逐渐加大,直至在最外道时可达到 20 倍速。高倍速产品的传输速率都是指最高时所能达到的传输速率。这样的光驱只有在读光盘外圈时才基本达到其标称速度。我们知道,大部分光盘是没有刻满数据的,如果遇到只在内圈有数据的盘片时,使用恒定角速度技术的光驱速度会比标称值低得多。

7. PCAV 技术

PCAV(Partial CAV,区域恒定角速度)是融合 CLV 和 CAV 两者精华形成的一种技术。该技术主要特点是:当激光头读盘片的内圈数据时,旋转速度保持不变,而是大幅增加数据传输速率;当激光头读取外圈数据时,逐渐增加旋转速度。使在部分区域内保持旋转速度不变这样一个设想变成现实。24 倍速以上CD-ROM大多采用此种技术。

8.6.3 光盘的记录介质

光盘盘片主要由基片、存储介质和密封保护层组成。

1. 基片

基片直径尺寸有 12 英寸(300mm)、8 英寸(200mm)、5.25 英寸(130mm)、4.75英寸(120mm)和 3.5 英寸(90mm)等多种,厚度通常为 1.1～1.5mm 左右。目前常用的为 4.75 英寸。

基片材料有聚甲基丙烯酸甲酯(PMMA)、聚碳酸酯、硼硅酸玻璃和二氧化硅等。PMMA是一种耐热的有机玻璃,热传导率低,用于记录信息的激光功率小,应用较为普遍。基片材料要求有较好的强度、平直度以及较好的光学特性与介质附着力。

2. 存储介质

光盘存储介质依其工作原理可分为形变型、相变型和磁光型 3 类。前者仅用于只读型光盘,后两者可用于一次写入型和可擦写型光盘。

形变型介质在激光束照射下发生永久性变形,而变形的方式可以是凹坑型、发泡型和热平滑型等。凹坑型是最常见的一种,它一般采用有机染料苏丹黑 B。这种材料对激光有良好的吸收能力,有较好的灵敏度,便于用涂布工艺连续制造,易形成大面积均匀介质。

相变型介质要求在晶态与非晶态时光学性能有明显的差异。例如,锑硒(Sb-Se)化合物和碲的低氧化物 TeO_x($x \approx 1.1$)等,在激光照射下可实现从非晶态至晶态的转换。在不同状态下对入射光有不同的反射率,如非晶态反射率约为 10%,晶态时反射率可提高至 30%左右。但上述转换是不可逆的,故只能用于一次写入型光盘。

在一次写入晶态转换型介质中增加一些元素,如在 TeO_x 中添加 Sn、Ge,只要激光加热过程的温度与时间适宜,就可实现状态间的相互转换。这种可逆性的特点正好满足可改写型光盘存储介质的要求。

磁光型介质是由各向异性磁性材料制成,其易磁化方向垂直于盘片表面。目前这类材料有 3 种:一是锰铋系晶体,如 MnBi/MnCuBi 等;二是柘榴石系单晶,如 $TbFeO_3$ 等;三是稀土类铁系非晶体,如 TbFe、GdFe 和 GdCo 等。

3. 保护层

保护层的作用是使存储介质免受水蒸气等的侵蚀,减少灰尘、指印和划痕等对读出的影响。通常的方法是在介质表面直接覆盖一层厚度约 200μm 的透明聚合物;也有将基片与保护层功能合一,通过垫环将两张基片与介质粘结成一个空腔,腔内充以惰性气体,使介质与大气隔绝从而达到保护的目的。

8.6.4 只读型光盘存储器的工作原理

只读型光盘存储器由两部分组成:只读光盘驱动器(简称光驱)和 CD-ROM 光盘片,只读光驱用连线接在 SCSI 接口或 IDE 接口,以及 EIDE 接口上。用户的光盘片插入光驱内即可读出数据。

1. 只读光盘

只读光盘片上的信息一般是由厂家用某种生产工艺制成的。光盘片是一张直径为 4.75 英寸(120mm)的圆形塑料(玻璃)片,盘面上的信息是由一系列宽度为 0.3～0.6μm、深度约为 0.12μm 的凹坑组成,凹坑以螺旋线的形式分布在盘面上,有坑为 1,无坑为 0。由于凹坑非常微小,约为 $1\mu m^2$,其线密度一般为 10^3B/mm,道密度为 600～700 道/mm,一张 4.75 英寸的光盘上可存放 680MB 信息。

为了在一张塑料(玻璃)片上刻上凹坑,生产厂家一般是在厚约 0.5mm 的塑料片上涂有约 0.12μm 厚的光敏材料膜,用经调制的一束激光照射光敏膜,曝光的地方被吸收,局部地改变了光敏薄膜的性能,然后用化学溶液处理光敏膜,曝过光的光敏膜被溶解,在表面形成凹坑。要在光敏膜上刻录出小坑(信息元),需要一定功率的激光持续照射一段时间才能实现,例如当对 7MHz 视频载波实时刻录时,刻录一个信息元,需要一束直径小于 1μm,功率在 25mW 的激光照射(曝光)70ns 时间。只读光盘刻录原理如图 8-25 所示。

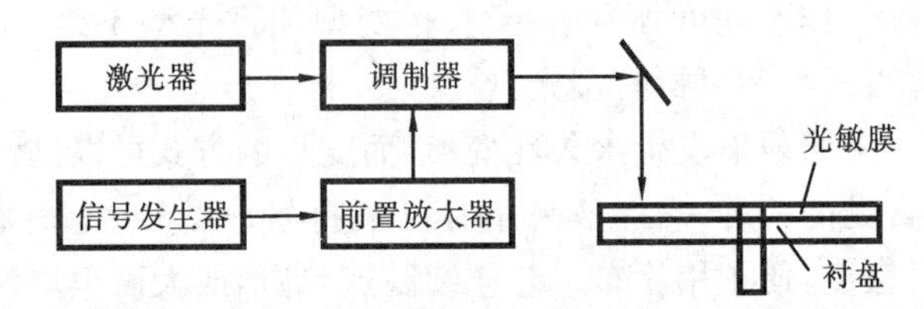

图 8-25 只读光盘刻录原理

盘面刻录上信息后,还要镀上一层高反射性能的银,以便在读信息时,盘表面对读出激光有好的反射性能。为了使盘面抗污染力强,再注塑一层薄薄的透明物,这样将记录介质密封,不与外界接触,可防止灰尘划伤凹坑。

一般信息的原始存储介质是磁盘,为了大量复制光盘,最好先制一个"母盘",再用"母盘"快速大量地复制用户光盘。母盘的刻录原理同上述原理一样,只是图 8-25 所示的信号发生器是存放原始信息的磁盘而不是"母盘"。这样磁盘上的原始信息就复制到了母盘上。

厂家生产只读光盘的过程是:先制母盘,再刻录、喷镀、注塑,形成用户只读光盘。

2. 只读光盘驱动器

只读光盘驱动器主要由光学读出部分和控制电路部分组成。

(1) 光学读出部分

光学读出部分是光驱的核心部件，主要由四部分组成，如图8-26所示。

① 激光器准直部分。其功能是把半导体激光器发出的分散椭圆光整形成圆形的平行光束。

② 分束部件(分光镜)。它由一块或两块分束棱镜组成，其功能是把光盘反射回来的激光束分到读出信号检测器中去。

③ 聚焦物镜。其功能是把平行的激光束在介质表面上聚焦成一个亚微米级的光束，以便读、写、擦去盘上信息。

④ 读出检测器。它主要由一个或多个光电探测器和一些辅助光学元件组成，用来检测盘上记录信息读出信号及聚焦误差信号。

光学读出部分又称光学头。

光学头的形式有两种：一种是整体形式，即将上述4部分组合在一起；另一种是分离形式，将光学头分为运动部分和固定部分。整体形光学头一般用于只读光盘和一次写入型光盘，分离型光学头一般用于磁光型光盘。

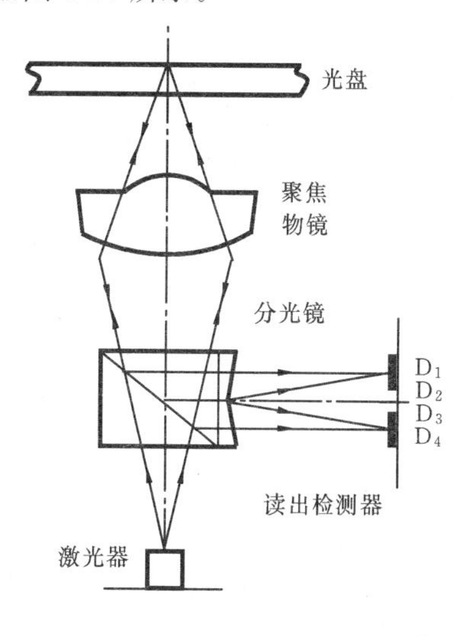

图 8-26 光学读出部分基本原理

(2) 控制电路部分

控制电路部分由主轴恒线速度控制逻辑、光盘自动加载控制逻辑、光点调焦控制逻辑、激光读/写功率控制逻辑等部件组成。它配合光学头完成光盘信号的读出工作。

光盘插入光驱后，光盘自动加载控制逻辑将光盘定位，主轴以恒定线速度控制光盘旋转，驱动电路推动激光器到光盘的目标地址处，激光器发出激光束透过分光镜、物镜射向光盘。当激光束扫到光盘表面的凹坑时反射光透过物镜从分光镜折射到检测器(D1～D4)上，根据D1～D4组合值可分辨出是"1"，相反，当激光扫到非凹抗时，反射到检测器上的值为"0"。由于光盘以恒定线速度运转，且以时间为地址，这样随着光盘的转动，连续地发射激光就可从光盘上读出一连串的信息。

8.6.5 一次写入型光盘

一次写入型光盘的信息存储原理同只读光盘基本一样。但一次写入型光盘给用户提供了一次写入信息的机会。只读型光盘存储原理过于烦琐，不适合应用于一次写入型光盘中。在一次写入型光盘中，一般是涂抹一层用激光就可以改变其反光特性的特殊材料，即使用有机染料作为记录层的主要材料。由于颜色的不同而相对应的盘片被分别称为金盘、蓝盘和绿盘。一次写入型刻录的激光束功率要比只读光盘刻录的激光功率大。

一次写入型光盘有两个基本操作，即一次写入和读出。这样，一次写入型光盘驱动器相应也有两套逻辑电路，即刻录和读出电路，比只读光驱多了一套刻录电路，如图8-27所示。

图中激光器产生的光束经分离器分离后，其中90%的光束用作刻录光束，10%的光束作为读出光束。刻录光束经调制器，由聚焦系统向光盘刻录信息。读出光束经几个反射镜射到光盘盘片，读出光信号再经光敏二极管输出。

写入时，被调制信号送入调制器，调制后的光束由跟踪反射镜反射至聚焦系统，再射向光

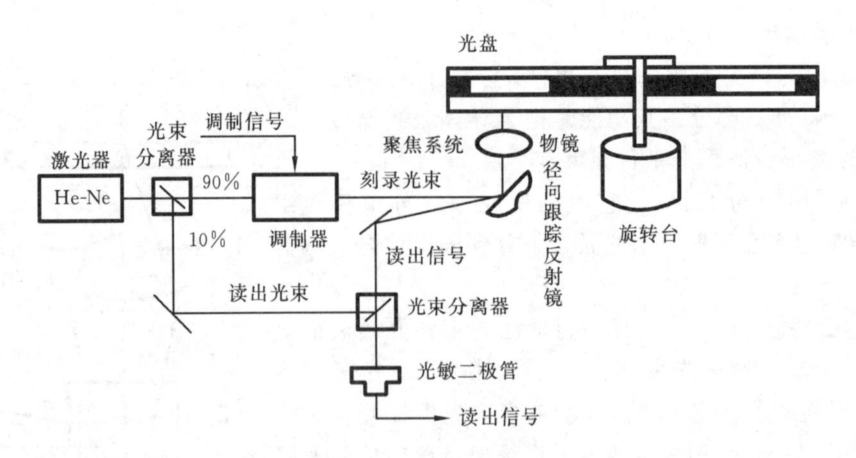

图 8-27　写一次性光盘光学系统示意图

盘,在光盘记录介质上刻录信息。

读出时,写入光束不起作用。小功率(数 mW)的读出光束经分离器将光盘反射器的读出光信号导入光电探测器,再由光电探测器来输出电信号。

8.6.6　磁光盘存储器

磁光盘是一种可擦写型光盘。它用磁性薄膜作为记录介质,磁性薄膜在室温下磁性很大,但在室温以上时,磁性随温度升高很快减小。

(1) 写入过程

写入前,用一高强度的磁场对介质进行初始磁化,使磁畴单元均具有相同的磁化方向。写入时,磁光读/写头的脉冲使激光聚焦在介质表面,被照射点因升温而迅速退磁,此时,通过读/写头中的线圈加一反偏磁场,使照射点反向磁化,而介质中无光照的相邻磁畴磁化方向仍保持不变,从而可实现与磁化方向相反的反差记录。

(2) 读出过程

1877 年克尔(Kerr)发现,若用直线偏振光扫描录有信息的信道,则激光束到达磁化方向向上的磁畴单元时,反射光的偏振方向会绕反射线右旋一个角度 Q_k,反之,激光束扫到磁化方向向下的磁畴单元时,反射光的偏振方向则左旋一个角度 Q_k。利用克尔效应检测盘面记录单元的磁化方向即可将信息读出。

(3) 擦除过程

用原来的写入光束扫描信息道,并施加与初始磁场方向相同的偏置磁场,则各单元的磁化方向将复原。由于翻转磁畴磁化方向的速度有限,故磁光盘需两次动作才能完成信息的写入,即第一次擦除,第二次写入新信息。

8.6.7　光盘和磁盘的比较

光盘和磁盘相比较,有如下一些特点。

① 光盘的优点是非接触方式读/写信息,比磁盘的头、盘间隙大 1 万倍左右,从而提高了光盘的耐用性及使用寿命。

② 光盘的记录密度高，存储容量大，为磁盘的数十倍到一百倍。但取数时间慢于磁盘，其读/写速度只有磁盘的几分之一，一般为 400～800kb/s。

③ 光盘的盘片易于更换，可做成自动换盘装置。

④ 光盘的原始误码率很高，一般均在 10^{-6} 以上，因此必须采取有效的误码校正措施。

8.7　通信与网络设备

在一个计算机系统中，要实现主机同远距离的设备、主机同其他计算机以及主机与计算机网络的通信，需要用到通信设备与网络设备。常用的通信设备有调制解调器，常用的网络设备有网卡、集线器、网桥、路由器以及交换机等。

8.7.1　调制解调器

调制解调器（Modem）是用于转换数字信号与模拟信号的设备，它能使计算机中的数字信号在电话线上进行传输。在通信系统中，Modem 是一种数据通信设备（DCE），而计算机是一种数据终端设备（DTE），图 8-28 是两台计算机通过 Modem 在电话通信系统中进行数据通信的示意图。

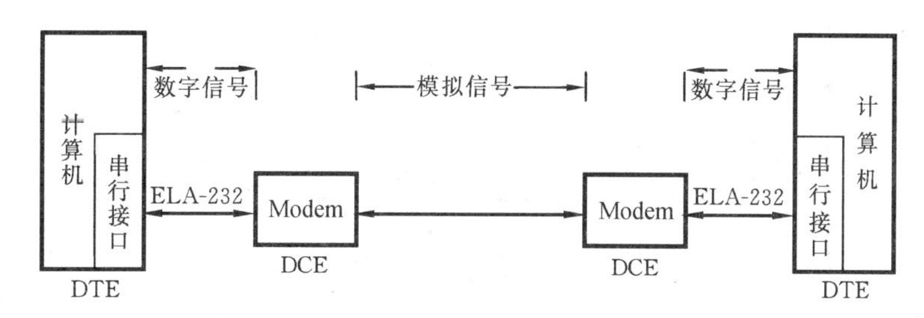

图 8-28　Modem 作用示意图

Modem 由调制器和解调器两部分组成。调制器的作用是将计算机串行接口送来的串行数字信号变换成模拟信号并送到电话线上传输，解调器的作用是将电话线上的模拟信号恢复成数字信号并经过计算机的串行接口送到计算机中进行识别处理。

在计算机串行接口与 Modem 之间的数字通信一般按 EIA-232-E 接口标准进行。EIA-232-E 标准是美国电子工业协会 EIA 制定的在 DTE 与 DCE 设备间进行通信的接口标准。它于 1991 年发布，是按过去的推荐标准 EIA RS-232C 修改过来的。该标准的内容包括 DTE 与 DCE 之间的信号定义以及各信号的电气性能和信号端头的插头、插座的机械特性等。

① 在机械特性方面，EIA-232-E 使用 ISO2110 中关于插头座的标准，即使用 25 根引脚的 DB-25 插头座，引脚分上、下两排，分别有 13 和 12 根引脚，其编号规定为 1 至 13 和 14 至 25。

② 在电气性能方面，EIA-232-E 采用负逻辑，即逻辑 0 相当于对信号地线有＋3V 或更高的电压，逻辑 0 代表数据的“0”或控制线的“接通”状态，而逻辑 1 相当于对信号地线有－3V 或更低的电压，逻辑 1 代表数据的“1”或控制线的“断开”状态。

③ 在信号的定义（功能特性）方面，EIA-232-E 与 CCITT 的 V.24 一致，它规定了什么信

号应当连接到 25 根引脚中的哪一根以及该引脚的作用,图 8-29 所示的是最常用的 10 根引脚的作用。括号中的数字为引脚的编号。其余的一些引脚可以空着不用。图中引脚"(7)"是信号地,即公共回线。引脚 1 是保护地(即屏蔽地),有时可不用,引脚 2 和 3 是传送数据的数据线。"发送"和"接收"都是对 DTE 而言的。有时只用图中的 9 个引脚(保护地除外)制成 9 芯插头,供计算机与 Modem 的连接使用。

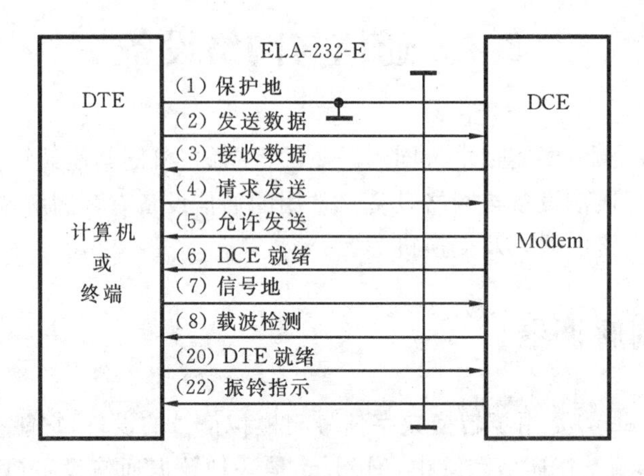

图 8-29 EIA-232-E/ V.24 的信号定义

如图 8-30 所示为 Modem 的基本工作原理图。图的上部为调制器,下部为解调器,两者合为 Modem,Modem 左边通过 EIA-232 插头与计算机串行接口相连,右边与电话线相连。

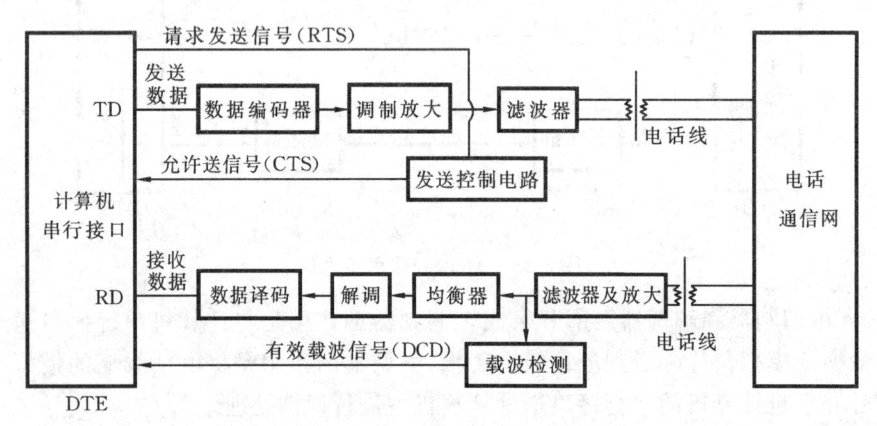

图 8-30 调制解调器工作原理图

在调制器中,编码器将要发送的二进制数据按一定的编码技术编码为二进制信号;调制放大单元的功能是将编码器传来的二进制信号采用特定的调制技术将其调制载波变换为适于远程电话线路传输的模拟信号;滤波器的作用是滤掉调制放大单元送出的模拟信号中的超过 300～3300Hz 的噪声,使传送到电话线路的模拟信号符合电信标准;发送控制电路的作用是在发送器将计算机的串口送来的串行数据准备好时,将允许发送信号 CTS 置为有效,使发送端开始发送串行数据。

在解调器中,滤波放大单元首先对来自电话线路的模拟信号作预处理,滤掉信号中的杂波及干扰,放大有用的模拟信号,再送给均衡器和载波检测电路;均衡器用于测试收到的模拟信号的失真程度,并调整接收信号的参数,对模拟信号的失真畸变进行相应的调整,恢复到能被解调器识别的合格波形；随后再由解调器采用相应的解调技术，将模拟信号解调为二进制信号流，再通过译码器译码成为二进制串行数据，送给数据接收端。

数据终端设备DTE(串口)给Modem发送数据的工作流程如下。

- DTE向Modem发出请求发送信号RTS。
- Modem准备好发送后向DTE返回允许发送信号CTS。
- DTE收到CTS信号后，按规定的串行数据协定通过串行发送口TD发出串行数据。Modem对从TD来的二进制数据进行调制，并发往电话线，直至发送请求信号RTS撤除为止。

DTE接收数据的工作流程如下。

- Modem从电话线上收到有效模拟数据信号后，由载波检测电路向DTE发出检测到有效载波信号DCD。
- DTE收到DCD后准备接收数据。
- Modem将收到的模拟数据信号解调转换为二进制数据送给DTE的串行接口，由DTE串行接口接收。

8.7.2 网络接口卡

网络接口卡又称网络适配器或网卡，它是组建局域网的主要器件。一般将网卡插在计算机的扩展槽内，用于连接计算机和电缆线，计算机之间通过电缆线进行高速数据传输。一方面，从主机的角度看，网卡是主机的外围设备，它们之间用地址线、控制线、数据线相连，且可进行各种I/O操作，另一方面，网卡作为一个网络连接设备，将各计算机连接起来形成局域网。因此，网卡的基本功能应包括：提供主机与局域网络的接口电路，实现数据缓存器的管理、数据链路的管理、编码、译码以及网内的收发等功能。目前用户主要采用以太网卡，如3COM系列、NE系列及其兼容卡。

不同类型的网卡使用不同的传输介质，采用不同的网络协议。两个互相通信的计算机的网卡应采用相同的协议。

1. 网卡的分类

按照不同的分类方法，网卡可以分成多种类型。常用的分类方法有以下几种。

① 按总线类型分类。可以分为ISA、EISA、PCI、MCA、PCMCIA网卡等。

② 按介质访问协议分类。可分为以太网卡、ARCnet网卡、令牌环网卡、FDDI网卡、快速以太网卡、ATM网卡等。

2. 网卡的基本工作原理

下面用以太网卡为例，说明网卡的基本工作原理，图8-31所示的为以太网卡结构原理图。网卡主要由4部分组成，各部分工作原理如下。

(1) 接口控制器

接口控制器是一块门阵列芯片，包含着网卡的多个端口寄存器和相应的控制电路，这些端口寄存器是主机与网络交换数据的控制部件，控制电路实现主机与网络的匹配和控制命令的执行。

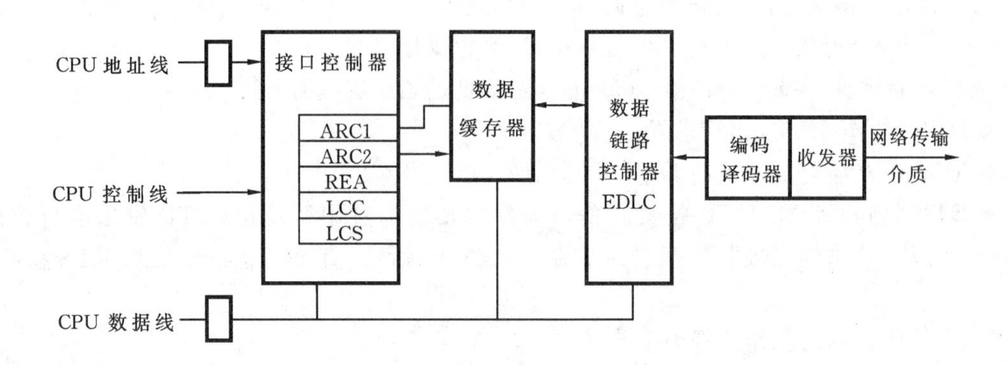

图 8-31 以太网卡结构原理图

① 地址缓冲计数器(ARC1)。当主机从网卡缓存器读/写数据时,采用两种方式:一种方式是程序读/写,主机 CPU 先把读/写首地址写入 ARC1,然后用 IN/OUT 命令读/写,每读一个单元,ARC1 自动加 1,指向数据缓存器的下一单元地址;另一种方式是直接存储器存取(DMA)方式,这时,工作站主机的 DMA 控制器将一路通道分配给网卡,并将网卡缓存器起始地址写入 ARC1,在 DMA-DMA 控制电路配合下,主机内存与网卡缓存器交换大量数据。早期网卡的缓存器容量只有 2KB,如今网卡缓存器容量已扩充到 64KB 或更高。ARC1 还有一个重要作用是作为数据链路控制器(EDLC)的地址指针寄存器,当 EDLC 向网上发送大量数据时,也从缓存器读取数据,每发送一个单元,ARC1 就自动加 1。

② 地址锁存计数器(ARC2)。数据链路控制器是主机向网络收发数据的控制中心。当 EDLC 从网上接收大量数据时,ARC2 作为 EDLC 的计数器来工作,每接收一个单元,ARC2 加 1,但 ARC2 的初值必须置为 0,即把收到的数据从缓存器 0 单元开始存放。若接收过程正常完成,则 ARC2 中存放的是接收数据的实际长度,当接收过程出错时,EDLC 将 ARC2 清零,并重新开始接收。

③ 网卡站地址寄存器(REA)。在以太局域网中含有多个网站,每个都有一个 6 字节(48 位)的站地址,这是任一站区别于其他站的唯一标志,接收数据时它存放的是目标地址,发送数据时存放的是源地址,REA 中的内容在收发过程中可随时读取。

④ 网卡控制命令寄存器(LCC)。这是一个 8 位寄存器,实际上它存放的是主机发到网卡的控制字,以实现工作站主机对网卡的控制。

⑤ 网卡状态寄存器(LCS)。这是一个 8 位寄存器,用来存放网卡的各种工作状态。

(2) 数据缓存器

在网卡中设置了一定容量的数据缓冲存储器,它是工作站主机与网卡交换数据的中转站。工作站主机通过程序方式或 DMA 方式对数据缓存器进行读/写,同时,在网卡与网络交换数据时,由 EDLC 直接控制数据缓存器进行快速收发,在此期间,不允许主机访问缓存器,以确保 EDLC 能定时(800ns)访问缓存器,这样既不用主机干预,也不会断流或溢出,保证以太网协议的实现。

(3) 数据链路控制器

数据链路控制器(EDLC)是一个大规模集成电路芯片,它可完成数据包的发送、接收以及数据包的装配和拆卸。

(4) 编码译码器

在计算机的数据传输中,不仅模拟数据要编码成为数字信号,二进制数据也要编码为数字信号。编码的目的是,易于传送,便于检测网络是否稳定,还具有保持同步的作用。当今计算机广泛采用的是曼彻斯特编码,其编码和译码工作分别由编码器和译码器完成。数据经过编码后送入收发器,并发送到网络传输介质上。

8.7.3　中继器、集线器

1. 中继器

中继器是建立网络的最简单的连接设备,它可用来连接两个相同协议的网段使网络得以扩展。图 8-32 所示的是用两个中继器连接 3 个总线网段的例子。

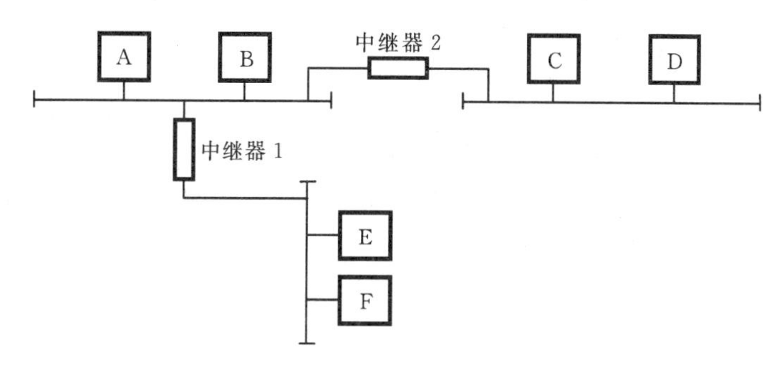

图 8-32　用中继器连接网段形成大的网络

中继器的内部功能只是对上一网段的信号进行整形、放大、转发,而不对信号做校验和其他处理。转发信号时,它是对位流的转发,即一位一位地转发,每位都会产生延时,在分析网络性能时应予以考虑。

中继器在网络中的作用有两个。

① 可使网络的传输距离延长,但延长的距离是有限度的。

② 可以改变网络的拓扑结构,形成所需拓扑结构的网络。

2. 集线器(HUB)

集线器实质上是一个多端口中继器。它是完成多台设备连接的专用设备,图 8-33 所示的是具有 3 个端口的集线器。

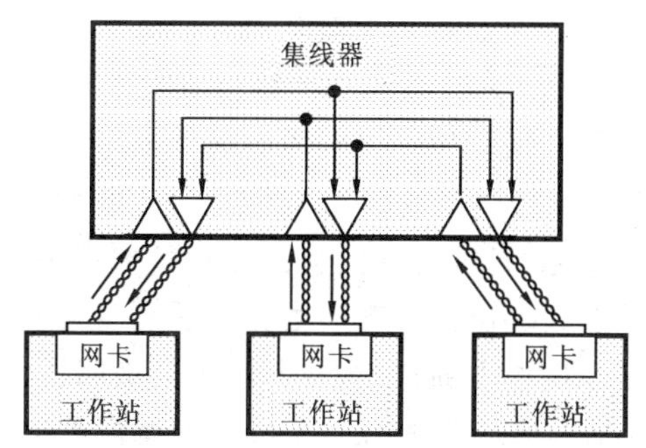

图 8-33　具有 3 个端口的集线器

集线器的基本功能是转发数据,转发数据的单位是数据帧。集线器与各端口设备在物理上形成一个星形结构,但逻辑上不一定是星形结构,可以是总线结构、环形结构等其他结构,在集线器的内部是用物理器件模拟这些逻辑结构功能的。图 8-33 所示的集线器内部在逻辑上是总线结构,集线器的每个端口都具有接收和转发数据的功能,但同一时刻只能有一台设备进行数据的发送。端口接收数据后,转发到所有其他端口,端口对应的工作站上的网卡识别出目的地址后,再接收数据。若同时有两个设备发送数据,则发生冲突,集线器只能让一台设备发送数据。可以把多个集线器连成多级星形结构的网络,这样就可以使更多的工作站连接成一个较大的局域网,图 8-34 是这种结构的示意图。

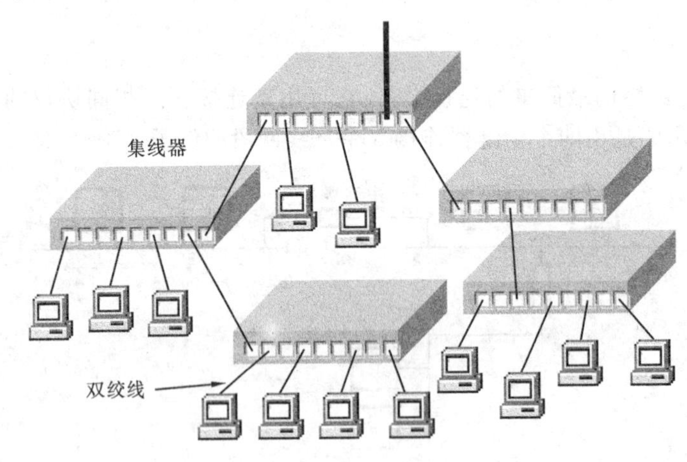

图 8-34　多个集线器连成多级星形网

图 8-34 所示中各设备在物理上连成了一个多级星形网,但每个集线器内部不一定是星形结构,因此,各设备间的拓扑关系不能从图 8-34 中看出。集线器一般有少量的容错能力和网络管理能力。它可将不同拓扑结构、各种协议的局域网在物理形态上以星形结构组织起来。

8.7.4　网桥、交换机、路由器

1. 网桥

网桥是一种将网络上的不同网段连接在一起的设备,可在一个局域网与另一个局域网之间建立连接。网桥处理信息的单位是数据帧,它根据数据帧的目的地址来决定是转发还是不转发,只将该转发的转发出去,起到数据过滤的作用。而中继器只是转发,不起数据过滤的作用。从这里可看出网桥与中继器有本质的区别。

图 8-35 是一个网桥的内部结构图,最简单的网桥有两个端口。复杂的网桥可以有两个以上端口。网桥的每个端口与一个网段相连。网桥的端口 1 与网段 A 相连,而端口 2 则连接到网段 B。网桥从端口接收网段上传送的各种数据帧。每当收到一个数据帧时,就先存放在缓冲区中。若此数据帧未出现差错,且欲发往的目的站地址属于另一个网段,则通过查找站表,将收到的数据帧送往对应端口转发出去。若该数据帧是对应端口网段上的工作站发来的,就丢弃此数据帧,因此,在同一个网段上通信的数据帧,不会被网桥转发到另一个网段去。

例如,设网段 A 的 3 个站的地址分别为 1、2 和 3,而网段 B 的 3 个站的地址分别为 4、5 和 6。若网桥的端口 1 收到站 1 发给站 2 的数据帧,通过查找站表,得知应将此数据帧送回到端

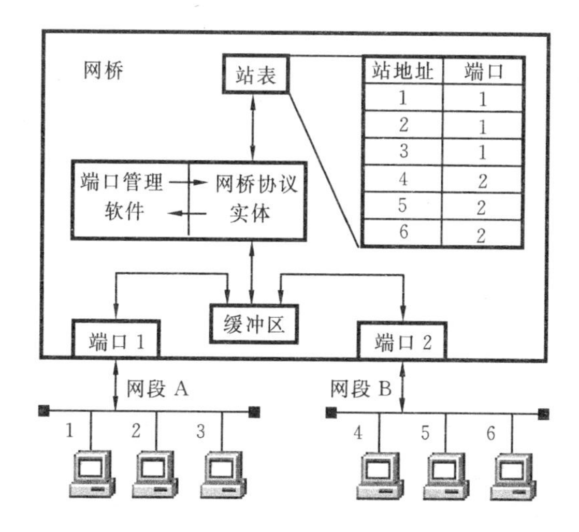

图 8-35 网桥的工作原理

口1,但此数据帧属于同一个网桥上通信的数据帧,于是缓冲区丢弃此数据帧,站1直接经网段A传到站2。

若端口1收到站1发给站5的数据帧,则在查找站表后,将此数据帧送到端口2转发给网段B,然后再传给站5。

网桥中的端口管理软件和网络协议实体通过对站表和缓冲区的管理来完成数据帧的过滤和数据帧的转发等操作,站表是网桥接入网络后或站点发送数据帧之前由端口管理软件和网络协议实体按照某种算法逐渐建立起来的。网桥中的软件、硬件及表格可以制成一块卡,组成专用网桥,也可由一台计算机(一般用服务器或工作站)加载相应软件后形成。

2. 交换机

交换机本质上是具有流量控制能力的多端口网桥,它可按目的地址进行数据帧的过滤和转发。

交换机在拓扑结构上与集线器相同,都是星形结构;不同的是,集线器上各端口的连接点在某个时刻最多只能有一台设备可发出信息,而其他各点需"闭嘴",否则就会发生冲突,但交换机上各点可同时发出信息,并且转发到目的端点,图8-36为集线器和交换机传送信息的示意图。图中集线器(HUB)在F处发出信息,其他点不能发出,交换机同时转发A到B,F到D,C到E。另外,集线器与中继器都只能单向转发(半双工),而交换机可以同时双向转发(完全双工)。

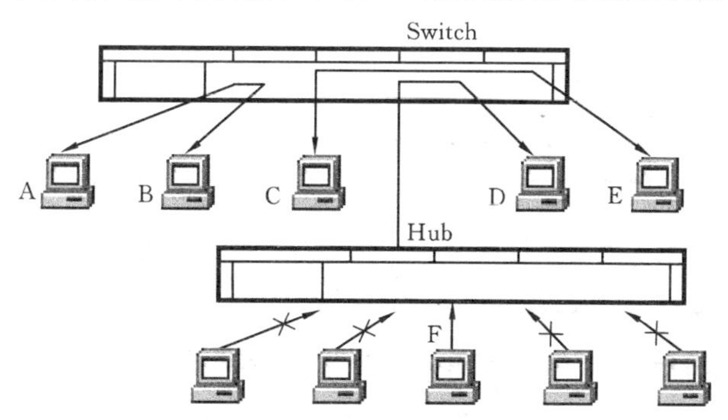

图 8-36 交换机上的信息传送

在内部结构上,交换机是用硬件实现交换的。例如,采用开关矩阵的结构进行数据交换,而网桥一般用软件来实现交换,因此,交换机速度很快。另外交换机为每个端口提供了专用带宽,多个端口可同时交换,因此,极限流量 n 倍于端口流量,而集线器极限流量就是单个端口的流量。

3. 路由器

路由器是进行网间连接的关键设备,用于连接多个逻辑上分开的网络(单独的网络或子网)。数据包通过路由器从一个子网转输到另一个子网。图 8-37 所示的是由多个网络组成的互联网。局域网、广域网都是逻辑上可以独立运行的网络。

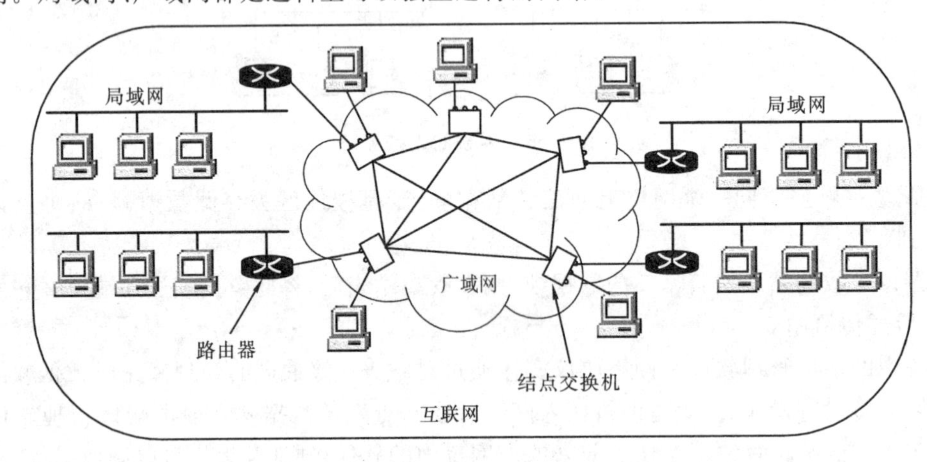

图 8-37　由局域网和广域网组成的互联网

图中用 4 个路由器将 4 个局域网、1 个广域网连成了一个整体。用户的一批数据(或称报文)在网上传输,应拆分成一个一个数据块。为了使数据块能到达目的地,要在每个数据块首加入目的地的逻辑地址形成数据包。为了数据包在网络线路上传输时能达到目的计算机,应在数据包首加入目的地的物理地址(硬件地址)形成数据帧。路由器的作用是识别出数据包首的逻辑目的地址,判断最佳路由并将该数据包转发到相应端口,图 8-38 所示的是报文、数据包、数据帧及中继器转发的位流格式。

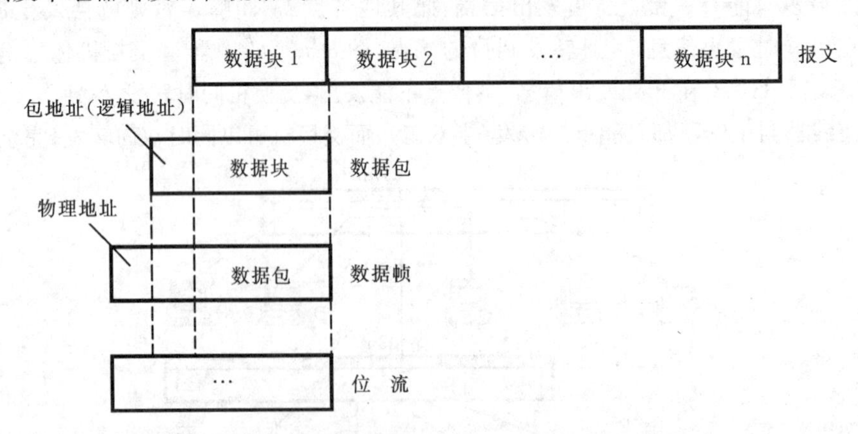

图 8-38　报文、数据包、数据帧及路由器转发的位流格式图

交换机、网桥也有路由器的功能。但它们都只能识别数据帧的物理地址,这就是交换机、网桥与路由器本质的区别。另外,路由器还具有流量控制、数据过滤、网络管理等功能。

习　题　八

8.1　计算机的外部设备是指(　　)。

A. I/O 设备　B. 外存储器　C. I/O 设备及外存储器　D. 电源

8.2　外围设备可分为哪些类型?

8.3　扫描仪,数码相机的核心部件是什么?该核心部件起什么作用?

8.4　画出激光打印机结构原理图,并说明它的工作过程。

8.5　常用显示卡标准有哪些?哪个不能显示彩色?哪些可以显示 80×25 个字符?各种方式的图形分辨率为多少?

8.6　LCD 显示器有哪些优点和缺点?

8.7　某磁盘存储器转速为 3000r/min,共有 4 个记录面,每道记录为 12288b,最小磁道直径为 230mm,共有 275 道。问:

① 磁盘存储器的存储容量是多少?

② 最高位密度是多少?

③ 磁盘数据传输率是多少?

④ 平均等待时间是多少?

⑤ 给出一个磁盘地址格式方案。

8.8　有如下 6 种存储器:主存,高速缓存,寄存器组,CD-ROM,软磁盘和活动头硬盘存储器。要求:

① 按存储容量和存储周期排出顺序;

② 将有关存储器排列组成 1 个存储体系;

③ 指明它们之间交换信息时的传送方式。

8.9　光盘存储器有哪些类型?

8.10　说明磁盘、光盘、磁光盘信息存储机制的特点?

附录 英文缩写

A/D (Analog to Digital) 模拟数字转换
AC (Accumulator) 累加器
AGP (Accelerated Graphics Port) 图形加速端口
ALU (Arithmetic Logic Unit) 算术逻辑运算单元
AR (Address Register) 地址寄存器
ASCII (American Standard Code for Information Interchange) 美国标准信息交换码
ASYNC (Asynchronous Data Communication) 异步通信
BCD (Binary Coded Decimal) 二进制编码的十进制
BPI (Bit Per Inch) 每英寸位数
BR (Break Request) 中断请求
Cache 高速缓冲存储器
CAD (Computer Aided Design) 计算机辅助设计
CAI (Computer Assisted Instruction) 计算机辅助教学
CAM (Computer Aided Manufacturing) 计算机辅助生产
CAM (Content Addressed Memory) 相联存储器
CAS (Column Address Strobe) 列地址选通
CAT (Computer Aided Testing) 计算机辅助测试
CCD (Charge Coupled Device) 电荷耦合器件
CD-ROM (Compact Disk Read Only Memory) 只读光盘
CGA (Color Graphics Adapter) 彩色图形适配器
CISC (Complex Instruction Set Computer) 复杂指令系统计算机
CMOS (Complementary Metal Oxide Semiconductor) 互补金属氧化物半导体
CPI (Cycle Per Instruction) 每条指令执行的平均周期数
CPU (Central Processing Unit) 中央处理器
CRC (Cyclic Redundancy Check) 循环冗余校验码
CRT (Cathode Ray Tube) 阴极射线管
CS (Chip Select) 片选
DC (Data Communication) 数据通信
DCE (Data Communication Equipment) 数据通信设备
DMA (Direct Access Memory) 直接访问存储器
DPI (Dot Per Inch) 每英寸点数
DR (Data Buffer Register) 数据缓冲寄存器
DRAM (Dynamic RAM) 动态随机存储器
DSP (Digital Signal Processing) 数字信号处理器
DTE (Data Terminal Equipment) 数据终端设备
E^2PROM (Electronic Erasable PROM) 电可擦除的可编程只读存储器
EBCDIC (Extended Binary Coded Decimal Interchange Code) 扩展的 BCD 交换码
ECL (Emitter Coupled Logic) 发射极耦合逻辑
EDO (Extended Data Out) 扩展数据输出
EGA (Enhanced Graphics Adapter) 增强图形适配器
EIDE (Enhanced Integrated Device Electronics) 增强型集成设备电子部件
EISA (Extended Industry Standard Architecture) 扩展工业标准结构
EPROM (Erasable Programmable Read Only Memory) 可擦除的可编程只读存储器
ESDI (Enhanced Small Device Interface) 增强型小型设备接口
FAT (File Allocate Table) 文件分配表
FIFO (First-In First-Out) 先进先出
FILO (First-In Last-Out) 先进后出
FM (Frequency Modulation) 调频制
FPM (Fast Page Mode) 快速页面模式
FPU (Float Processing Unit) 浮点处理器
FSK (Frequency Shift Keying) 频移键控法
GAL (General Array Logic) 通用阵列逻辑
GUI (Graphics Use Interface) 图形用户接口
ID (Instruction Decoder) 指令译码器
IDE (Integrated Device Electronics) 集成设备电子部件

IEEE (Institute for Electrical and Electronic Engineers) 电器和电子工程师学会
IM (Interrupt Mask) 中断屏蔽寄存器
IOP (Input Output Processor) 输入/输出处理器
IR (Instruction Register) 指令寄存器
IR (Interrupt Register) 中断寄存器
ISA (Industry Standard Architecture) 工业标准结构
JPEG (Joint Photographic Experts Group) 静态图像压缩标准
LCD (Liquid Crystal Display) 液晶显示器
LRU (Least-Recently-Used) 最近最少使用的
LSI (Large Scale Integrated Circuit) 大规模集成电路
MCA (Micro Channel Architecture) 微通道结构
MCI (Multimedia Control Interface) 多媒体控制接口
MIPS (Million Instruction Per Second) 每秒百万条指令
MIS (Management Information System) 管理信息系统
MMU (Memory Management Unit) 存储管理部件
MMX (Multimedia extension) 多媒体扩展
MODEM (Modulator and Demodulator) 调制解调器
MOD (Magnetic Optical Disk) 磁光盘
MPC (Multimedia Personal Computer) 多媒体个人计算机
MPEG (Movement Photographic Experts Group) 动态图像压缩标准
MQ (Multiplier-Quotient-register) 乘商寄存器
MROM (Mask Read Only Memory) 掩模式只读存储器
MSI (Medium Scale Integration) 中规模集成电路
NOVRAM (No Vapor RAM) 不挥发随机存储器
NRZ (Non Return to Zero) 不归零制
OA (Office Automation) 办公自动化
OVR (Overflow) 溢出
PAL (Programmable Array Logic) 可编程阵列逻辑
PC (Personal Computer) 个人计算机
PC (Program Counter) 程序计数器
PCI (Peripheral Component Interconnect) 外围设备联合组织
PE (Phase Encoding) 调相制
PLA (Programmable Logic Array) 可编程逻辑阵列
PLC (Programmable Logic Control) 可编程逻辑控制器
PLD (Programmable Logic Device) 可编程逻辑器件
PROM (Programmable Read Only Memory) 可编程只读存储器
RAM (Random Access Memory) 随机访问存储器
RAS (Row Address Strobe) 行地址选通
RB (Register Base) 基址寄存器
RISC (Reduced Instruction Set Computer) 精简指令系统计算机
RI (Register Index) 变址寄存器
ROM (Read Only Memory) 只读存储器
RZ (Return to Zero) 归零制
SAM (Serial Access Memory) 顺序访问存储器
SAS (Serial Access Storage) 串行访问存储器
SCSI (Small Computer System Interface) 小型计算机系统接口
SDRAM (Synchronous DRAM) 同步动态随机存储器
SIMD (Single Instruction Many Data) 单指令流多数据流
SLDRAM (Synchronous Link DRAM) 同步链接动态随机存储器
SP (Stack Pointer) 堆栈指针
SRAM (Static RAM) 静态随机存储器
SSI (Small Scale Integration) 小规模集成电路
TPI (Track Per Inch) 每英寸磁道数
TTL (Transistor Transistor Logic) 晶体管晶体管逻辑
USB (Universal Serial Bus) 通用串行总线
VESA (Video Electronics Standards Association) 视频电子标准协会
VGA (Video Graphics Adapter) 视频图像适配器
VLSI (Very Large Scale Integration) 超大规模集成电路
WORM (Write Once and Read Many) 一次写入型光盘

参考文献

[1] 白中英. 计算机组成原理[M]. 北京:科学出版社,2000.

[2] Stallings W. Computer Organization and Architecture: Designing for Performance. 5th ed[M]. 北京:高等教育出版社, 2001.

[3] 唐朔飞. 计算机组成原理[M]. 北京:高等教育出版社,2000.

[4] 薛胜军,谈冉. 计算机原理自学辅导[M]. 武汉:华中理工大学出版社,2002.

[5] 宋红. 计算机组成原理[M]. 北京:中国铁道出版社,2004.

[6] 张晨曦等. 计算机系统结构教程[M]. 北京:清华大学出版社,2009.

[7] 徐伟民等. 计算机系统结构. 2版[M]. 北京:电子工业出版社,2003.

[8] 侯炳辉,来珠,曹慈惠. 计算机原理与系统结构[M]. 北京:清华大学出版社,1998.

[9] 宋焕章等. 计算机原理与设计(下册)—存储与外设[M]. 长沙:国防科技大学出版社,1999.

[10] Back FIRE Prescott 抢先预览. 微型计算机[J],2004.